亚太森林组织资助

亚太地区森林管理与林业发展研究

STUDY AND ANALYSIS OF FOREST
MANAGEMENT AND FORESTRY DEVELOPMENT
IN ASIA-PACIFIC REGION

沈立新　徐志疆　张婉洁　等◎编著

中国林业出版社
China Forestry Publishing House

图书在版编目(CIP)数据

亚太地区森林管理与林业发展研究/沈立新等编著.—北京：中国林业出版社，2022.7

ISBN 978-7-5219-1533-4

Ⅰ.①亚… Ⅱ.①沈… Ⅲ.①森林管理-研究-亚太地区②林业经济-经济发展-研究-亚太地区 Ⅳ.①F330.62

中国版本图书馆CIP数据核字(2022)第001700号

责任编辑：于晓文 李丽菁 于界芬　　　　　　电话：(010)83143549

出版发行	中国林业出版社有限公司(100009　北京市西城区刘海胡同7号)
	网址　http：//www.forestry.gov.cn/lycb.html
印　刷	河北华商印刷有限公司
版　次	2022年6月第1版
印　次	2022年6月第1次印刷
开　本	787mm×1092mm　1/16
印　张	27.75
字　数	600千字
定　价	128.00元

未经许可，不得以任何方式复制或抄袭本书之部分或全部内容。

版权所有　侵权必究

《亚太地区森林管理与林业发展研究》编著者名单

沈立新　徐志疆　张婉洁　潘　瑶　李建钦
李　旦　王　俊　韩明跃　邓俊秋　王　蒨
彭　鹏　肖　军　刘承业　罗　熙　卢　茜
黄克标　李肇晨　刘　薇　孔　哲　王颖异
汪国钦　龙　超　李　伟　邓忠坚　王　青
苏凯文　徐写秋　吴春华　Michelle H. Wong

序

  在全球气候变暖和新冠肺炎疫情肆虐的背景下，推动生态文明建设，共同构建人类命运共同体，是全人类的共同责任和期盼。森林作为陆地生态系统的主体，是人类赖以生存和发展的重要自然资源。加强森林资源管理，扭转森林退化趋势，促进森林恢复，提高森林质量比以往任何时候都更加迫切。由于地理位置、气候特征、经济社会发展水平以及对林业发展认识的不同，导致各经济体、各地区的森林资源禀赋、面临问题及相应的管理政策与措施等存在显著差异。亚太地区丰富而多样的森林资源在满足区域内，乃至全球的林产品需求、维护生态安全、社会服务功能、促进经济社会发展等方面发挥了巨大作用。与此同时，该地区各经济体的林业发展水平和森林资源管理能力存在巨大差距限制了其森林价值和多种功能的发挥。

  尽管人类对森林利用和管理的历史悠久，但森林资源管理仍旧是政府部门、国际组织、科研机构等面临的难题和全球林业发展的热点议题。亚太森林恢复与可持续管理组（简称亚太森林组织）作为区域性国际组织，自2008年成立以来，始终把"促进经济体政策交流与协同，推动亚太地区森林资源管理和林业发展"作为其目标之一。截至目前，亚太森林组织推动并创建了亚太经济合作组织林业部长级会晤机制、大中亚地区林业部长级会晤机制、亚太地区林业发展战略对话机制、亚太地区林业人力资源对话机制、亚太地区林业教育协调机制、中国-东盟林业科技合作机制、澜湄流域跨境野生动物保护合作机制，并依托亚太森林组织昆明中心、赤峰多功能森林体验基地和普洱森林可持续经营暨示范基地，开展了一系列的森林资源管理、林业与乡村发展、荒漠化治理和产业发展等主题培训与政策交流活动，从不同层面持续加强亚太区域林业政策对话。这些活动受到区域经济体的热烈欢迎和积极参与，已促成多项共识和林业国际合作项目，并推动部分经济体林业法律法规完善和政策落地。

  《亚太地区森林管理与林业发展研究》是亚太森林组织为进一步推动亚太地区各经济体政策协同，摸清区域森林资源管理和林业发展水平的初步成果。该研究总结分析了亚太地区林业发展形势、面临问题和发展需求，并从亚太区域 27 个经济体层面分析了森林资源变化趋势、生物多样性保护、自然保护地管理、林业产业发展、林业政策与管理机制、林业科研和教育体系等内容。该研究成果对于林业管理、林业国际合作、林产品国际贸易、区域林业发展的相关研究等具有重要的参考价值。

亚太森林组织（APFNet）秘书长
2022 年 2 月于北京

前言

亚洲太平洋地区（简称亚太地区）为全球森林与生物多样性资源最丰富的区域，拥有全球53%的林地面积、80%的林产品贸易产值，天然林总面积为5.85亿公顷。在全球10个森林面积最大的经济体中，亚太地区就有8个；在全球36处生物多样性保护热点地区中，亚太地区拥有13处，成为全球林业发展最具活力和潜力的地区。

森林的管理和林业发展在促进流域社会经济发展、生物多样性保护、农业生产、社区生计发展与减贫、流域生态环境保护以及促进区域生态文明建设中具有十分重要的作用和地位，也是亚太地区经济社会发展的根本生态保障。由于区域内大多数发展中经济体存在林业管理与发展水平参差不齐、森林资源未能有效利用和林区相对贫困等诸多问题，导致大面积的森林仍然遭到过度采伐，森林退化严重，特别是在气候变化、生态危机、粮食安全、重大自然灾害等方面明显力不从心。中国是世界闻名的林业大国，拥有丰富的林业资源，中国政府十分重视森林资源的保护与管理，在森林恢复与管理、集体林权制度改革、自然保护地管理与生物多样性保护、流域生态环境治理、林产品开发利用等林业发展方面取得卓有成效的成就，对亚太地区乃至全球的森林恢复、保护利用与管理作出了极为重要的贡献。

在亚太森林组织资助下，西南林业大学与云南省林业和草原局牵头组织力量对亚太地区森林管理与林业发展开展了研究，通过对斯里兰卡、印度、尼泊尔、孟加拉国、不丹、柬埔寨、泰国、老挝、缅甸、越南、马来西亚、印度尼西亚、文莱、菲律宾、新加坡、斐济、巴比亚新几内亚、新西兰、澳大利亚、美国、加拿大、秘鲁、墨西哥、蒙古国、中国、中国台湾和中国香港共计27个经济体林业发展基础信息、数据的收集与分析研究，从各经济体的森林资源现状、森林资源变化趋势、生物多样性保护、自然保护地管理、林业产业发展、林业政策与管理机制、林业科研和教育体系8个方面撰写出《亚太地区森林管理与林业发展》一书，较为系统、全面地介绍了亚太地区森林资源管理、利用现状和林业发展动态，旨在增进国内同行对亚太地区各经济体森林管理与林业发展状况的了解，为中国林业加强国际林业合作和推动区域性森林资源管理与林业发展奠定基础。

在本研究开展过程中，得到了亚太地区部分经济体代表的大力支持和提出宝贵意见，也征求了众多国内同行的意见和建议，在此对他们表示衷心感谢。同时，衷心感谢亚太森林组织资助本项目研究和中国林业出版社对该书出版投入的大量辛劳。鉴于本研究涉及面广和作者水平、所收集资料的限制，书中难免有不足之处或错误，诚请读者批评指正。

编著者

2022 年 1 月

目　录

序
前　言

第一篇　亚太地区森林管理与林业发展概述 ················· 1

  一、全球森林状况 ··· 2

  二、亚太地区林业发展形势 ······································· 4

  三、亚太地区森林管理面临的问题与林业发展需求 ············· 7

第二篇　亚太地区 27 个经济体森林管理与林业发展 ········· 17

  孟加拉国（Bangladesh） ·· 18

  印度（India） ··· 29

  尼泊尔（Nepal） ·· 45

  斯里兰卡（Sri Lanka） ·· 59

  不丹（Bhutan） ··· 74

  柬埔寨（Cambodia） ·· 87

  老挝（Laos） ·· 109

  缅甸（Myanmar） ··· 122

  泰国（Thailand） ·· 147

  越南（Vietnam） ·· 161

  文莱（Brunei） ·· 172

  印度尼西亚（Indonesia） ······································· 180

  马来西亚（Malaysia） ·· 193

菲律宾(Philippines) ······ 208
新加坡(Singapore) ······ 220
斐济(Fiji) ······ 231
巴布亚新几内亚(Papua New Guinea) ······ 241
新西兰(New Zealand) ······ 251
澳大利亚(Australia) ······ 269
美国(America) ······ 283
加拿大(Canada) ······ 306
秘鲁(Peru) ······ 322
墨西哥(Mexico) ······ 337
蒙古国(Mongolia) ······ 352
中国(China) ······ 363
中国台湾(Taiwan Province, China) ······ 385
中国香港(Hong Kong, China) ······ 402

第三篇 亚太地区重要涉林国际组织 ······ 411

一、亚太森林恢复与可持续管理组织 ······ 412
二、亚太地区其他的主要涉林国际组织及其重点工作领域 ······ 417

参考文献 ······ 430

第一篇

亚太地区森林管理与林业发展概述

一、全球森林状况

森林对维护人类福祉作出了巨大贡献，提供了至关重要的森林产品和长期的生态系统服务功能，在消除农村贫困、确保粮食安全和生计发展方面发挥着根本性作用，如清洁空气和水、保护生物多样性和减缓气候变化。森林可持续管理所提供的林产品和生态服务在可持续发展中发挥着重要作用并产生深远意义。森林蕴藏着地球大部分陆地生物多样性，全球生物多样性的保护完全取决于人类对森林的保护与利用方式。全球陆地森林为80%的两栖动物物种、75%的鸟类物种和68%的哺乳动物物种提供了栖息地，大约60%的维管植物物种都存在于热带森林中，海岸红树林为许多鱼类和贝类物种提供了重要的栖息和繁殖场所。联合国《2030年可持续发展议程》确定了新的可持续发展目标，森林在保护和恢复地球生态系统的作用及其服务功能在2015年后的发展议程极为重要。

根据联合国粮食及农业组织（FAO）2020年的世界森林资源评估报告显示，目前森林覆盖率占全球土地面积的30.8%，森林总面积为40.6亿公顷，人均约0.5公顷。但在全球各地分布极不均匀，全球一半以上的森林主要分布于巴西、加拿大、中国、俄罗斯和美国5个经济体，约2/3（66%）的森林集中于10个经济体。此外，世界森林约一半左右的森林面积相对完整，1/3以上（34%）的森林是原始森林，在那里没有明显可见的人类活动迹象，生态过程没有受到明显的干扰，被定义为乡土树种的天然再生宝库。全球大约80%的世界森林分布在面积100万公顷以上的斑块中，其余的20%分布于世界各地的3400万块中，绝大多数面积不到1000公顷；热带雨林和北方针叶林相对连片集中，而亚热带干旱森林和温带海洋森林的分布为零星分散呈破碎化。

自20世纪90年代以来，全球毁林和森林退化继续以惊人的速度发生，尽管过去30年来毁林率较过去有所下降，估计约有4.2亿公顷的森林因改变为其他土地用途而丧失，世界主要森林面积减少了8000多万公顷，1亿多公顷的森林受到森林火灾、害虫、疾病、入侵物种、干旱和不利天气事件的不利影响。农业生产的扩张仍然是毁林和导致森林破碎以及森林生物多样性严重流失的主要驱动因素。

（一）森林面积依然呈下降趋势，热带和亚热带地区天然林面积减少幅度最大

自20世纪90年代以来，随着人口的持续增长和对粮食、土地的需求增加，全球森林面积依然呈现下降趋势。1990—2020年的30年中森林覆盖率从32.5%下降到30.8%，这意味着森林净损失1.78亿公顷，面积约为利比亚的国土面积。其中，2010—2015年，全球森林面积由全球土地面积的31.6%（1990年）减少到30.6%（2015年）；全球森林损失年均760万公顷，但增加的人工造林面积年均430万公顷，年均净减少330万公顷，森林面积的年净损失率为0.13%。

全球森林面积损失最大的区域在热带地区，特别是在南美洲和非洲，人均森林面积从1990年的0.8公顷减少到2015年的0.6公顷，主要因素是由于人口的不断增加，导致林地转化为农业和其他用途土地。2010—2015年，天然森林面积年均减少650万公顷；2015—2020年，年毁林率有所下降，森林净损失的平均比率在两者之间下降了大约40%，即森林面积的净损失从20世纪90年代的每年780万公顷减少到2010—2020年的每年470万公顷(联合国粮食及农业组织，2020)。

(二) 人工林面积增加，相当一部分区域森林面积保持稳定

从全球角度来看，过去30年来随着打击毁林和非法砍伐的行动加快，许多经济体能够保持其森林面积稳定，包括世界上森林面积最大的俄罗斯、美国、中国和印度等约有80个经济体报告森林面积有所增长或保持稳定。1990年以来，全球人工林面积增加1.23亿公顷；但2010年以来，人工林增长速度减缓。目前，人工林覆盖面积为2.94亿公顷。在全球范围内，约有45%的人工林(占所有森林面积的3%)是以生产性为目的人工造纯林，树种单一、林龄相近，通常由本地或外来的一两个树种组成，如南美洲97%的人工林是由外来引进树种组成。

欧洲有27个经济体报告森林面积有所增长，包括西班牙、意大利、挪威、保加利亚和法国；亚洲森林面积大幅增加的经济体除中国和印度外，还包括越南、菲律宾及土耳其；拉丁美洲报告增长的经济体有乌拉圭、智利、古巴和哥斯达黎加；而在非洲，突尼斯、摩洛哥和卢旺达报告森林面积增长最多。1990—2000年的平均年增长量为360万公顷，2000—2005年达到每年590万公顷的高峰，2010—2015年放缓至每年330万公顷，原因是近10年来东亚、欧洲、北美、南亚和东南亚的人工林种植面积减少。

(三) 木材消耗量略有增加，森林面积年均损失率明显降低

世界森林比例最大的经济体在高收入经济体，其次是中高收入、中低收入和低收入经济体，天然林和人工林的比例也是如此。全球木材消耗略有增加，特别是在低收入经济体的薪柴消耗量仍然很大。2011年，全球木材贸易达30亿立方米。其中，49%为薪柴。2015年，约31%的世界森林被确定为生产性的商用林，较1990年减少1340万公顷。此外，约28%森林面积被指定为多用途林种，以提供广泛的林产品和生态服务，较1990年减少了3750万公顷。

尽管全球森林面积依然继续下降，但森林年净损失率从1990年的0.18%下降到过去5年的0.08%，净森林损失率较过去减少了50%以上，森林面积的净损失小于毁林率，有1.5亿公顷的森林被增加为自然保护目标的区域。在过去10年中，打击毁林和非法砍伐的行动对全球森林和森林管理取得了积极成效，特别是可持续森林管理法律框架被广泛采用，使更多的土地被确定为永久性森林保护，在强调保护生物多样性的同时，以满足人类对森林产品和生态服务的日益增长的需求。许多热带木材生产国正在做出相应的努力，以确保森林执法、治理和贸易机制下木材贸易的合法性。

（四）全球森林管理状况得到改善，生物多样性和生态系统保护的负面趋势明显减缓

在全球范围内，纳入全球森林长期管理计划下的森林面积在过去30年中显著增加，此外，全球有超过7亿公顷的区域（约占世界森林面积的18%）被划定为不同类型的法定保护地（区），如国家公园、保护区等。尽管在生物多样性与生态系统保护方面出现了一些积极的趋势，但生物多样性快速流失的状况仍在发生。

如何平衡森林及维护生物多样性与可持续利用至关重要。森林资源管理方式及人类社会的生产、消费以及相互作用的方式仍需要变革，需进一步将环境退化和不可持续的资源利用与经济增长相关的生产和消费模式脱钩，摆脱目前对粮食的需求所导致森林大规模转化为农业生产的做法，减少森林及其相关生物多样性丧失的情况。因而，土地开发利用必须考虑到森林的真正价值，需要在保护目标和支持生计的资源需求之间取得平衡。

二、亚太地区林业发展形势

亚洲和太平洋地区是世界上最大的陆地和岛屿板块，拥有多种多样的森林生态系统、海岸带生态系统和海洋生态系统，陆地囊括了西伯利亚广阔的北方针叶林、东南亚潮湿的热带森林、南亚群山的亚热带森林以及阿拉伯半岛的杜松林。

亚太地区森林总面积约为7.4亿公顷（联合国粮食及农业组织，2010），约占全球森林面积的18.3%。亚太地区的耕地和农田约占亚太地区土地面积的18%左右，森林面积约占26%，森林分布在各区域和各经济体之间存在相当大的差异和不平衡。例如，在南亚次区域，可耕地和永久作物下的土地几乎占土地总面积的50%，森林和永久牧场等其他用途土地面积非常低；东亚和大洋洲的牧场、草地却占有相当高的份额；就东南亚而言，森林是主要土地利用类型，而草地和农地的比例则相对较低。

在过去的40年来，亚太地区的自然资源日益恶化，森林砍伐与森林退化严重，尤其是在热带和亚热带地区，大规模的商业化农业及地方温饱型农业生产方式对森林破坏的贡献率分别为40%和33%，而其余27%的森林砍伐则归咎于城市发展、基础设施扩大和采矿业；因森林砍伐、森林退化和农业生产引起的温室气体排放量约占30%，减少毁林和森林资源退化所产生的排放越来越受到重视。

联合国粮食及农业组织亚太办事处发布的《亚太林业部门展望报告》总结归纳出亚太地区森林管理与林业发展具有如下特性。

（一）世界上人均森林面积最少的地区

全世界一半以上的人口都居住在亚洲和太平洋地区，与全球其他地区一样，亚太地区的人口增长和发展也一直伴随着大范围的森林砍伐和林地变更。亚洲和太平洋地区是世界上人均森林面积最少的地区，人均森林面积仅为 0.18 公顷，仅为全球人均（0.54 公顷）的 1/3。同时，由于区域性森林分布不均，部分经济体和次区域的人均森林面积远远低于区域平均水平。例如，南亚地区的人口占世界人口的 23%，森林总面积仅占世界森林面积的 2%，人均森林面积仅为 0.05 公顷，导致森林承受着巨大的压力。

（二）森林砍伐和森林退化仍然是主要问题

近年来，区域整体的森林面积变化出现了积极的趋势，但森林退化、林分质量下降仍然是亚太地区森林面临的主要问题。1990—2000 年，区域的森林面积年均损失 70 多万公顷；2000—2005 年，森林面积出现净增长，森林面积每年增加 230 多万公顷；而 2005—2010 年，森林面积的净增长呈现下降趋势，降至每年 50 万公顷以下。许多经济体森林蓄积量和林分质量正在下降，人为因素引起的大多数火灾、难于管控的森林砍伐是导致多数经济体森林退化的主要因素。

亚洲大多数经济体充分认识到森林退化的后果，并制定相应的政策与措施来尝试恢复退化的林地，如实施天然林禁伐和大规模的人工纯林营造，在一定程度上有助于防止毁林和减缓林地退化，但难于从根本上遏制。在过去的 10 年中出现的森林面积的增长，主要是得益于中国的大规模人工植树造林；不丹、斐济、印度、菲律宾、斯里兰卡、泰国和越南等经济体的森林面积也出现净增长的态势。如排除这些经济体森林面积净增长情况，东南亚及其他地区的森林砍伐率仍然很高，尤其是在印度尼西亚和缅甸的森林损失较为严重，澳大利亚呈现出大规模的森林减少。

（三）可持续森林管理的实施面临诸多的挑战

尽管可持续森林管理的倡议获得了广泛的支持，但其具体实施仍然是一个挑战。未明确或重叠的森林权属、薄弱的管理治理以及对木材和木材产品的高需求导致了不可持续的森林高水平采伐；农业、工业和城市发展对林地的侵占仍然存在许多问题，由此对森林资源带来的过度压力造成了广泛的森林与林地退化，仅有很少的例子采用均衡的方法，将各种森林管理目标综合起来，在不同目标之间建立明确的权衡。随着灾难性的环境问题的产生，特别是洪水、滑坡和泥石流等导致了一些较为激进应对措施的执行，如伐木禁令，使砍伐森林的经济体普遍减少砍伐率，但伐木禁令也常常产生负面影响，减少了向其他经济体出口所采伐的林木量。如果没有满足木材需求和执法的有效配套措施，通过禁止森林采伐来遏制森林砍伐和退化的收效甚微。

（四）人工林与种植园的林业潜力未得到挖掘

亚太地区人工林面积约占世界人工林面积的 45%。除了少数几个经济体外，人工林和种植园的林木生产力远远低于其潜力。由于管理不善，特别是公共和集体部门经营管理的人工林和种植园的生产力低下，例如，2005 年人工林的木材生产量测算为

5.42 亿立方米,包括天然林的原木生产在内,2015 年实际的工业原木生产量仅约 2.73 亿立方米。

森林及林地外的农作系统植树造林活动发展,如农户庭院经济、种植园混农林模式的植树造林,使更多的木材来自森林以外的种植园和树木,逐渐成为工业原料林和木质燃料补充的重要来源。例如,有的经济体与农户签订合同供应林产加工原料和纸浆原料;种植园中经济树种的发展也提供了大量的木材来源,将逐渐减少依赖天然林作为对木材供应的来源,如橡胶和椰子等。

(五)对森林保护区、保护地有效管理的困扰与挑战

森林所提供的生态系统服务越来越重要,不少以商业、生产为目的天然林被划定为森林保护区或保护地。自 2002 年以来,保护区的范围一直保持稳定,但其面积扩展已接近潜在的极限。由于外来侵犯活动和动植物偷猎和盗窃行为,保护区和保护地的管理仍然存在诸多的问题和挑战;人与野生动物的冲突仍然是许多经济体面临的主要问题之一,矿产开发和基础设施发展对亚太地区内的大部分保护区构成重大威胁。因而,加强保护区、保护地的有效管理仍然是致力于生物多样性保护必不可少的重要措施。

(六)林业政策虽不断修订和完善,但执行滞后

亚太地区大多数经济体在不断修订和完善可持续森林管理的林业政策,减少木材生产的主导作用和强调森林提供生态系统服务成为大多数政策的主要目标,同时更加重视相关利益群体参与制定和执行政策的工作。然而,政策和实际执行还存在很大的差距。不同部门与森林相关政策和措施实施存在局限性,如在农村扶贫、生物多样性保护、减缓气候变化等方面,涉及林业的治理极为薄弱。

(七)林权制度和森林权属的争议与困惑

亚太地区发达经济体中以私有体制占优势,而其他经济体(太平洋岛国除外)则以公有制占主导地位。一些经济体的森林所有权一直存在争议问题,尤其是其政府从传统所有者手中获取的森林;有些经济体正在努力恢复土著居民和其他依赖森林的社区的传统权利,将森林或林地分配至家庭和个人,成为推动地方社区积极参与森林管理与利用的示范和先驱,例如尼泊尔的社区森林利用小组和印度的森林共管,但这些努力在经济可行性、公平分配利益和可持续性等方面也面临着新的挑战。

(八)木材和木制品生产及消费方式的转变

工业原木生产在一些经济体保持相对稳定,出于森林资源枯竭或对环境保护的日益关注,森林采伐式的木材生产出现了大幅下降,另外的原因就是木材进口量的增加。随着亚太地区人口的增加、经济收入和教育水平的提升,在全球市场增长的带动

下，家具、人造板、纸张和纸板产量快速和大幅增长，亚太地区已成为全球人造板产量最高和家具出口量最大的区域。同时，工业原木进口来源发生变化，出口逐渐转向高附加值产品。亚太地区有超过3/4的木材生产被用作燃料，木材仍然是许多发展中经济体的主要能源，随着收入的增加和更方便燃料的推广使用，木材作为主要能源使用的比例逐渐减少。

非木质林副产品在亚太地区的经济发展和社会福祉方面发挥着重要作用，在满足依赖森林社区人民生活的需求、缓解贫困等方面贡献显著。对非木质林副产品需求的增加所导致的过度开发，尤其是在不明确的权属制度和薄弱的管理体制背景下，依然成为森林资源管理重大的挑战。

(九) 与森林生态系统服务不相适应及生态补偿机制

随着气候变化成为一个重要的全球性问题，森林在生物多样性保护、维护和改善流域价值、防治荒漠化和土地退化以及减缓和适应气候变化等方面提供了关键的生态系统服务，持续森林砍伐和林地退化造成了严重的环境退化。虽然森林和林业在减灾战略中越来越受到重视，但对逐渐降低的生态系统服务功能仍未受到足够的重视。为遏制毁林和退化加剧、减少碳排放、加快植树造林和植树造林以增强碳储量而提出的"减少森林砍伐和退化的排放"计划和生态系统服务的补偿机制仍处于初级阶段。

三、亚太地区森林管理面临的问题与林业发展需求

随着全球经济的快速增长和对森林产品、服务的需求加剧，社会和森林之间的关系发生了重大变化，亚太地区的林业发展正经历着前所未有的变革，对森林及其产品、服务的需求将发生质的变化，而不断增长的需求和与之相配套的投资匮乏将严重影响林业长期发展的可持续性。

亚洲和太平洋地区是世界上最大的陆地和岛屿板块，拥有多种多样的森林生态系统、海岸带生态系统和海洋生态系统。在过去的40年中，亚太地区的自然资源日益恶化，森林砍伐、森林退化、林分质量下降是亚太地区面临的主要问题，可持续森林管理的实施面临严重的挑战。

森林和树木因其不同的经济、社会、环境和文化价值而在亚太地区的经济发展中发挥着重要作用，亚太地区森林总面积约为7.4亿公顷（联合国粮食及农业组织，2010），约占全球森林面积的18.3%；但亚太地区各经济体森林和林木的覆盖度、生长量和生产力等状况以及森林资源可持续管理所需的投资水平都存在相当大的差异，地理位置、环境气候等因素的差异对森林在木材、非木材产品和各种生态系统服务等方面起着重要的作用。

(一) 南 亚

南亚次区域约占亚洲和太平洋地区土地面积的 10.4%，总人口为亚太地区人口的 42% 左右，区域从印度洋北部延伸到喜马拉雅山脉，是全球生态类型和生物多样性最丰富的区域之一；主要涉及孟加拉国、不丹、印度、斯里兰卡、马尔代夫、尼泊尔、巴基斯坦等经济体。南亚次区域人口密度高，森林覆盖为亚太地区最少的区域，人均森林面积约 0.05 公顷，仅为亚太地区人均森林面积的 1/4，不到全球人均森林面积的 1/10。

近年来，南亚次区域正在经历重要的社会、经济和政治变化，对包括森林在内的自然资源的使用产生重大影响；南亚次区域人口密度高、人均土地和森林面积低，土地压力非常大。不断增长的人口压力使南亚次区域的森林遭受严重的砍伐，随之而来的是森林退化和土地退化等系列环境问题，森林资源管理与利用的冲突仍然剧烈。

1. 面临的问题

尽管森林与生态环境价值越来越被人们认知，但由于不断增长的人口压力和土地、森林的有限性，加之南亚次区域经济体在森林保护、恢复和管理方面的投入严重不足，因人口不断增长所带来的需求增长仍然是南亚次区域森林砍伐和森林退化面临的主要问题。

在区域性经济快速增长的情况下，与农业生产相关的森林砍伐速度明显下降，科学技术进步发展的不平衡，对矿产、能源、基础设施等需求的增加将导致森林的持续砍伐与退化。此外，林业政策虽在不断变化，但制度管理和执行滞后，加之社会不同阶层对森林产品和服务不断增长的需求，森林管理与利用的冲突普遍存在；木材和林木产品的利用仍处于低效消耗，对进口的需求依赖增加；环境问题虽越来越受到重视，但生态环境服务的补偿机制仍难以开展。

2. 发展需求

近年来，南亚次区域的森林面积总体水平上趋于稳定，主要是得益于印度和不丹的植树、再造林和农田植树活动，而其他经济体的森林面积仍呈现出继续下降的趋势。鉴于南亚次区域人口压力大、资源量有限的社会与生态脆弱性，加之贫穷和边缘化的人数比例高、贫困程度深，依赖森林的贫困人口比例非常高，农村社区的减贫与生计发展显得尤为重要。

林业发展的重点是通过改善自然资源基础和提高能源利用效率，以减少贫困和实现资源的可持续管理与发展；重点集中在加强林业机构的组织建设与能力建设，改善不合理的森林权属制度和利益共享的分配制度；提升多元化的林业科研与技术研发，实施可持续森林利用的天然林采伐技术，提高能源和原材料的使用效率，以恢复和重建森林的资产基础。

(二)东南亚

东南亚次区域主要涉及老挝、柬埔寨、缅甸、泰国、越南、印度尼西亚、马来西亚、菲律宾8个经济体,东帝汶、新加坡和文莱因国土面积有限,森林资源对该区域的影响有限。东南亚是世界上森林物种最丰富的区域,该区域森林覆盖面积2.14亿公顷,森林面积占该区域土地面积的49%,占亚太地区森林总面积的29%(联合国粮食及农业组织,2010)。森林在亚太地区的发展中发挥着核心作用,也对全球木材和林产品的生产、生物多样性保护、减缓气候变化和土地、水资源保护方面发挥着重要作用。

在全球36个重要的生物多样性热点保护地区中,东南亚就占据了4个,但受威胁物种占全球濒危物种的比例极高,森林物种及其生物多样性流失严重。过去20年来,东南亚次区域森林砍伐的比重持续增长,2005—2010年,森林面积年均下降0.5%,超过前5年的0.3%(1990—2000年的10年间森林面积年均1%)。1990—2010年,东南亚森林面积缩小了3300万公顷,森林减少的面积超过了越南的国土面积。

随着对森林生态系统服务功能认识的不断提升,特别是1992年里约地球峰会之后,东南亚开始广泛建立以自然保护为目的的保护区,受保护的林地面积大大增加。1990—2010年,东南亚以生态保护为目的的保护区面积增加了20%,从原来的630万公顷提高到4340万公顷,占东南亚土地总面积的10%和森林面积的20%(联合国粮食及农业组织,2010)。同时,区域内人工林、种植园面积逐渐扩大,越南和泰国森林覆盖面积出现增长。

1. 面临的问题

东南亚次区域因人口的增长、工业、农业的发展和基础设施建设导致对森林的需求日益增加,森林砍伐和林地用途的转换成为东南亚森林面积减少和生物多样性流失的主要诱因,森林砍伐导致的碳排放严重。森林面积的不断减少已威胁到区域的木材生产、流域保护、生物多样性、农村生计发展和全球碳平衡。

1990—2010年,东南亚的森林总面积减少4200万公顷,相当于该区域土地面积的8%。2010—2020年,森林覆盖率从49%下降到47.8%,20年间,东南亚损失了6100万公顷的森林,面积比泰国还大。据估计,该区域有13%~42%的物种将在2100年消失,其中至少一半物种有可能在全球灭绝。

经济作物种植园的建立成为东南亚森林面积变化的主要驱动力,最重要的两种作物是橡胶和油棕。在湄公河流域,橡胶、腰果、椰子和甘蔗的种植是主导森林转变的主要因素,沿海地区因人工水产养殖和农业化的生产导致红树林面积锐减。

过去几十年来,东南亚各经济体的林业政策重点已从木材采伐转向森林保护、多用途管理改变,可持续森林管理、森林恢复、林产品附加值提升和森林保护成为政策的主题。由于林业部门人力资源不足,政府用于森林管理与保护的预算有限,森林管理与森林执法能力仍然薄弱,以至目标难于实现。

2. 发展需求

随着东南亚不断增长的人口和经济发展对土地利用、资源和环境服务的需求产生不断的变化，将不可置疑地加大对森林和林地的压力。构建东南亚森林资源资产，维护生态系统服务，减少碳排放，促进流域和生物多样性保护和社会经济发展已是迫在眉睫，将保护与利用的有机结合是森林管理和林业发展的核心，需要对林业地位和认识达成共识。

在东南亚次区域森林面积不断减少、天然林蓄积量下降、人工林资源不足、生物多样性流失严重的情况下，要实现从森林覆盖净损失向森林覆盖净增长过渡、不可持续森林管理到可持续森林经营的过渡，除改善不合理的林权制度，更需注重林业人力资源的培养，加大技术和资金的投入；通过建立有效的冲突管理和社区参与的激励机制，鼓励社区公众和相关利益群体积极参与森林治理，以促进区域性的森林执法和森林治理的改善。同时，加强打击非法采伐和贸易的区域国际合作，建立珍贵木材生产、碳汇、生态系统服务与流域保护、促进社区林业与生计发展的生态补偿机制，努力减轻因经济发展对森林资源造成的影响。

（三）太平洋岛国

太平洋次区域地区地理分布上包括密克罗尼西亚、美拉尼西亚、波利尼西亚和大洋州等地，主要涉及澳大利亚、新西兰、斐济、基里巴斯、巴布亚新几内亚、萨摩亚、所罗门群岛、汤加、图瓦卢、瓦努阿图等经济体，该区域面积约8.7亿万公顷，人口3350万人，仅占世界总人口的0.5%，人口密度仅为2.6人/平方千米，为全球人口密度最低的区域。该区域森林面积约占土地面积的22%，天然林面积约1.86亿公顷，人工林面积超过400万公顷。其中，澳大利亚的森林面积占太平洋地区的91%；巴布亚新几内亚和新西兰约占8%。太平洋西南部美拉尼西亚岛国的森林覆盖极高，如斐济、巴布亚新几内亚、所罗门群岛和萨摩亚的森林覆盖率均超过50%。相对于亚太地区的其他区域，该区域人均森林面积超过5公顷，稀少的人口和极高的人均森林拥有量使太平洋成为世界上森林资源最丰富的地区之一，但也有部分小岛屿经济体的森林面临着较高密度的人口压力，如基里巴斯、汤加和图瓦卢。

太平洋地区拥有地球上极为丰富的生态系统和森林类型，涵盖了温带雨林、低谷雨林、山地雨林、萨瓦纳热带草原灌丛、干旱林、干旱常绿林、高山森林、红树林沼泽、海岸森林和各类人工林。人工林的木材产量占据主导地位，在新西兰，几乎所有的木材均来自人工林，而在澳大利亚和斐济的大部分原木也来自种植园，巴布亚新几内亚和所罗门群岛砍伐的木材几乎都来自天然森林；森林木柴在所有太平洋岛国仍然是一个重要的能源来源，大部分农村人口仍依靠木柴作为主要生活能源。

林业是太平洋次区域一个极为重要的产业，以木材出口型为主，对国内生产总值有重大贡献。新西兰、巴布亚新几内亚、所罗门群岛的原木和澳大利亚、斐济的锯材出口占据了相当高的比例。巴布亚新几内亚和所罗门群岛绝大部分出口产品均为未加工的原木；澳大利亚和新西兰的出口产品多为加工木制品，包括胶合板和单板、半成品锯材、木浆、纸和纸板、纤维板和刨花板产品、家具等；斐济则通过原木出口禁令来鼓励红木、桃花心木等珍贵树种的锯材出口；萨摩亚、汤加和瓦努阿图的商品林已基本耗尽，林木的加工已微不足道。

1. 面临的挑战

太平洋地区在过去的 20 多年来一直是森林净流失的地区，2005—2010 年年均森林损失估计在 108 万公顷，大部分损失是由于澳大利亚发生严重干旱导致林木的枯死。巴布亚新几内亚和所罗门群岛在过去 20 多年中也失去了相当数量的森林面积，而斐济、新西兰和萨摩亚森林面积出现了净增长，其余经济体的森林面积保持相对稳定。

太平洋次区域森林发展政策主要针对可持续森林管理的总体目标，关注自然保护、农村生计改善、毁林和森林退化、种植园发展、工业发展、流域管理、土地利用规划、气候变化和社区参与等方面的问题。在澳大利亚和新西兰，林业政策和发展方向是明确、稳定和成熟的，但在森林资源极为丰富的大多数岛屿经济体，面临的关键挑战是决策者和相关利益群体如何有效执行这些政策并发挥作用，以确保所有的政策、规划、制度和投入与总体构想相一致和易于操作执行。

影响太平洋次区域森林和林业变化的最直接的因素涉及人口结构、经济转型、社会观念和需求、环境变迁、科技进步和政治制度演变方面的变化，所有这些因素都会给森林和林业带来各种影响和压力，迫使森林管理方式发生改变。因而，上述因素与变化和林业行业部门的应对方式将决定未来太平洋林业的发展趋势。

2. 发展需求

太平洋次区域的天然森林资源日趋枯竭，木材加工业原料供应不足，对工业木制品进口的依赖增强。与此同时，大量森林的砍伐导致生物多样性流失严重，流域保护、海岸保护、森林娱乐和碳汇等方面的生态系统服务功能大幅度下降，保护现有资源和重建自然资源基础是未来森林管理与林业发展的需求。

森林的有效管理与可持续利用是摆脱贫困和农村生计发展的重要手段，农村生计发展和减贫是太平洋次区域所有发展中经济体面临的重大挑战。此外，完善森林政策、法律框架和制度，加强基层林业部门和人员能力建设，提升林业科学技术应用的能力与水平，提高森林原材料和能源利用的效率也是太平洋次区域未来林业发展的迫切需要。

（四）东 亚

东亚次区域面积约 11.47 亿公顷，2006 年人口约 15.3 亿（世界银行，2008），主要涉及中国（包括台湾省、香港和澳门特别行政区）、日本、朝鲜、韩国和蒙古国。该区域包含了多种多样的生态系统类型，从亚热带、温带和高山森林到沿海红树林以及草原和沙漠地带的干旱地带。森林覆盖面积约为 2.55 亿公顷，约占该区域土地面积的 22.5%。其中，中国的森林覆盖面积最大，占该区域森林覆盖率的 81% 左右，其余的近 20% 的森林覆盖面积中，日本约占了一半，朝鲜、韩国和蒙古国各占 3%~4% 的比例，但韩国与朝鲜的森林覆盖率超过 50%。

近 20 年来，东亚次区域森林覆盖面积明显增加，森林变化情况在整个亚太地区和全球范围内极为显著。1990—2005 年，尽管蒙古国和朝鲜的森林覆盖面积呈显下降趋势，东亚次区域的人均森林面积仍然从 0.15 公顷增加到 0.16 公顷，这主要得益于中国广泛的人工造林项目，为该区域森林覆盖面积的增加作出了巨大的贡献，而日本和韩国致力于森林资源从数量到质量改善。全面改善森林质量，提高森林的环境价值和社会价值逐渐得到广泛的关注和接受，自然保护区和森林保护面积也不断在扩大，林业的产业化正朝着生产供应链的末端产品发展。

1. 面临的挑战

对东亚次区域而言，尽管对森林资源的环境服务功能认识已大幅增加，不断加大森林管理和提高森林质量的力度，但由于区域人口对森林资源日益增长的多样化需求将增大森林的压力，森林的环境服务功能仍面临着如何协调和平衡经济、环境和社会价值的挑战。次区域各国政府正在致力于最大限度地发挥森林在减缓和适应气候变化方面的作用，出台鼓励加强植树造林活动的政策和方案，增加碳汇，为气候适应性战略提供重要的生态服务功能。

在东亚次区域的低收入和发展中经济体中，广大的农村贫穷社区仍然依靠林地和林木资源谋生，林业的发展在农村社区减贫与生计发展方面也面临着严重的挑战；石漠化是次区域森林和农村生计面临的一大威胁，特别是中国和蒙古国所应对的情况较为严重；极端气候干旱条件下的森林火灾、林木病虫害蔓延所造成的森林损害程度也极为严重。

2. 发展需求

东亚经济体在经济发展上高度多样化，不同经济体之间的情况及其对森林的影响将大不相同。对该区域的经济体而言，促进森林的可持续发展，发挥出林业发展在致力于社区减贫与生计发展中的作用，实现森林资源生态效益、经济效益和社会效益的相互协调是未来发展方向和需求。因而，制定和完善促进森林可持续发展的政策、加大区域林业发展的物质投入、改善社区土地林权制度和社区公众参与的激励机制、利用科技进步成果来促进区域性的森林治理将是今后一段时期的重点策略。

（五）中　亚

中亚次区域主要涉及哈萨克斯坦、塔吉克斯坦、土库曼斯坦、乌兹别克斯坦和吉尔吉斯斯坦等经济体，该区域位于干旱及半干旱地区，土地多为草原和牧场，农地和林地所占比例小。中亚各国虽然森林面积占国土面积的比重很小，但属于全球生物多样性热点地区，是许多珍稀动植物的栖息地。由于森林退化严重，该区域森林质量和生产力均呈现出下降趋势，各国已禁止商业采伐天然林和半天然林。

由于过去受苏联集体林管理模式的影响，中亚各国绝大部分森林归政府所有，由政府实行统一管理；森林管理主要侧重于森林保护、野生动物保护和提供环境服务，对国民经济的直接贡献率低，但仍是农村居民生计、福祉的主要来源。中亚次区域的木材资源不能自给自足，特别是哈萨克斯坦和乌兹别克斯坦，每年需要进口大量原木才能满足国内市场需求。

1. 面临的挑战

中亚各经济体虽已制定了林业和植物资源的保护、推广和使用的相关政策及规划，但由于资金预算匮乏、科研与专业技术人员不足，政府林业行政机构的管理、监控、执法能力薄弱，管理效率低下。尽管中亚五国经济和体制环境不同，但在森林资源的管理与林业发展方面均面临着以下共同的问题。

(1) 林地开放造成森林资源过度开发，增加了保护森林资源的压力。

(2) 林业法律框架和管辖范围不清，缺乏土地权属安全和森林所有权意识，林业政策、法规执行不到位。

(3) 森林和林地与其他土地用途界定不清，缺乏土地综合利用的规划。

(4) 政府部门对森林恢复投资有限，林业专业技术人才缺乏。

(5) 资源本底情况不清，森林资源统计方法自相矛盾，缺乏可靠的林业数据。

2. 发展需求

提高政府部门林业官员和技术人员制定林业政策、规划和森林执法与管理的能力与水平，严格禁止非法采伐和过度放牧，对牧场、森林和野生动物资源进行有效管理，将森林管理重点放在保护水流域、防止水土流失、发挥森林游憩功能及保持动植物群落等方面。加强林业种子基因库建设、林业资源信息库建设，加强区域性跨境生态廊道和自然保护区建设，以促进跨境生物多样性保护；加大对林业的投入和技术支撑力度，鼓励当地群众积极参与退化森林植被恢复的人工造林，发展林副产品深加工和木质能源消耗的替代。

(六) 拉美地区 (秘鲁、墨西哥和智利)

拉美地区林业资源丰富，是森林覆盖面积较大的大陆。其中，南美洲森林面积达9.2亿公顷，占美洲总面积的50%以上，约占世界森林面积的23%。墨西哥、中美洲和加勒比地区各岛屿的森林面积合计约7000万公顷。

拉美地区的亚马孙流域是现今世界最大的、保存最完整的热带雨林，总面积5.5亿公顷。亚马孙热带雨林中的动植物资源极为丰富，品种之多是世界上独一无二的，仅植物物种就多达8.6万~9万种，也是世界上脊椎动物和鸟类最丰富的地区，哺乳类动物、两栖类动物和爬行类动物既丰富又具地区特色。

1. 秘鲁

秘鲁位于南美洲的中部和西部地区，国土面积约为128.52156万平方千米，总人口约为3150万(2016年)，经济发展主要是以农业、矿业、油气开采和产品制造、自然资源的开发利用为基础。

秘鲁现有森林面积7200多万公顷,占其国土面积53%。森林蓄积量81.59亿立方米,每公顷蓄积量120立方米。森林近98.5%为天然林,人工林仅占1.5%,是世界上仅次于巴西的第二个拥有最大森林面积的经济体,其热带森林面积居全球第四,是亚马孙流域中森林面积最大的区域。

(1)面临的问题。尽管秘鲁是南美洲仅次于巴西的热带森林面积最大的地区,但丰富的森林资源仍不断受到威胁,森林砍伐和森林退化是目前所面临的主要问题和挑战,不合理的农业开发、无序的金矿开采和非法森林采伐是导致森林退化的主要原因,从而导致生态系统服务功能降低、生物多样性流失严重。秘鲁约900万公顷原始森林遭受破坏,其中的550万公顷严重退化或荒芜,约15.3%的国土面积受到退化的威胁,按这一趋势直到21世纪末,秘鲁将有62%的土地面积受到退化的影响。

(2)发展需求。秘鲁在《联合国气候变化框架公约》内做出国际承诺,将致力于实现2021年森林毁林率为"零"。此外,为了减少生态系统和森林覆盖质量的损失,在政府层面的环境承诺和竞争力的框架内,秘鲁将通过提高森林的可持续管理、合理的土地转化与有效的农业生产实践等措施来减少环境污染、林地退化。

加强机构能力建设,提升森林管理的信息与技术方法,制定和实施发展战略,并建立监测体系以确保可持续性;加强国际合作,以支持秘鲁在退化林地恢复、生物多样性保护和气候变化方面达成的国际承诺;探索在国家和国际层面寻求多边投资方案,以支持和发展恢复退化土地的实践与举措;加强机构退化土地管理的标准监管和执行规则,确保全国范围内成功开展退化土地恢复的各项措施和提供项目资金。

2. 墨西哥

墨西哥总人口1.184亿,在拉丁美洲仅次于巴西,居第2位,居全球第11位。墨西哥天然植被面积1.38亿公顷,占国土面积的71%,森林面积6480万公顷(世界排名第12),占国土面积的33%。除政府和私人拥有的少量林地外,大约80%的森林面积为社会(集体合作农场和社区)所有,有1200万人的生计直接依赖于森林,土著居民依靠林业生产活动作为其主要收入来源,社区林业相对比较发达。此外,墨西哥拥有2160万公顷可用于发展经济树种种植的林业用地,尚有1300万公顷林业用地完全未开发利用,林业发展潜力巨大。

(1)面临的问题。近几十年来,墨西哥是全球森林砍伐最严重的经济体之一,与巴西、加蓬、巴布亚新几内亚和印度尼西亚一起成为全球自1991年以来原始森林砍伐最严重的经济体,森林砍伐与林地退化是墨西哥森林生态系统受到的主要威胁。2000—2005年,森林砍伐面积高达58万公顷,森林砍伐和森林退化导致了森林生态系统服务功能不断下降。自2007年以来,政府制定了强有力的措施保护热带雨林,在过去10年中,净毁林的速度降低了50%以上。

(2)发展需求。墨西哥森林资源在生物多样性保护、维护生态系统服务功能、满足人类对森林产品需求等方面具有重要的意义。生态补偿是减少森林砍伐的有效措施，有助于维持生物多样性和改善社区居民的生计，墨西哥国家林业委员会致力于建立和巩固发展当地森林生态系统的生态补偿机制和市场。墨西哥国家林业委员会每年财政预算（约合5.12亿美元）的69%都用于森林的修复，并通过《全国森林计划》，到2018年实现平均每年造林17万公顷。

进一步明确社区对土地和森林资源的所有权和使用权划分，保障森林使用者的权益，使其能够从保护行动中获得正当收益，为森林资源恢复与可持续管理的发展奠定基础。此外，建立森林管理信息、评估和反馈的有效机制，加强技术支撑的能力建设，增加森林社区和村社的自我管理能力，吸引和鼓励外资按规定的比例投资造林。

3. 智利

智利作为南美洲的一个高收入经济体，总人口1776万，人均国民收入为14910美元，国土面积为7435平方千米，林地面积3380万公顷，占国土面积的44.7%；森林面积930万公顷，森林覆盖率为25%。林业部门是智利管理利用土地面积最大的部门，人工林虽然在森林资源中的比例比天然林低很多，但林业部门在很大程度上实践了以科学为基础的人工林可持续集约化经营，以生产木材为主的人工林为智利林产工业的蓬勃发展奠定了坚实基础，林业收入的95%来自人工林资源，林产工业奠定了智利重要出口行业的基础，成为智利林业经济的命脉，为智利的第三大出口行业和第二大创汇产业，为促进就业和提高国内生产总值作出了显著贡献。

（1）面临的问题。自1990年以来，智利已建立了超过100万公顷由松树和桉树等速生树种组成的人工林种植园，有150万~200万公顷的人工林在建设之中，人工林的产出占林业行业的98%。人工种植园的发展也大幅度减轻了对天然林的压力。然而，大面积速生树种为主的人工林的快速增长所导致局部地区土壤干旱成为一个令人关注的问题，林业部门正在努力通过选择合适的造林树种来应对这个问题。

（2）发展需求。智利天然林和人工林种植园的经营管理受到政府立法的管制，林业部门的森林行动计划与战略涵盖林业的生产、社会和环境职能，并要求对所有被采伐地区，包括种植园进行重新造林，正在制定的20年森林政策将致力于公共和私营部门有效提高和恢复退化天然林的激励措施，以提高公众遵守森林与环境保护法规的自觉性。

鼓励乡土树种为主的天然林、人工林种植园的可持续管理以及受保护物种的有效保护；加强对林业从业者的支持，重点是保障中、小业主和土著社区居民致力于森林保护、恢复和生态旅游的权益；强调城市树木、郊区森林公园、自然基础设施以及其他具有遗产和文化价值的林木的维护与保护；保护生物多样性，减少因森林火灾、森林虫害、入侵树种和气候变化等方面所带来的威胁，促进和提升森林的生态环境服务功能。

总而言之，亚太地区在全球化加速发展的背景下，面对亚太地区的森林管理和林业发展的需求和未来挑战，林业及相关部门的发展将影响到区域性的可持续森林管理，进而影响森林和林业在改善社会和经济状况、满足对木材和木材产品的需求、致力于农村减贫和应对全球气候变化及新的环境危机的贡献。因此，更好地了解社会的变革背景和应对今后可能发生的变化，制定可供选择的应对方案，将决定区域性与全球性的林业发展进程。

第二篇

亚太地区27个经济体森林管理与发展

孟加拉国（Bangladesh）

一、概　述

孟加拉国地处南亚的东北部，位于北纬 20°34′~26°38′、东经 88°01′~92°41′。国土面积 147570 平方千米，其西部、北部、东北部与印度毗邻，东南部与缅甸接壤，南部为孟加拉湾，海岸线长 550 千米。

孟加拉国首都为达卡，划分为达卡、吉大港、库尔纳、拉吉沙希、巴里萨尔、锡莱特和郎故尔 7 个行政区，下设 64 个县。总人口为 1.5805 亿，由 20 多个民族组成，其中孟加拉族人口最多，占总人口的 98%，是南亚古老民族之一。孟加拉国人口密度超过 1000 人/平方千米，是世界上各人口大国（即 5000 万以上人口经济体）中人口密度最高的经济体（中国外交部，2018 年）。

（一）社会经济

孟加拉国经济基础薄弱，重工业和制造业欠发达，国民经济主要依靠农业，有 77% 的人口居住在农村。在 2016 年出炉的"亚洲经济体竞争力最新排名"中，孟加拉国排名第 32 位，是世界上最不发达的经济体之一。

孟加拉国农产品主要有茶叶、稻米、小麦、甘蔗、黄麻及其制品、白糖、棉纱、豆油。其中，黄麻生产是孟加拉国的经济命脉，平均年产量约占世界产量的 1/3，是仅次于印度的世界第二大黄麻生产经济体和世界第一大黄麻出口经济体，作为孟加拉国的主要创汇产品，黄麻出口收入一度占其出口总收入的 80% 以上。

孟加拉国沿海地区面积约为 46873 平方千米，约占全国总面积的 32%，大约有 3510 万人居住在沿海地区，是孟加拉国人口稠密的区域。农业、渔业和盐的生产是沿海地区主要的生计来源。

（二）地形地貌与气候特征

孟加拉国位于南亚次大陆东北部的三角洲平原上，平原占土地总面积的 85%，东南部和东北部为丘陵地带，最高的山峰是凯奥克拉东峰，海拔 1229 米。孟加拉国是世界上河流最稠密的经济体之一，境内水道纵横，河运发达，河流和湖泊约占国土面积的 10%，被称为"水泽之乡"和"河塘之国"。基于该地区的地貌，沿海地区特别容易受到热带风暴和孟加拉国湾频繁发生的潮水涌浪影响，红树林被认为是最重要的海岸防护林带。

孟加拉国总体上属亚热带季风气候。冬季气候非常宜人，于每年11月开始，次年2月结束。温度范围从最低的7.00~12.79℃到最高的23.88~31.11℃。虽然在有些地方偶尔会升高到40.50℃或更高，但是有正式记录的夏季月份最高温度为36.66℃。雨季从7月开始，一直持续到10月，这一时期降水量占全年总降水量的80%，年平均降水量从1430毫米到4360毫米不等。

（三）自然资源

孟加拉国有丰富的天然气、石灰石、硬石、煤、褐煤、硅石、硅土、高岭土等自然资源。截至2014年，已公布的天然气储量为3113.9亿立方米，煤储量7.5亿吨，还有大量的石油未被探测发现。

二、森林资源

森林资源是孟加拉国重要的经济发展组成部分。作为可再生的资源，森林不但提供了木材、木浆、木杆、燃料木材、食物、药物等，也是野生动物重要的栖息地和生物多样性保护的基础。目前森林资源和森林管理在孟加拉国变得越来越重要。

（一）基本情况

森林面积为252万公顷，占国土面积的17.07%（表1），国有林地约225万公顷，社区森林（也称"村庄森林"）面积27万公顷。其中，由林业部门管理的林地约152万公顷（表2），由地方政府管理尚未分类的国有林地73万公顷，分别占国土面积的10.3%和4.95%。孟加拉国也是世界上面积最大的红树林分布地区之一，也是珍贵的孟加拉虎的故乡。在库尔纳的沿海地带有近600平方千米的沼泽湿地，是梅花鹿、鳄鱼、猴子、猎豹、野猪、鬣狗以及多种鸟类的天然栖息地。

表1 孟加拉国的林地

林地类型	面积（万公顷）	占国土面积的百分比（%）
林业部门管理的林地	152	10.300
未归类的国有林地	73	4.947
社区森林（村社或个人私有）	27	1.830
总计	252	17.077

表 2 林业部门管理的林地

森林类型	面积(万公顷)	占国土面积的百分比(%)
丘陵林	67	4.540
天然红树林	60	4.066
人工红树林	13	0.881
娑罗双树林	12	0.813
总计	152	10.300

(二) 森林类型

孟加拉国森林主要分为红树林、热带常绿和半常绿林、热带湿润落叶林和社区(乡村)森林4种类型。

1. 红树林

孟加拉国的红树林由天然红树林和人工红树林组成，总面积为73万公顷，分别占国土面积的4.95%和占林地面积的48.03%，直径15厘米以上的林木蓄积量约有1226万立方米。其中，最大的一片天然红树林位于孟加拉国西南角的桑德尔本斯；人工红树林则集中在整个南部沿海，政府于1960—1961年在沿海地区实施了植树造林计划，并扩大到前滨岛屿、堤坝和开放海岸。截至2014年，孟加拉国的人工红树林面积达到13万公顷。

2. 热带常绿和半常绿林

热带常绿林和半常绿林主要分布在吉大港、考克斯集市、吉大港丘陵和希尔赫特，总面积约67万公顷，占陆地总面积的4.54%，占林地面积的44%。最近的森林清查结果显示，林木蓄积量约为2393万立方米。该区域动植物种类繁多，重要植物区系有沙巴莱、花药、金银花、卡蒂卡杧果、金合欢(龙腿草)、柚木、土豆杉、香柏、大棚竹等竹类、藤本攀缘植物和蕨类植物等。

3. 热带湿润落叶林

热带湿润落叶林分布在中部和北部地区，林地与人口定居点混杂，被分割成小块，面积约12万公顷，约占国土总面积的0.81%和林地面积的7.8%。主要树种为娑罗双(*Shorea assamica*)、肉桂(*Cinnamomum cassia*)、刺槐(*Robinia pseudoacacia*)、紫薇(*Lagerstroemia indica*)和羊蹄甲(*Bauhinia purpurea*)等树种，林木蓄积量约为375万立方米。

4. 社区(乡村)森林

社区(乡村)森林是指由乡村社区经营管理的森林，林木覆盖面积约为27万公顷，森林蓄积量约5470万立方米，是国内林木及森林产品需求最重要的来源。

(三) 森林资源变化

孟加拉国不断增长的人口压力给天然林带来了不利影响。人口增长、商业化目的的征占用林地、木质能源和木材需求量大等原因导致了人们对森林资源和林地的过度利用与开发。在过去的几十年内，孟加拉国人口稠密、耕地密集的三角洲平原上天然森林几乎全部消失，分布于热带的娑罗双湿润落叶林就是一个典型的例子。1985年，孟加拉国还有约36%的林地被娑罗双原始林覆盖，而最近的调查数据估计，这一比例已经下降到10%左右。截至20世纪80年代初，孟加拉国的国土面积仅有大约16%被森林覆盖。从20世纪80年代中期开始，在国际援助组织的支持下，孟加拉国开始规模地开展森林恢复项目，但由于高密度的人口压力和薄弱的经济发展条件，森林恢复速度比较缓慢。尽管孟加拉国1994年修订的森林法规制定了到2015年实现全国20%的森林覆盖率和自然保护区面积占森林面积的10%的目标，但孟加拉国的人均林地面积仍然呈不断减少的趋势，官方估计年均毁林率在3.3%左右。

导致孟加拉国森林面积减少和森林退化的因素极为复杂，这些因素包括随着人口的增长不断毁林开荒来扩张农业种植面积，在农业轮歇种植过程中导致林地被侵占、变更；商业性森林砍伐和种植园的林木砍伐难于管控；非法的林木、薪柴的砍伐和森林火灾频繁发生，森林附近的采矿扩展、过度的放牧和烟草种植面积扩大，乡村及城市化发展和基础设施发展导致林地面积减少，以及不合理的森林管控措施等。归结起来，贫困、土地稀少、经济极不发达、缺乏土地利用规划和有效的政策、管理规定，以及土地所有权制度的不确定性和社会政治不稳定是导致孟加拉国令人震惊的毁林速度的主要原因。

三、生物多样性

孟加拉国有各类物种丰富度极高的生态系统复合体，如山地常绿林和半常绿林、干旱落叶林和湿润落叶林；冲积平原与河流、河漫滩沼泽；沿海滩涂、岛屿以及红树林沼泽地、珊瑚岛和海洋生态系统等，多样性十分显著。

(一)动 物

孟加拉国动物种类非常丰富。据统计，有哺乳动物133种，鸟类711种，爬行动物173种，两栖动物64种，淡水鱼类653种，甲壳类动物185种和蝴蝶323种。孟加拉国的一些地区动物种类尤为丰富，比如在桑德尔本斯地区分布着269种野生动物，世界闻名的孟加拉虎(*Panthera tigris tigris*)就是该区域的明星动物。

世界自然保护联盟红色名录(2015)对孟加拉国的1619种物种进行了评估。其中，31种(2%)为区域灭绝，56种(3.45%)为极度濒危，181种(11.18%)为濒临灭绝，153种(9.45%)为易危物种，90种(6%)为近危物种，802种(50%)为低度关注。值得一提的是，全球仅存的3000多只野生亚洲虎中，孟加拉国与南亚的不丹、印度和尼泊尔4个经济体占了65%以上。此外，世界自然保护联盟红色名录中提到孟加拉国的各类动物中有哺乳动物38种，鸟类39种，爬行动物38种，两栖动物10种，淡水鱼

64 种，甲壳类动物 13 种和蝴蝶 188 种在全国各地受到威胁。

目前，林业部门正在实施一个名为"加强区域野生动物保护的合作"项目，该项目目标是在区域范围内加强政府机构的能力建设，严厉打击非法野生生物贸易，改善对濒危野生动物及其生境的管理。

(二) 植 物

根据孟加拉国的《动植物百科全书（2007—2009）》中所提及的植物物种综合清单，共记录有 3611 种被子植物。从 2009 年 6 月到 2013 年 6 月，孟加拉国增加记录了 64 个被子植物物种，其中有 8 个被描述为科学新物种。除此之外，孟加拉国植物标本馆 2015 年报告了有 40 个被子植物新物种的记录。有一些地区生物多样性尤其丰富，比如桑德尔本斯地区分布着约 334 种乔木、灌木和附生植物，在该地区，约有 13970 公顷的林地被宣布为世界遗产地。

四、自然保护地

孟加拉国作为一个以农业为主的南亚经济体，人们的传统生活习惯和耕作方式与森林有着密切的关系，当地社区传统上一直严重依赖于包括自然保护区在内的森林和林地。人口压力增加了对森林资源的商业采伐和林地的侵蚀，导致了孟加拉国森林退化和保护区范围萎缩，对野生动物栖息地产生了极为不利的影响，也对自然资源依赖者的生计与发展造成不利影响。

孟加拉国森林保护地面积约 618253.49 公顷，约占总国土面积的 4.19%。共计建立了 43 个不同类型的自然保护地，其中野生生物保护区 20 个，国家公园 20 个，特殊生物多样性保护区域 2 个和海洋保护区 1 个。按照世界自然保护联盟的保护区域分类，有以下不同类型的保护区和保护地。

(一) 野生动物保护区

野生动物保护区指禁止对野生动物进行狩猎、射击或诱捕等活动的区域，还包括对野生动物繁殖进行保护的未受干扰的地区。设立野生动物保护区的主要目的是保护野生动物及其栖息地，也包括对植被、土壤和水等自然资源的保护。如孙德尔本斯就设有 3 个野生动物保护区，即东部、西部和南部野生动物保护区，闻名世界的孟加拉虎就是孙德尔本斯的明星动物，同时也是各种鸟类、恒河江豚、玳瑁等物种的家园。

(二) 国家公园

国家公园指在自然状态下，以保护和保存植物、动物和景观为目的，具有优美景观的风景胜地或自然区域，允许开展公众娱乐、教育和部分研究活动。包括生态公园、植物园、野生动物园、生物多样性特殊区域和秃鹰安全区等类型。

（1）生态公园指由政府官方通告和宣示的具有自然、生态的迷人风景，为游客提供康乐设施的动植物自然生态栖息地。

（2）植物园是以教育、研究和保护为目的，在一个生境中保存或管理不同的本地和外来计划物种的地区，从外来栖息地引入物种可以在植物园中进行基因库改良。

（3）野生动物园指创造接近于自然栖息地的环境条件，保护本土和外来野生动物物种，以增加物种种群。

（4）生物多样性特殊区域是指专门为保护和发展某一特殊生物类群的区域，例如锡尔赫特的拉塔古尔沼泽林。

（5）秃鹰安全区主要为保护和繁殖区域内极度濒危的白背秃鹰（*Gyps bengalensis*）而设立。

为有效保护不同类型的生物多样性，在不同的区域成立了区域保护委员会或区域保护联合管理委员会，主要由区域的森林官员/助理森林管理员、非政府组织/联合会/组代表、政府的代表、当地社区组织代表、村社精英代表、私营企业主代表、法律执行部门代表、政府农业推广、渔牧和土地部门的代表共同组成。

五、林业产业发展

孟加拉国绝大多数人口的生活严重依赖森林资源，林业部门面临着巨大的压力。国内对木材及其产品的需求量远远大于自身的供给量，木材需求量不断随着人口数量的增加而增加。

（一）薪　柴

孟加拉国可替代能源有限，薪柴是国内消耗的主要森林产品，每年薪柴总消耗量超过800万吨。其中，生活能源约510万吨，占总消耗量的63%；工业和商业用途的薪柴约290万吨。农村家庭提供了国内约75%的燃料木材，政府森林提供了其余的25%。在总燃料木材中，近85%用于农村地区，农村居民主要依靠木柴来做饭和用于其他家庭活动，15%用于城市地区。

（二）木　材

孟加拉国木材需求从2000年的540万立方米增至2015年的680万立方米，其中，仅锯材的产量从2000年的约145万立方米增加至2015年的190万立方米，主要木材树种有柚木（*Teciona grandis*）、娑罗双、桉树（*Eucalyptus robusta*）、橡胶树（*Hevea brasiliensis*）、杧果树（*Mangifera indica*）等。孟加拉国有4500多个锯木厂，雇工约33000人，每年可生产约270万立方米木材。除此之外，每年可使用原木生产枕木约10000个（400立方米）。

(三)木材进口

为了缓解国内木材的短缺,孟加拉国主要从缅甸、中国、印度尼西亚等经济体进口合法的木材和各种林产品。由林业局下属的森林利用办公室与进口商合作,以保证木材和木制品的合法进口。

六、林业管理

孟加拉国的森林管理始于英国殖民统治时期,当时孟加拉国为英属印度的一部分。英国殖民者于1872年在孟加拉国创建了森林管理机构,主要目的是控制和收取税款。为了从森林中砍伐高价值的珍贵木材树种以获得更多的税收收入,林业部门制定了森林管理计划和工作计划,但仅限于确定每年森林砍伐的总量、具体的砍伐位置、砍伐量以及采伐之后如何恢复等。

1947年印巴分治后,孟加拉国归属巴基斯坦,被称为东巴基斯坦。1955年制定的森林政策为森林管理提供了明确的指导方针,阐明了森林管理计划的必要性,并将所有区域的森林都纳入管理计划当中。1971年孟加拉国独立之后,森林管理的目标不再局限于木材生产,而更加注重为野生动物提供空气清新、水体干净的健康栖息地,并强调将其作为生物多样性保护和自然旅游的重点区域。森林管理理念也倾向于让公众积极参与管理,并鼓励社区民众通过植树造林来增加收入,提高生活水平。

(一)林业管理机构

隶属于孟加拉国环境和林业部的林业局是从事森林资源开发与管理、生物多样性保护、流域保护与保护区管理的唯一政府机构。作为国有森林的保管者,林业局负责所有森林和野生动物的保护和管理,具体执行政府各种林业政策、法令、条例和规定。林业局局长对森林管理与林业发展负全面的责任。

林业局下设9个区域林业办公室和41个林业管理处,负责管理全国的林业经营和发展活动,区域内所涉及的保护地也由当地的林业管理机构负责。值得一提的是,孟加拉国林业局于2001年重新创建了一个独立的野生动物管理和自然保护办公室,该机构在林业局局长的直接领导下负责监督、协调、管理当地野生动植物(植物、动物、候鸟等)的就地保护、迁地保护和环境保护等,直接对国内7个野生动物自然保护区、森林保护区域和2个植物园进行管理、监督。

(二)林业政策与法律法规

1. 林业政策历史及演变

孟加拉国森林管理政策的起源可以追溯到1894年英属印度殖民时期的森林政策,当时在英国政府的政治意愿下,南亚次大陆的第一个正式森林政策于1894年颁布,这一政策将林木生产列为优先事项，并鼓励将林地转化为农业发展等用途。直至1927年，在1894年制定的林业政策基础上颁布了孟加拉国第一部《森林法案》。该政策制定了森林相关规则的法律分类（森林采伐手册、过境规则以及立木价值评估等）。

在英属印度分离后，孟加拉国仍是巴基斯坦的一部分，即东巴基斯坦。巴基斯坦政府于1955年制定了森林管理的林业政策，而政府对东巴基斯坦森林的兴趣主要是经济价值，并将收益最大化视为其中最主要的经营目标，由此导致天然森林采伐和农业物种短期轮种成为普遍现象，这些被证明为不可取的森林管理实践方案。

孟加拉国脱离巴基斯坦独立建国后的第一个森林政策于1979年颁布生效，该政策虽然有许多内容与森林可持续管理相互矛盾，但重点增加了提高林木覆盖率，保护现有森林资源、野生生物和利用森林资源发展娱乐休养项目等内容。

1994年，在亚洲开发银行技术和财政援助下，孟加拉国颁布了《森林法》，强调用参与性办法来鼓励社区居民保护和管理国有林地以外的林木资源，政府支持和鼓励社区、地方团体在沿着道路、河流的边缘土地上开展人工造林的森林恢复与管理活动。

2.《森林法》

1994年颁布的《森林法》指出：将通过政府、非政府组织、私营部门的努力和广大民众的积极参与来加快森林恢复步伐和维护生态平衡。到2015年，实现将20%的国土面积纳入政府和私营部门的造林项目中，并实现森林产品的自给自足。具体内容如下。

通过当地居民的合作，对道路、铁路、大坝、池塘和水系两侧的边缘土地进行大规模绿化。同时，鼓励在所有合适的地区种植橡胶。为了防止人口稠密地区的环境污染，将在政府的支持下，对居民区进行规划；在各城市、乡镇开展专门的植树造林活动。通过可持续森林、水资源和鱼类的多种用途管理，确保区域生态环境的完整性。对被侵蚀裸露或已侵占的林地区域以及已建成的茶园等采取混农林业方式鼓励公众植树造林，将未开垦的茶园确定用于植树造林区域。针对木材的稀缺性，将继续禁止原木出口，但允许出口加工后的林产品；同时放宽木材和木制品进口，对用于补充国内需求的木材产品征收适当的进口关税。积极鼓励妇女加入庭院和小农场林业的参与式造林计划中。与森林和野生生物有关的生态旅游被确认为与林业发展有关的活动，在考虑到大自然承载能力的范围内加以推广。政府和非政府媒体开展大规模的宣传运动，以提高公众对造林、护林以及森林资源的管理与利用意识。鼓励在植树造林项目中种植果树，在增加果实产量的同时生产木材、薪材和非木材林产品。不断修订与林业有关的法律、规则和条例，必要时，将根据林业政策的目标颁布新的法律和规则。

继《森林法》出台后，孟加拉国陆续出台了《森林持续管理政策（1995—2015年）》、《2000年森林法案》（修订）、《社会林业规则（2004）》等政策法案，进一步强调通过人工造林来加强对森林采伐迹地和严重退化林地的恢复，同时积极鼓励开展参与性的社会林业活动，对非传统森林区域的休闲地和沿海地区开展人工造林，逐步扩大森林覆

盖率。

值得一提的是,社区(乡村)森林在满足孟加拉国国内日常的木材、薪材、竹材、森林食品的需求方面起着重要的作用,几乎82%的林木和林产品均来自社区森林。然而,为了满足不断增长的人口对住房、可耕地、木材和薪材的需求,社区(乡村)森林退化也十分严重,由此导致木材和薪材的供求矛盾日益扩大。虽然政府通过实施参与式的社区林业项目来应对日益增长的木材和薪材需求,减少森林退化,但小规模的参与式社区林业活动对森林恢复的贡献收效甚微,孟加拉国森林和林地的退化状况仍在继续。

七、林业科研

孟加拉国森林研究所是孟加拉国在中央层面从事林业和林产品研究与开发的专业机构,它的前身是1955年在美国国际开发署技术援助下成立的东巴基斯坦森林研究实验室。该机构成立的最初目标是开发利用东巴基斯坦的森林及其产品。随着森林过度砍伐,森林面积大幅减少,在联合国粮食及农业组织/开发计划署的协助下于1968年重组并更名为"孟加拉国森林研究所",成为一个开展森林研究的专门机构,隶属环境和林业部,位于吉大港市。

孟加拉国森林研究所下设有森林管理处和林产品处两个分支机构,根据树木生态条件差别,在不同地区设有21个研究站,其中,森林管理处由11个研究部门组成,即森林培育、森林遗传、红树林造林、种植园试验单位、森林经济、种子园、森林清查、土壤科学、森林保护和次要林产品研究部门等;林产品处包括木工和木材工程、木材物理、木材防腐、纸浆和造纸、单板和复合木制品以及森林化学等研究部门。此外,研究所还拥有一个图书馆,主要收集林业及与之相关的书籍,藏书超过12000本;一个植物标本馆,收藏了超过16000份植物标本;一个植物园,种植了100多种乡土树种和外来树种。

孟加拉国森林研究所由环境和林业部部长领导下的11名相关学科成员组成咨询委员会,提供有关研究和其他事务的政策指导。目前,全所约有70名专业研究人员和650名技术支持人员和工作人员。

孟加拉国森林研究所研究项目主要涉及持续生产力的树木改良;建立克隆和幼苗种子园、种子林;微传播技术的发展;开发山地、平原和红树林苗圃、种植园及造林系统;种植园、村庄林业、木材工业的社会经济研究;建立森林和苗圃综合虫害管理系统;生态系统管理和生物多样性保护;野生动物管理研究;优化木材用于工业和其他用途;改善木材质量、使用防腐剂提高林产品的耐久性;废木材的工业用途;开发改进的纸浆生产方法和从本地原料生产进口替代纸浆的研究、推广、培训和咨询服务等。

八、林业教育

孟加拉国有 4 所大学可提供林业本科及以上学位的专业学习。其中，吉大港大学林业和环境科学研究所可提供林业和环境科学的本科和硕士及博士研究生学位，是孟加拉国首屈一指的林业教育和研究院所。

(一) 吉大港大学

吉大港大学是一所公立的研究型综合大学，成立于 1966 年 11 月 18 日，位于孟加拉国吉大港市以北 22 千米的丘陵地带，面积 7.09 平方千米，为孟加拉国面积最大的大学校园。目前，吉大港大学下设有不同学科组成的学院和研究所，教职员工有 1000 多人，在校学生约 2.4 万人。

吉大港大学下属的林业和环境科学研究所是在孟加拉国环境和森林部以及孟加拉国森林局的帮助下于 1976 年成立的，是孟加拉国林业教育的先驱研究所，1996 年更名为林业和环境科学研究所。该研究所于 1977—1978 年提供了为期 4 年的在职森林养护员培养项目（林业硕士），1978 年之后设立了在职林业硕士项目、环境科学领域的环境科学本科和硕士项目，是孟加拉国林业专业人才培养的摇篮。

(二) 沙贾拉尔科技大学

沙贾拉尔科技大学成立于 1986 年，目前已扩展到 7 个学院、27 个系和 2 个研究所（中心）。目前，有教师 552 人，在校学生约 10922 人。此外，该大学在医学院下设 13 所附属学校，有 4000 名学生。

7 个学院中的农业和矿物科学学院在 1998 年成立了林业与环境科学系。目前，林业和环境科学系提供 4 年的林业学士学位和林业硕士学位，平均每年约有 50 名学士和 30 名硕士研究生毕业，这些毕业生能够在森林和环境管理、治理、气候变化适应和缓解、生计和生物多样性保护等领域的国内、外政府和非政府机构中获得工作就业机会。

(三) 库尔纳大学

库尔纳大学始建于 1991 年，是一所公立大学，位于库尔纳戈拉马里的穆尔河畔。库尔纳大学由 8 所学院、29 个学科系和 1 个研究所构成。

库尔纳大学下设有林业和木材学科系，建于 1992 年，主要提供林业四年制科学学士学位和林业一年制科学硕士学位。由于学校校园接近有世界上最大的天然红树林分布的圣达班地区和森林缺乏的北部地区，鉴于这一地理因素的考虑，林业和木材学科在教育和研究中着重强调红树林经营管理；与此同时，随着政府对森林推广和社会林业项目的重视程度不断加深，林业教育也侧重于社会林业、森林管理、森林树木改良和木材科学和技术等方面的内容。

(四) 谢赫穆吉布拉赫曼农业大学

谢赫穆吉布拉赫曼农业大学成立于1998年,是政府资助的第13所公立大学,位于加兹普尔的萨尔纳,是由农业研究生院改制而成,农业研究生院成立于1983年,前身为孟加拉国农业科学院,是农业研究所下的学术机构,1991年成为一个独立机构。农业学院是该大学最大的学院,下设16个系,其中混农林与环境系从1996年开始培养农林复合与环境领域的毕业生,也为研究生提供硕士和博士学位,还与国际组织合作,在农林复合经营、环境管理、农村发展、粮食安全、土地利用等领域提供技术服务,参与项目规划等工作。

印度（India）

一、概　述

印度旧称"天竺"，地处北半球的南亚印度次大陆，位于北纬8°24′~37°36′、东经68°7′~97°25′。印度是南亚地区最大的经济体，也是世界上面积第七大的经济体。区域包括阿拉伯海中的拉克沙德威普岛，孟加拉湾的安达曼和尼科巴群岛，西部和西南部邻阿拉伯海，东部和南部达孟加拉湾，海岸线的总长度为7517千米。陆地周边分别与阿富汗、巴基斯坦、中国、尼泊尔、不丹和孟加拉接壤，喜马拉雅山脉位于印度北部。

首都新德里是印度的政治、经济、文化中心和铁路、航空枢纽，行政区划上由28个邦（州）和包括新德里在内的9个联邦中央直属区（市）组成，面积最大的州是拉贾斯坦邦。印度总人口13.39亿（中国外交部，2017年），居世界第2位，人口密度450.4人/平方千米，由100多个民族构成，其中印度斯坦族约占总人口的46.3%，其他较大的民族为马拉提族、孟加拉族、比哈尔族、泰卢固族、泰米尔族等；印度教教徒和穆斯林分别占总人口的80.5%和13.4%。

（一）社会经济

印度经济以农业、工业和服务业为主，传统耕种、现代农业、手工业、现代工业以及其他支撑产业对印度经济和国内生产总值贡献极大。农业包括作物种植、牛奶生产、畜牧业、渔业、林业和其他一些活动，农业及其相关活动约占国内生产总值的18%，且对经济的贡献每年都在增加，农业劳动力约占全国总数的一半；工业主要是各种传统和现代制造业，占国内生产总值的26%左右，解决了国内22%的劳动力就业，其中纺织业占据了南亚制造业总量的20%；服务业包括零售、建筑、软件、通信、信息技术、银行、保健和其他经济活动。

近年来，印度经济增长速度引人瞩目，为世界上发展最快的经济体之一。根据印度财政部和世界银行公布的经济调查数据，印度2017—2018年国内生产总值166.28万亿卢比（约合2.58万亿美元），国内生产总值增长率为6.6%，国民总收入164.38万亿卢比（约合2.55万亿美元），人均国民收入111782卢比（约合1733美元）。由于印度人口众多，平均国民生产总值很低，人均约为3700美元。从全球角度来看，印度处于第163位。此外，社会财富在印度这样一个发展中经济体极度不平衡，全国10%的人口掌控全国33%的收入，全国仍有25%人口无法满足温饱。

(二)地形地貌与气候特征

印度分布有各种各样的地形地貌,如高山、深谷、平原、高原、沙漠、海岸和岛屿等,从喜马拉雅山向南一直伸入印度洋。北部是山岳地区,中部是印度河—恒河平原,南部是德干高原及其东西两侧的海岸平原。平原约占总面积的40%,山地占25%,其余为高原,但这些山地、高原大部分海拔不超过1000米;低矮平缓的地形在全国占有绝对优势,不仅交通方便,而且分布有适宜农业生产的冲积土和热带黑土等肥沃土壤,农作物一年四季均可生长。

根据地貌特征、地质构造历史,印度可分为北部高海拔山区(北部和东北部的喜马拉雅山部分)、印度河平原、半岛高原、沿海平原、印度沙漠(塔尔沙漠)和岛屿(如归为联邦直属地孟加拉湾的安达曼和尼科巴群岛,阿拉伯海的拉克沙德韦普岛等)。

印度气候多种多样,从西部干旱的沙漠、喜马拉雅北部的高山气候到西部的热带沙漠气候、西南部岛屿海洋性气候和热带雨林的潮湿热带气候,但大部分属于热带季风气候,部分地区有炎热夏季和极端的冬季,历史最高温度记录为50.6℃,发生在拉贾斯坦邦的阿尔瓦尔;最低温度为-45℃,发生在克什米尔。印度气候分为雨季(6~10月)、旱季(3~5月)及凉季(11月至次年2月),冬天时因受喜马拉雅山脉屏障影响,无寒流或冷高压南下。年降水量在1000~2000毫米,西南季风是印度水汽的主要来源,约有4/5的降水集中在西南季风盛行的时期。由于地形等因素的影响,降水量分布极不均匀,西部沙漠地区年降水量少于100毫米,东北部阿萨姆邦年降水量在4000毫米以上。

(三)自然资源

印度矿产资源丰富,铝土储量和煤产量均占世界第5位,云母出口量占世界出口量的60%,铁矿石大量出口日本等经济体。此外,还有云母、石膏、钻石及钛、钍、铀、石油和天然气等矿藏,沿海及岛屿具有丰富的海洋渔业资源,森林覆盖率为21.9%。

印度的主要河流有恒河、布拉马普特拉河(上游为雅鲁藏布江)、印度河、讷尔默达河、戈达瓦里河、克里希纳河和默哈纳迪河等12条主要的河流,水资源可利用量为11220亿立方米,约占水资源总量的60.0%;恒河最长,布拉普特拉河、恒河和梅克纳河在孟加拉国汇合后注入孟加拉湾。

二、森林资源

(一)基本情况

印度是世界上森林资源最丰富的10个经济体之一。联合国粮食及农业组织《2015

年全球森林资源评估报告》记录,印度的森林面积为 7068.2 万公顷,占其国土面积的 22%,占全球森林面积的 2%,在全球森林面积前 10 位经济体中排名第 10 位。

印度政府环境、森林和气候变化部部长于 2019 年 12 月 30 日发布的《2019 年印度森林状况报告》显示,印度森林总覆盖面积为 7122.49 万公顷。政府估计,印度森林和林地外树木总生长量为 5.822 亿立方米,其中森林蓄积量 4.218 亿立方米,林地外树木蓄积量 1.603 亿立方米;与先前的评估相比,总增长库存增加了 540 万立方米,其中,森林蓄积量增加了 230 万立方米,林地外树木蓄积量增加了 310 万立方米。

总体而言,由于特殊的地形地貌特征,印度的森林分布极不均匀,主要集中在东北部地区、喜马拉雅和西瓦拉克地区、中部地区、安达曼尼科巴群岛和高止山脉东西两侧及沿海地带,其中印度中央邦森林覆盖面积为 774.82 万公顷,拥有全国最高的森林覆盖率,占全国森林总面积的 10.88%,拉贾斯坦邦是全国最大的邦,其森林覆盖面积 166.3 万公顷,约占全印度森林覆盖的 2.33%;就森林覆盖率占各邦地理总面积而言,米佐拉姆邦是印度森林面积最丰富的,森林覆盖率达 85.41%,其次是梅加拉亚邦 76.33%,曼尼普尔邦 75.46% 和那加兰邦 75.31%,都位于印度东北部。由于印度不断增长的人口密度,与世界人均 0.64 公顷的森林面积相比,印度的人均森林面积不到 0.06 公顷。

(二)森林类型

自然气候、土壤类型、地形和海拔是决定森林类型的主要因素。印度的森林分布从南部喀拉拉邦的雨林到北部拉达克高山牧场,从西部拉贾斯坦沙漠到东北部的常绿森林,类型比较丰富。

根据森林的性质、树种组成和森林所处的环境条件,印度森林类型主要分为 17 种(林地内无林木覆盖的草地未作为森林类型),支撑着含有丰富多样的动、植物物种的不同生态系统类型。在 17 种森林类型中,最常见的是热带干旱落叶林、热带湿润落叶林和热带荆棘林,这 3 种热带落叶林的面积占印度森林总面积的 60% 以上(表 1)。

表 1 印度森林类型及其所占面积比例

序号	森林类型划分	占森林面积比例(%)
1	热带湿润常绿林	2.61
2	热带半常绿林	9.27
3	热带湿润落叶林	17.65
4	沼泽林	0.73
5	热带干旱落叶林	40.86
6	热带荆棘林	2.72
7	干旱常绿林	0.12

(续)

序号	森林类型划分	占森林面积比例(%)
8	亚热带山地阔叶林	4.26
9	亚热带松林	2.36
10	亚热带干旱常绿林	0.02
11	温带潮湿林	2.66
12	喜马拉雅温带湿润林	3.35
13	喜马拉雅温带干旱岭	0.73
14	亚高山森林	1.96
15	高山湿润灌木林	0.13
16	高山干旱灌木	0.38
17	人工林	8.45
	合计(森林覆盖)	98.26
	不同类型林地中的草地(无林覆盖)	1.74
	总计	100.00

印度按照森林郁闭度的差异将森林覆盖率分为3个郁闭等级,即:郁闭度大于70%的高郁闭林;郁闭度为40%~70%的中郁闭森林和郁闭度10%~40%的稀疏林,灌木及郁闭度小于10%的退化林地未计算入森林覆盖率。森林调查局发布的《2019年森林现状报告》中森林覆盖率为21.67%,灌木及郁闭度小于10%的退化林地占1.41%,也有资料将森林与树木覆盖率合计为23.08%(表2)。

表2 森林与树木覆盖率

覆盖类型	面积(万公顷)	占总土地面积比例(%)
高郁闭林(郁闭度大于70%)	992.78	3.02
中郁闭林(郁闭度在40%~70%)	3084.72	9.39
稀疏林(郁闭度10%~40%)	3044.99	9.26
森林覆盖合计	7122.49	21.67
灌木及退化林地(郁闭度小于10%的退化林地)	462.97	1.41
无林地(工、农业用地、城市、道路、水体等)	25289.23	76.91
总计	32874.69	100.00

(三)森林权属

依照印度森林政策和法规,森林和林地是政府财产,政府是所有者,不存在其他的所有权制度;政府承认土著部落、社区与森林共生关系的权利和特许权(表3)。

表3 印度森林政策(1988年修订沿用至今)确定的森林权属与权益

森林分类	所有权	公众或社区可获得的权益	管理目标
国有森林	政府	一般不承认任何权利,只有某些在森林承载能力范围内权益被承认	维护和恢复生态平衡,维护环境稳定,部分区域可按批准的计划开展工作
林地或有树覆盖的土地	政府	为社区提供持续的利益	森林土地不能用于非林业目的,维护林地作为为社区提供持续利益的政府资产
村、社区土地	政府或社区	将树木的所有权给予弱势群体,如无土地贫困农户和世居部落	向属于社会弱势群体的穷人提供用益权
私有林或有树木的土地	个人所有	所有权属于个人所有者	由个人拥有,不允许个人为获得眼前利益而改变使用性质

在过去英国殖民时期,印度大多数森林和林地是地方统治者/王室的私有财产,并按照他们的意愿进行管理。印度独立后,政府废除了森林和林地私有的权利。根据1946年所制定《森林法》规定,政府获得所有的森林,所有森林和林地作为政府财产,并按照印度政府批准的工作计划、方案进行管理,现存大多数野生动物保护区和国家公园过去大都曾是统治者的狩猎场。

1988年颁布的森林政策是印度政府最近一次修订的,仍然强调森林的所有权属于政府,承认土著部落、社区与森林共生关系的权利和特许权,鼓励社区参与森林管理的合作伙伴关系,为生活在森林及其周围的人提供有报酬的就业机会,让部落居民和地方社区参与森林的保护、恢复管理和发展,实现森林共管,显著的成就是减少森林火灾、森林侵占和非法采伐,但仍未承认居住在森林周围的社区或个人对森林拥有所有权。

(四)森林资源变化

在20世纪中后期,由于人口的不断增长和社会经济发展的需求压力,导致印度森林面积急剧减少,特别是茂密的天然森林面积从4642万公顷下降到3637万公顷。其中,1972—1997年森林面积每年减少60万公顷,以哈里亚纳邦、拉贾斯坦邦和希马查尔邦的森林面积迅速下降最严重。1980年以后森林面积呈波动趋势,至1990年森林面积增加0.8%左右,随后几年略有增加。

1. 近10年森林面积变化

2001—2019年,印度的森林总覆盖面积呈现出明显增加的趋势,包括红树林森林面积在内的总森林覆盖率增加了约4.8%。2010—2015年,印度在全球森林面积增加幅度最快的前10位经济体中名列第8位(联合国粮食及农业组织,2010),主要是以人工林、种植园等为主的高郁闭度的森林覆盖面积持续增加,而非林地的森林覆盖面积则有所下降。

近10年来,印度森林覆盖面积由2011年的6920.27万公顷增至2019年的7122.49万公顷,增幅达2.92%,而中郁闭度的森林覆盖面积却减少3.8%,即从2011年的3207.36万公顷减少到2019年的3084.72万公顷,减少122.64万公顷,主要原因是中郁闭度林地接近人类居住地的区域,受人为活动的影响严重。同时,印度的稀疏森林在这10年中明显增加,其中2011—2013年面积增加0.86%,2013—2015年增加了1.60%,2015—2017年也增加了0.49%。2017—2019年森林覆盖率上升了0.89%(表4)。

表4 印度2011—2019年森林覆盖变化   万公顷

类型	2011年	2013年	2015年	2017年	2019年
高郁闭度森林	834.71	835.02	859.04	981.58	992.78
中郁闭度森林	3207.36	3187.45	3153.74	3083.18	3084.72
稀疏森林	2878.20	2956.51	3003.95	3017.97	3044.99
合计	6920.27	6978.98	7016.73	7082.73	7122.49

森林资源在印度的社会经济发展中起着重要的作用,成为能源、住房、薪柴、用材和饲料的重要来源,并为大多数的农村人口提供就业机会。随着经济的快速增长、工业化发展和人口数量的增加,对森林资源产品和服务的需求正在增加。

2. 森林面积减少诱因

印度2011—2019年森林覆盖率的增长虽然显著,但2015年面积锐减了72.55万公顷,造成这种下降的一个主要原因是印度东北部除阿萨姆邦外有6个邦的森林覆盖率下降了近18%,即在10年内失去了近250.12万公顷的森林面积,其中米佐拉姆邦的森林面积从167.17万公顷下降到56.41万公顷,骤降到原来面积的1/3。

导致印度东北部森林覆盖面积锐减的主要原因归结如下:

(1)刀耕火种的传统轮耕作业。这种传统的轮歇种植方式在山地部落地区很普遍,尤其是在印度东北地区很流行,是森林面积逐年锐减的重要原因。

(2)商业性伐木和薪柴砍伐。商业性的木材采伐和薪柴砍伐也是导致森林减少的主要因素,印度允许在伐木场所开展轮作种植,薪柴砍伐者也可以进入新的伐木区域。

(3)日益增长的粮食需求和农业生产的扩张。不断增加的人口需要更多的食物,迫使农业作物面积的增加,加之油棕、橡胶、水果等经济作物的发展,通过毁坏森林导致的林地变更为农业生产种植的现象不断增加。

(4)发展项目。电力、灌溉、建筑、采矿等日益增长的发展项目需求导致了对森林的破坏,加剧了对森林的砍伐。

(5)工业用原材料。森林为工业生产提供了众多的原材料,随着对木质加工板材等建筑、家具、包装材料的需求日益增加,也给森林资源带来了巨大的压力。

三、生物多样性

印度是世界上生物多样性最丰富的区域，分布着从沙漠、高山、高地、热带至温带森林、沼泽、平原、草原、河流以及岛屿等不同类型的生物群落。国际自然保护联盟的报告显示：印度陆地面积仅占全球陆地面积的2.4%，但却拥有包括动植物在内的所有记录物种的7%~8%。

在保护国际确定的全球生物多样性热点地区中，印度涉及4个，即东喜马拉雅山、西高止山脉和斯里兰卡、印度-缅甸地区和巽他古陆（东南亚华莱士线以西以北的马来群岛、马来半岛和中南半岛西南部，包括尼科巴群岛），4个热点地区均分布有许多特有物种。

印度的大部分区域位于印度马来地区以及喜马拉雅山脉的上游古北界的一部分，在2000~2500米的等高线被认为是印度-马来带和古北带的垂直边界，显示出显著的生物多样性。该地区由于受到夏季季风的严重影响，植被和栖息地呈现出较大的季节性变化。印度占据了印度-马来生物地理带的很大一部分，许多动植物物种呈现出马来特征，只有少数生物类群呈现出印度的地区独特性。

（一）植 物

在全球记录的45000种植物中，印度约占总数的7%，其中约33%为地方特有种；有记录开花植物物种约15000种，占世界总数的6%，其中约1500种濒临灭绝，列入世界自然保护联盟（IUCN）红色名录的濒危植物有2020种（表5）。

表5 印度的濒危植物名录

受威胁级别	物种数量	代表物种
灭绝物种	6	白氏喃喃果（*Cynometra beddomei*）、西藏坡垒（*Hopea shingkeng*）
野外灭绝	2	凤尾兰（*Corypha taliera*）
极度濒危	84	展花乌头（*Aconitum chasmanthum*）
濒危	180	貉藻（*Aldrovanda vesiculosa*）、大果紫檀（*Pteocarpus macrocarpus*）
易危	147	两色乌头（*Aconitum violaceum*）、白旗兜兰（*Paphiopedilum spicerianum*）
近危	50	
低危	1	印度狗牙花（*Tabernaemontana gamblei*）
数据缺乏	93	银叶砂仁（*Amomum sericeum*）、安达曼紫檀（*Pterocarpus dalbergioides*）
无危	1457	
统计	2020	

来源：世界自然保护联盟濒危物种红色名录（2020）。

(二)动 物

印度已记录的动物种类有 91000 种,约占世界动物群的 6.5%,其中昆虫多达 6000 种,鱼类 2456 种,鸟类 1230 种,哺乳动物 372 种,爬行动物 440 多种,两栖动物 200 种(以西高止山脉最为集中),软体动物 500 种。此外,农业牲畜种质多样性极为丰富,有绵羊品种 400 种,山羊品种 22 种和黄牛品种 27 种。

印度有 157 种被世界自然保护联盟(IUCN)列入红色名录(表6),印度狐(*Vulpes bengalensis*)、亚洲猎豹(*Indian cheetah*)、大理石纹猫(*Marbled cat*)、亚洲狮(*Panthera leo persica*)、印度象(*Elephas marimus indicus*)、亚洲野驴(*Equus hemionus*)、印度犀牛(*Rhinoceros unicornis*)、野牛(*Bos gaurus*)、亚洲野生水牛(*Bubalus bubalus*)等为亚洲稀有动物和全球重要种群。

表6 印度的濒危动物名录

濒危等级	分类	数量	代表物种
极度濒危	节肢动物	2	降落伞华丽雨林(*Poecilotheria hanumavilasumica*)、蓝宝石华丽雨林(*Poecilotheria metallica*)
	鸟类	14	白腹鹭(*Ardea insignis*)、印度大鸨(*Ardeotis nigriceps*)
	鱼类	19	保山四须鲃(*Barbodes wynaadensis*)、印度真鲨(*Carcharhinus hemiodon*)
	昆虫	1	姬猪虱(*Haematopinus oliveri*)
	爬行和两栖动物	28	马德拉斯斑点石龙子(*Barkudia insularis*)、印度潮龟(*Batagur baska*)
	哺乳动物	11	比氏鼯鼠(*Biswamoyopterus biswasi*)、喜马拉雅山狼(*Canis himalayensis*)
濒危	鱼类	5	尖齿锯鳐(*Anoxypristis cuspidata*)、亚洲龙鱼(*Scleropages formosus*)
	鸟类	17	林斑小鸮(*Athene blewitti*)、草原雕(*Aquila nipalensis*)
	爬行动物	18	瘦蛇(*Ahaetulla perroteti*)、三线棱背龟(*Batagur dhongoka*)
	哺乳动物	20	小熊猫(*Ailurus fulgens*)、塞鲸(*Balaenoptera borealis*)
脆弱物种	哺乳动物	18	印度野牛(*Bos gaurus*)、四角羚(*Tetracerus quadricornis*)
	鸟类	3	赤颈鹤(*Antigone antigone*)、尼科巴冢雉(*Megapodius nicobariensis*)、卷羽鹈鹕(*Pelecanus crispus*)
	爬行和两栖动物	1	丽龟(*Lepidochelys olivaceq*)
统计		157	

来源:世界自然保护联盟濒危物种红色名录(2018)。

四、自然保护地

根据印度 1972 年《野生动物保护法》的条款,印度保护地主要分为国家公园、野生动物保护区、自然保护地和社区保护地共计四类保护区,各类保护区由政府批准的管理计划和方案进行管理。截至 2019 年 7 月,印度保护区总面积 1651.5854 万公顷,约占土地总面积的 5.02%;拥有 870 个保护区(地),包括国家公园 104 个,野生动物保护区 551 个,自然保护保护地 88 个和社区保护地 127 个,其中在野生动物保护区中的老虎保护区有 50 个(印度野生动物数据库,2019 年),见表 7。

表 7 2019 年印度保护地类别及面积

类别	数量	面积(万公顷)	占总土地面积比例(%)
国家公园	104	405.0113	1.23
野生动物保护区	551	1197.7580	3.64
自然保护地	88	43.5649	0.13
社区保护地	127	5.2522	0.02
合计	870	1651.5854	5.02

(一)国家公园

印度现有国家公园 104 个,总面积 405.0113 万公顷,占国土面积的 1.23%。国家公园是一个特定的区域,由于其生态、动植物资源、地质地貌的特殊性,无论它是否在保护区内,因其具有保护和宣传或者是涉及野生动植物繁育的栖息环境的重要性,都可以由政府将其作为一个国家公园。国家公园除了在《野生动物保护法》规定条款下由野生动物保护负责人允许的活动外,其他不允许任何人为的活动。

(二)野生动物保护区

印度现有野生动物保护区 551 个,面积 1197.7580 万公顷,占国土面积的 3.64%。其中,50 个老虎保护区对老虎的保护具有特殊意义,由印度政府发起的"老虎计划"保护项目进行管理。野生动物保护区以保护、繁殖、发展野生动物及其栖息环境为目的,具有足够的生态、动物、植物、地貌和自然条件的区域,可由政府确定设立保护区。在《野生动物保护法》规定条款下,一些限制性的人为活动可以在保护区开展。

(三)自然保护地和社区保护地

印度建有自然保护地 88 个,面积 43.5649 万公顷,占国土面积的 0.13%;有社区保护地 127 个,面积 5.2522 万公顷,占国土面积的 0.02%。印度自然保护地和社区保护地通常是印度国家公园、野生动物保护区和森林保护区之间的缓冲区域或作为动物走廊通道的区域，这类保护地是2002年出台的基于1972年《野生动物保护法》的修正案后所增加的类别。如果这些地区无人居住，那么完全由印度政府拥有，但如果土地属私人拥有，则这些地区被指定为社区保护区，社区和社区居民可开展涉及自身生存与发展的活动。

(四) 生物圈保护区

按照联合国教育、科学及文化组织对"生物圈保护区"的定义，印度政府沿着对经济活动有限开放的缓冲区域设立了由单个或多个国家公园或保护区组成的生物圈保护区18个，以更大范围地保护自然生境区域。

五、林业产业发展

印度是世界上最大的热带原木生产经济体之一，也是世界上最大的木材产品消费经济体之一。林产业成为印度的重要支柱产业，重要的林木产品包括纸张、胶合板、锯木、木材、木杆、纸浆和薪柴；非木材林产品也非常丰富，如乳胶、树胶、树脂、精油、香料和香薰化学品、手工艺品、调味品、药用植物、竹藤和饲料等，约60%的非木材森林产品由国内消费，占据了林业总收入的50%左右。

(一) 生产与消费

印度木材生产通常来自天然林和人工林的采伐，天然林中常见的树种包括柚木、娑罗双、木荚豆、核桃、檀香、乌木、红木、紫檀木、杉、红雪松等优质树种，人工林则是以柚木、桉树和相思树等树种为主，其中柚木是人工造林面积最大的树种。印度林木的生产力极低，年平均产木材0.7立方米/公顷，低于全球年平均2.1立方米/公顷的水平；平均蓄积量32立方米/公顷，也远低于全球110立方米/公顷的平均水平。

印度的经济和人口增长大大增加了对木材和薪材的需求。印度木材总产量从1970—1980年的1.9917亿立方米增加到1981—2000年的2.4852亿立方米；1970—2000年的增长率为2.03%；薪柴的总量为2.7亿吨，薪柴和木炭的生产每年增长1.98%。这一趋势将继续下去，随着消费的增加和国内供应保持不变，只能不断增加木材的进口来填补这一缺口。

2015年，印度生产了近5000万立方米的原木，其中只有小部分出口，出口价值超过7260万美元(国际热带木材组织，2017)。柚木几乎占印度家具木材消费总额的50%；娑罗双树和松树类占20%，其余为桃花心木、柏树类等。丰富的橡胶种植园成为橡胶木材的供应来源，印度南部喀拉拉邦生产了印度95%的橡胶木材。现阶段，印度木材半成品加工和高增值木材产品得到快速发展，主要为木制手工艺品、纸浆和纸张、胶合板和单板以及木制家具，木制手工艺品的出口正在增加。

(二)林产品进出口

由于自身无法满足国内木材产品供应的需求，印度目前已成为世界第二大热带木材进口经济体，全球木材贸易中30%左右的热带木材都要运往印度，木材进口占该国林产品进口总量的74%。印度林产品的进口贸易额一直不断上升，从2007年的13.2亿美元增加至2018年的20.73亿美元。此外，印度同时还是木制产品的主要生产经济体，出口产品包括纸浆、纸张、胶合板、家具、木制手工艺品、单板、胶合板和木质家具等，主要出口中心是欧盟、美国和中东地区。从联合国粮食及农业组织对2018年印度木材进出口统计数据可以看出，印度林产品出口贸易量和贸易额远远低于木材产品的进口量(表8)。

表8 2018年木材产品进出口统计

木材产品	国内产量（万立方米）	木材产品进口		木材产品出口	
		数量（万立方米）	价值（万美元）	数量（万立方米）	价值（万美元）
原木	—	448.0	10.3256	6.897	5328.5
锯材	688.9	117.8253	42174.5	0.503	29.5
胶合板	252.1	13.6464	18.1974	3.0611	5.0076
面板	29.5	40.1854	23.3945	1.2318	2252.3

由于廉价劳动力的可用性和生产性锯木厂数量极多，印度对木材原材料的进口需求量不断增加，原木进口量占到印度所有进口木材和木材产品的67%。木材原木主要是从马来西亚、新西兰、缅甸、科特迪瓦、中国和印度尼西亚等国进口。另外，印度也是组装家具购买的主要市场，中国和马来西亚占印度进口家具市场的60%，其次是意大利、德国、新加坡、斯里兰卡、美国、中国香港和中国台湾。

印度木材市场偏好使用柚木和硬木，是世界第三大硬木原木进口经济体。由于柚木适应热带湿润气候，对白蚁更有抵抗力，通常被视为其他木材种类的等级和价格的基准。主要进口热带木材种类是红木类木材，人工林木材种类包括柚木、桉树和杨树以及云杉、松树和杉木等；温带硬木有少量进口，如枫树、樱桃、橡木、核桃、山毛榉等。

六、林业管理

(一)林业管理机构

印度中央(联邦)政府和地方邦(省)政府共同负责森林资源的可持续管理，森林资源主要受地方邦(省)政府的控制,依据中央(联邦)政府颁布的各种政策、法规和指导方针对森林进行管理,地方邦政府可对中央(联邦)政府法规、法案进行修订,如出现冲突,以印度中央政府的法规为准则。

印度中央(联邦)政府层面的林业管理机构为印度环境、森林和气候变化部,地方层面由各地方邦政府和中央(联邦)直辖地的林业部门执行管理。

1. 印度环境、森林和气候变化部

环境、森林和气候变化部负责规划、促进、协调、监督印度环境和林业政策以及计划方案的执行,是中央(联邦)政府的最高林业行政管理机构,下设9个区域办公室和9个附属办事处、5个自治组织、4个裁决机构、5个委员会和1个研究机构,分别负责林业政策的制定、政策执行情况的监测;与政府其他部门和国际机构合作,做好林业项目的环境影响评估、污染防治、林业研究、教育、培训,并向邦政府、非政府组织和其他部门提供财政与技术支持。

印度环境、森林和气候变化部的工作重点是执行有关保护自然资源(包括湖泊和河流、生物多样性、森林和野生动物),确保动物福利以及防止和减少污染的政策和方案,在执行这些政策和方案时,以可持续发展和增进人类福祉的原则为指导。此外,印度环境、森林和气候变化部还履行有关商业职能,负责林业产业的生产、加工和贸易,并通过预防、侦测、调查及监控所有森林及野生动物情况,负责森林地区的保护及执法工作,一定等级官员还被授予准司法权,处理侵犯、没收非法野生动物产品和其他已通报的森林犯罪案件。

2. 地方邦(省)林业部门

印度各地方邦(省)各自设有各自的林业管理部门,具体的森林管理由各邦(省)级的林业部门执行,各邦(省)的林业部(局)长在印度行政事务处的1名首席秘书和负责所有法定和政策事务的林业秘书处的协助下负责所有与森林和野生动物有关的事务。地方邦(省)林业部门在贯彻政府的各项林业政策、执行各种林业计划的同时,还必须考虑到该邦的其他政策,邦(省)政府均从森林资源的收益中获取财政(国库)收入。

印度中央(联邦)政府虽然对依法承认的森林和其他国有土地实行完全的行政管理,但邦(省)政府有绝对的权力设立保留森林、国家公园和野生动物保护区,但必须事先获得中央(联邦)政府对有关林地转移、采伐或出租森林用于其他非林业活动的批准。此外,森林资源是地方邦(省)政府非税收收入的主要来源,中央(联邦)政府和地方邦(省)政府之间存在重大的利益冲突,虽然最近的森林政策正在逐渐从商业性林业转向养护,但邦(省)政府往往面临来自包括财税(国库)部门和林业企业等各种强大利益集团对森林资源的竞争需求压力。

3. 与林业管理相关的其他机构

除了林业部门外,还有一些土地管理中发挥着重要作用的其他政府部门,包括:财税部门控制未依法指定或定义为森林的公共土地。警察部门主要职责是预防犯罪和维持法律和秩序,包括跟踪森林和野生动物产品的非法贸易,对森林执法至关重要。灌溉/水资源部门职责是规划和管理水坝、水库、堰坝和运河。公共设施工程部门职责是维护所有邦(省)道路网络。

(二)林业法律政策

在英殖民时期的1870年,印度建立了第一个森林部门,并于1894年发布了第一个与林业有关的政策,森林管理主要考虑的是带来效益,其次是保护环境和气候,同时满足当地百姓的生活需要。1947年印度独立后,政府开始重视林业发展的必要性,成立了中央林业委员会,并于1952年颁布了森林政策,把森林分为国有林、保护林和乡村(社区)森林,第一次强调了在全国至少维持33%的国土森林覆盖率和保护野生动物的必要性,但重点仍然提倡森林开发和扩大木材生产,也不重视对非濒危物种和非森林采伐物种的管理,导致了大面积的森林采伐和森林退化。

随着社会经济的发展,印度中央(联邦)政府1988年12月颁布了新的森林政策,取代了1952年的政策,并被所有邦(省)采用至今。新政策与1952年的森林政策有很大不同,政策决议森林覆盖率不应低于土地面积的33%,把重点放在了森林的保护、养护和发展上,以满足当地人民参与森林保护和管理的需要。新政策降低了把森林木材作为工业原料供应优先级,取消森林私有、承包制度,限制林地流转;在《森林计划》设定了通过荒地造林来实现森林覆盖率不应低于33%的全国性保护目标;鼓励农村社区的森林进行"联合管理",同时实行混农林复合经营计划。

根据1988年的森林政策和社区森林管理计划,印度政府启动了森林联合管理方案,印度的林业管理在1990年后进入了森林共管时代,所有的邦(省)鼓励当地社区、公益机构参与到林地的保护和管理中。在联合管理的模式下,森林土地的所有权仍归政府,林业部门与社区村庄签订协议,划分责任和权益,共同保护和管理森林,具体由社区和村庄所成立的森林保护委员会实施。

(三)林业法律法规

印度林业法规制定起步较早,早在19世纪就制定了第一部《森林法》(1927年)。目前,中央层面的林业法律、法规主要有《森林法》《森林保护法》《林权法》《环境保护法》《野生动物法》《生物多样性法》等,同时各邦(省)也制定有相应的林业法律、法规。

(1)《森林法》。1927年颁布的《森林法》是印度林业指导性法规(2012年修订),为之后的森林管理提供了法律框架。《森林法》强调巩固和保护有森林覆盖或重要野生动物的地区,规范森林产品的移动和过境,并对木材和其他森林产品征税;规定了地方邦(省)政府宣布某一地区为储备保留林、保护森林或乡村森林的程序;界定了森林犯罪和在储备保留林内的禁止性行为,以及对违反该法律规定的行为有什么惩罚等。该法案在一些邦(省)实际采用,也有一些邦(省)颁布了自己的法律法规。

(2)《森林保护法》(1980年)和《森林保护规定》(1981年制定、2003年修订)。《森林保护法》规定非林业目的林地变更、转换必须事先得到中央政府的批准,允许为了满足饮用水和灌溉工程、输电线路、铁路、公路、电力工程、国防相关工程和采矿等发展需要的林地变更、转换,但法案规定必须进行补偿性造林,必须向政府提交流域治理、生物多样性和野生动物保护、恢复等计划。在此基础上制定了《森林保护规定》,以规范社区部落对林地的权益,并指导建立生产性社区林业发展进程。

(3)《野生动物保护法》(1972年)和《野生动物保护修正案》(2006年)。依照《野生动物保护法》规定,在保护地区狩猎或采集野生动、植物需要林业行政部门的批准。《野生动物保护修正案》(2006年)设立了老虎保护机构和老虎等濒危物种犯罪管理局(野生动物犯罪管理局)。老虎保护当局批准的老虎保护和保护计划,确定老虎的保护区域,但必须考虑到生活在老虎保护区外的社区住民的农业生产与生计发展利益。

(4)《在册部落和其他传统森林居民(承认森林权益)法》(2006年)。该法律涉及居住在森林中的社区对土地和其他资源的权利,并规定应保护依赖森林的传统社区居民的现有权益和特许权。

(5)《环境保护法》(1986年)。《环境保护法》是重要的政府立法,以保护和改善环境为目标。法律赋权给联邦政府来管控和治理包括生态退化在内的环境退化,以解决困扰印度不同地区的具体环境和生态问题。

(6)《生物多样性法》(2002年)。《生物多样性法》旨在保护生物多样性,确保可持续利用和公平分享、利用遗传资源和传统知识所产生的惠益。根据该法规,通过在联邦创立生物多样性管理局、在各邦(省)建立生物多样性委员会和在全国范围基层创建生物多样性管理委员会来调控当地的多样性物种迁徙通道、遗传资源转让和收益均衡,并创建地区生物多样性基金来促进保护当地生物多样性。

(7)《林权法》(2006年)。《林权法》是印度所颁布的一个重要法律。该法承认了在过去被政府忽视的、以世居部落居民为主的传统森林所有者对联邦储备保留林的权益,设置了将林地转交程序,对于数百万的世居部落居民和森林居民来说非常重要,该法使曾被剥夺的林权得以归还,明确个人对森林中耕地的权利以及社区对共有权属资源的权益。

(8)邦(省)地方林业法规。印度大多数邦(省)在《森林法》的基础上通过了针对其社会经济、土地产权模式等情况而修正后的邦(省)地方林业法规,在目标、程序等规定方面与印度《森林法》没有太大的不同。这些地方法规规定了储备保留林、储备保留土地、防护林和社区森林等不同类型森林的组成方式以及在这些森林里所禁止的活动,还规定对木材和其他林产品运输进行监管,对违法行为的惩罚和检举方式。

(9)其他与林业管理有关的法律法规。涉及森林管理和林业发展的其他法律法规还包括环境发展的战略和政策、矿产法、税收法、贸易法和交通运输、加工制造等法规。

(10)国际公约。印度积极加入《濒危野生动植物种国际贸易公约》等致力于资源、环境保护和可持续发展的国际公约，严格禁止以商业为目的野生物种资源贸易，杜绝国际贸易对野生动、植物物种的威胁。

七、林业科研

印度的林业研究始于1878年，最早的林业研究机构为1906年在德拉敦成立的林业研究所，研究所下设的若干研究中心在全国不同森林类型地区开展林业研究。随着森林与林业管理的发展，联邦(中央)政府于1986年成立了"印度林业研究与教育委员会"，其总部仍设于德拉敦，委员会主席由印度联邦政府的森林与环境部部长担任，该委员会是印度林业科学研究与林业高等教育的主要机构，其职能是资助、促进和协调林业科学研究和林业行业高等教育以及技术的推介与应用，同时创建了建立印度林业图书馆和信息中心，为林业行业提供技术咨询服务和宣传林业发展计划。

目前，印度一共拥有18所独立的林业研究机构，其中印度林业研究与教育委员会下属14个机构，包括9个研究所和5个研究中心，其余研究机构为环境森林与气候变化部下属4所独立研究所。此外，印度的地方邦(省)也分别设有林业研究机构，多数农业大学也从事应用林业研究，协助政府解决森林资源的低效率管理问题；国际林业基金和其他非政府、半政府组织也直接或间接参与林业研究。

印度林业研究机构的主要核心研究领域涉及生物多样性评估、保护和发展，苗木改良，森林病虫害的控制和管理，重要物种的自然再生与森林入侵物种管理，森林可持续管理，发展项目的环境影响评估，气候变化的影响，森林冠层的碳汇，环境改善与城市林业，生物修复和污染控制，退化森林的生态恢复，水土保持，林产品开发和林产化工，木质和生物燃料研发，混农林业，社会林业模式及参与式森林管理等研究领域。

(一)印度林业研究与教育委员会下属14所独立林业研究机构

印度林业研究与教育委员会下属14所独立林业研究机构：竹藤高级研究中心、范维根肯德拉森林科学中心、林业生计与推广中心、林业研究与人力资源开发中心、社会林业与生态恢复研究中心、森林研究所、干旱森林研究所、喜马拉雅森林研究所、森林生物多样性研究所、森林遗传与林木繁育研究所、森林生产力研究所、木材科学与技术研究所、热带森林研究所和雨林研究所。

(二)环境森林与气候变化部下属4所独立研究所

环境森林与气候变化部下属4所独立研究所：喜马拉雅环境与发展研究所、森林管理研究所、胶合板研究与培训研究所和野生动物研究所。

八、林业教育

印度高等教育包括 3 年学士课程、2 年硕士课程和 3 年博士课程。此外，还有各类职业技术教育、成人教育等非正规教育。印度林业教育始于 1976 年，喜马偕尔邦率先将林业教育引入大学，开设了林业专业硕士课程；恰尔肯德邦于 1979 年在兰契市开设了首个林业专业的学士学位课程。1985 年之后，在印度农业研究委员会的推动下，更多的农业大学开设了林业专业的学士、硕士和博士学位课程。

印度至今尚未设立独立的林业大学，林业高等教育由农业类大学下设的林学系承担，林业教育主要是培养解决气候变化和应对全球气候变暖、生物多样性保护、农林复合经营发展、土壤和环境退化、可持续的社会和经济发展、野生动物管理、木材和非木材产品的生产加工、林木培育与森林恢复、流域治理与恢复以及自然资源管理方面的专业人才。

截至 2018 年，在印度联邦(中央)政府和邦(省)政府直属的 51 所农业大学中，已有 28 所大学提供林业专业的本科、硕士、博士的学位课程教育，其中中央一级的大学有 3 所，即印度农业大学、拉尼·莱克斯米巴农业大学和拉詹德拉·普拉萨德博士中央农业大学；邦(省)政府一级的农业大学有 24 所和 1 个农业研究所提供林业教育课程。

在农业研究委员会系统下，印度林业研究和教育委员也于 1991 年 12 月帮助森林研究所正式引入了林学专业的硕士和博士学位教育。印度的林业教育在两个委员会共同推进下，经过 40 年的发展，每年培养林业专业本科生 1091 人，招收硕士研究生 365 名、林业专业博士研究生 81 名。其中，在农业研究委员会系统教育机构每年培养林业专业人员 1500 名，林业研究与教育委员会体系下每年可提供林业高等教育的 80 个硕士学位和 20 个博士学位。

尼泊尔（Nepal）

一、概 述

尼泊尔地处喜马拉雅山脉南麓，为南亚山区内陆国，北部与中国相接，喜马拉雅山脉是中国-尼泊尔的天然国界，其余三面与印度为邻。尼泊尔是一个近长方形的经济体，由东向西延伸约885千米，宽度90～230千米不等，国土面积147181平方千米。

尼泊尔首都为加德满都，行政区划分为7个省、14个特区和75个县（区），县（区）下设村级发展委员会。尼泊尔总人口约为3000万（中国外交部，2020），80%的人口从事农业生产，居民中86.2%信奉印度教，7.8%信奉佛教，3.8%信奉伊斯兰教，2.2%信奉其他宗教。

尼泊尔自然资源丰富，铜、铁、铝、锌、磷、钴、石英、硫黄、褐煤、云母、大理石、石灰石、菱镁矿、木材等均只得到少量开采；境内共有6500多种植物，1000多种野生动物和鸟类。水电蕴藏量为8300万千瓦，约占世界水电蕴藏量2.3%，其中经济和技术上开发可行的装机容量约为4200万千瓦。

(一) 社会经济

尼泊尔是世界上最不发达的贫困经济体之一。农业是尼泊尔的经济支柱，80%的人口依赖农业来维持生计，2018年国内生产总值约293亿美元，人均1003.6美元，其中农业占国内生产总值的比重约40%。尼泊尔山多地少，耕地分布不均衡，耕地面积为325.1万公顷，占国土总面积的21%；非耕地占7%；林地占29%；灌木/退化土地约10.6%；草地约12%，包括永久积雪地在内的其他土地类型占20.4%。主要农作物有稻谷、玉米、小麦，粮食自给率达97%；经济作物有甘蔗、油料、烟草等。

(二) 地形地貌与气候特征

尼泊尔地势北高南低，从地理上可划分为特莱平原、丘陵和山区3个区域。北部山区海拔4877～8848米，是人口最稀少的地区，覆盖了尼泊尔大约15%的土地面积，只有2%的土地适合耕种。中部海拔610～4877米的丘陵地带，约占国土面积68%，人口相对稠密，居住着44.3%的人口。南部低海拔河谷的特莱地区涵盖了尼泊尔总土地面积的17%，海拔100～1500米，为南部森林和农田形成的冲积平原，属恒河平原的

一部分,该地区土地肥沃,容纳了总人口的48.4%,可种植水稻、玉米、小麦、甘蔗、蔬菜、烟草等种类繁多的农作物。

尼泊尔南北地区气候差异明显,分北部高山、中部温带和南部亚热带3个气候区。北部为高寒山区,终年积雪,最低气温可达-41℃;中部河谷地区气候温和,四季如春;南部平原常年炎热,夏季最高气温为45℃。全年气候分为干、湿两季,每年的10月至次年的3月是干季(冬季),雨量极少;4~9月为雨季(夏季),雨量丰沛,常泛滥成灾。

(三)自然资源

尼泊尔矿产资源丰富,蕴藏有铜、铁、铝、锌、磷、钴、石英、硫黄、褐煤、云母、大理石、石灰石、菱镁矿等。水力资源丰富,水电蕴藏量为8300万千瓦,约占世界水电蕴藏量2.3%,其中2700万千瓦可用于开发。生物资源种类繁多,丰富的森林资源为人们提供诸如薪材、木材等大量的林副产品,并发挥着生物多样性保护、侵蚀控制和碳吸收等重要的生态功能。

二、森林资源

(一)基本情况

尼泊尔林地面积约661万公顷,其中森林面积596万公顷,其他林地面积65万公顷,分别占国土总面积的40.36%和4.38%,森林和其他林地面积总计占国土面积的44.74%。在森林总面积中,42.68%(493万公顷)位于保护区外,17.32%(103万公顷)位于保护区内;另有37.8%的森林面积位于中部山区,2.25%位于高山,23.04%位于丘陵地区,6.90%位于特莱地区(表1)。其中,特莱地区硬木森林混交类型覆盖率最高,为24.61%,其次是上层混合硬木,为18.23%;龙脑香科(Dipterocarpaceae)娑罗双树(*Shorea assamica*)和松科(Pinaceae)西藏长叶松(*Pinus roxburghii*)森林类型的比例分别为15.27%和8.45%。总体而言,近60%的森林面积由混交的森林类型组成。

表1 森林面积统计

报告内容	年份	森林		灌木林地		合计	
		面积(万公顷)	占国土面积(%)	面积(万公顷)	占国土面积(%)	面积(万公顷)	占国土面积(%)
森林调查与研究办	1964	640.2	45.55	—	—	640.2	45.55
土地资源测绘项目	1979	561.6	38.1	68.9	4.7	628.5	42.8
林业行业总体规划	1986	542.4	37.4	70.6	4.8	621.0	42.2
森林调查	1999	426.8	29	156.0	10.6	582.8	39.6
森林资源评估	2014	596.2	40.36	64.7	4.38	661	44.74

来源:森林调查与研究办公室(2015)。

尼泊尔森林类型主要由娑罗双、榄仁树（*Terminalia catappa*）、西藏长叶松、喜马拉雅冷杉（*Abies pindrow*）、杜鹃花（*Rhododendron simsii*）、尼泊尔桤木（*Alnus nepalensis*）、西南木荷（*Schima wallichii*）、云南铁杉（*Tsuga dumosa*）等树种构成。根据尼泊尔森林调查数据估测，活立木总生长量 982.33 立方米，总蓄积量 7.59 亿立方米，其中树干总材积（带皮）为 3.88 亿立方米，茎、枝和叶的总生物量为 8.73 亿吨；平均林木干材蓄积量（带皮）为 178 立方米/公顷，每公顷胸径 10 厘米以上林木平均为 408 株，蓄积量 131 立方米/公顷。

（二）森林权属

根据《森林法》（第 2049 号及第 2073 号修订法案），尼泊尔的国有林和私有林是基于土地所有权为基础的广义森林，但有关私有林的数据极为缺乏，国有林在政府管理的森林、社区森林、租赁林、宗教林、受保护的森林和受保护区域系统下的森林被进一步分类（图 1）。

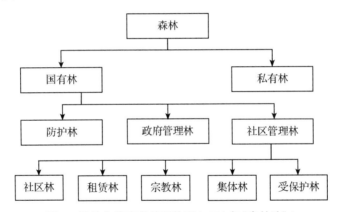

图 1　尼泊尔的森林管理体系（1993 年《森林法》）

以社区为基础的森林管理是继政府管理森林之后的又一森林管理制度，指的是在管理目标和经营权基础上，约 1/3（34.6%）的森林自 2008 年开始移交给当地社区自主管理和使用，以减少贫困，并将整体森林效益纳入全面经济发展进程。大概有超过 200 万公顷的森林作为社区森林由 18000 个社区森林利用小组和 30 多个森林共管委员会参与管理，这部分森林约占全国森林总面积的 25%。尼泊尔以社区为基础的森林利用小组的参与式林业管理已成为形成资本（自然、人力、财政和物质）以及改革森林治理的成功典范，是森林保护以及增加绿色和保护野生动植物最成功的方式，成为世界上实行分散森林政策制度下的社区林业项目的先驱者之一。

表 2 不同森林管理类型的林地面积

序号	管理方式	社区森林管理组织数量	面积（公顷）	涉及户数
1	社区管理	30319	2495440	3844047
1.1	社区森林	22266	2237670	2907871
1.2	共管森林	30	76012	864015
1.3	租赁森林（针对贫困农户）	7484	43317	71753
1.4	社区森林缓冲区	476	138184	—
1.5	租赁森林缓冲区	63	257	408
2	其他	2546	3637840	—
2.1	租赁森林（商业生产）	22	640	—
2.2	私有森林	2458	2360	—
2.3	宗教林	36	2056	—
2.4	保护林	10	190809	—
2.5	保护地	20	3441975	—
	合计	32865	6133280	3844047

来源：森林局（2017），国家公园和野生动物保护局（2018）。

（三）森林资源变化

1. 森林覆盖变化

20世纪，尼泊尔有近1/3的森林消失，特别是在1947—1980年毁林率最高，每年森林覆盖率约下降2.7%；20世纪80年代至90年代中期，尼泊尔年均森林覆盖率减少1.7%，其中山区森林减少2.3%/年，特莱地区1.3%/年。1964—1999年，森林和灌木林地覆盖率由45.55%持续下降至39.6%。

近20年来，特莱地区和西瓦里克丘陵地区的毁林率虽略有减缓，但仍达到0.44%的水平，有超过50万公顷的森林被破坏（联合国粮食及农业组织，2014）；2015年尼泊尔地震造成的23375公顷的森林被毁，森林损失为2.2%（联合国粮食及农业组织，2015）。森林面积的减少导致野生动物栖息地不断丧失，其中特莱地区生物多样性流失特别严重，尤其是脊椎动物物种的生存受到严重的威胁。

1999年之后，由于政府在森林恢复方面的努力和社区林业项目的介入，尼泊尔森林覆盖率由2000年的39.6%增加至2016年的44.74%（表3），森林火灾、放牧、滑坡等导致的森林退化成为较森林砍伐更需要关注的问题。

表 3 尼泊尔2000—2016年森林覆盖变化

年份	林地面积（公顷）	森林覆盖率（%）		
		有林地	灌木林地	合计
2000	4268798	29	10.6（约156万公顷）	39.6
2016	5962000	40.36	4.38（约60万公顷）	44.74

来源：森林局年度报告。

2. 森林面积减少的诱因

尼泊尔人口在过去10年中年均增长率为1.35%，2016年达到2800多万人，由于人口增长的需求对尼泊尔的森林资源和生物多样性保护造成了最大压力。

(1)非法采伐木材和薪材。由于目前人口增长的高需求量，薪柴的非法采伐在尼泊尔各地很常见，当地居民或非法组织对木材的非法砍伐依然存在。以特莱地区为例，因为该地区一直存在木材和燃料短缺的问题，所以即便是商业伐木已经被明令禁止，但仍有少数经社区森林用户组织批准的森林采伐发生。2017—2018年，大约有1750万立方英尺(约49.6万立方米)的森林被非法砍伐。据林业部门统计，在过去10年中木材和薪柴的需求量一直处于不断增加的趋势。

(2)林地侵占和移民安置。尼泊尔政府于1960年开始实施移民重新安置方案，政府向无土地的居民分配了超过14万公顷的林地，由此导致特莱地区森林大面积消失。最新的统计数字表明，约有125110公顷的林地被30194个农户家庭在740个地点以不同的方式侵占，其中保护区域约3876公顷，非保护区域约121234公顷，而实际情况还会远远高于政府统计数字。近年来，合法使用林地进行重新安置的情况开始大大减少，在最近的30年里，只有2819公顷的林地被分配给无地农户、工人和用于安置目的；特别是最近的15年来，仅有2.65公顷的林地用于搬迁保护区的定居点。

(3)将林地用于优先发展项目。1985—2018年，政府共向516个以上的发展项目提供了16716公顷林地，其中包括了1994年用于社区发展项目的4690公顷林地。近15年来，安全设施、基础设施和公共设施建设，以及水电开发项目等是林地被占用的最大因素；近5年来，水电项目的发展对占用林地的需求不断增加。

(4)过度放牧、森林火灾和其他干扰因素。尼泊尔近2/3的森林面积受到放牧的影响，随着牲畜数量的不断增加(主要是山羊和绵羊的数量增加，黄牛和水牛数量在减少)，需要不断扩大林下放牧范围才能满足饲料的持续供应。

频发的森林火灾也是导致森林毁坏的重要因素。据估计，尼泊尔每年森林火灾发生面积约16万公顷。比如仅2018年一年，尼泊尔就有1303个地方发生了森林火灾。最近在特莱地区的一项研究表明，在燃烧的森林总生物量中，叶和草的生物量占90%以上，只有0.01%~0.4%是树木生物量，这表明表面火灾是最常见的现象，林冠火灾在过去很少发现。目前在山区针叶林火灾发生较为频繁。

三、生物多样性

尼泊尔属喜马拉雅山脉中部的内陆山地经济体，仅占全球陆地面积的0.1%，但是其不同地区海拔差异较大，海拔范围从特莱地区东南部的最低海拔67米，一直到沙迦玛塔峰(即珠穆朗玛峰)的8848米，高差达8781米。由于其独特的生态区位和海拔高差，国土内从低于500米以下的低热带地区到海拔5000米以上的喜马拉雅山脉多雪地带的极端的高度梯度涵盖了5个地理区域6个生物气候带118个生态系统类型（表4、表5）；森林和灌木覆盖了国土面积的39.6%，包括75种植被和35种森林类型。

表4 尼泊尔地理区域与生物气候区

地理区域	覆盖范围(%)	海拔(米)	生物气候区
喜马拉雅高山区域	23	5000以上	雪带气候
高山区域	19	4000~5000	高寒区
		3000~4000	次高寒区
中部山脉区域	29	2000~3000	亚热带
		1000~2000	
西瓦利克山脉区域	15	500~1000	热带
特莱区域	14	500以下	热带

来源：尼泊尔生物多样性概况项目（1995）。

表5 地形区域与生态系统类型

地形区域	生态系统类型		
	总数	百分比(%)	森林生态系统类型
喜马拉雅山区和高海拔山区	38	32.20	37
中部山脉区	53	44.90	52
西瓦利克山脉区	14	11.90	13
特莱	12	10.20	10
其他	1	0.80	水体(除了西瓦利克山脉区以外的所有区域)
总计	118	100.0	

来源：尼泊尔生物多样性概况项目（1995）。

尼泊尔的生物多样性大部分都体现在山区，有34%的植物和动物的生物多样性存在于高山区（3000米以上），63%存在于中间山脉（1000~3000米）；最高的植物物种数量存在于海拔1500~2500米，约有420种开花植物物种分布在海拔5000米以上的地区。甚至在喜马拉雅山脉东部海拔6000米以上也发现有维管植物；海拔6300米地带仍可见苔藓和地衣，哺乳动物和鸟类甚至也出现在超过5000米海拔的地区。

不同的生物气候和生态系统为野生动、植物物种提供了丰富多样的栖息地，是全球生物多样性最丰富的"热点"地区之一，具有全球意义的生物多样性价值。

(一) 植 物

已记录的有花植物（被子植物）6973种，约700种有花植物用于药用。在亚洲最丰富的开花植物多样性方面，尼泊尔排名第10。有花植物种类占全球的3.2%，裸子植物26种，占全球的5.1%，蕨类植物534种，代表了全球的5.1%。此外，有地衣465

种、藻类1001种(表6)。由于对低等植物的调查相对薄弱,所以物种数量有可能随着今后的研究探索的深入而不断增加。

表6 物种多样性

物种类别		物种数量
动物	哺乳动物	208
	鸟类	867
	爬行类	123
	两栖类	117
	鱼类	230
	软体动物	192
	蛾类	3958
	蝶类	651
	蜘蛛	175
	轮虫类	61
	甲壳类	59
	扁形动物	168
	其他昆虫	5052
植物	被子植物	6973
	裸子植物	26
	蕨类	534
	苔藓	1150
	地衣	465
	真菌	1822
	藻类	1001

来源:尼泊尔2014—2020年生物多样性战略行动计划。

(二)动 物

已记录的哺乳动物208种,占世界哺乳动物的5.2%;鸟类867种,占世界的9.5%;爬行动物123种,占世界的1.9%;两栖动物117种,占世界的2.5%;鱼类230种、蛾类3958种和蝶类651种(表6)代表性物种有独角犀牛(*Rhinoceros*)、孟加拉虎(*Panthera tigris tigris*)、亚洲野生大象(*Elephas maximus*)、麝香鹿(*Moschus moschiferus*)、雪豹(*Panhera uncia*)、棕尾虹雉(*Lophophorus impejanus*)、孟加拉鸨(*Houbaropsis*)、印度鳄(*Gavialis gangeticus*)、亚洲巨蟒(*Python molurus*)、孟加拉巨蜥(*Varanus bengalensis*)等。

(三)特有种

尼泊尔已记录的动植物特有种涉及160个动植物区系,其中植物342种(有花植物284种)、地衣39种、菌类16种、藻类3种、苔藓植物30种、蕨类植物8种;动物 160 种，其中哺乳动物 1 种，鸟类 2 种，两栖动物和爬行动物 11 种，鱼类 8 种，种蜘蛛 108 种，蝶类和蛾类 30 种。

高海拔牧场是尼泊尔动植物特有物种的重要分布场所，有 63% 的特有开花植物来自高山，38% 来自中部山脉；在 41 个关键非木质林产品物种中，有 14 种（占总数的 34%，主要是草药）存在于高山牧场。

(四)濒危物种

尼泊尔国土面积仅占世界总面积的 0.1%，但却拥有全球 3.2% 以上的有花植物、9.5% 的鸟类和 5.2% 的哺乳动物种类，其中许多为全球性的濒危物种，被列入了世界自然保护联盟(IUCN)红色名录；有 191 种动物和 474 种花卉物种列入了世界贸易公约濒危野生动植物种国际贸易公约索引的保护名录，29 种动物和 1 种花卉物种列入了濒危野生动植物种国际贸易公约的附录I(表 7)。

表 7 濒危物种

类别	物种数量	濒危等级代表种
哺乳动物	26	野生亚洲象、孟加拉虎、麝香鹿、雪豹、独角犀牛
鸟类	9	棕尾虹雉
爬行动物	3	印度鳄

来源：国家公园与野生动物保护区。

四、自然保护地

尼泊尔自然保护地主要由森林覆盖，位于特莱地区不同海拔区域以及喜马拉雅山脉和山脉的山麓丘陵地带，包含不同的生态景观，维持着在古北区和印度马来生态区的生物多样性。比如，班查斯地区的植物多样性非常丰富，有桤木林、长叶松阔叶林、东喜马拉雅栎树林、低温带栎林、木荷属(Schima)-锥栗属(Castanopsis)林 5 种主要的森林类型，栎属(Quercus)和杜鹃属(Rhododendron)是该地区海拔较高区域的主要物种，而木荷属、锥栗属、虎皮楠属(Daphniphyllum)和娑罗双属(Shorea)则分布于较低的地带。

在班查斯森林中记录有超过 589 种开花植物种类，107 种药用植物，8 种出产纤维的植物，23 种天然染料植物，56 种野生蘑菇和 98 种蕨类植物。该地区也被称为野生兰花王国，在尼泊尔报道的 412 种兰花中，班查斯地区发现有 113 种，其中包括两种地方特有种[曲唇兰属(Panisea)和毛兰属(Eria)]，还有 35 种具有极高商业价值。野生动物有亚洲黑熊(Ursus thibetanus)、麂子(Mantiacus)、金钱豹(Panthera pardus)、丛林猫(Felis chaus)、狐狸(Vulpes spp.)、豺狼(Cuon alpinus)、狼(Canis iupus)、猕猴(Macaca mulatta)、猫鼬(Suricata suricatta)、8 种蝙蝠等，黑鹇(Lophura leucomelanos)、噪鹃(*Eudyramys scolopaceus*)、乌鸦(*Corvus* spp.)、鹰、猫头鹰、麻雀(*Passer* spp.)是这一地区最常见的鸟类,此外还有一些重要的候鸟,如蓑羽鹤(*Anthropoides virgo*)等。

鉴于生物多样性保护的重要性,尼泊尔政府自1973年起先后建立了20个不同保护类型的保护地,包括10个国家公园、3个野生动物保护区、6个保护区和1个禁猎保护区。此外,舒克拉普翰塔野生动物保护区于2017年升级为国家公园,1988—2008年还宣布建立了9个国际重要湿地(表8至表12)。

表8 国家公园

序号	国家公园	面积(万公顷)
1	奇特旺国家森林公园	9.32
2	萨加玛塔国家公园	11.48
3	蓝塘国家公园	17.10
4	拉拉国家公园	1.06
5	卡普塔德国家公园	2.25
6	希-佛克桑多国家公园	35.55
7	巴蒂亚国家公园	9.68
8	马卡鲁峰巴伦国家公园	15.00
9	施拉普里纳嘉郡国家公园	1.59
10	陡崖国家公园	5.50
11	舒克拉普翰塔国家公园	3.05

表9 野生动物自然保护区

序号	野生动物自然保护区	面积(万公顷)
1	科希达布野生动物保护区	1.75
2	帕萨野生动物保护区	6.37
3	科西达布河野生动物保护区	1.75

表10 保护区

序号	保护区	面积(万公顷)
1	安纳普娜保护区	76.29
2	干城章嘉峰保护区	20.35
3	马纳斯鲁保护区	16.63
4	印度羚保护区	0.1595
5	阿比南帕保护区	19.03
6	高瑞山嘉保护区	21.79

表11 禁猎保护区

序号	禁猎保护区	面积(万公顷)
1	多尔帕坦禁猎保护区	13.25

表 12　国际重要湿地

序号	国际重要湿地	面积（公顷）
1	比沙扎瑞塔尔	3200
2	皋大格公地塔尔	2563
3	堭其尔湖复合体	7770
4	哥圣康德	13.8
5	贾格迪斯赫普尔水库	225
6	梅勃克哈瑞湖	90
7	博克顺多湖	494
8	拉拉湖	1583
9	博卡拉 8 号山谷湖泊集群	17850

五、林业产业发展

(一) 林业产值

尼泊尔林业产值对农业生产的贡献率为 15% 左右，2018—2019 年农业和林业产值对国内生产总值的贡献率保持在 26.5%。林业不仅有助于提高农业生产，还支持旅游业、工业和能源的发展。此外，森林提供了约 70% 的薪柴和 40% 的牲畜饲料，全国约有 2/3 的家庭使用薪柴作为燃料。

尼泊尔林产业主要是以林木采伐、加工、制造和贸易为基础，其他森林产品的生产和服务则极为有限。木材、非木质林产品、生物能源、生态旅游由政府机构、森林生产集团、私营公司和个人控制，再由承包商和当地收集者收集木材、非木质林产品和燃料木材。木材产品的加工和制造是由城镇的锯木厂、单板生产商、胶合板生产商、家具和手工艺制造者负责。

目前，大约有 41000 家林业企业（中小企业），投资金额约 320 亿尼泊尔卢比，政府投资林业的比例极低，仅为 1.8%~2%。林业投资中，约 60% 的投资（190 亿卢比）涉及 10000 个与木材生产相关的企业，木材生产投资占 2/3，加工投资占 1/3。森林生态旅游和生态系统服务的投资为 65 亿卢比，涉及 1700 企业，且投资将会不断增加；非木质林产品生产投资约 60 亿卢比，涉及 2100 个企业；生物能源的投资少于 10 亿卢比，仅涉及 30~40 个企业（表 13）。

表 13　林业产值统计

年份	总产值（美元）	备注
2012	2809530.83	①主要产品为木材，薪材，非木材林产品及松香；
2013	5495015.78	②不包括社区出售的其他产品的价值；
2014	6028523.38	③私营部门采伐和销售的木材的产值不包括在内，只包括卖方支付的增值税
2015	3795181.01	
2016	3487562.99	

来源：森林部门 2018 年度报告。

(二) 木材进出口

尼泊尔每年木材需求量约169.8万立方米，私有林地、社区森林是当地村社木材和薪柴的主要来源。尼泊尔对娑罗双、黄檀类的木材需求极大，每年需要从马来西亚、缅甸、印度尼西亚进口约1.132万立方米的原木。2014—2016年的木材进口量见表14。

表14　木材进口量统计

年份	木材类型	数量（立方米/吨）	价值（美元）
2014	原木	11823	5769231.00
2015	原木	13526	20480769.00
2016	原木	5786	7654808.00

来源：森林部门2018年度报告。

六、林业管理

(一) 林业管理投入

尼泊尔政府2017—2018年林业投入拨款1.287亿美元，占年度预算总额的1.18%，国外援助占总预算的22%，其中林业部门接受援助1170万美元，占尼泊尔外援总额的0.72%，与过去5年相比略有下降，主要是与丹麦、芬兰、日本、中国、英国、德国、瑞士、澳大利亚、荷兰等经济体，与联合国计划开发署-全球环境基金、世界自然基金会、世界自然保护联盟、伦敦动物学会等捐助机构，以及与世界银行、亚洲开发银行等国际组织开展多边合作，有效地促进林业发展。

(二) 林业管理机构

尼泊尔宪法规定了联邦、州和地方政府的森林、生物多样性及流域管理责任，森林和土壤保护部作为最高一级的管理机构，全面负责森林政策制定和保护区管理，并为各级林业官员制定人力资源开发政策；州(省)政府负责州境内的森林管理，区级地方政府负责地方一级的环境保护和森林管理(表15至表16)。

表15　林业行政管理机构

各级政府	机构名称	职能/任务	人数
联邦政府	森林和土壤保护部	管理森林和野生动物资源，保护生物多样性，促进国民经济发展	94
	森林局	管理所有森林资源，保护自然环境，为人民提供森林产品	154

(续)

各级政府	机构名称	职能/任务	人数
州、省级(区域)	森林办公室 (5个)	加强林业组织对区级林业规划、监测、评价和审查,并向上级提供政策反馈	21
区级	森林办公室(75个)	管理区级的森林资源,为人民提供森林产品	7105

来源:森林部门。

表16 涉及森林管理的重点政府机构

序号	联邦政府	州(省)政府(7个)
1	森林与水土保持部	工业、旅游、森林与环境部,共计7个,每州(省)1个
2	森林局	森林办公室,共计7个,每州(省)1个
3	国家公园和野生动物保护局	区级森林办公室,共计77个
4	植物资源局	流域管理处,共计14个
5	环境局	森林研究和培训中心,共计7个
6	森林研究和培训中心	
7	REDD执行中心	
8	林产品开发委员会	

来源:森林部门。

(三)林业政策与法律法规

尼泊尔制定和实施了各种有利的计划、政策、策略和立法,以促进当地社区参与经济可持续增长。1989年出台的《林业总体规划》(简称《规划》)是基本的政策文件,具体指导全国林业发展。《规划》由6个部分组成,其中社区林业作为最优先的项目,有超过45%的预算分配于以社区为基础的森林养护和管理中。在尼泊尔,以社区为基础的森林和保护区管理的相关政策和法规较为成功。

《森林法》(1993年修正)将森林分为国有森林和私人森林,强调政府进一步加强对国有森林的管理;将部分森林经营权转让给当地社区,包括小块林、合作林、保护林、社区森林、租赁林、宗教林等;严禁将林地登记为私有财产;禁止在国有森林内非法采伐、耕种、放牧;严控森林火灾;严禁任何安置项目侵占林地。各个时期制定的林业政策、法规和条例见表17。

表17 林业政策、法律和规则/条例

类别	名称	颁布实施年份
政策	《林业规划》	1976
	《保护战略》	1988
	《林业总体规划》	1989
	《尼泊尔环境政策和行动计划》	1993
	《林业部门总计划(1990—2010)》	1989
	《修订后的森林政策》	2002
	《尼泊尔生物多样性战略》	2002
	《森林租赁政策(2002)》	2002
法令、法规	《私有森林国有化法规》	1957
	《森林法》	1963
	《森林保护(特别安排)法》	1964
	《国家公园和野生动物保护法》	1973
	《森林法(修正)》	1993
	《森林管理条例》	1995
	《缓冲区条例》	1996
指导性准则	《社区林业指令》	1994
	《合作森林管理指南》	2003

来源：森林部门。

七、林业科研

森林研究与调查局是尼泊尔重要的林业调查与科研机构，隶属于政府森林和土壤保护部的5个部门之一，主要从事森林与林业的研究与调查，并通过与国内、国际机构密切合作，为尼泊尔森林资源的可持续管理和利用提供知识与信息。森林研究与调查局下设有森林研究、森林调查、遥感和规划3个业务处室，有专业技术人员47人。

森林研究处负责开发、推广自然和人工林管理有关的实用技术，以促进森林快速生长，最大限度地提高森林生产力，并为不同地理条件筛选合适的造林树种和技术；此外，对混农林业、林木品种改良、森林利用、社会经济研究等领域也进行研究。

森林调查处主要提供有价值的统计资料，以规划中央和各级地区的林业发展。

遥感和规划处负责获取遥感数据，为森林调查、监测和制图提供支撑，并参与部门项目规划和预算编制。

八、林业教育

尼泊尔的林业教育系统包括独立的林业学院和与林业相关的农林学院及专业培训机构。

(一)林业学院

林业学院是尼泊尔第一所也是唯一的一所完全致力于在林业和自然资源管理方面进行教育和培训的机构,由尼泊尔政府于 1947 年推动成立,1972 年并入特里布文大学。林业学院主要受到世界银行、国际发展署和美国国际开发署的技术和资金援助,分别在黑道达和博卡拉设有两个校区。

1981 年之前,林业学院仅设黑道达校区,并只提供一项为期两年的林业证书课程。为了满足自然资源管理者的培训需求,林业学院于 1981 年新成立了博卡拉校区,并推出了两个学术课程,即为期两年的林业技术证书课程(目前逐步被淘汰)和一个为期 3 年的林业理学学士课程,该课程在 1995 年逐渐演变成一个四年制的学术课程。2004 年之后,开始提供林业理学硕士和博士学位课程。

林业学院主要开设有森林管理、社区林业、农林学、生态旅游、公园和娱乐管理、环境科学、野生动物、保护区管理、土壤保护和流域管理、造林与森林生物学以及基础科学、人文科学等课程,提供林业理学、自然资源管理和农村发展理学、流域管理和理学硕士学科。目前,林业学院有专职教员 24 名(教授 1 名、副教授 2 名和讲师 21 名),两个校区分别招收本科生 80 人和研究生 20 人;博士生培养项目侧重于林业科学研究。学院对所有对林业相关领域感兴趣的人开放,并通过精心设计教育培养项目来丰富教学和研究中的创造性,这也是该学院一贯以来的教育传统。

(二)农林大学

农林大学于 2010 年成立,是尼泊尔第一所技术大学,校区位于尼泊尔的奇旺兰普尔。农林大学的使命是培养合格的人才,促进农业、兽医、渔业、林业及相关学科的教育、研究和发展,目前有 107 名教学人员和 255 名辅助人员,有专业设计、专业农业、畜牧业、渔业、林业研究和推广等专业方向,提供林学学士、硕士的林业教育和培养项目。

(三)加德满都林学院(私立)

加德满都林业学院是特里布万大学附属的林业私立学院,设有 40 人的林业证书教育和 50 人的林学学士培养项目。

斯里兰卡（Sri Lanka）

一、概　述

斯里兰卡旧称锡兰，为英联邦成员国之一。位于北纬 5°55′~9°50′、东经 79°42′~81°53′；南北长 432 千米，东西宽 224 千米，国土面积 65610 平方千米。其西北隔保克海峡与印度半岛相望，为印度洋上的热带岛国。

斯里兰卡分为 9 个省和 25 个县（区），首都为科伦坡。从中世纪开始，科伦坡就是世界上重要的商港之一。2017 年总人口约 2144 万人，人口密度 310 人/平方千米，湿润地区的人口密度远远高于干旱地区，人口增长率约为 1.0% 左右。斯里兰卡是一个多民族的经济体，总人口中僧伽罗族占 74.9%，泰米尔族 15.4%，摩尔族 9.2%，其他 0.5%；居民中有 70.2% 信奉佛教，12.6% 信奉印度教，9.7% 信奉伊斯兰教，7.4% 信奉天主教和基督教。

（一）社会经济

斯里兰卡是一个中低收入经济体，工业基础薄弱，旅游业是斯里兰卡经济的重要组成部分。农村地区以种植园经济为主，主要作物有茶叶、橡胶、椰子和稻米；工业以农产品和服装加工业为主。

斯里兰卡自 2009 年结束了长达 30 年的内战后，经济开始逐步回暖，并呈现出良好发展势头。2010—2014 年，斯里兰卡经济平均增长率为 6.7%，近 5 年的经济增长率在 3.6%~8.2%，其中服务业占国内生产总值的 63%；其次是制造业为 29% 和农业为 8%。2017 年人均国内生产总值为 4065 美元，贫困人口比例从 2006—2007 年的 15.3% 下降到 6.7%，尤其是农村贫困人口大幅度降低。

（二）地形地貌与气候特征

斯里兰卡是印度洋上的岛国，整体形状呈梨形，其中南部是高原，皮杜鲁塔拉格勒山海拔 2524 米，为全国最高点；北部和沿海地区为平原，其中北部沿海平原宽阔，南部和西部沿海平原相对狭窄，海拔平均 150 米左右。境内河流众多，主要河流有 16 条，大都发源于中部山区，水流湍急，水量丰富。

斯里兰卡属热带季风气候，年平均气温 28℃；沿海地区平均最高气温 31.3℃，平均最低气温 23.8℃；山区平均最高气温 26.1℃，平均最低气温 16.5℃。全年分为

雨季和旱季,年降雨量西南部为2540~5080毫米,西北部和东南部则少于1250毫米;由于受西南季风和东北季风影响,雨季为每年5~8月和11月至次年2月。

(三)自然资源

斯里兰卡矿藏比较丰富,主要有石墨、宝石、钛铁、锆石、云母等,其中以红宝石、蓝宝石及猫眼最为出名,国际上享有盛誉的兰卡宝石每年从这里源源不断地输往海外,每年宝石出口值可达5亿美元。此外,斯里兰卡盛产红茶,是世界著名的红茶产地,林业和水力资源也极为丰富。

斯里兰卡被誉为"印度洋上的珍珠",拥有丰富的自然文化遗产和独特迷人的文化与旅游资源,全国有7处名胜古迹被列入世界自然和文化遗产,2018年10月入选"2019十大最佳旅行经济体"榜单,排名第1位。

二、森林资源

(一)基本情况

斯里兰卡的国土面积约为65610平方千米,森林覆盖面积约30.9%,农业生产用地和永久性牧场占36%,其他类型用地面积32%。根据2010年的森林覆盖率评估,天然林面积为1951473公顷,占陆地面积的29.7%,大约有75000公顷的人工林由柚木、桃花心木、桉树、松树和其他本地物种组成,约占陆地面积的1.3%左右。此外,橡胶和椰子种植园以及其他农林复合系统,如占地约20%的庭园,并未被作为森林覆盖统计在内(表1至表2)。

表1 森林覆盖率等级划分

森林覆盖率等级		面积(公顷)		占土地总面积的百分比(%)
天然林	稠密林(>40%郁蔽度)		1438275	21.9
	稀疏林(10%~40%郁蔽度)	1951473	429484	6.5
	红树林		15670	29.7	0.2
	热带草原		68044	1.0
人工林		75000		1.1
沼泽		3254		0.1
灌木和草地		342934		5.3

表 2 天然林覆盖区域

区域	总土地面积（公顷）	稠密林（公顷）	开阔地稀疏林（公顷）	红树林（公顷）	草原（公顷）	森林总面积（公顷）	占土地面积的百分比(%)
安帕拉	441500	115782	31744	618	2965	151109	34.2
阿奴拉达普勒	717900	173387	85006	—	—	258393	36.0
巴杜勒	286100	24522	28086	—	16240	68848	24.1
巴提卡洛阿	285400	23436	24960	2071	—	50467	17.7
科伦坡	69900	1736	276	—	—	2012	2.9
加勒	165200	19466	1438	406	—	21310	12.9
加姆珀哈	138700	340	1257	634	—	2231	1.6
汉班托塔	260900	32290	24912	692	—	57894	22.2
贾夫纳	102500	1383	959	2505	—	4847	4.7
卡卢特勒	159800	15752	1760	75	—	17587	11.0
康堤	194000	28022	9413	—	—	37435	19.3
加勒	169300	12872	2576	—	—	15448	9.1
基利诺奇	127900	31292	4883	1885	—	38060	29.8
库鲁内格勒	481600	7873	13845	—	—	21718	4.5
马纳尔湾	199600	106958	17799	1351	—	126108	63.2
马特莱	199300	60711	11797	—	—	72508	36.4
马塔拉	128300	19259	696	39	—	19994	15.6
内勒加腊	563900	141329	37828	—	45535	224692	39.8
木拉提	261700	155403	14978	1041	—	171422	65.5
努沃勒埃利耶	174100	40026	5722	—	—	45748	26.3
波隆纳鲁沃	329300	97491	37310	—	—	134801	40.9
普特拉姆	307200	58283	23937	1958	—	84178	27.4
拉特纳普勒	327500	58317	13548	—	3304	75169	23.0
亭可马里	272700	107960	16319	2395	—	126674	46.5
瓦武尼亚	196700	104385	18435	—	—	122820	62.4
总计	6561000	1438275	429484	15670	68044	1951473	29.7

（二）森林类型

斯里兰卡森林类型划分为低地雨林、湿润季风森林、干旱季风森林、山地森林与半山地森林、河岸干旱林、红树林、草原灌丛林、开阔地稀疏林等几种。其中天然林可分为低地中型叶常绿龙脑香林、低地中型叶常绿混交雨林、低地龙脑香雨林、低地山区常绿雨林混交林、高地山区小叶常绿雨林、高地山区小叶常绿雨林混交林、低地半落叶林与低地半落叶刺灌木林8种类型。

表3 森林类型

森林类型	面积(公顷)	百分比(%)
低地雨林	123302	1.9
湿润季风森林	117885	1.8
干旱季风森林	1121392	17.1
山地森林	44758	0.7
半山地森林	28513	0.4
河岸干旱林	2425	0.0
红树林	15670	0.2
草原灌丛林	68044	1.0
开阔地稀疏林	429484	6.5
总计	1951473	29.7

(三)森林权属

斯里兰卡几乎所有的天然林和人工林都属政府所有,由政府林业部门和野生生物保护部门具体管辖,两个部门所管辖的林地面积分别占土地总面积的18.7%和16.4%。此外,有一类面积分别小于200公顷(干旱区)或20公顷(潮湿区)的小块林区被称为其他国有林,则由地方当局管理,如马哈威利地方管理的小块林区。

1. 国有林

林业部门管理的森林大约占森林总面积60%,包括两个遗产地、荒野保护区、森林保护区;其余40%左右的森林依据《动植物保护条例》由野生生物保护部门负责管理,如国家公园、自然保护区、生物庇护区、特殊的自然保护区和野生动物走廊带等。

2. 私营人工林或种植园

私营人工林或种植园指的是由林业部门将一些贫瘠、裸露的林地出租给私营企业主发展的人工林或种植园,土地租赁的合约期为30年。林业部门为此专门制定了指导方针和具体要求,并进行定期监测。合约期内木材采伐收入的90%属于租约持有人,其余的10%属于林业部门。

3. 乡村(社区)人工林

政府鼓励社区群众通过3年的短期协议参与建立新的林地和再生林,由林业部门提供种苗、技术和资金来支撑乡村(社区)人工林的建设与维持。在人工林幼龄期,农民可以实行农林间作来获得额外收入。3年后,由林业部门接管后期的林地及人工林维护与管理,农户没有林木采伐的权利。

(四)森林资源变化

斯里兰卡曾经是一个森林茂密的经济体,直到20世纪初,大约有3/4的国土面积被天然森林覆盖。但是,人口的迅速增长给斯里兰卡的土地和森林带来了巨大的压力。从20世纪以来，由于人口的迅速增加导致森林砍伐严重，成为森林退化的主要根源。据统计，1900—1992年，斯里兰卡人口数量从每平方千米的54人增加到269人，尽管近年来人口增长速度有所下降，但普遍存在农村贫困和无地家庭的需求继续对森林造成极大的威胁。人们除了过度采伐天然林获取木材外，还将大面积的天然林转变为种植园（咖啡、茶叶、橡胶、椰子等）和农地进行农业耕作。

据统计资料显示，1881年，斯里兰卡的森林覆盖了84%的土地面积；随着商业咖啡和茶园的扩张，1902年，森林覆盖面积下降到71%；1956年森林覆盖率进一步下降到44%，1992年下降到30%左右。到了2000年，斯里兰卡拥有的森林不到该岛面积的23%，人均林地面积减少0.07公顷，随着后期森林保护与人工造林，森林覆盖面积呈现出增长的趋势，2010年斯里兰卡天然森林覆盖面积达190万公顷，占国土面积的29%，2015年森林覆盖面积为1951472公顷。斯里兰卡森林覆盖率以惊人的速度下降已经直接或间接地影响了当地社区的自然环境和生计，为此，政府及各界人士开始为恢复森林而努力。

斯里兰卡的大规模人工造林始于20世纪50年代末期，到了20世纪80年代初期，政府和社会各界已普遍认识到森林恢复和保护的重要性，由此实施了各种林业发展项目，以解决滥伐森林和森林退化的问题。此外，一些相关的国际组织和机构也为斯里兰卡的森林恢复与管理积极提供了必要技术与资金援助，如亚洲开发银行资助的社区林业项目，世界银行资助的森林资源开发项目，世界银行、英国国际发展署资助的林业发展项目，英国国际发展署资助的参与式森林管理项目、亚洲开发银行资助的江河流域管理项目，全球环境基金和联合国开发计划署资助的保护独特生物多样性为目的的斯里兰卡西南部雨林保护项目，亚洲开发银行资助的森林资源管理部门项目，以及由澳大利亚援助的"斯里兰卡-澳大利亚自然资源管理项目（2003—2009）"和"斯里兰卡社区林业计划（2012—2015）"等。

截至20世纪90年代末期，斯里兰卡累计完成人工造林135052公顷，其中约有8.7万公顷由林业部门完成，主要种植的树种包括柚木（*Tectona grandis*）、巨桉（*Eucalyptus grandis*）、加勒比松树（*Pinus caribaea*）和桃花心木（*Swietenia mahagoni*）等。至2015年完成人工造林面积96250公顷，主要由柚木、桉树、松树、金合欢和红木类树种组成。

三、生物多样性

（一）全球意义

由于气候和地形的独特性，斯里兰卡成为了亚洲生物多样性最丰富的经济体之一。岛内的森林、湿地、海岸、海洋和农业系统中所表现出来的生态系统类型非常复杂，生物物种和基因极为丰富。动植物类群中高比例特有种和孑遗种的数量对全球生物多样性起到了特别补充的作用，在地球的地质演化史里具有重要意义。

尽管斯里兰卡国土面积很小，但该地区却是亚洲单位面积内哺乳动物、爬行动物、两栖动物、鱼类和开花植物物种数量最富有的地区，单位面积的鸟类密度仅次于马来西亚。当前，国际社会已充分认识到斯里兰卡生物多样性的重要价值以及它所面临的巨大威胁，并将斯里兰卡和印度高止山脉的西部列入了全球36个生物多样性保护的热点地区。斯里兰卡的西南部潮湿地区是动植物特有种群极为丰富的区域，其中很多种类因受到各种威胁而濒临灭绝，导致该区域成为了"热点中的热点"。

(二)生态系统多样性

斯里兰卡分布有从湿润地区的低地、亚山地和山地雨林，中间过渡地带的湿润常绿森林，干旱地区的干旱常绿混交林以及荆棘灌丛等森林生态系统类型，这些丰富的森林类型涵盖了斯里兰卡生物多样性的绝大多数物种和种群，整个岛屿可划分为15个不同植物区系。

此外，全岛还包括干旱地区从低海拔到高海拔不同类型的草地生态系统、海岸及海洋生态系统、内陆潮湿区域丰富的湿地生态系统以及来自中央山脉的多条河流和无数的灌溉水库、池塘。这些区域共同为成千上万的动植物提供了栖息地(表4)。

表4 斯里兰卡的生态系统多样性

生态系统类型	面积(公顷)
1. 森林和相关的生态系统	
热带潮湿低地常绿森林(包括低地和中海拔热带雨林)	123302
次山地热带森林	28513
山地热带森林	44758
热带湿润季风林	117885
热带干燥季风(混合常绿)森林	1121392
河岸干林区	2425
草地(山地湿润与干旱草场，热带稀疏灌丛等)	6804
2. 内陆湿地生态系统	
洪泛区	—
沼泽	—
静水域(贮水池、水库和池塘)	169941
湿地	—
湿地草原	12500
整体水体	488181
3. 沿海和海洋生态系统	
红树林	15670
盐碱滩	23800
沙丘和海滩	19394
滩涂	9754
海草床	—
潟湖和河口	158017
珊瑚礁	68000

(续)

生态系统类型	面积(公顷)
4. 农业生态系统	
水稻田	845444
果园	135567
小作物或其他田间作物(豆类，芝麻等)	146544.69
蔬菜种植(不包括根和块茎作物)	89980
作物种植园(主要出口作物)	703682
家庭菜园(栽培，包括家庭菜园里的水果栽培)	106232
混农林作业(刀耕火种)	1684165

(三)物种多样性

1. 动植物

斯里兰卡有214个科1522个属3771种被子植物，2种裸子植物，336种蕨类植物。被子植物种类中约有1/4为地方特有种。值得一提的是，在斯里兰卡湿润地区热带雨林占主导地位植物区系成分中，有58种龙脑香科(Dipterocarpaceae)树种都是地方特有种，其中有锡兰香属植物26种。

斯里兰卡已记录677种本土脊椎动物(不包括海洋生物)，其中有42%为地方特有种，另外还有262种候鸟。脊椎动物特有种比例最高的为两栖动物(85%)、淡水鱼(54%)和爬行动物(50%)。

斯里兰卡红色名录(2012年)记录了主要的植物和动物类群(表5)，由于缺乏准确的数据资料统计，有的分类群被排除在名录之外。

表5　斯里兰卡红色名录记录的动植物类群物种数

分类群	物种数	特有种
被子植物	3154	894
裸子植物	2	0
蕨类植物	336	49
软珊瑚	35	—
硬珊瑚	208	—
蜘蛛	501	257
蜈蚣	19	—
海洋甲壳动物	742	—
淡水蟹	51	50
蜻蜓	118	47
蚂蚁	205	33
蜜蜂	130	—
蝴蝶	245	26
叶蝉	257	—
蜣螂	103	21

(续)

分类群	物种数	特有种
双壳类	287	—
腹足类	469	
陆生贝类	253	205
棘皮动物	190	
海洋鱼类	1377	
淡水鱼	91	50
两栖动物	111	95
爬行动物	209	125
留鸟	237	27
哺乳动物	124	21

来源：斯里兰卡2012红色名录。

2. 濒危物种

在2008年世界自然保护联盟（IUCN）发布的濒危物种红色名录中，斯里兰卡发现了534种，其中无脊椎动物119种，植物280种。在斯里兰卡2012年颁布的红色名录（表5）中，记录了脊椎动物345种（占脊椎动物总数的46%），其中有68%的脊椎动物为地方特有种和受到威胁种，122种内陆脊椎动物被评估为极度濒危。被子植物中有1385种（占被子植物总数的44%）列入了斯里兰卡2012红色名录，其中42%为特有种和受威胁种，有177种为濒临灭绝。

3. 其他

（1）有花植物多样性。斯里兰卡记录有花植物4143种，分属1522个属和214个科。其中，乡土物种占47.5%，特有物种占27.5%，外来栽培物种和外来驯化物种分别占17%和8%（表6）。

表6 斯里兰卡有花植物

乡土物种占比(%)	特有物种占比(%)	外来栽培物种占比(%)	外来驯化物种占比(%)
47.5	27.5	17	8

值得一提的是，龙脑香科、猪笼草科（Nepenthaceae）和杯轴花科（Monimiaceae）有花植物种类中有超过90%为特有种；野牡丹科（Melastomataceae），金丝桃科（Hypericaceae）80%~90%为特有种；樟科（Lauraceae）、漆树科（Anacardiaceae）、天南星科（Araceae）、木棉科（Bombacaceae）、五桠果科（Dileniaceae）和苦苣苔科（Gesneriaceae）有70%~80%的特有种；棕榈科（Palmae）和柿树科（Ebenaceae）的特有种比例为60%~70%。

（2）特有种多样性。斯里兰卡各种复杂的生态系统类型中蕴藏着丰富的动植物物种，至今仍然有许多物种尚未发现。在两千万年以前的中新世纪，斯里兰卡从生物多样性极其丰富的印度半岛分离，因此在内陆陆地和湿地生态系统类型物种中，特有物种和孑遗物种比例极高，成为一个地方特有物种显著分布中心。全国3154种乡土被子植物中有28%为斯里兰卡特有种，分别属于186个科的14个特有属。

脊椎动物的特有种比例也极高，约占42%（不包括候鸟类），其中两栖动物、淡水鱼和爬行动物的特有种比例最高。由于地理和地质环境，很多特有物种被隔离在中部山区。低等植物类群虽然还没有得到充分研究，但已有研究也揭示了其存在极高的多样性和特有现象；大多数无脊椎动物类群还没有被完全调查，但是蝴蝶、蜻蜓、蜜蜂、蜘蛛和陆地蜗牛的多样性程度极高（表7）。

表7 特有种多样性

物种类群	物种数量	特有物种数量	特有种比例（%）
蜗牛	253	205	81
蜻蜓	118	47	39.5
蜜蜂	130	—	—
蚂蚁	194	33	17
甲虫	525	—	—
蝴蝶	245	26	10.6
蜘蛛	510	257	51
淡水蟹	51	50	98
淡水鱼	91	50	54.9
两栖动物	111	95	85.6
爬行动物	211	124	58.8
鸟类（包括迁徙鸟）	453	27	11.3
哺乳动物	95	21	22.1
被子植物	3154	894	28.3
蕨类植物	336	49	14.6
苔藓	560	63	11.3
苔类	222	—	—
地衣	661	—	—

四、自然保护地

斯里兰卡在自然保护方面有着悠久的历史，是亚洲自然保护地最密集的区域之一。境内受保护的森林面积为230.1296万公顷，约占国土面积的35.13%。几乎所有森林覆盖区域都成为了类型不同的保护地，分别由林业部门和野生生物保护部门管理，其中林业部门管理的保护区面积为122.7007万公顷，约占国土总面积的18.7%；野生生物保护部门管理的保护区面积为107.4289万公顷，约占国土总面积的16.4%。

根据斯里兰卡《动植物保护条例》，保护地类型共有6种，分为特别自然保护区（3个）、国家公园（24个陆地国家公园和2个海洋国家公园）、自然保护区（7个）、生物庇护区（61个）和野生动物走廊带（1个），都由野生生物保护局管理。林业局监管下的公益林共134处，保留林524处，都属于国有土地，受法律保护（表8）。

表 8 保护地类型及面积

序号	类型	面积(公顷)	数量	权属
1	特别自然保护区	31574	3	
2	国家公园(陆地)	685979	24	
3	国家公园(海洋)	19563	2	野生生物保护局
4	自然保护区	65485	7	
5	生物庇护区	262911	61	
6	野生动物走廊带	8777	1	
7	生态公益林	134307	134	林业局
8	保留林	1092700	524	

来源：全球生物多样性战略行动计划(2006—2022)。

五、林业产业发展

斯里兰卡是一个林业丰富的发展中经济体，木材生产和木材加工业是世代相传的传统产业，具有很高的市场发展潜力。1948年斯里兰卡独立后，政府一直强调将林木采伐与木材生产作为国民经济发展的重要来源。但是，随着不断增加的人口对木材持续的需求，导致了森林覆盖面积迅速减少。

根据斯里兰卡林业局的官方统计，林业生产对国民经济的贡献仅占国内生产总值的0.4%（2013年），但这些统计数据未包括市场外的各种锯木、薪材和非木质林产品生产率，官方的统计数据严重低估了林业生产对国民经济的贡献，实际的贡献要更多（表9）。根据林业部门总体规划(1996年)的保守估计，斯里兰卡林业生产对国民经济的贡献应该达到6%。

表 9 林业产值统计

年份	生产总值(美元)	林产品
2009	15959263.63	木材类
	69282.85	林脂类(松香)
2010	11762959.98	木材类
	45772.89	林脂类(松香等)
2011	8772103.87	木材类
	60698.64	林脂类(松香等)
2012	11240860.19	木材类
	67747.50	林脂类(松香等)
2013	11942014.29	木材类
	70908.66	林脂类(松香等)
2014	10423015.18	木材类
	77274.38	林脂类(松香等)
2015	10895355.79	木材类
	76508.09	林脂类(松香等)

来源：斯里兰卡林业局。

随着全球对森林资源可持续利用的关注，斯里兰卡政府于1990年颁布了《天然林禁伐令》，将天然林作为自然保护区，增加了国内保护地的面积；此外，在木材生产和产品加工方面也开展了标准化的木材认证。《天然林禁伐令》颁布后，尽管国内木材需求量不断增加，但木材的主要来源已转变为农户庭园、橡胶、椰子和棕榈等人工种植园等非天然林资源，从天然林中采伐的木材大幅度下降，如1993年来源于天然林的木材已降到了5000立方米。今后，这些私营性质的农户庭园和人工种植园所提供的木材供应量随着木材需求的不断增长还会进一步增加（表10）。

表10 天然林禁伐令颁布前后的木材来源

木材来源	1985年		1993年	
	产量（万立方米）	百分比（%）	产量（万立方米）	百分比（%）
天然林	42.5	44.3	0.5	0.4
人工林	8.0	8.3	4.7	3.7
农户庭院	26.0	27.0	5.50	43.4
橡胶园	12.0	12.5	2.30	18.1
椰子/棕榈园	7.5	7.8	1.50	11.8
其他	—	—	2.86	22.6
总计	96.0	100	126.8	100

斯里兰卡国内工业用木材原料（原木）主产于国内，主要树种为柚木和松树类。比如，2009年国内工业用材原料约60万立方米，其中有近40万立方米的木材来源于各类人工种植园，其余20.5万立方米是通过间伐生产的木材。

在农林产品进出口方面，过去一直是农业产品出口占据主导地位；木材和木材产品除了满足自身需求外，也是斯里兰卡出口贸易的一部分。木材产品的进出口贸易以薪柴、树皮杂料、木质门窗及建筑板材为主，但进口木材量远远高于出口量，主要是锯材的进口（表11）。近年来，斯里兰卡的木材产品出口量有一定幅度降低，进口量增加，但数据不详。

表11 木材进出口信息

年份	木材类别	出口		进口	
		数量（立方米/吨）	价值（美元）	数量（立方米/吨）	价值（美元）
2007	薪材、锯屑	5563/3616	101706388	6.5/4	94551
	树皮杂料	1597/1038	68732698	2140/84996	84996048
	木杆、木柄用材	20/13	143302	0.45/294	73633
	铁路浸渍枕木	28/18	886284	—	—
	锯材切片	630/410	26470508	103988/67592	2311358648
	镶木地板条	—	—	655/425	24694733
	高密度胶合板	80/52	36433812	162/105	35356364
	木质门窗及建筑板材	1077/700	166084149	947/615	162714970
	合计		400457141		2534124715

六、林业管理

(一)林业管理机构

斯里兰卡森林资源管理的主要机构为林业局和野生生物保护局,直属于政府内阁组成的马哈威利发展与环境部,部长通常由总统兼任。

1. 林业局

斯里兰卡林业局的主要职责是通过对森林和林地资源的可持续管理,以满足国内日益增长的木材和森林产品需求,为提升人民福祉和促进国民经济的发展提供环境生态服务。林业局内设有造林和森林管理、环境保护和管理、社会林业和推广、森林保护和执法、林业研究和教育、规划和监测、森林清查与监测等业务部门,并在相关的省、区设有直属的5个区域林业办公室、23个区级林业办公室和86个林业站,在职人员3100多人。

2. 野生生物保护局

斯里兰卡野生生物保护局的主要职能是通过与其他部门的通力合作,应用专业的管理手段来严格保护野生动植物物种资源和栖息地,如对野生动物走廊带、国家公园、自然保护区、特别自然保护区、生物庇护区等的保护与管理。

(二)林业政策

斯里兰卡最早的林业政策为1907年颁布的《森林条例》,该条例是斯里兰卡一直以来制定森林资源和植物保护政策、法律的依据。条例规定政府林业部门拥有管理森林保护区和保护森林的权利,同时也规定了保护国有土地上其他森林类型的内容。为满足林业发展的具体需要,该条例经多次修订,最新的为1995年修订版。

1995年修订的《林业政策》提出要严格保护好现有天然林资源,保护生物多样性、土壤和水资源,以造福于子孙后代。该政策规定所有森林类型都要以可持续的方式管理,以维护重要生态系统存续,确保森林产品和生态服务功能的流动;同时强调要尊重生活在森林地区及其邻近地区人民的传统权利、文化价值观和宗教信仰,并对保护区的合作管理和利益进行了充分的规定。

《林业政策》包括3个主要目标,分别为为子孙后代保护好森林资源,特别需加强对生物多样性、土壤、水资源以及相关的历史、文化、宗教和美学价值的保护。增加森林的覆盖率和生产力,以满足目前和未来对森林产品和生态服务功能的需求。加强林业对农村社区生计发展和国民经济中的贡献,满足家庭和市场对木材和其他森林产品的需求,注重在经济发展中的公平性。

《林业政策》提出要维护好现有森林覆盖面积并强调增加林木覆盖面积的重要性;需进一步发挥农户家庭庭园和其他混农林系统、非林地种植的林木在供应木材、生物能源和非木材林产品方面的重要作用;认为仅靠政府和主要林业管理机构是不能有效地保护和管理好森林资源的,需要建立与公众、社区、非政府组织和私营企业的合作伙伴关系,积极鼓励公众广泛参与到森林恢复、保护与管理的林业发展活动之中。此外,斯里兰卡政府还制定了一项行动目标,即利用有效可行的方式开展退化林地的恢复,将森林覆盖率提高到土地总面积的32%。

(三)林业法律法规

斯里兰卡过去有关森林保护和保护区管理的规章、条例执行性较为薄弱,导致森林资源滥伐和林地退化十分严重。为使森林资源得到有效的管理和保护,政府先后修订和颁布了一系列直接或间接影响森林资源保护管理的法规和条例。

1.《林业政策》(1995年)

上文已提及,《林业政策》为保护现有的天然林资源提供了明确的方向,强调保护生物多样性、土壤和水资源,同时增加木材生产和农村社区的收入;从保护与非开采利用、多用途森林管理、木材的可持续生产、社区参与的森林管理四个方面重新分类林业部门的森林管理职能。

2.《野生动物政策》(2000年)

该政策重申了政府通过促进自然保护、维持生态进程和生物系统、遗传多样性管理及其可持续利用、生物多样性的公平效益分享来保护野生动物资源的承诺,着重强调社区公众参与保护区有效管理的重要性。

3.《动植物保护法案》(修订于2009年)

该法案来源于1937年制定的《动植物保护条例》,后历经多次修订,最近一次修订于2009年。该法案为保护斯里兰卡国内动植物物种及其生境而制定,授予野生生物保护部对保护区和区内的动植物具有管辖权。

4.《森林保护法案》(修订于2009年)

该法案来源于1907年制定的《森林保护条例》,后经多次修订,最近一次修订于2009年。该法案的目的在于保护森林和森林资源中的物种。

5.《遗产及荒野地法案》(1988年)

目的在于保护列入全球和遗产名录的自然、文化和历史遗产,以及一些重要的野生动植物栖息地。

其他还有一些相关的涉及森林的条例,如《生物多样性保护行动计划》《土地安置条例》《土壤保护条例》《木材产业条例》等。

七、林业科研

斯里兰卡在库鲁内格勒和巴杜勒设有两个林业研究中心,隶属于林业局,在林业局局长的监管下由具有林学专业背景分管林业研究的副局长直接领导。库鲁内格勒林业研究中心主要致力于干旱区域和中、低海拔潮湿地区的林业发展研究;巴杜勒林业研究中心主要致力于高海拔区域的人工造林、森林经理、退化天然林修复、社区林业、森林恢复的管理等林业研究活动。此外，斯里兰卡大学和佩勒代尼耶大学的也设有林业科学方面的研究机构，研究方向集中于造林学、社会林业和森林恢复方面的内容。

八、林业教育

斯里兰卡从事林业教育的机构主要有斯里兰卡大学、斯里兰卡林业学院、佩勒代尼耶大学、拉贾拉塔大学和卢哈纳大学。

(一)斯里兰卡大学

斯里兰卡大学下设有林业和环境科学系，主要开展林业和环境科学专业的本科和硕士研究生教育，每年招生 25 人左右，是斯里兰卡林业人才的主要培养来源；自 1983 年开设以来，已有 450 名学生毕业。

(二)斯里兰卡林业学院

斯里兰卡林业学院隶属于林业局，主要是针对林业部门在职人员开展林业和环境相关学科的课程培训，以增强和提升林业部门技术人员的能力，几乎所有基层林业部门人员都要接受林业职业的证书或文凭培训。

(三)佩勒代尼耶大学

佩勒代尼耶大学是斯里兰卡的公立大学之一，创建于 1942 年，下设 8 个学院，2 个研究生学院，73 个系。其中，农学院一直开展与林业相关的课程教学，如经济林果种植与管理、庭园经济以及非木质林产品的利用等。

(四)拉贾拉塔大学

拉贾拉塔大学是斯里兰卡第 11 所国立大学，于 1996 年 1 月成立，成立初期，设有 4 个学院，即社会科学及人文学院、管理研究学院、农业学院及应用科学学院，于 2006 年第五学院医学和联合科学学院成立，其中农学院下设农业生物学、农业经济与推广、农业工程、动物科学、植物学、食品科学与技术、土壤科学 7 个系，植物学系目前开设 11 门核心课程和 21 门专业课程，包括农业生物学、生物技术、农学、园艺学、林学、作物栽培学、农业技术等相关学科的课程和研究。

(五)卢哈纳大学

卢哈纳大学是斯里兰卡南部唯一的一所大学，其图书馆也是斯里兰卡最大的学术研究型图书馆之一，藏书超过 20 万册。根据 1978 年 9 月 1 日的特别总统令设立，原名为卢哈纳学院，并于 1984 年升级为一所正式的大学。由农学院、综合健康学院、工程学院、渔业和海洋科学学院、研究生院、人文社科学院、经济管理学院、医学院、科学院和技术学院 10 个学院组成，其中农业学士学位为期 4 年，课程以英语授课为主。

不丹（Bhutan）

一、概　述

不丹位于北纬 26°40′~28°15′、东经 88°54′~92°10′，属东喜马拉雅地区，其北与中国西藏接壤，南部、西部和东部被印度所环绕，国土面积为 38394 平方千米。不丹是一个典型的山地内陆经济体，除了南部有少量的平原分布之外，其他地方基本都是山区。行政区划上，不丹共分为 20 个宗（县），205 个格窝，5000 多个自然村落，首都为廷布。根据 2016 年不丹统计局的统计资料，全国人口共 768577 人，其中约 69% 为农村人口，依靠农业耕作为生。

不丹是一个多民族的经济体，主要民族有噶隆族（也称德鲁克帕族）、沙尔乔普族、洛沙姆帕族和其他一些较小的土著民族。噶隆族分布于不丹中部、西部和北部地区，使用"宗卡语"，信仰佛教。噶隆族在不丹政治生活中占统治地位，皇族和贵族大都是噶隆族。沙尔乔普族是不丹最早的移民，主要来自印度阿萨姆地区，使用阿萨姆语或印度语。洛沙姆帕族是不丹较新的移民群体，属于尼泊尔族，主要分布于不丹南部和东南部的低山丘陵地区，使用尼泊尔语，信仰印度教或者佛教。其他还有几个相对较小的土著民族，人口不多，分散居住于各地。

（一）社会经济

不丹属于全球欠发达的经济体之一，2013 年联合国发展署发表的全球人类发展报告中，不丹排名第 140 位。农业是不丹的支柱产业，约 79% 的国民收入和就业依赖于农业生产。20 世纪 50 年代实行土地改革之后，98% 以上的农民拥有自己的土地、住房，平均每户拥有土地约 1 公顷，粮食基本自给。不丹可耕地面积约占国土面积的 16%，畜牧养殖比较普遍，实行的是自给自足的混合农业，即将农业，畜牧业和森林经营混合生产，这也是不丹农业发展的重要特征。2015 年，农业和林业劳动人口占总就业人口的 58%；2017 年，农业约占国内生产总值的 17.37%。

近年来，不丹的第二、三产业发展较快，2017 年分别占国内生产总值的 40.57% 和 42.06%。随着对印度电力出口力度不断加大，带动了不丹的水电站建设，电力行业逐渐成为经济支柱之一，2017 年，不丹全国发电量为 77.3 亿千瓦时，出口 57 亿千瓦时，水电产值 217.28 亿努，占国内生产总值的 13.2%，水电及相关建筑业已成为拉动国内经济增长的主要因素。

不丹具有迷人的自然风光和独特的人文景观，具有很大的旅游发展潜力。不丹于1974年开始对外开放旅游业，但是政府管控较严，一般只接受团队旅游。出于对环境保护的考虑，对于境外游客一般每人每天收取150~250美元的最低消费费用。9~12月是不丹旅游的旺季，游客主要来自日本、中国和欧美等经济体，目前，旅游业成为不丹外汇的重要来源之一。

不丹于1961年起开始实行经济发展的五年计划，并从印度、瑞士、联合国开发计划署等经济体和国际组织获得经济援助。"十五"计划（2008—2013年）总投资约1462.522亿努，主要目标是进一步贯彻"国民幸福总值"理念，保持9%左右的经济增长率，到2013年使贫困率由2007年的23.3%降至15%，实现经济和环境、社会、文化均衡可持续发展。"十一五"计划（2013—2018年）总投资约2132.91亿努，主要目标是实现社会经济自给自足，包容和绿色发展。

(二) 地形地貌与气候特征

不丹的整体地形北高南低，海拔从150米至7700米不等。其北部为顶峰终年积雪的大喜马拉雅山区域，最高海拔达7700米；在中部地区，小喜马拉雅山向南直插大喜马拉雅山区域，山脉顶峰海拔范围在1500~2700米。喜马拉雅山南坡支脉黑山山脉成为不丹中部2条主要水域桑科希河和通萨河之间的分水岭，迅猛的水流在低山地带开拓出多条秀美壮丽的峡谷。不丹南部属喜马拉雅山系的低山地区，被浓密落叶林所覆盖的南部山脉（又称西瓦利克山脉）横亘于此，河流、峡谷和山地间错其间，该区域的平均海拔约1500米。低山山地向南顺势下降为亚热带平原，该区域的海拔在150米左右。受不同海拔、地形地貌和降雨等自然条件的影响，不丹的气候呈现出丰富多样的类型。南部低山平原区域气候炎热潮湿，中部地区气候凉爽，北部喜马拉雅高山地区气候寒冷。

(三) 自然资源

矿产资源主要有大理石、白云石、石灰石、石墨、铅、铜、板岩、煤、滑石、石膏、绿柱石等；不丹水利资源非常丰富，水电蕴藏量约为3万兆瓦，目前仅有1.5%左右得到开发，主要向印度出口；不丹南部是主要的农业耕作区，也是各种林产品的重要生产区域，主要生产水稻、小麦、土豆、玉米、豆类、柑橘、苹果等农作物。重要产业包括食品工业、水泥、木材产品和加工的水果以及电力等。

二、森林资源

(一) 基本情况

不丹森林资源非常丰富，森林总面积约为2571257.63公顷，森林的立木蓄积量约为10.01亿立方米（不丹国有森林统计报告第一卷，2016），森林覆盖率为81.27%，其中，有70%左右为乔木覆盖（阔叶树和针叶树），大约11%为灌木和其他类型植被覆盖（森林与公园服务厅，2017）。典型的森林植被类型有冷阔叶林、暖阔叶林、冷杉林、亚热带森林、乔松林和西藏长叶松林等。优势树种主要包括冷杉（*Abies fabri*），铁杉（*Tsuga chinensis*），杜鹃花属植物（*Rhododendron* spp.），木兰属植物（*Magnolia* spp.），槭属植物（*Acer* spp.），乔松（*Pinus wallichiana*），西藏长叶松（*Pinus roxburghii*），栎类，栲类，鳄梨属植物（*Persea* spp.），香椿属植物（*Toona* spp.），含笑属植物（*Michelia* spp.），以及八宝树（*Duabanga grandiflora*）等，其面积和所占比例见表1。近年来，不丹的森林面积变化不算太大，森林覆盖率和森林质量都保留在一个相对稳定的状态。1995—2016年，不丹的森林资源变化情况见表2。

表1 不丹森林类型

森林类型	面积（公顷）	比例（%）	误差幅度（%）
亚热带森林	241804	6	3
暖阔叶林	693683	18	2
西藏长叶松林	98563	3	7
冷阔叶林	986765	26	1
常绿栎树林	31464	1	0
乔松林	137230	4	4
云杉林	40183	1	7
铁杉林	88327	2	6
冷杉林	352552	9	2
柏-杜鹃灌丛	57242	1	12
干性高山灌丛	2654	0	56

来源：国有森林清查报告（2012—2015），森林资源存量（第一卷），森林资源管理局，森林与公园服务厅，不丹农林部。

表2 不丹森林资源状况（1995—2016年）

年份	森林面积（公顷）	林木蓄积量（亿立方米）	优势树种	森林覆盖率（%）	备注
1995	2904500.00	7.012	冷杉、铁杉、杜鹃花属植物、木兰属植物、槭属植物、乔松、西藏长叶松、栎类、栲类、鳄梨属植物、香椿属植物、含笑属植物，以及八宝树等	72.50	联合国粮食及农业组织，2009
2005	2572300.00	6.21	冷杉、铁杉、杜鹃花属、木兰属、槭属、乔松、西藏长叶松、栎类、栲类、鳄梨属、香椿属、含笑属、八宝树	72.50	联合国粮食及农业组织、2005

(续)

年份	森林面积（公顷）	林木蓄积量（亿立方米）	优势树种	森林覆盖率(%)	备注
2010	2575489.00	6.4032	冷杉、铁杉、杜鹃花属、木兰属、槭属、乔松、西藏长叶松、栎类、栲类、鳄梨属、香椿属、含笑属、八宝树	80.89	森林覆盖率来源于2010年不丹土地覆被评估报告
2014	2574459.45	6.4032	冷杉、铁杉、杜鹃花属、木兰属、槭属、乔松、西藏长叶松、栎类、栲类、鳄梨属、香椿属、含笑属、八宝树	80.86	
2015	2572489.60	6.4032	冷杉、铁杉、杜鹃花属、木兰属、槭属、乔松、西藏长叶松、栎类、栲类、鳄梨属、香椿属、含笑属、八宝树	80.80	
2016	2571257.63	10.01	冷杉、铁杉、杜鹃花属、木兰属、槭属、乔松、西藏长叶松、栎类、栲类、鳄梨属、香椿属、含笑属、八宝树	71.00	不丹国有森林统计报告，第一卷，2016

来源：不丹森林资源评估(2005)；不丹土地覆盖评估(2010)；森林现状与数据(2011，2014，2015，2016)总结自不丹森林信息管理科，森林资源管理局，森林与公园服务厅；联合国粮食及农业组织(2009)。

(二)森林权属

不丹所有的林地都被称为国有林地，林地所有权归政府所有。不丹宪法明确规定将全国60%的森林面积划为永久性保护的森林。其余的划分为生物廊道，娱乐公园和森林经营区域等。此外，有一部分国有林地被转换成为社区森林林地进行经营，使用期为10年。在这个期限内，社区森林的林地使用权属于社区，但所有权仍然属于政府，迄今为止，已经有75390.72公顷的国有林转化为社区林地(表3)。

表3　不丹林地权属状况

林地类型	森林所有权	森林面积(公顷)	比例(%)	其他
保护地	国家公园 野生动物保护区 严格的自然保护区	1639643.00	42.71	所有权均属于政府所有，但是，在一些情况下，政府将部分森林授权给社区进行经营，并给社区经营和使用者颁发授权证书，规定的经营期为10年。10年期满之后可以根据森林经营的效果进行续约
生物廊道	生物廊道	330714.00	8.61	
娱乐公园	保护性区域	4700.00	0.12	
森林经营区域	森林经营单位和工作单位	138321.33	3.60	
社区森林	社区森林经营单位	75390.72	1.96	
总计		2188769.05	57.00	

来源：森林现状与数据(2016)，不丹森林信息管理科，森林资源管理局，森林与公园服务厅。

不丹是世界上经济发展最快的经济体之一。根据世界银行2016年报告显示，尽管不丹是世界上最小的经济体之一，但是经济增长速度却在世界上 118 个经济发展迅速的经济体中排名第 13 位，超过了全球平均增长率的 4.4%。因此，不丹需要考虑一种可行的方法来保证其自然资源，尤其是森林资源和森林产品的可持续经营和利用。根据不丹皇家财政部 2016 年的推断，2015 年不丹的人均国民生产总值达到 2719 美元，实际的国内生产总值增长率达到 6.50%。其中，不丹丰富的森林资源对经济发展起着重要影响。

因此，不丹的森林资源主管部门——森林和公园服务厅将为保证当代人和下一代人幸福感的森林资源和生物多样性可持续经营当成是一项长期计划。该部门的使命为"保存和经营不丹的森林资源和生物多样性，以推动社会、经济和环境福利；同时无论何种条件下都要保证至少 60% 的林地为森林所覆盖。"在不丹第 5 个五年规划（1981—1986 年）之前，林业所做的经济贡献排在其他所有行业前列。但是现在，林业已经成为对国内生产总值贡献最小的行业之一。据统计，2008—2015 年，林业对国内生产总值的贡献率平均每年只增长大约 0.075%。

（三）森林资源变化

1990 年不丹的森林覆盖率是 72%，2010—2015 年森林覆盖率有所上升，达到 80% 左右，直到 2017 年森林覆盖率仍然为 71%。总体来看，近 20 年来不丹森林覆盖率变化不大（表 4）。森林面积在近 10 余年间消长数量也不大。在更新造林和绿化造林方面，至 2016 年，不丹绿化造林的面积为 19328.53 公顷（表 5）。重视森林资源的保护和更新，这也是不丹多年来没有经历森林快速退化的原因之一。

表 4　不丹的森林面积变化趋势

年份	森林覆盖率(%)
1995	72.50
2005	72.50
2010	80.89
2014	80.86
2015	80.80
2016	71.00

来源：森林与公园服务厅。

表 5　森林面积及绿化造林

年份	森林面积(公顷)	更新造林/绿化造林		备注
		面积(公顷)	主要树种	
2005	2572300.00			
2010	2575489.00			
2014	2574459.45			
2015	2572489.60			
2016	2571257.63			

(续)

年份	森林面积(公顷)	更新造林/绿化造林		备注
		面积(公顷)	主要树种	
1984—2013		18028.19	混合树种如杜松(Juniperus rigida)、柏木(Cupressus funebris)、乔松,杜鹃属植物,柳树(Salix spp.)、蓝花楹(Jacaranda mimosifolia)、肉桂(Cinnamomum cassia)、橡树(Ficus elastica)、桦树(Betula spp.)、桤木(Alnus cremastogyne)、云杉(Picea asperata)、胡桃(Juglans regia)、铁杉、金钟柏(Thuja occidentalis)、血桐(Macaranga tanarius)、山茱萸(Cornus officinalis)、无花果(Ficus carica)、西藏长叶松、柚木(Tectona grandis)、柳杉(Cryptomeria japonica var. sinensis)、金合欢(Acacia farnesiana)、含笑(Michelia figo)、八宝树、榛树(Corylus heterophylla)、婆罗双树(Shorea assamica)等	绿化造林 1984—2013年
2013—2014		349.43	含笑、柏木、凤凰木(Delonix regia)、蓝花楹、铁杉、冷杉、合欢(Albizia julibrissin)、楝(Melia azedarach)、金合欢	
2014—2015		411.05		
2015—2016		539.86		

来源:森林资源评估报告(2005);不丹土地覆被评估报告(2010);林业现状、数据和趋势(2011,2014,2015,2016),不丹森林信息管理科,森林资源管理局,森林与公园服务厅;绿化造林的评估报告(2015),森林与公园服务厅,不丹农林部。

三、生物多样性

不丹的高山峡谷和复杂多样的地形地貌孕育了丰富的生物多样性,该地区被认定为是全球生物多样性热点区域之一。不丹是大约5603种维管植物的家园,其中105种是特有种;有超过700种鸟类和200种哺乳动物生活在这里,哺乳动物中大约有27种在全球其他地方已经处于濒危状态(联合国粮食及农业组织,2015)。表6至表8详细展示了不丹的物种多样性信息,受保护种类和加入的国际公约情况。

表6 物种多样性信息

物种目录	物种数	典型物种
兽类(哺乳动物)	200	金叶猴(*Trachypithecus geei*)、羚牛(*Budorcas taxicolor*)、虎(*Panthera tigris*)
全球受威胁的哺乳动物种类	27	雪豹(*Panlhera uncia*)
鸟类	721	白腹鹭(*Ardea insignis*)、犀鸟(*Anthraceros albirostris*)
全球受威胁的鸟类种类	18	
植物(维管植物)	5603	
特有植物	144	
蕨类植物和拟蕨植物	<411	
非维管植物	282	
其他		
真菌	350	松口蘑(*Tricholoma matsutake*)、黄金侧耳(*Pleurotus cornucopiae* var. *wlrenopileatus*)
虫-菌	<100	细脚棒束孢(*Isaria tenuipes*)、冬虫夏草(*Ophiocordyceps sinensis*)
两栖类	61	
爬行类	124	
蝴蝶	<800	
蛾	<675	
鱼类	125	

来源：国有森林清查报告(2012—2015)，森林资源存量-第一卷，森林资源管理局，森林与生物多样性服务厅，不丹农林部；不丹生物多样性战略和行动计划(2014)；不丹常见蛾类(2017)；不丹蝴蝶(2015)，不丹乌金旺楚克环境保护研究所自然指南系列，不丹乌金旺楚克环境保护研究所；皇家玛纳斯国家公园淡水鱼类(2014)，森林与公园服务厅。

表7 受保护物种信息

保护物种名录 (世界自然保护联盟 或者国家保护名录)	物种数	典型种	保护等级
世界自然保护联盟哺乳动物	1	姬猪(*Porcula salvania*)	极危
	11	印度犀(*Rhinoceros unicornis*)、亚洲水牛(*Bubalus bubalis*)、金叶猴(*Trachypithecus geei*)等	濒危
	15	云豹(*Neofelis nebulosa nebulosa*)、亚洲金猫(*Catopuma temminckii*)、泽鹿(*Rucervus duvaucelii*)、印度野牛(*Bos gaurus*)、羚牛(*Budorcas taxicolor*)等	易危
国家保护名录/绝对保护(哺乳动物)	17	亚洲象(*Elephas maximus*)、云豹、麝(*Moschus berezovskii*)、小熊猫(*Aliurus fulgens*)、羚牛、孟加拉虎(*Panthera tigris tigris*)、亚洲水牛等	一级保护

(续)

保护物种名录（世界自然保护联盟或者国家保护名录）	物种数	典型种	保护等级
世界自然保护联盟鸟类	4	白背兀鹫（Gyps bengalensis）、白腹鹭（Ardea insignis）、青头潜鸭（Aythya baeri）、黑兀鹫（Sarcogyps calvus）	极危
世界自然保护联盟鸟类	14	红胸山鹧鸪（Arborophila mandellii）、灰腹角雉（Tragopan blythii）、棕颈犀鸟（Aceros nipalensis）、暗背雨燕（Apus acuticauda）、黑颈鹤（Grus nigricollis）	易危
国家保护名录/绝对保护（鸟类）	11	白腹鹭、白背兀鹫、棕尾虹雉（Lophophorus impejanus）、灰孔雀雉（Polyplectron bicalcaratum）等	一级保护
世界自然保护联盟兰花	69	石斛（Dendrobium nobile）、蕙兰（Cymbidium faberi）、秀丽兜兰（Paphiopedilum venustum）等	极危
世界自然保护联盟植物	27	沉香木（Aquilariae Lignum）、甘松（Nardostachys jatamansi）、胡黄连（Rhizoma Picrorhizae）等	濒危
国家保护名录/绝对保护（植物）	7	蓝花绿绒蒿（Meconopsis henrici）、沉香木	一级保护
国家保护名录/绝对保护（鱼类）	1	金吉罗（Tor putitora）	一级保护

来源：不丹生物多样性战略和行动计划（2014）；世界保护监测中心（2009）。世界保护监测中心物种数据库；濒危野生动植物种国际贸易公约物种名录；林业现状、数据和趋势（2011）不丹森林信息管理部，森林资源管理局，森林与公园服务厅，农林部。

表8 加入的国际公约或组织

序号	国际公约名称	加入国际公约的日期	备注
1	《〈生物多样性公约〉关于遗传资源公平公正获取与惠益分享的名古屋议定书》	2013年9月	
2	《拉姆萨尔湿地公约》	2012年1月	
3	世界自然保护联盟	2012年1月	不丹皇家政府宣布加入世界自然保护联盟
4	南亚野生动物执法网络	2011年1月	南亚野生动物执法网于2011年1月29~30日在不丹帕罗举行的南亚专家组关于非法野生动物贸易第二次会议上正式发起成立
5	《保护臭氧层维也纳公约》	2004年4月	
6	《关于消耗臭氧层物质的蒙特利尔议定书》	2004年4月	
7	《粮食与农业植物遗传资源国际条约》	2003年9月	
8	《联合国防治荒漠化公约》	2003年8月	

(续)

序号	国际公约名称	加入国际公约的日期	备注
9	《〈联合国生物多样性公约〉卡塔赫纳生物安全议定书》	2003 年 9 月	
10	《〈联合国气候变化框架公约〉京都议定书》	2002 年 8 月	
11	《濒危野生动植物种国际贸易公约》	2002 年 8 月	
12	联合国教科文组织《世界遗产公约》	2001 年 10 月	
13	《联合国生物多样性公约》	1995 年 8 月	
14	《联合国气候变化框架公约》	1995 年 8 月	
15	《国际植物保护公约》	1994 年 6 月	
16	《联合国海洋法公约》	1982 年 12 月	

来源：不丹生物多样性战略和行动计划(2014)。

四、自然保护地

不丹几乎全国的地理区域都在保护地系统管理之下。保护区域共计 12 处，分属不同的保护地类型，包括国家公园，野生动物保护区，严格的自然保护区，生物廊道，皇家植物园和社区森林等。这些保护地内生活的珍稀濒危物种大概有 21 种哺乳动物，18 种鸟类和 144 种植物(表 9)。

截至 2016 年，不丹共有 666 个森林社区，128 个非木质林产品农户组织。他们在特定的时间内经营着政府分配的森林和土地。目前，共计 75390.72 公顷的国有土地在社区林业管理系统之下，占全国地理区域的 1.92%左右。

表 9 保护地情况

数量	类型	权属	主要保护目标	面积(公顷)
5	保护区	国家公园(管理计划每 5 年修订一次)	旗舰物种如老虎，其他的如环境保护目的，药用物种，经济物种等。也包括帮助附近的社区实现生计发展	1292205.00
4	保护区	野生动物保护区(管理计划每 5 年修订一次)		286487.00
1	保护区	严格的自然保护区(管理计划每 5 年修订一次)	全部受保护的野生动物物种，区内禁止一切人活动	60951.00
1	保护区	生物廊道(管理计划每 5 年修订一次)		330714.00
1	休闲公园	皇家植物园		4700.00
677	社区森林	社区森林管理(管理计划每 10 年修订一次)	农村的建材，竹类和藤类植物物种，也保护一些可持续利用的非木质林产品	75390.72

来源：森林现状、数据和趋势(2016)，不丹森林信息管理部，森林资源管理局，森林与公园服务厅。

五、林业产业发展

木材产品和非木质林产品是不丹森林资源最常利用的两种类型。森林产品的管理主要通过林业管理部门、自然资源开发有限责任公司和社区森林小组来实现。所需的木材和其他自然资源都通过机械化方式获取。通常情况下，人们可以在木材仓库举行的拍卖会上获得需要的木材。目前，不丹共有 16 个林业管理部门，1 个伐木公司和 677 个社区森林小组来参与林业的产业化发展。具体的利用及经营管理方式见表 10。

表 10　木材利用方式

木材利用方法/模式	利用描述	备注
森林管理部门编制工作计划	为农村或城镇居民提供原木或板材，薪柴，砂石、表层土，腐殖土，以及非木质林产品等	森林资源的利用以自然资源开发有限公司与森林管理部门人员的合作为基础，根据政府林业官员编制的管理和运作计划完成
社区森林管理	为满足农村社区对原木和锯木，以及非木质林产品的需求。在森林资源过剩的情况下，社区森林管理部门在就近市场销售	社区森林管理小组根据既定的管理计划和附则来执行与社区森林管理相关的所有活动
非木质林产品农户组织	为农户提供机会创造非农业收入的同时，也能提供农户的家庭消费	通过制定农户指导手册，物种管理特别计划，并根据具体的要求和情况，个人也可以从特定的非木质林产品物种管理中受益
许可	如果情况属实，个人可以向能够授权的林业部门申请商业或官方免税的许可证，以获得森林资源利用的可能	

来源：已经执行的行动、计划和规程，森林和公园服务厅，不丹农林部（2017）。

锯木有着不同的用途，如制作家具，建盖房屋等；有些木材可用来生产层板、胶合板、单板或用作制作刨花板家具的板材，以及工业加工产品的材料等；木材的废料可以作为烧柴。总体来看，不丹平均每年可以生产 260 万立方米木材。

社区森林的产出是林业生产不可缺少的组成部分。农民可以从经营社区森林得到诸多益处，如建农村房屋的木材，烹饪食物的薪柴，村民饲养牲畜所需的饲料，多种类型的野生绿色蔬菜，可食用的野生水果和坚果，可食用的野生菌，竹子和竹笋，藤本或藤条以及林间溪水中的鱼类等。对于那些利用非木质林产品的农户来说，他们可以从森林中获得珍贵的药用植物和真菌，提炼可食用油的野生籽实，可食用的野生薯类，各种各样可食用的水果和坚果，具有很高食用价值的蘑菇，用来建盖房屋和编织器具的竹子，以及食用的竹笋，用于建筑和工艺品编织的藤条等。非木质林产品既是不丹美食佳肴的来源，也是颇具商业价值的产品之一。社区农户在附近的市场上出售这些具有商业价值森林产品，从而获取可观的经济收入。目前，已经有 27892 个农户从社区森林经营中获得收益，有 5080 个农户从木材产品和非木质林产品经营中受益。这意味着全国大约有 20% 的农户从社区森林，木材产品和非木质林产品中受益。森林产出的价值统计见表11。

表11 森林产出价值统计

年份	总产出(美元)	林产品(产业结构)
2003—2004	812347.89	
2004—2005	4322667.72	
2005—2006	1046664.96	锯木、薪柴、圆木、非木质林产品(如药用植物和真菌类、蘑菇、提炼香精油的柠檬草、竹、藤等)
2006—2007	700712.75	
2011	47692.31	
2012	359384.62	

来源：不丹统计局(2004—2015)。

六、林业管理

(一)林业管理机构

不丹农林部是为国民提供最多就业机会的部门，下设森林与公园服务厅、农业厅、畜牧厅3个部门。森林和公园服务厅是中央层面的森林资源管理机构。该部门的负责人共统领5个职能部门，1个基于森林保护的研究和培训机构，10个保护区办公室和14个区域性森林管理机构。职能部门主要为那些由区域机构和公园构成的当地部门提供技术支持。当地部门则在不同的层面执行职能部门的计划、项目、活动等（表12）。

表12 林业管理机构

林业主管部门的级别	功能/责任	职员的数量
中央级 森林主管，设主管官员1名 职能部门主管，设首席林业官员5名 研究机构，设专家层面的领导1名	全面管理 全国范围内的职能活动管理(后盾支持) 林业与环境方面的研发	
地区层面 地区林业办公室，设林业主管官员14名 片区林业办公室，设片区林业主管官员17名	对资源的保护和可持续利用	根据2011年的"森林现状和数据"，不丹森林与公园服务厅拥有1323名不同级别的工作人员
地方层面 森林派出机构办公室(林业派出机构官员20名)	为基层和特定地区利益相关群体提供森林扩展服务。	

来源：不丹森林与公园服务厅(2017)。

(二)林业政策与法律法规

不丹的政策中非常重视环境保护的内容。20世纪60年代以前，不丹人民一直在没有任何政府干预的情况下利用自然界中的森林资源。1961年，不丹第一个发展计划开始制定，这也是不丹的第一个五年发展规划。从那时起，自然资源管理利用的政策法规开始在全国上下实施，规划中将不丹的自然资源界定为政府所有。1969年颁布的《森林法》和1974年颁布的《林业政策》成为了不丹首个关于森林的立法和政策声明，这些立法为有效保护森林资源提供了法律和政策方面的保障。但是，这两个森林法规主要强调对森林资源的单纯保护，并不鼓励在对森林资源保护的同时进行可持续利用。之后，1969的《森林法》被1995年的《森林与自然保护法》所取代，其中增加了关于放开合法和可持续地利用自然资源的权限的社会林业和社区林业的内容。2000年，又颁布了《森林和自然保护条例》，并分别在2003年和2006年进行修订。《森林和自然保护条例》的颁布，不论对于社区林业还是私有林地的建设都有极大的促进作用。1974年颁布的《林业政策》于2011年被修订并命名为《不丹林业政策（2011）》。该政策规定，人们可在管理指南和计划的规定范围内进行非木质林产品的可持续采集利用。事实上，在不丹林业政策出台之前，2009年已制定了"非木质林产品采集和管理临时办法"，目的在于加强对于非木质林产品种类的可持续采集和管理。2017年1月，《森林和自然保护条例》再次被修订增补，并命名为《森林与自然资源保护条例与规定（2017）》。《森林与自然资源保护条例与规定》为人们提供了机会参与到森林与森林产品、非木质林产品、生物多样性保护的可持续管理当中，并因此而获得经济上的收益。自1969年以来不丹具体颁布的林业政策和法律法规见表13。

表13 森林政策/法律法规

序号	政策、法律法规名称	颁布年份	主要内容
1	《森林法》	1969	严格保护
2	《森林和自然保护法》	1995	分权和保护
3	《林业政策》	1974	
4	《不丹林业政策》	2011	
5	《森林管理法规》	2004，2009	实施不同的自然资源管理制度（权限）
6	《森林和自然保护条例》	2000，2003，2006	以人为本的保护规则
7	《森林和自然保护条例与法规》	2017	非木质林产品和其他相关资源的获取具有更多可及性

来源：不丹森林与公园服务厅（2017）。

七、林业科研

不丹拥有一个整合了不同研究分支的林业研究机构——保护与环境研究院。下属的研究中心共有员工67人，主要研究领域包括针叶林、亚热带森林、生物多样性保护、野生动物保护、非木质林产品、混农林以及社会经济等内容的研究。

八、林业教育

林业教育主要集中在不丹皇家大学。不丹皇家大学下设自然资源学院,学院设有2个系:一个是林学系,一个是可持续发展学系。该学院具有理学学士和理学硕士的学位授予权。此外,一些保护与环境研究所也开设了林业和环境方面的课程,比如乌颜·旺楚克保护与环境研究所每年可以为30名学生提供可颁发证书的林业培训(表14)。

表 14 林业教育机构

序号	机构名称（林业大学或学院）	机构简介	部门数量和工作人员数量	专业和学位课程	录取学生
1	自然资源学院（不丹皇家大学）	与森林相关的研究	林业学系13人 可持续发展学系8人	可持续发展学系可授予林学学士学位和环境学学士学位；以及NRM和发展学实践的硕士学位	每个系每年招收至少30名学生
2	不丹乌金旺楚克环境保护研究所	林业与环境保护的相关研究		森林和环境的学习证明	每年至少30名学生

柬埔寨（Cambodia）

一、概　述

柬埔寨地处东南亚中南半岛南部，位于北纬10°～15°、东经102°～108°，东西横贯580千米，南北纵贯450千米，国土面积181035平方千米。其西部及西北部与泰国接壤，东北部与老挝交界，东部及东南部与越南毗邻，南部面向暹罗湾，边境线总长约2438千米，海岸线约440千米。柬埔寨首都为金边，共有20个省和4个直辖市，下设183个区、1621个社区、12406个村落。据柬埔寨官方人口普查数据显示，2016年总人口1576万人，人口密度为87.1人/平方千米，年人口增长率为1.7%。总人口由20多个民族构成，其中高棉族占80%左右，其余主要为占族、普农族、老族、泰族和斯丁族等少数民族，华人、华侨约100万人，90%以上的人口信奉佛教。

(一) 社会经济

农业是柬埔寨的主要产业，有80%～85%的人口生活在偏远的农村，大约90%的人口主要依靠传统农业和森林资源维持生计，农业种植模式较为单一。除西部区域以马铃薯为主食外，大多数地区均以大米为主食。据2012年农业产业分配比例数据显示，农业占了54.8%，渔业占25.4%，畜牧业占14.1%，林业占5.7%。其中，森林资源为当地人提供了非木材林产品如薪材、药材、竹藤、菌类和果实等，也为当地居民的饮水、农业灌溉等提供了保障。

柬埔寨是东南亚地区最贫困的经济体之一。据联合国开发计划署人类发展指数数据显示，柬埔寨在187个经济体中社会经济水平排名第138位，约37%的农村居民日均生活消费水平不到50美分，至少50%的农村居民日均生活水平不足1美元。

从21世纪初以后，柬埔寨经济开始以年均约10%的速度增长，其中，发展较快的行业是制造业和工业。目前，柬埔寨经济发展水平基本处于稳步增长的态势。因此，柬埔寨被认定为全球社会经济发展最快的经济体，排名第15位，同时也是亚太地区发展最快经济体之一。在过去的10年中，柬埔寨人均国内生产总值由2008年的760美元上升到2012年的1000美元，2014年的1136美元和2016年的1218美元，林业在促进柬埔寨国内生产总值、就业和减轻贫困方面发挥了关键作用。

(二) 地形地貌与气候特征

柬埔寨中部和南部是平原，东部、北部和西部为山地和高原，境内最高峰为豆蔻山脉东段的奥拉山，海拔1813米。全国大部分地区被森林所覆盖，森林资源较为丰富。柬埔寨属热带季风气候，年平均气温27~30℃，最高温度为35~38℃，最低温度为16~19.5℃。每年5~10月为雨季，11月至次年4月为旱季。全年平均湿度为84%，年均降雨量为1500毫米，在西南部的沿海地带年降雨量可达4000毫米。

（三）自然资源

柬埔寨的自然资源种类众多。矿藏主要有金、磷酸盐、宝石和石油，还有少量的铁、煤；林业、渔业、果木资源丰富，盛产贵重的柚木、铁木、紫檀、黑檀等热带林木，竹类资源也极为丰富。柬埔寨地处湄公河中下游流域，境内江河湖泊众多，著名的有洞里萨湖、蒙哥比里河、土灵河等，绝大部分都汇入湄公河，形成柬埔寨主要的水系网络。湄公河是柬埔寨最大的河流，也是世界上最长的河流之一，起源于中国青藏高原，流经中国的云南省以及老挝、缅甸、泰国、柬埔寨、越南等经济体，最终流入南海。洞里萨湖是东南亚最大的淡水湖，不但对湄公河流域的洪涝灾害起到重要的缓冲作用，也是东南亚最大的天然淡水渔场，素有"鱼湖"之称。此外，柬埔寨西南沿海区域也是重要的渔场，盛产鱼虾，但目前由于捕捞过度，国内水产资源正在不断减少。

二、森林资源

（一）基本情况

特殊的地理位置和充足的光、热、水、气和土壤条件，使柬埔寨成为亚太地区热带森林资源较为丰富的经济体之一。柬埔寨的森林面积为1036.3788万公顷，森林总蓄积量约为9.98亿立方米，国土森林覆盖率59.2%，在亚太地区乃至世界范围内仍然属于高森林覆盖率经济体。柬埔寨森林资源和生物多样性十分丰富，盛产贵重的柚木、铁木、紫檀等热带林木，并有多种竹类资源、丰富的野生药用植物资源以及各种野生水果资源。常见树种包括龙脑香科（Dipterocarpaceae）、豆科（Fabaceae）、千屈菜科（Lythraceae）、壳斗科（Fagaceae）、竹柏科（Podocarpaceae）的各类树种和竹类等。

森林类型主要分为落叶林、常绿林、半常绿林、其他林（包括次生林、红树林、水淹林、人工林、竹林、橡胶林和棕榈林等）等类型（表1），其中常绿林和落叶林居多，分别占柬埔寨森林总面积的19.27%和24.68%。柬埔寨的森林主要分布在北部、东北部、东部部分地区和西南的大部分地区，南部和中部的森林覆盖呈零星点状分布。由于地理环境不同，不同区域树种有明显的差别。北部山区主要生长常绿阔叶林，东部地区主要以落叶林和草地为主，西南部的高山地区主要以针叶林为主，红树林则主要集中在暹罗湾海岸地带及洞里萨湖的沼泽地带。

表1 柬埔寨森林类型

森林类型	面积(公顷)	占林地比例(%)
常绿林	3499185	19.27
半常绿林	1274789	7.02
落叶林	4481214	24.68
其他林	1108600	6.10
总计	10363788	57.07

来源：柬埔寨林业局(2017)。

(二)森林权属

在森林权属方面，柬埔寨2001年出台的《土地法》和2002年颁布的《森林法》是土地权属及林地管理的主要依据。按照法律规定，柬埔寨土地权属划分为国有、集体和私有三大类型。个人或集体可以在被授予土地使用权的私有土地或国有林地上开展植树活动，享有林地的维护、开发、利用、买卖和分销等权利。个人或集体与柬埔寨合资企业开展合法的合作，本国公民持有土地所有权比例不得少于51%；若海外公司投资租赁土地面积超过1万公顷，需签订投资合约，使用年限为70年。

1. 国有土地

国有土地可分为国有公共土地和国有私营土地两种类型。国有公共土地是指具有公共利益的土地资源，包括水道和保护区等属于政府所有，不得被出售或转让。国有私营土地是指不具有公共利益的土地资源，包括退化林地和所有特许经营权用地等，可出售或转让。

2. 原住民集体土地

原住民集体土地是指用于土著居民居住及从事传统农业的土地，需从柬埔寨内政部登记注册以获有土地集体所有权。

3. 私有土地

私有土地是指柬埔寨政府给予城市或农村地区的土地资源，可出售、租赁、转让和赠予。

在国有林地权属及其组织管理方面，柬埔寨《森林法》确定了国有森林类型及林业部门的职责、职能范围，明确了国有林包括永久储备林、洪泛林、自然保护区和寺庙建筑群周边林区等，政府承认、保护居住在永久储备林区里或周边的社区居民的传统土地使用权。

永久储备林隶属于林业局管理，由生态保护林、商品林和可转换林3个部分构成(表2)。洪泛林隶属于林业局管理，指在渔业领域管辖范围内的红树林。保护区隶属环境部自然资源管理司管辖范围内的保护区和国家公园。寺庙建筑群周边林区隶属文化艺术部管辖。

表 2 国有永久储备林

林地类型	所占比例(%)	面积(公顷)
生态保护林	25	4534032
保护区	17	3100000
防护林	8	1434032
商品林	34	6196749
森林特许经营权用地	17	3068888
社区林地	2	309354
林地经济用地	5	899282
未划分林地	10	1919225
可转化林地	—	—

来源：柬埔寨林业局(2010)。

柬埔寨《森林发展规划(2010—2029)》中计划逐步对永久性林地进行重新划界、分类、登记，目的是为生态、社会、经济的发展提供基础数据和基本法律依据，促进公平和可持续的森林利用，为林业可持续经营和环境保护提供保障基础。然而，要对这些林地重新划界、分类和登记存在很多难以调和的矛盾，林权界线没有清晰的划分和注册登记，导致各种类型的林地分类混乱，功能交叉，权属依然不清。

(三)森林资源变化

1. 森林覆盖率变化

柬埔寨森林资源丰富，但在过去 40 年中，由于各种原因导致柬埔寨森林覆盖率呈逐年下降趋势，森林总面积在这一时期内减少了 25% 左右，尤其柬埔寨西北部森林砍伐现象尤为严重(图1)。

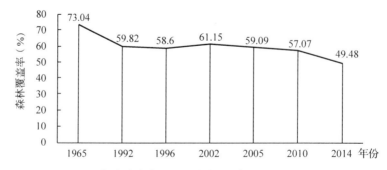

图 1 1965—2014 年柬埔寨森林覆盖率变化[来源：柬埔寨林业局(2017)]

据 1965 年数据统计，柬埔寨森林覆盖率仍为 73.04%；1992 年森林面积覆盖率下降到 59.82%；1996 年森林面积覆盖率持续缩减到 58.6%；1998 年政府开始推进退化林地恢复和社区参与植树造林活动，使 2002 年的森林覆盖率略升为 61.15%；之后继续呈现持续下降趋势，森林覆盖率分别降低到 2010 年的 57.07% 和 2014 年的 49.48%。

2. 森林面积变化

依据柬埔寨林业局对森林资源的评估结果显示，以常绿林、半常绿林和落叶林为主的森林面积呈现下降趋势，林地面积从 1965 年的 1322.71 万公顷减少至 2010 年的 1036.3789 万公顷；而非林地面积呈现出增长趋势，从 1965 年的 488.34 万公顷升至 2010 年的 779.6885 万公顷（图2、表3、表4）。

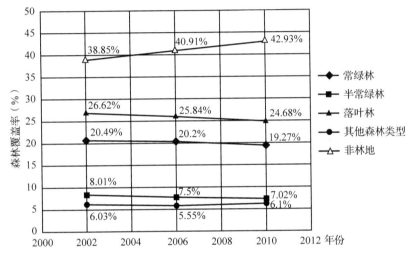

图 2　柬埔寨森林类型及面积［来源：柬埔寨林业局（2013）］

表 3　柬埔寨 1965—2010 年森林面积变化

序号	评估年份	土地面积				总面积（万公顷）
		林地（万公顷）	占比（%）	非林地（万公顷）	占比（%）	
1	1965	1322.71	73.04	488.34	26.96	1811.05
2	1993	1085.9695	59.82	729.329	40.18	1815.2985
3	1997	1063.8209	58.60	751.4776	41.40	1815.2985
4	2002	1110.4293	61.14	705.6383	38.86	1816.0677
5	2006	1073.0781	59.09	742.9893	40.91	1816.0674
6	2010	1036.3788	57.07	779.6885	42.93	1816.0673

来源：柬埔寨林业局（2013）。

表 4 柬埔寨不同森林类型的面积变化

序号	森林类型	2002 年 面积（万公顷）	2002 年 占比（%）	2006 年 面积（万公顷）	2006 年 占比（%）	2010 年 面积（万公顷）	2010 年 占比（%）
1	常绿林	372.0493	20.49	366.8902	20.20	349.9185	19.27
2	半常绿林	145.5183	8.01	136.2638	7.50	127.4789	7.02
3	落叶林	483.3887	26.62	469.2098	25.84	448.1214	24.68
4	其他森林	109.4728	6.03	100.7143	5.55	110.8600	6.10
5	林地	1110.4291	61.15	1073.0781	59.09	1036.3788	57.07
6	非林地	705.6383	38.85	742.9893	40.91	779.6886	42.93
7	土地	1816.0674	100.00	1816.0674	100.00	1816.0674	100.00

来源：柬埔寨林业局(2013)。

3. 森林面积减少的原因

1965 年柬埔寨森林面积为 1322.71 万公顷，占国土面积的 73.04%，经历了越南战争期间（1965—1975 年）、柬埔寨内战（1970—1975 年）、红色高棉时期（1975—1979 年）和共产政权（1979—1989 年）等战争及政局的影响，导致森林面积锐减。此外，20 世纪 80 年代至 90 年代，依据柬埔寨二级法令第 35 条规定，居民可以自由依靠一切森林资源维持生计，并明确指出家庭规模的刀耕火种属于传统土地管理模式，允许在林地上使用，故而森林资源进一步遭受破坏。总的来说，造成柬埔寨森林面积逐年大幅度减少的主要原因如下：

第一，人口基数增加。在 20 世纪 60 年代末至 70 年代初，柬埔寨人口数量为 900 万，森林覆盖率是 73.04%；直至 2010 年，人口升至 1400 万，森林覆盖率为 57.07%。预计柬埔寨人口数量在 2020 年将增至 1900 万，新增人口所需的土地和粮食，会进一步加剧森林面积的减少。

第二，战争的影响。在 20 世纪 70~90 年代期间，柬埔寨分别经历了内战时期和红色高棉政权，致使道路、桥梁、灌溉系统、学校、健康服务中心等基础设施遭受严重破坏；与此同时，森林资源亦遭受严重破坏，导致森林面积急剧下降。

第三，农村贫困人口严重依赖森林资源。柬埔寨约 80% 的人口居住在森林资源丰富的偏远农村和贫困地区，传统刀耕火种的耕作方式导致大量森林被砍伐，使林地不断转变为农作或其他用地。

第四，薪柴消耗量大。薪材和木炭是柬埔寨居民，特别是农村居民的主要生活燃料，薪柴的采伐和木炭的烧制也是造成柬埔寨森林面积迅速减少的一个重要因素。

第五，征占用林地现象突出。建立在破坏森林资源基础上的单一农业种植缺乏替代产业，大规模农业开发用地、矿业和其他商业用地对林地的非法侵占，致使森林毁坏严重、森林面积不断减少。

第六，经济发展严重依赖森林资源。自 20 世纪 90 年代以来，木材产品成为政府出口创汇名列榜首的商品，木材出口量剧增所导致的森林砍伐使天然林和生物多样性受到严重的破坏。

4. 人工造林与森林恢复

由于森林资源对柬埔寨社会经济和农村生计发展的重要性，政府将每年的7月9日定为植树节，由政府林业部门建立苗圃后发放幼苗，鼓励广大民众在退化林地、荒地、乡村街道、寺庙和学校等公共场所植树造林。为提高民众的森林保护意识，柬埔寨现任国王诺罗敦·西哈莫尼还曾亲自号召并带领民众植树造林。

为进一步促进森林资源恢复，柬埔寨政府制定了《森林发展规划（2010—2029）》，将林业工作的重心放在加强林地恢复和多树种、多用途的植树造林活动上。通过与私营企业、地区林业部门和广大社会民众共同合作，原计划到2015年将森林覆盖面积增加到占国土面积的60%。目前，林业部门已经建立用于林地恢复的人工林苗圃25个，混农林种植示范点6个，完成人工造林面积18726公顷，种植主要树种有柚木、交趾黄檀、铁刀木、香坡垒、桉树等。

三、生物多样性

柬埔寨天然林面积广，生物多样性丰富，是东南亚生物资源最为完整和最多样化的经济体之一；亚洲开发银行评选出的大湄公河次区域9个最高等级的生物多样性保护走廊中，柬埔寨占有5个。

（一）植　物

柬埔寨已记录的维管束植物有164科852属2308种（表5）。据2000年世界环境保护数据显示，柬埔寨记录的植物物种为8260种，其中10%的物种为地方特有种。此外，据2009年世界自然保护联盟数据统计，柬埔寨有31种植物列入世界濒危物种红色名录，其中9种被列为极度濒危物种、13种濒临灭绝、9种属于濒危物种。

表5　柬埔寨维管束植物统计

种类	科	属	种
裸子植物	—	7	14
单子叶植物	—	219	488
双子叶植物	—	626	1806
总计	164	852	2308

来源：第四次柬埔寨报告（2010）。

（二）动　物

据国际生物多样性公约第四次柬埔寨报告数据显示，柬埔寨有哺乳类动物123种，鸟类545种，爬行类88种，两栖类63种，鱼类8741种（表6）。其中，有19种爬行动物，51种鸟类，34种哺乳动物和6种两栖动物分别列入世界自然保护联盟濒危物种红色名录(表7)。

表6 柬埔寨已记录的动物物种

种类	已知种类数量	IUCN 红色名录数量
哺乳动物	123	34
鸟类	545	51
爬行类	88	19
两栖类	63	6
鱼类	8741	—

来源：第四次柬埔寨报告(2010)。

表7 柬埔寨列入世界自然保护联盟(IUCN)红色名录的珍稀濒危物种

种类	濒危等级			受威胁物种数量	小计
	极度濒危	濒临灭绝	易危物种		
爬行动物	4	6	7	2	19
鸟类	7	4	14	26	51
哺乳动物	2	2	20	10	34
两栖动物	—	—	3	3	6

来源：第四次柬埔寨报告(2010)。

由于各种原因，柬埔寨对许多动物物种尚未开展详细的调查研究。对一些受到全球关注的濒危物种如坡鹿(*cervus eldiii*)、孟加拉虎(*Panthera tigris tigris*)、太阳熊(*Helarctos malayanus*)、亚洲象(*Elephas maximus*)、豺狗(*Cuon alpinus*)和柬埔寨野牛(*Bos sauveli*)等的研究亟待进一步加强。

四、自然保护地

柬埔寨的自然保护地主要分为国家公园和自然保护区两大类。目前，柬埔寨有国家公园7个，自然保护区30个。自然保护区又细分为野生动物自然保护区(10个)、风景保护区(3个)、多用途保护区(3个)、防护林保护区(6个)和鱼类保护区(8个)。

柬埔寨环境部和农业林业渔业部是柬埔寨自然保护地主要负责部门，其中环境部共负责管理23个保护区，包括7个国家公园，10个野生动物自然保护区，3个风景保护区和3个多用途保护区，总占地面积313.4471万公顷，约占国土面积的18%。由农业林业渔业部下属的林业局和渔业局分别负责管理6个防护林保护区和8个鱼类保护区(表8)。

表 8　柬埔寨自然保护地

保护地类型	数量	主要栖息地	林权	主要保护对象	面积(万公顷)
国家公园	7	低地常绿林、沿海沼泽、珊瑚礁和海藻等	国有	生物多样性保护	74.225
野生动物自然保护区	10	常绿林、红树林和珊瑚礁	国有	野生动物栖息地保护	189.1271
风景保护区	3	生长在地势低的常绿林	—	生态系统	9.7
多用途保护区	3	水淹林、红树林和沿海湿地	—	生态系统	40.395
防护林保护区	6	低地常绿林、湿地	国有	生物多样性保护	153.0981
鱼类保护区	8	内陆湿地	—	水生生物	2.3544

来源：第四次柬埔寨报告(2010)。

五、林业产业发展

柬埔寨主要的林产品有木材、薪材(原材和木炭)、非木材林产品(藤、竹、药材等)、经济林产品等。过去由于相关经济产业的发展严重滞后，木材生产曾是柬埔寨社会经济发展和出口创汇的主要来源。

(一)木材加工与生产

柬埔寨的原木采伐量自20世纪80年代开始大增，特别是20世纪90年代至21世纪初期，为长期满足国内木材和非木材林产品需求，林地特许经营权模式在柬埔寨国内盛行，锯木厂、胶合板和单板工厂数量大幅度增加。1993—1997年木材采伐量和锯木生产量达到峰值，1994年原木产量达近100万立方米。之后由于森林特许经营权被暂停，木材生产量减少，到2015年，针叶树种的原木和锯木产量分别是10000立方米和2000立方米；非针叶树种的燃料产量从2010年的844.2343万立方米减少到2015年的777.9547万立方米，非针叶树种的原木和锯木产量没有变化，是26.5万立方米和10万立方米(表9至表11)。

表 9　2010—2014 年针叶树种木材统计　　　　　　　　　立方米

时间 林产品	2010年	2011年	2012年	2013年	2014年	2015年
原木	10000	10000	10000	10000	10000	10000
锯木	2000	2000	2000	2000	2000	2000

来源：联合国粮食及农业组织统计数据库(2017)。

表 10　2010—2015 年非针叶树种木材统计　　　　　　　　立方米

时间 林产品	2010年	2011年	2012年	2013年	2014年	2015年
燃料	8442343	8299490	8162025	8029699	7902280	7779547
原木	265000	265000	265000	265000	265000	265000
锯木	100000	100000	100000	100000	100000	100000

来源：联合国粮食及农业组织统计数据库(2017)。

表11 2010—2015年柬埔寨木材加工生产情况

时间 产品类型	2010年	2011年	2012年	2013年	2014年	2015年
单板（立方米）	21000	21000	21000	21000	21000	21000
胶合板（立方米）	12000	12000	12000	12000	12000	12000
木炭（吨）	35019	35418	35822	36231	36645	37063
再生纸（吨）	20000	20000	20000	20000	20000	20000

来源：联合国粮食及农业组织统计数据库（2017）。

为确保木材采伐加工的合法性，柬埔寨将大型木材加工企业的木材合法性认证体系纳入中央管理范畴，柬埔寨林业部门积极致力于木材质量保证框架体系的研发，将有利于增加市场需求和竞争力，为可持续地木材出口提供保障，特别是欧洲和北美市场的林木产品出口。

（二）木材进出口

自1979年起，柬埔寨经济发展很大程度上依赖于天然林的采伐，主要与越南、老挝和部分东欧经济体开展贸易。随着国际木材市场需求的不断加大，柬埔寨木材出口贸易量从20世纪80~90年代开始逐年增加。1989年以后，随着自由竞争市场的形成，柬埔寨木材出口扩大至泰国、马来西亚、中国和日本等经济体。1996—1997年，柬埔寨出口木材为政府创汇达3940万美元。从2002年开始，由于森林特许经营权制度被废除，国内的木材贸易量也有所降低，主要出口一些藤、竹等非木材林产品。

进口林产品方面，根据2017年联合国粮食及农业组织数据显示，2010—2015年柬埔寨的主要进口林产品包括包装纸及纸板、印刷及信纸、单板、外壳材料、纸板、胶合板和包装纸（表12）。在同一时期，木炭、再生纸、单板、木片及颗粒和胶合板是主要的出口林产品（表13）。

表12 2010—2015年柬埔寨进口木材产品数量及产值

时间 产品类型	2010年		2011年		2012年		2013年		2014年		2015年	
	产量	产值	产量	产值	产量	产值	产量	产值	产量	产值	产量	产值
燃料（立方米）	0	0	0	0	23	17	23	17	20	10	52	8
木片及颗粒（立方米）	64400	4611	68000	2720	13758	2405	19223	769	4000	426	1802	207
木废料（立方米）	12	1	12	1	15061	663	15061	663	28	5	146	108
单板（立方米）	7758	5049	7127	5074	7027	6359	9189	6616	2270	1851	14671	6823
胶合板（立方米）	38	13	59	92	1473	1483	12057	8038	10337	7583	232	475

(续)

时间 产品类型	2010年		2011年		2012年		2013年		2014年		2015年	
	产量	产值	产量	产值	产量	产值	产量	产值	产量	产值	产量	产值
硬纸板（立方米）	21	21	21	21	21	21	21	21	21	21	21	21
木炭（吨）	7931	699	7931	699	23296	2273	23296	2273	29026	2801	25775	2579
化学木浆（吨）	111	18	111	18	111	18	111	18	111	18	111	18
再生纸（吨）	34402	6476	34402	6476	9720	1217	9720	1217	14839	2223	16186	2360
新闻纸（吨）	14	14	14	14	14	14	14	14	14	14	14	14
印刷、信纸（吨）	32	37	32	37	10	43	10	43	7	32	21	60
生活用纸（吨）	2	5	2	5	2	5	2	5	2	5	16	25
包装纸、纸板（吨）	199	67	199	67	199	67	199	67	34	17	48	63
外壳材料（吨）	140	31	140	31	140	31	140	31	3	2	21	9
纸板（吨）	57	34	57	34	57	34	57	34	29	13	16	11
包装纸（吨）	2	2	2	2	2	2	2	2	2	2	11	43

注：表内产量计量单位见产品类型列标注，产值计量单位为1000美元；下同。来源于联合国粮食及农业组织统计数据库（2017）。

表13　2010—2015年柬埔寨出口木材产品数量及产值

时间 产品	2010年		2011年		2012年		2013年		2014年		2015年	
	产量	产值	产量	产值	产量	产值	产量	产值	产量	产值	产量	产值
燃料（立方米）	—	—	—	—	—	—	—	—	—	—	666	94
木片及颗粒（立方米）	13	9	13	9	4	24	4	24	4	24	4	24
木废料（立方米）	12	2	12	2	12	2	12	2	225	35	473	267
单板（立方米）	2189	1044	6966	1661	2611	1117	8029	4065	47349	22760	19372	12714
胶合板（立方米）	3420	1448	3265	1554	1816	909	2912	1765	9039	5179	12887	9803
硬纸板（立方米）	735	290	735	290	735	290	735	290	620	256	732	361

(续)

时间 产品	2010年		2011年		2012年		2013年		2014年		2015年	
	产量	产值	产量	产值	产量	产值	产量	产值	产量	产值	产量	产值
木炭(吨)	18	0	18	0	15	16	15	16	15	16	15	16
化学成分木浆(吨)	51	28	51	28	51	28	51	28	54	27	54	27
再生纸(吨)	243	28	243	28	188	24	188	24	188	24	224	131
新闻纸(吨)	1769	1079	1769	1079	3913	2440	3913	2440	1883	1439	1677	1378
印刷及信纸(吨)	25576	21625	25576	21625	57971	41714	57971	41714	46452	37810	46013	53571
日常生活用纸(吨)	790	820	790	820	2511	2617	2511	2617	2645	2545	1943	2053
包装纸、纸板(吨)	39269	22253	39269	22253	46489	23452	46489	23452	83095	46367	37910	21173
外壳材料(吨)	18814	9545	18814	9545	28092	13438	28092	13438	44618	22920	11437	6156
纸板(吨)	5104	5478	5104	5478	6110	3583	6110	3583	36972	21334	20635	10851
包装纸(吨)	15234	7120	15234	7120	12034	6172	12034	6172	1215	1711	5786	4076

来源：联合国粮食及农业组织统计数据库（2017）。

2006年，柬埔寨出台了"木材和非木材林产品进出口二级法令"，法令中明确规定宽度及厚度小于25厘米的原木或锯木严禁出口。这个规定旨在激励当地木材产业生产出高质量、高产品附加值的林业产品，增强市场竞争力。与此同时，柬埔寨政府支持进口木材和非木材林产品来补给当地产业用于生产的原材料，并进一步加工生产高价值林产品出口。然而，尽管有这些法令的支持，柬埔寨绝大多数林产品仍然多以半成品的形式出口，林产品价值仍有待提高。

为长期满足国内木材和非木材林产品需求，加强私营企业在人工林种植方面的投资力度，减少政府收入损失，柬埔寨政府一直致力于可持续森林管理。管理模式包括林业特许经营模式、年度林业招标、森林和生物多样性保护、野生生物管理与生态旅游、社区林业管理、经济社区林业管理、林业合作和合同签署模式等。比如规定遗留林业特许权经营的林地管理由林业局具体审查，对少数暂停特许权的林地，采用年度招标形式进行管理。此外，柬埔寨于2004年建成了商品林管理体系，这使得森林资源管理在宏观层面上更加透明、公开，且更具公众参与性，为当地的生计改善、碳封存、环境与水源地的保护等奠定了基础。

六、林业管理

(一)林业管理体制

柬埔寨森林管理历史虽然悠久,但直至19世纪才有相关记录。柬埔寨沦为法国殖民地期间(1863—1953年),成立了森林部,管理的森林面积约为1000万公顷;1903年出台《森林实践法》,使森林资源得到一定的管理;之后在1913年、1916年、1921年和1930年分别对《森林实践法》进行了数次修订。

1994年,柬埔寨第一个林地特许经营权发放,随后政府部门共发放了36个林地特许经营权,将全国近65%的林地(森林面积达700万公顷)转让给私营企业。与此同时,因国内人口数量剧增,非法活动猎獠和过度森林采伐等原因导致森林覆盖率降至1996年的58.6%。

1998年,柬埔寨政府林业改革开始。在世界银行和国民大会的支持下,森林政策改革委员会成立。该委员会的工作重心侧重于严禁非法采伐,禁止林地转化,允许特许经营权用地每年最大采伐量为10%~20%等内容。为了实现森林资源可持续管理,柬埔寨政府2001年要求这些森林特许经营企业制定森林管理规划,以及进行社会环境影响评估。2002年,柬埔寨颁布了《森林法》,设立了林业局,隶属于农林渔业部。林业局的成立取代了之前林业管理部门——森林与野生生物保护司,并加强了与国际组织的合作。这一系列举措旨在协调组织和加强柬埔寨政府与国际组织之间林业合作,以提升森林资源管理和保护的力度。这些活动也取得了一定的效果,2002年,柬埔寨森林覆盖率回升至60.15%。此外,为了加强地方林业管理权力,柬埔寨政府从2005年开始逐级下放权力到地方林业管理部门,并于2006年出台了社区林业管理指导方针,对社区林业的经营与发展做出规划和指导。

(二)林业管理机构

柬埔寨环境部和农林渔业部是林业管理的主要政府部门,环境部的职能以森林保护为主,由环境部下属的自然资源保护局负责23个自然保护区的管理;农林渔业部的职能以林业发展为主,由下属的林业局负责永久森林保护区和水淹林的管理。

柬埔寨林业局下设7个部门,即森林与社区林业司、规划与计财司、野生动物与生物多样性保护司、人工林与私有林发展司、立法与执法司、林业产业与国际合作司和森林发展与野生生物研究所,并设有4个区域林业办公室,与各省农林渔业厅共同管理18个省级林业局、56个区级林业局和170个村级林业站(图3)。

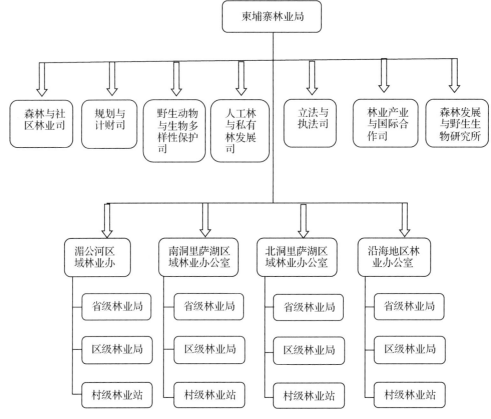

图 3 柬埔寨林业局机构 [来源：柬埔寨林业局（2015）]

(三) 林业政策与法律法规

随着柬埔寨林业机构不断改革，森林资源管理开始面向可持续的综合管理，尤其是在过去 10 年内，森林资源管理重心由最初木材生产转向为环境保护、生态旅游、生计发展的综合性管理。柬埔寨政府在近 20 年来制定和实施了一系列森林可持续管理的政策、法律法规，如《森林法》《保护区法》《森林规划》《柬埔寨战略发展计划》等，这些政策法规为柬埔寨实现森林资源可持续管理，促进社会经济发展和减贫起到了积极的作用。

1.《森林法》

柬埔寨议会于 2002 年正式颁布《森林法》，明确了林业管理部门对私有林和国有林（尤其是永久储备林）的管理权限。规定在永久储备林管理范围内，建立不同保护目的的生态保护林，包括了调节水道系统或水源地保护。《森林法》的相关条令明确规定了生态保护林应明确森林类型和森林生态保护活动及措施，要求林业局应当制定出不同生态保护林的管理计划，对森林生态系统保护活动给环境和社会造成的影响进行评估；同时，规定任何活动需同时符合《环境保护与自然资源法》的相关规定。

2.《森林发展规划(2010—2029)》

自1998年起,为加强森林可持续管理和促进社会经济发展和环境保护,柬埔寨政府大力推行了林业改革制度,并取得一定成效。2010年10月18日,《森林发展规划》颁布。该规划旨在提供可持续、平等的方法促进森林资源管理,在林业方面建立良好的管理体系和有效的林业合作发展模式,以实现森林可持续经营。《森林发展规划》规定了"实现柬埔寨千年发展计划"和"2015年森林覆盖率达到60%"的目标,为规划、实施、监测、评估和协调全国林业经营活动提供合理机制,实现林业管理程序透明、公开,加强公众参与。《森林发展规划》由6个重点领域组成,每个领域有各自优先领域(图4)。

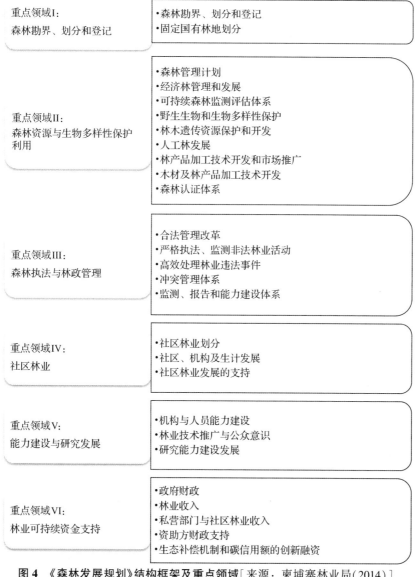

图4 《森林发展规划》结构框架及重点领域[来源:柬埔寨林业局(2014)]

3.《战略发展计划》

《战略发展计划(2014—2018)》为《柬埔寨战略发展计划》第三阶段提供了跨领域的框架结构,明确了监测评估机制框架中涉及的重点优先领域、评估指标和工作时间表,以及政府各职能管理部门的职责范围等,为2015年东盟经济一体化以及成为2030年高收入经济体的发展目标奠定了基础。《战略发展计划》共有7个章节,包括2009—2014年战略发展计划实施中面临的挑战和之前取得的成就、2014—2018年宏观经济框架结构、2014—2018年主要政策优先领域及行动计划、2014—2018年监测评估总结等。

(四)国际公约

柬埔寨政府前后签署了《联合国气候变化框架公约》《京都议定书》《生物多样性公约》《联合国防治荒漠化公约》《濒危野生动植物种国际贸易公约》《国际重要湿地公约》和《世界文化与自然遗产保护公约》等。

(五)国际合作

近年来,柬埔寨林业局加强与多个国际组织的合作,如世界自然基金会、联合国粮食及农业组织、丹麦国际开发署、德国技术合作局、日本国际协力机构、国际热带木材组织、联合国开发计划署、世界银行、亚洲开发银行、亚太森林恢复与可持续管理组织、国际野生动植物、国际野生生物保护学会等,合作内容主要包括加强林业官员和社区居民能力建设,提升森林生态系统监测水平和林业规划与管理水平,加强生物多样性保护和遗传资源保护等方面。

柬埔寨林业政策法规具体颁布的历史大事记见表14。

表14 柬埔寨林业政策法规颁布历史大事记

时间	事件
1998年10月22日	政府推行林业改革制度
1999年9月25日	政府第6号法令出台,禁止土地占用
2000年2月	通过了特许经营权林地管理条例,为森林特许经营管理制度的建立提供了法律依据
2002年7月	出台旨在可持续保护和利用森林资源,以林业为基础的社会经济发展的林业政策,这一政策曾被纳入1992年里约热内卢举办的联合国环境与发展会议及后续会议议程中,作为柬埔寨可持续森林管理与发展理念框架
2002年8月	柬埔寨《森林法》正式颁布,规定了从中央到地方林业管理部门的职能职责,严禁在设立的森林公园和野生动物保护区内进行木材砍伐活动;同年颁布了森林禁伐令,全面禁止对天然林的采伐。政府要求企业必须制定森林可持续经营方案,获批后才能进行森林采伐作业
2003年3月19日	政府第19号关于土地特许权法令出台
2003年12月2日	政府颁布第79号条例,强调社区居民森林资源管理决策中的参与

(续)

时间	事件
2004年6月	颁布委员会第32号决议,预防、减少和禁止各省(市)级的森林砍伐、林地焚烧清理和侵占
2005年4月1日	政府出台了第53号规定,建立永久储备林的保护程序、分类和登记
2005年10月17日	政府出台第118号有关国有土地管理的相关规定
2005年12月27日	政府出台第146号关于商品林用地的相关规定
2006年3月15日	政府颁布了关于土地纠纷的法令
2006年5月10日	政府出台第1号有关禁止所有林地开荒的条例
2007年2月26日	出台关于禁止国有土地非法侵占的文件
2008年	出台了柬埔寨战略发展规划(第二阶段),支持包括林业在内的国有改革及相应行动计划
2008年3月25日	出台关于国有林地允许植树造林的第26号规定
2008年10月16日	出台有关解决土地冲突的第1146号规定等

七、林业科研

为了实现柬埔寨发展计划目标,林业管理部门不断尝试、研究森林可持续管理机制。柬埔寨政府意识到林业科学研究和技术研发是实现柬埔寨森林可持续管理的关键,加强林业研究的投入可以有效实现森林可持续管理、减贫、环境保护和社会经济发展等,而制定新的林业政策、森林管理规划、森林资源监测的林业数据收集、分析是林业研究必不可少的一部分。为此,在国际组织的支持下,柬埔寨在林业研究方面也做着不断的努力。

柬埔寨森林与野生生物研究所作为柬埔寨唯一的林业研究机构,成立于1999年,隶属于林业局,其宗旨是通过开展以林业科学为基础的研究与技术示范与推广,为林业发展政策制定、森林管理规划、森林资源监测提供科学支撑。该研究所下设5个处室,即综合与规划处、森林与野生生物培训中心、森林资源影响评估中心、林业发展与植物园研究中心和野生生物与森林土壤研究中心,现有专职研究人员45人,其中获博士学位3人、硕士学位13人、学士学位23人和结业证书5人。

(一)工作职能

柬埔寨《森林发展规划》的重点领域中明确规定了森林与野生生物发展与研究所的工作职能与职责。

(1)制定、实施各层级研究规划、监测系统和评估方案;研究森林基地;研究森林植被物种及对野生动物栖息地的改变;研究野生生物和生物多样性及其生态环境;清查所有野生生物和对重要林区的生物多样性进行评估。

(2)审核、评估林业有关投资和发展项目对社会和自然环境的影响。

(3)研究不同类型环境的重要环境因子;监测、评估环境因子(如水、土壤及气候)变化;探究与野生动植物育种选育有关的科学因子;研究、试验提高森林质量技术推广的方法、植物育种研究和筹建植物园。

(4)研究木材和非木材林产品识别、利用、加工技术;提升林产品价值和质量;分析就业市场对减少森林压力的影响。

(5)加强、发展合作伙伴和在森林管理、野生生物保护和生物多样性保护等方面的合作;收集、宣传和推广科研成果。

(6)加强与森林资源和生物多样性保护相关研究,在区域或重要林地建立站点。

(7)加强林业发展项目研究及林业局人员能力建设。

(二)工作职责

主要的工作职责包括:履行林业行政主管部门规定的各项职责;对可持续森林管理最佳实践模型进行应用研究;建立、维护永久储备林的研究试点;与相关合作伙伴试验可持续森林管理模型;与相关合作发展伙伴合作,进行扩展研究项目,帮助当地社区居民完成森林管理计划和在种植活动中给予技术支撑;维护与发展伙伴和国际森林研究组织的联系,共同探索林业资金、培训项目;设计、实施林业研究人员的培训计划。

(三)重点和优先研究领域

为更好履行《森林发展计划》中各项职责,森林与野生生物发展与研究所制定了2014—2018年森林研究战略计划,包含了7个森林与野生生物保护的重点优先研究领域(表15)。

表15 重点研究领域

序号	重点研究领域	研究内容	预期成果
1	森林资源生长与产量研究	①优先树种的生长模型; ②不同森林生态条件下森林培育研究; ③优先树种材积研究; ④根据功能不同,森林分类研究; ⑤森林资源清查,收集基本信息	①森林分类和不同林区的森林资源清查、信息储存及整理; ②森林类型及种群材积测量模式; ③永久性样本在再生、死亡率、生长率和产量等方面的记录; ④在主要的林区建立了森林培育试验点,并收集林分结构、物种、土壤类型和成本效益评估等方面信息数据
2	退化森林恢复研究	①退化森林对当地社区生计发展的影响; ②利用豆类植物预防水土流失; ③退化林地恢复技术; ④利用豆类植物来改善退化土地土壤肥力; ⑤森林恢复中优先物种播种技术;	①减少森林退化对当地社区生计影响,并做好记录工作; ②研究森林恢复最适合物种及森林恢复结构框架; ③做好森林恢复技术记录工作

(续)

序号	重点研究领域	研究内容	预期成果
		⑥用于高价值木材种植的化学肥料试验； ⑦选用促进种苗的早期生长性能的化学有机和生物肥料试验； ⑧对种子物候学、种子处理和优先树种选择研究； ⑨以社区管理为基础的森林恢复； ⑩森林恢复树种选择	
3	人工林研究	①建立、观察研究选择树种种子生长情况及其物候学； ②引进幼苗繁殖的生物技术； ③进行树种筛选试验； ④进行不同树种种植试验； ⑤研究在苗圃和人工林中成本效益最高的除草抚育方法； ⑥对种子贮存、发育和预处理的研究； ⑦研究不同混合料对种苗生长的影响； ⑧制定预防和防止病虫害的方法； ⑨在农民土地上进行种植作物多样化和增加收入试验； ⑩进行高价值木材树种筛选试验； ⑪通过组织培养和嫁接等方式培育高价值树种； ⑫克隆种子园； ⑬研究速生林和本地树种的经济效益； ⑭树木改良和树木育种研究； ⑮研究木材与非木材林产品需求和供应	①建立适宜树种示范研究试验点，进行选种作物混合种植模式，研究成本效益最高的除草和抚育方法； ②改进种子物候现象和苗圃实践 ③记录在苗圃里的高价值树种改良技术； ④对不同人工林管理制度进行成本效益分析； ⑤人工林树种材积测量； ⑥人工林主要树种生长监测系统； ⑦病虫害防治方法和程序的记录
4	生物多样性保护研究	①研究生态、状态、分布等因素对野生动植物的威胁； ②分类学研究、标本收集； ③森林生态系统和生物多样性研究	①柬埔寨树种记录归档； ②主要濒危植物的记录； ③野生动植物保护与管理技术研发； ④加强对生态系统及动力平衡研究； ⑤保护措施的制定
5	社区林业研究	①对社区林业和混农林种植模式中速生树种和固氮树种的研究； ②评估木材非林产品分布、状态和使用情况； ③对木材非林产品繁育技术研究； ④为社区居民选择适合在水稻、家庭式庭院和家用林地的混农林种植模式的研究； ⑤对社区林业人工种植研究； ⑥研究柬埔寨非木材林产品生产； ⑦对当地社区非木材林产品经济效益的研究； ⑧社区林业系统对社会经济和文化的影响；	①根据研究结果，制定改善当地生计战略规划； ②对社区林业和特许经营全用地的混农林种植模式开发、引进和记录存储； ③研究、建立适合于社区林业的多用途树种的试验； ④对非木材森林产品的消费、贸易进行记录

(续)

序号	重点研究领域	研究内容	预期成果
		⑨以减轻对森林的压力为目的,研究非木材林产品的附加值技术,分析其社会经济和就业影响; ⑩研究森林产品开发和市场营销; ⑪研究对木材、木炭和非木材林产品的特征、发展机遇的分析	
6	气候变化研究	①根据不同森林类型土地利用,对碳储量计算模型的研究; ②在人工林种植模式和自然条件下,对不同树种的碳储量研究; ③气候变化对人类、野生动植物的影响; ④对适应气候变化的农业系统适应策略的研究; ⑤以保护小农生计为目的,研究在农业系统中农场树木的利用; ⑥气候变化影响对当地社区生计和适应策略的研究; ⑦对减少森林砍伐和退化林地温室气体排放项目潜在领域的研究; ⑧研究森林在减缓和适应气候变化中的作用	①收集、分析和报告记录永久性样本数据; ②对不同森林类型碳储量的计算模型进行分析; ③对不同土地利用类型的碳排放研究; ④对固碳改进技术进行文献记录; ⑤解决气候变化影响对人类、植物和动物带来问题; ⑥制定、更新适应和减缓气候变化的措施方案
7	森林产品研究	柬埔寨森林产品研究处于初期阶段,至今尚未开展森林产品开发的研究。今后研究会着重非木材林产品如蜂蜜、坚果、竹、藤,以及木材加工利用的研究,从而实现柬埔寨森林产品在国内和国际市场的利益最大化	

(四)合作研究项目

柬埔寨森林和野生生物发展研究所、亚洲开发银行、日本国际协力机构、亚太社区林业培训中心、丹麦国际发展机构、澳大利亚国际开发署、亚太森林恢复与可持续管理组织等多个国际组织保持密切合作关系,并开展一系列的林业国际合作项目(表16)。此外,研究所与柬埔寨皇家农业大学、波雷列农业学院等教育机构合作,为在校学生提供林业课程研究的学习交流平台。

表16 国际合作研究项目

序号	研究项目名称	时间(年)	项目资助方
1	柬埔寨退化森林恢复能力建设项目(第二阶段)	2012—2013	东盟韩国峰会
2	柬埔寨退化林地多功能森林恢复与管理项目	2012—2014	亚太森林恢复与可持续管理组织
3	适应中南半岛区域气候变化,植树造林信息共享系统项目	2013—2015	澳大利亚国际开发署/联邦科学与工业研究组织
4	湄公河流域水循环变化研究项目	2013—2018	日本林业与森林产品研究所

(续)

序号	研究项目名称	时间(年)	项目资助方
5	多用途森林恢复与管理项目	2012—2014	亚太森林恢复与可持续管理组织
6	减少退化林地和森林砍伐温室气体排放的社区能力建设项目	2013—2014	联合国减少森林砍伐与退化林地温室气体排放的柬埔寨项目
7	酸枝木自然更新抚育项目	2012—2013	韩国环境合作项目
8	大湄公河次区域生物多样性自然保护走廊项目	2011—2019	亚洲开发银行
9	森林恢复能力建设项目	2012—2013	韩国森林合作机构
10	森林研究与退化林地恢复林地鉴定项目	2012—2014	日本国际协力机构
11	柬埔寨贡布(Kampot)、干丹(Kandal)、桔井(Kratie)、蒙多基里(Modulkri)和腊塔纳基里等省的森林发展计划建设项目	2013—2014	日本国际协力机构
12	森林与野生生物发展与研究所文档与网站开发项目	2013—2014	日本国际协力机构
13	木材标本收集项目	2013—2014	日本国际协力机构
14	以人工手段促进森林自然再生项目	2011—2013	联合国粮食及农业组织
15	本土树种推广项目	2013—2014	日本国际协力机构
16	适应气候变化的树种信息共享项目	2013—2015	澳大利亚国际开发署

来源：柬埔寨森林与野生动物研究所出台的森林研究战略计划(2017)。

八、林业教育

柬埔寨共有皇家农业大学、波雷列农业学院2所大学设有林业及相关专业的高等教育项目，是柬埔寨林业高级人才的主要培养基地，其他如磅湛农业学校也开设有相关的林业课程。

(一)皇家农业大学

柬埔寨皇家农业大学成立于1964年，属政府公立学校，下设有林业与环境学院，由森林资源、森林保护、育林研究与森林实践3个系组成，该学院主要从事与林学学科相关专业的高级人才培养，可授予学士、硕士学位。学院现有在职教职员工28人，含院长1人、副院长3人、院长助理2人、系主任4人、副系主任4人、讲师12人和助理讲师2人，该学院机构设置以及学术研究领域如图5。

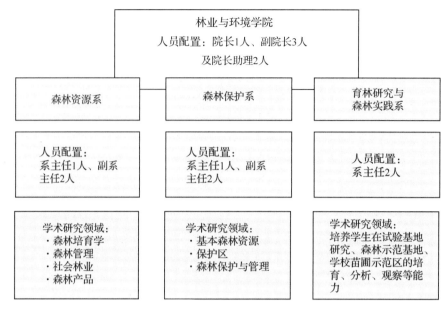

图 5 皇家农业大学林业与环境学院人员配置及研究领域[来源：皇家农业大学(2017)]

(二)波雷列农业学院

波雷列农业学院 1950 年成立，2002 年获批后属公立学院。在联合国粮食及农业组织等多个国际组织的支持下，设立了与林业相关的学士学位及学士学位相关课程。波雷列农业学院还开设了一系列短期培训课程，旨在提高公众在农业方面的能力建设，这些短期培训课程包括了混农林种植模式、庭院经济、有机园艺、病虫害综合管理、蘑菇培育、蘑菇孢子繁育、参与式乡村评估、项目规划与管理以及社会研究方法学等内容。

老挝(Laos)

一、概 述

老挝位于中南半岛中北部,北纬14°~23°、东经100°~108°,国土面积236800平方千米。南接柬埔寨,东接越南,西北达缅甸,西南毗连泰国,是一个内陆经济体。首都万象是老挝政治、经济和文化中心。老挝共划分为17个省和1个直辖市,分为北部、中部、南部3个地区,总人口723万(老挝统计局,2020),居民多信奉佛教。老挝是一个多民族经济体,由49个民族组成,主要民族有老龙族、老听族、老松族,华侨、华人约3万多人。

(一)社会经济

老挝工业基础薄弱,以传统农业为主,全国可耕地面积约800万公顷,农作物主要有水稻、玉米、薯类、咖啡、烟叶、花生、棉花等,大约60%的人口生活在农村地区,其中30%的人口生活在贫困线以下,农村和偏远地区的贫困率更高,为东南亚地区经济发展较为落后的经济体之一。老挝自1986年起推行改革开放,调整经济结构,推动农林业、工业和服务业相结合,优先发展农林业。通过加强宏观调控、整顿金融秩序、扩大农业生产等措施,基本保持了社会经济的稳定发展。2006—2010年,老挝经济年均增长7.9%,2013年2月正式加入世界贸易组织,2017财年经济增长6.83%,国内生产部值约168.1亿美元,人均2472美元。

(二)地形地貌与气候特征

老挝境内80%为山地和高原,超过1/3的土地面积坡度在30°以上,且多被森林覆盖。地势北高南低,最高峰普比亚山海拔2820米;北部与中国云南高原接壤,东部老挝、越南边境为长山山脉构成的高原,西部是湄公河谷地和湄公河及其支流沿岸的盆地和小块冲积平原。

老挝属热带、亚热带季风气候,5~10月为雨季,11月至次年4月为旱季,年平均气温约26℃。全境雨量充沛,年降水量最少年份为1250毫米,最大年降水量达3750毫米,平均年降水量约为2000毫米。

(三)自然资源

老挝在东南亚是一个潜藏着极大自然资源的发展中经济体,蕴藏有丰富的锡、铅、钾、铜、铁、金、石膏、煤、盐等矿产资源；境内森林茂密，水资源极其丰富，发源于中国的湄公河是老挝最大河流，流经首都万象，境内长1900千米（境内干流长度为777.4千米），老挝与缅甸界河段长234千米，老挝与泰国界河段长976.3千米，湄公河沿岸居民约40%的动物蛋白质来源于湄公河水域的鱼类资源。

二、森林资源

（一）基本情况

2017年，根据老挝农林部的统计，林地面积为1781万公顷，占国土总面积75.2%，其中有林地（郁闭度>20%）为954万公顷，森林覆盖率为40.25%，拥有潜在林业用地面积为827万公顷。森林资源是老挝最重要的经济发展资源之一，也是广大农村贫困人口赖以生存的重要食物和经济收入来源。

木材生产在2001年时曾经占国内生产总值的3.2%，占出口总收入的25%左右。根据老挝农业与林业部2005年的统计，80%的国内能源消耗以木材为主，林产品（原木和木制品）出口占老挝出口创汇总收入的41%，非木材林产品只占农村中收入的40.18%。到了2016年，老挝的森林经济总量为23.89亿美元，其中以木材销售为核心的产值高达17.12亿美元。

在过去的40年里，老挝的森林经历了大规模的商业采伐，使得森林覆盖率从70%下降到2014年的40%左右。面对森林锐减的严峻形势，老挝政府设定了恢复森林覆盖率的目标，即2020年达到70%，以此帮助村民减轻贫困，抵御气候变化的影响。

（二）森林类型

老挝森林资源具有丰富的物种多样性、特有性，主要森林类型及其占比分别为混交落叶林占75%；干旱常绿林和干旱龙脑香林，分别占10%和11%；针叶林和针叶混交林占3%。阔叶树种主要为龙脑香、榄仁树、紫檀、娑罗双、南洋榉木、坡垒等，针叶树种以苏门答腊松、思茅松、杉木、柏树等为主。超过80%以上的商业木材采伐是干旱常绿林和干旱龙脑香林，尽管其面积只占现有林地面积的10%，但木材产量占总产量的87.7%；而混交落叶林占林地总面积的75%，木材产量仅占11.7%。

根据森林利用的社会属性，老挝2007年颁布出台的《森林法》根据林地的经营、管理方式和利用目的等又将森林分为生产用林、保护林、保存林和其他林四大类，但不同类型的林地面积之间会出现交叉与重叠。此外，遭受严重破坏的退化林地、无林裸露地等，将依据经济发展计划用于植树造林，或是分配给村社农户作为农业种植和畜牧业等用途的用地。

生产用林是指能够定期提供木材和其他林产品来满足经济、社会发展和人民生产生活需求的森林及林地，且不会带来负面的环境影响，面积约310万公顷。

保护林指保护水源、江河流域，防止水土流失和抵抗自然灾害起重要作用的森林及林地，是具有安全意义的生态公益林保护区域，总面积754万公顷。

保存林指为保护动、植物物种、自然栖息地及具有历史、文化、旅游、环境、教育和科研价值而划分的森林区域，通常划定为自然保护区和生物多样性保护区来严格实施保护，总面积为384万公顷。

其他森林类型总面积接近256万公顷，主要为156万公顷左右的村社森林，50万公顷的工业原料林和不到50万公顷的零星小农种植园，面积统计上会出现交叉与重叠。

（三）森林权属

老挝所有土地和林地所有权均属于政府所有，由村民个人和集体使用的林地需按照《土地法》根据其用途进行分类和登记，获得管理机构的许可之后才可以使用、占有林木和林地。按老挝《土地法》规定，土地登记是拥有产权的形式，包括土地所有权和使用权。土地所有权是证明土地能永久使用的唯一法律文件，并以立法的形式赋予了土地所有者的相关权利，保障其土地的使用权、转让权和继承权。

根据《森林法》条款，个人和集体可以获得天然林的长期使用权，天然林也可租借或赠予特许森林经营者用于保护或采伐；分配给社区和个人进行保护、防护及管理的森林和林地，经营者有权从中获得各种补偿和使用林木、采集非木材林产品等。然而，到目前为止政府仍只通过土地和森林分配程序将天然林分配给村民。

（四）森林资源变化

1. 森林覆盖变化

老挝的森林较均匀地分布于北部、中部和南部地区，木材产量分布则相对不均匀，主要集中在中部与南部地区，分别占32.2%与41.9%。老挝在1940年、1982年、1995年、2002年、2010年和2015年分别进行了6次森林覆盖率评估，评估显示：1940年森林面积有1700万公顷，占土地总面积的71.8%，1982年的森林面积减少到1160万公顷，占土地总面积的49%；2002年的森林面积再次减少至980万公顷，占总土地总面积的41.4%；2010年的森林面积再度减少至955万公顷，占总土地面积的40.33%。

根据老挝农林部《2010年老挝全国森林覆盖率调查报告》显示，老挝北部地区2010年森林面积达3278300公顷，森林覆盖率33.80%。林木主要集中在丰沙里省（占18.69%）、沙耶武里省（占18.59%）、琅勃拉邦省（占16.86%）；中部地区2010年森林面积达3149300公顷，森林覆盖率42.60%。林木主要集中在万象省（占28.90%）、波里坎赛省（占25.89%）与甘蒙省（占24.26%）；南部地区2010年森林面积达3124800公顷，森林覆盖率47.40%。林木主要集中在沙湾拿吉省（占35.91%）、阿速坡省（占21.12%）与占巴塞省（占20.04%）。

2002—2010年，北部地区森林覆盖率提高了5.9个百分点（主要是丰沙里省、琅勃拉邦省与琅南塔省森林的恢复），但由于中部地区和南部地区森林砍伐的加剧，其森林覆盖率分别下降 3.5 个百分点与 9.3 个百分点，使得老挝全国总体森林覆盖率降低 1.2 个百分点，采伐较严重的省市包括万象市、甘蒙省、沙拉湾省、色贡省与占巴塞省。

2010—2015 年，全国森林覆盖率增加至 46.7%，森林覆盖率共增加了 6.5%，相当于以每年 1.29% 的增长率扩大森林面积。在全国所有地区的森林覆盖率都增长很快：老挝南部以每年 1.7% 的速度增长，北部和中部都以每年 1.2% 的速度增加(图 1、表 1)。

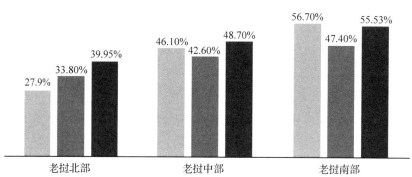

图 1　2002—2015 年老挝森林区域覆盖率

表 1　2010—2015 年老挝森林覆盖率变化

区域	年份	现有森林(%)	潜在森林(%)	其他林木(%)	农业(%)	其他非林地(%)
北部	2010	33.87	57.14	0.04	4.11	3.76
	2015	39.95	52.97	0.02	4.01	1.72
南部	2010	47.20	34.34	1.48	9.26	7.83
	2015	55.53	22.36	1.23	15.73	2.13
中部	2010	42.71	41.21	1.49	5.45	9.14
	2015	48.77	32.31	1.15	8.56	5.36
老挝	2010	40.25	45.98	0.88	5.95	6.51
	2015	46.72	38.16	0.73	8.90	3.00

来源：日本 2016 年与老挝合作应对环境和气候变化项目。

2. 森林减少的诱因

邻国市场对木材和林副产品的巨大需求，以及一些邻国实行禁伐政策对老挝的森林资源形成巨大压力，尤其是对一些珍贵的稀有木材的市场需求，加大了老挝对木材的开采力度，导致木材被大量采伐，短时间内难以恢复。

人口快速增长对森林资源的需求剧增也是导致森林减少的一个重要因素。老挝的人口从 1980 年的 486.9 万人增长到 2017 年 680 万人，累积增长率为 39.66%。快速增长的人口规模，特别是农村地区的贫困人口采取传统的毁林开荒、刀耕火种方式导致了大量森林资源被采伐破坏，同时也并没有形成有效的财富积累。

不合理的采伐和低效利用导致森林资源浪费严重。目前老挝的整体发展水平不高，工业经济和服务行业还十分落后，因此对森林资源的采伐和利用成为重要的经济来源。但是，不合理的森林采伐方式和落后的木材加工技术造成了严重的采伐过量和低效种植现象，严重浪费了林木资源。

大规模地开发农业用地、矿业和其他商业用地对林地的侵占，导致森林面积不断减少。

此外，政府部门对森林资源管理的计划不足，林业发展的监控与执行能力有限，管理职能并没有得到有效发挥。因为缺乏监督和管理，使得林业开发企业只注重采伐不注重种植和养护，由此也导致了森林资源不断减少。

三、生物多样性

老挝是东南亚生物多样性最丰富的经济体之一，具有高度的地方特有性。老挝境内有西弗劳昂（Sai Phou Luang）山丘常绿林、中部喀斯特地貌区、湄公河平原干性龙脑香林、博里温高原（Boliven Plateau）、北部高地、湄公河以及其他河流流域等7个具有世界保护意义的生物重点栖息地。在世界自然基金会确定的全球200个关键生态区中，老挝占了4个，还有共238.6万公顷的27个重要鸟类区域，其中有8个重要鸟类区域分布在保护区体系之外。

（一）植　物

老挝的大部分地区仍然保留着天然的热带和亚热带阔叶林。根据最新统计，已记录的植物物种有8100余种，其中有26种针叶树，4850种开花植物。列入老挝植物保护物种名录的物种有缅茄（*Afzelia xylocarpa*）、沉香树（*Aquilaria agallocha*）、翠柏（*Calocedrus macrolepis*）、杉木（*Cunninghamia lanceoloata*）、苏铁（*Cycas revoluta*）、木居子（*Diospyros mun*）、坡垒木（*Hopea hainanensis*）、大叶龙角（*Hydnocarpus annamensis*）、密花红光树（*Knema tonkinensis*）、海南粗榧（*Cephalotaxus hainanensis*）、悬铃木（*Platanus*）、红酸枝（*Dalbergia cochinchinensis*）、巴里黄檀（*Dalbergia bariensis*）、猪笼草（*Nepenthes sp.*）等22种。此外，老挝地处亚洲水稻驯化的中心，与泰国北部同为糯米起源的中心，因此也是世界上水稻品种分布最多的区域。国际水稻研究所的基因库储存了于1995—2000年在老挝采集的13000多个水稻品种的样品。

（二）动　物

有记录的哺乳动物有273种，其中超过60种为受威胁或濒临灭绝的种类，主要分布在老挝和越南交界的安南山脉。约810种鸟类，在纳凯-南屯国家公园就有超过430种鸟类，所有鸟类中至少10%的种为濒危物种，比如特有种秃头鹎（*Pycnonotus hualon*）、白翅栖鸭（*Cairina scutulata*）、黑腹燕鸥（*Sterna acuticuda*）等。

已发现的鱼类有 250 种，大多分布于湄公河流域，高于全球平均水平，在整个美洲只有 74 个科的鱼类，在南美也只有 60 个科。此外，有记录的两栖类动物有 144 种；爬行类动物 131 种；蝙蝠类超过 90 种；蝴蝶类有 38 种；蚜虫蛾类有 200 种。

老挝茂密的森林与内陆河流是许多珍稀濒危野生动物和水生动物的重要栖息地，如亚洲象、孟加拉虎、云豹、金钱豹、印度野牛、中南大羚（*Psesudoryx nghetinhensis*）、长臂猿（*Hytobatidae*）、暹罗鳄（*Crocodylus siamensis*）、短吻海豚（*Orcaella brerirostris*）、白翅栖鸭等，其中一些物种在世界其他地方已经灭绝。

四、自然保护地

老挝自 1989 年开始着手生物多样性保护区的构建工作，1993 年第 164 号总理令颁布后，随即在全国范围内设立了 18 个生物多样性保护区，2010 年在原有生物多样性保护区的基础上又建立两个保护区走廊带。除此之外，并未设立其他类型的保护地或其他主题的自然保护区，如国家公园，野生动植物和鸟类保护区，水生生物保护区等。根据 2016 年最新的保护地统计，全国共建立了 33 个保护地，总面积约为 386 万公顷，占国土面积的 16.68%（表 2）。

表 2　老挝自然保护地建设情况

自然保护地	数量（个）
生物多样性保护区和东盟遗产公园	1
保护地	2
狩猎区	1
生物多样性保护区	20
未公开报道的区域	7
湿地	2

来源：联合国环境规划署世界保护监测中心关于保护区世界数据库的统计（2016）。

（一）生物多样性保护区

生物多样性保护区是老挝唯一致力于自然保护的保护地，在管理策略上强调对保护区"综合保护与发展"，更好地保护区域内动植物物种、森林生态系统，开展自然价值、历史、文化、旅游、环境、教育的科学研究与发展；此外，"参与式管理"也是保护区管理的一项重要策略，强调当地村民与政府部门的合作，共同参与对生物多样性保护区的管理、项目决策与行动的过程（图 2）。

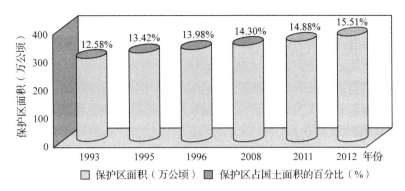

图2 老挝保护区变化情况

(来源：日本2016年与老挝合作应对环境和气候变化项目)

生物多样性保护区体系的建立，对促进环境和流域保护，防止水土流失，应对和减少气候变化的影响，提升战略性区域的生态安全，促进国民经济持续发展，提高和改善人民的生活条件起到了积极作用。

(二)跨境联合保护区域

为了有效控制边境非法野生生物贸易，促进边境地区生物多样性保护，提升保护能力，老挝积极与毗邻的中国、泰国、越南等经济体合作，划定了"跨境联合自然保护区域"，扩大了保护区域动、植物物种基因库范围，对增加物种种群数量和抵抗外界干扰起到了有效的作用。

为更好地保护以亚洲象为代表的跨境迁徙野生动物，中国云南省西双版纳自然保护区管理局与老挝南塔省农林厅于2009年签署了共同建设"中国西双版纳尚勇–老挝南塔南木哈联合保护区域"协议，将中国西双版纳自然保护区尚勇保护所范围内的31300公顷和老挝南木哈自然保护区与中国边境接壤的23400公顷区域作为中国、老挝"跨境联合保护区域"，共同开展社会经济调查和生物多样性本底调查、联合巡护和资源监测、开展资源保护的培训与意识宣教活动、建设"联合保护区域"地理信息系统和中国、老挝双方机制化的交流沟通等活动，开创了中国、老挝两国边境一线自然保护区联合保护的新模式。

五、林业产业发展

森林资源在老挝国民经济与社会发展中具有重要意义，森林资源提供了木材、食物、燃料、纤维、药物、居所等，特别是农村地区80%以上的家庭总收入来自森林所提供的经济活动和非木材林产品，林业已成为推动老挝经济发展的支柱产业(表3)。

表3 老挝 2003—2016 年林业产业出口规模

年份	木材出口产值(亿美元)	同比增长率(%)
2003	0.069	—
2004	0.077	11.6
2005	0.086	11.26
2006	0.095	10.48
2007	0.105	11.17
2008	0.115	8.87
2009	0.121	5.17
2010	0.133	10.55
2011	0.146	9.76
2012	0.16	9.67
2013	0.181	12.63
2014	0.212	17.59
2015	0.243	14.13
2016	0.276	14.01

来源：老挝统计局，老挝森林管理局。

(一)木材生产

老挝是全球森林面积所占比例最大、珍贵木材最多的经济体之一，其中储量较大的林木有柚木、乌木、檀香木、沉香木、红豆杉、紫檀、黄檀木、双叶黄松、龙脑香木、巴劳木、缅茄木、铁力木、娑罗双木、油楠木、红木、楸木、花梨木等。木材加工生产约占国内生产总值的6%，占制造业总产值的32%，占制造业总就业人数的20%。2001年，老挝仅原木生产就贡献了国内生产总值的3.2%，木材产品占了总出口收入的25%，如果加上用于生活木材消费、加工和非木材林产品量，其贡献率会更高。

根据老挝工业与贸易部内部统计资料显示，截至2011年，老挝合格的木材加工企业数量达1175家，全国木材加工企业分布较为均匀，北部地区有395家，占总木材加工企业总数的33.62%；中部地区有406家，占总木材加工企业总数的34.55%；南部地区有374家，占总木材加工企业总数的31.83%。

木材加工企业主要分为四个等级：Ⅰ级企业为锯木厂和半成品木材加工厂；Ⅱ级企业为成品木材加工厂和家具厂；Ⅰ+Ⅱ级企业是可同时设计Ⅰ级和Ⅱ级木材加工业务的企业；Ⅱ级(小型)企业即小型木材加工作坊，通常为家庭手工作坊。全国木材加工企业大多属于民营性质，少数为国有企业，大型工厂主要分布在中部和南部，大多从事制材、干燥及二次加工作业，在业内尚未出现具有较大垄断能力的领头企业。根据老挝政府出台的《2020年老挝林业战略》数据显示，木材生产量为年均23万立方米，而实际木材生产量为年均46万立方米。

目前，老挝木材加工业主要集中在成品木材加工和家具制造行业，并且多数为小型的家庭手工作坊，占全国木材加工企业数量的42.38%；其他Ⅱ级木材加工厂占32.09%，主要分布在中部地区；同时从事锯木与半成品木材制造与成品木材加工与家具制造的Ⅰ级木材加工厂占21.96%，各地区分布相对均匀；而从事锯木与半成品木材制造的仅占3.57%，且主要分布在北部地区与南部地区（表4）。

表4　2011年老挝木材加工企业分布与类型结构

地区	总计（%）	Ⅰ级企业（%）	Ⅱ级企业（%）	I+Ⅱ级企业（%）	Ⅱ级（小型）企业（%）
北部	33.62	45.24	25.73	32.95	38.96
中部	34.55	7.14	58.36	37.21	17.47
南部	31.83	47.62	15.92	29.84	43.57
总计	100.00	3.57	32.09	21.96	42.38

来源：老挝工贸部工业与手工业公司（2011）。

老挝的木材生产以原木为主，占木材生产总值的88.9%，其次是锯木生产，胶合板和单板由于缺乏先进的技术几乎没有生产（表5），因此，政府鼓励木材加工业引入更多的投资，采用高新技术生产和加工，提高产品价值，以使该产业得到更好的发展。

表5　2009—2018年老挝木材产量变化　　　　　　　　　　　　　　百万立方米

类别	2009年	2010年	2011年	2012年	2013年	2014年	2015年	2016年	2017年	2018年
原木	6.435	6.980	7.567	7.454	8.043	8.431	8.121	8.080	7.240	7.202
锯木	0.25	0.35	0.5	0.5	1.0	1.2	0.75	0.3	0.3	0.3
胶合板	0.024	0.024	0.024	0.024	0.024	0.024	0.024	0.024	0.24	0.24
总计	6.709	7.354	8.091	7.978	9.067	9.655	8.895	8.404	7.781	7.742

来源：联合国粮食及农业组织数据库。

老挝商品木材约90%用于出口，木材产品市场优势主要在泰国、越南和中国，以出口原木和锯材为主。为了有效控制天然林砍伐，老挝政府于1999年、2000年和2001年先后发布总理令禁止原木出口和削减锯材出口。2002年发布的第18号总理令以限制基本加工的锯材出口为目的，禁止锯材出口。2004年发布第25号总理令，只允许部分半成品出口。2008年时规定如果获得老挝政府的特别许可，加工成板、厚板及柱等的木材出口是合法的，但随后也被禁止。截至2014年年初，老挝政府再次颁布政令，禁止任何企业向百姓收购珍贵木材，不允许原木、方木、锯材、树根、树瘤、木材半成品及观赏植物等出口，须加工成成品后方可出口，木材半加工品则必须有政府的批准文件方可出口；部分产品实行出口许可管理。2016年，老挝政府开始严格控制天然林的采伐并颁布了原木"出口禁令"，但由于老挝木材出口管理制度不健全，木材出口限制仅在形式上，非法贸易仍然十分猖獗。

(二) 非木材林产品

老挝具商业价值的非木材林产品主要有豆蔻、沉香、竹藤、松脂、椰糖、锦葵果等，这些非木材林产品的出口额曾经占到林产品总出口贸易额的一半以上。在20世纪90年代至21世纪初，老挝非木材林产品年平均出口额维持在4000万~5000万美元的水平，但近10年来，老挝非木材林产品的出口贸易量呈现大幅下降的趋势。

由于非木材林产品在自然生态系统中有着很重要的作用，因此，政府专门规定了可以采集的种类、季节、方式等，建立了与非木材林产品相关的政策法规，比如164/1993法令禁止未授权进入老挝生物多样性保护区采集非木材林产品，农林部1848/1999号法规规定从天然林中采集非木材林产品需造林或缴纳补偿费，在人工林中采集不需要缴纳。

六、林业管理

(一) 林业管理体制

老挝林业管理体系主要由中央政府农林部以及地方各省、区农林厅(局)的林业主管部门组成，负责贯彻执行林业方针、政策、法令，保护和合理利用森林资源，动员和指导广大群众开展森林恢复植树造林活动。

1. 中央政府

老挝农林部和自然资源与环境部是中央政府负责林业与森林资源管理事务的政府职能机构，农林部是林业行政管理的工作机构，自然资源与环境部为2011年成立的新机构，主要职责是负责自然资源保护和水土保持林区的管理。

2. 地方政府

地方政府的省、区农林局是同级政府的林业行政管理机构，主要任务是贯彻落实林业方针、政策、法令，具体负责对辖区内森林资源保护利用的管理。

(二) 林业管理机构

农林部作为老挝中央政府林业行政管理的工作机构，负责管理对包括生物多样性保护区在内的所有森林资源。农林部下设林业司和林业稽查司，是具体负责老挝林业政策执行与林业行业管理工作的职能机构。

1. 林业稽查司

林业稽查司是老挝2008年进行机构改革时，为减少利益冲突和行贿受贿等腐败行为新设立的部门,主要负责执行《森林法》中的条例和规定,对林地占用、林木采伐与木材生产、林产品和野生动物贸易进行调查和监管,具有执法权,以打击森林的非法采伐木材、野生动物走私、非法林地侵占以及与林业相关的腐败问题。林业稽查司在各省设有林业稽查的派出机构。

2. 林业司

林业司主要负责森林资源的清查、监测评估与投资管理,制定森林管理计划;收集各省商品林采伐与木材生产加工数据;对省、区级林业部门进行监管指导并提供技术支持。此外,林业司设立了"减少砍伐森林和减缓森林退化而降低温室气体排放和增加碳汇项目"办公室,组建了该项目的技术支持小组,负责制定和执行相关政策,以加强老挝开展该项目活动的执行力。

3. 省级农林办公室

省级农林办公室的主要职责是收集木材采伐的数据,通过林业局上报农林部,颁发采伐许可证并签署采伐合同,做好所有采伐作业、场地和文件的监管。

4. 省级林业局

林业局是省级农林办公室的下属工作机构,主要职责是整理从区一级收集的采伐数据,汇编后提交省级农林办公室,根据原木等级和比例监督管理好森林采伐,做好所有采伐作业、场地和文件的监管。

5. 区级农林办公室

区一级的农林办公室也隶属于省级农林办公室,主要职责包括实施好森林管理计划、采伐监督、发展年度经营计划,上报省级农林办公室。做好所有采伐作业、场地和文件的监管,颁布正式的伐木清单,承担重要的基础设施、种植园、社区林业项目的实施等。

6. 其他机构

工商部规范管理老挝各行业贸易活动,对老挝原木、锯材和木制品的加工运输、销售和出口各环节进行监督。老挝各省设有省级工商厅,具体负责管控辖区内木材从原木到加工、出口的管控。

自然资源和环境部成立于2011年,职责是管理指定的保护和水土保持林地区,原农林部林业司的森林保持、退化林地更新等职能划归到自然资源和环境部。

(三)林业政策与法律法规

1. 林业政策

自1975年老挝建国开始,老挝中央政府就将木材的可持续生产作为一项重要政策目标,先后制定、出台了一系列有关林地管理、森林采伐、木材采伐、林产品加工和出口销售的林业政策,旨在对森林资源实行可持续管理。

老挝的林业政策强调依法保护土地资源、森林资源特别是热带雨林;森林的采伐必须纳入统一规划,严格监管森林砍伐及原木出口,提升企业的林产品加工水平,增加林产品销售、出口的附加值;禁止毁林开荒和乱砍滥伐,做到林木采伐与培育并举;动员全民开展植树造林,发展替代"刀耕火种"的种植方式,取代"游耕";禁止非法捕杀野生动物,打击野生动物的走私贸易,建立生物多样性保护区,保护珍稀濒危物种种群,维护生态平衡等。

2. 林业法规、法令

老挝1996年出台了首部《森林法》,成为老挝林业发展史上的里程碑;同时老挝政府还颁布了一系列与森林资源管理和利用相关的林业法规、法令,如《森林和林地管理及利用的总理法令》《禁伐令》《关于村社森林资源管理义务和权益的规定》《植树和森林保护的土地及林地分配的总理法令》《禁止偷砍、采伐、采集、收集和非法买卖木材法令》《水生动物、野生生物、捕猎和渔业的控制和管理》《野生生物和捕猎控制办法》等。

《森林法》的出台取代了老挝自1993年来的林业指南的第169号法令和186号法令,并分别在之后的2005年、2007年和2008年进行修改、补充和完善。《森林法》由森林和林业活动的管理(包括森林分类)、森林和土地的使用规则(含非木材林产品的采集、森林工业、野生动物、森林保护)、森林和林地使用者的权益和义务、森林管理和林业机构对森林经营管理的奖励、对森林违法者的处罚、其他条款等7部分组成,并界定了保护林、保持林和生产用林3种不同森林类型,确定了政府森林管理机构的职责。

七、林业科研

老挝农林研究所由农林部成立,以整合全国农林研究活动,建立协调的全国农林研究体系。任务是进行农业、林业和渔业综合研究,以便提供技术信息、规范和结果,帮助根据政府制定战略政策。该机构有4个主要功能,包括开展适应性研究,开发方法、工具和信息,提供政策反馈,以及协调和管理研究,还包括土地使用规划和评估森林覆盖和生物量的变化。

农林研究所下属的森林研究中心是老挝唯一从事林业科研的专业研究机构,于1996年正式成立,由农林部林业司和农林研究所领导。森林研究中心目前有从事林业研究专业技术人员332名,其中包括25名博士、84名硕士和152名学士;主要从事柚木培育、木材的物理、化学与解剖学与应用、土壤学、竹藤研究、薪柴与木炭、生物质柴油、病虫害防治、天然林保护、药用植物资源等方面的科学研究和应用技术推广等。主要成果:建立了占地306公顷含18个树种的原生人工林,建立了102个树种种源基地,含有28个树种,其中母树有6890株,分布于全国,面积共计9338公顷。

八、林业教育

(一)老挝国立大学

老挝国立大学具有林业高等教育专业,于 1995 年由 9 个独立学院合并而成,分别是万象教师培训学院、理工学院、医科学院、电子科技学院、万象交通与通讯学院、万象建筑学院、灌溉学院、东都林学院、农学院。目前,下设 11 个学院和 9 个研究中心,开展人才培养,现有专职教职工 1900 人,在校生规模 36000 人。

(二)苏巴努旺大学

苏巴努旺大学作为老挝 5 所国立大学之一,位于老挝旧首都琅勃拉邦,下设农业和森林资源学院开设林业相关课程,主要提供植物科学、动物科学、森林资源、食品科学与技术 4 个专业方向。

(三)苏发努冯大学

苏发努冯大学位于琅勃拉邦,是根据总理法令成立的大学,以首任老挝主席,人称"红色亲王"的苏发努冯亲王命名,是教育部下属的公立民族教育文化机构。共有 6 个学院,下设 19 个系,20 个本科学士学位点,其中农业和森林资源学院提供 4 个专业,植物学、动物学、森林资源管理和食品科学。

(四)北方农林学院

北方农林学院位于琅勃拉邦以北 25 千米处,学校占地 51 公顷,于 1989 年 11 月 20 日由琅勃拉邦教育委员会和农林部共同成立,当时被称为北方农业学校,只有农学和畜牧水产 2 个专业。1999 年,北方农业学校与北方农林培训中心合并,更名为琅勃拉邦农林学院,到 2010 年,重设更名为北方农林学院,开设农学、畜牧水产、林学、农业经济 4 个专业的课程。

(五)琅勃拉邦农林学院

琅勃拉邦农林学院正式成立于 1989 年 11 月 20 日,由琅勃拉邦政府和农林部建立,2010 年,学院更名为北方农林学院,包括农学、林学、畜牧业和渔业 4 门专业,教职员工 79 人,其中教师 74 人(博士 1 人,硕士 10 人,本科 55 人)。

此外,老挝还有从事职业教育和培训的林业技校 1 所,林业培训中心 3 个。

缅甸（Myanmar）

一、概　述

缅甸位于中南半岛的西北部，北纬 10°~29°、东经 92°~101°，属热带季风气候区，国土面积 676577 平方千米，东西延伸 936 千米，南北走向 2051 千米。缅甸大部分地区在北回归线以南，在东南亚陆地面积仅次于印度尼西亚，居第二位。其北部和东北部同中国云南省接壤，东部和东南部与老挝和泰国毗邻，西部与印度、孟加拉国接壤，安达曼海和孟加拉湾位于缅甸南部和西部海岸，海岸线长 3200 千米。

缅甸是一个多民族和多宗教的经济体，下辖 7 个省、7 个邦和 1 个联邦特区，首都为内比都（2005 年由仰光迁都至此）；总人口有 53855735 人（2018 年），有 60%以上的人口居住在偏远的农村山区；共 135 个民族，其中 68%为缅族，其余主要为掸族、克伦族、孟族、克钦族、克伦尼族、钦族、若开族等少数民族以及华人、印度人、孟加拉人；89.4%的人口信奉佛教，除佛教外，还有伊斯兰教、基督教、印度教和原始宗教。

（一）社会经济

缅甸自然条件优越，资源丰富，但多年来工农业发展缓慢，为自给自足的农业经济体，被联合国发展计划委员会确定为全球最不发达经济体之一。农业是国民经济的基础，农业产值占国民生产总值的四成左右，主要农作物有水稻、小麦、玉米、花生、芝麻、棉花、豆类、甘蔗、油棕、烟草和黄麻等；工业基础极为薄弱，主要有石油和天然气开采、小型机械制造、纺织、印染、碾米、木材加工、制糖、造纸、化肥和制药等。2017—2018 年，缅甸国内生产总值约 690 亿美元，人均约 1300 美元，吸引外国直接投资 58 亿美元，贸易伙伴有中国、泰国、新加坡、日本、韩国。

近年来，缅甸人口呈现不断增长趋势，1995—2020 年，预计缅甸人口年增长率为 1.7%。2001 年，缅甸人口为 4725 万人；2004 年，人口总数达 5141.9 万；2005 年，人口增至 5430 万人；2010 年，人口为 5860 万人。

（二）地形地貌与气候特征

缅甸地势北高南低，北、西、东被山脉环绕。北部为高山区，西部有那加丘陵和若开山脉，东部为掸邦高原，靠近中国边境的开卡博峰海拔 5881 米，为全国最高峰；西部山地和东部高原间为伊洛瓦底江冲积平原，地势低平。缅甸境内河流密布，流势由北向南，主要河流有伊洛瓦底江、萨尔温江、亲敦江和锡当河，支流遍布全国。

由于受季风影响，缅甸全年可分为雨季(5月中旬至10月)、寒季(11月至次年2月)、热季(2~5月中旬)；境内降水量分布不均，在沿海地区降水量可达5000毫米以上，而中部地区年降水量不足1000毫米；缅甸全年气温变化不大，最高温度出现在中部地区，平均最高气温在每年3~4月，约43.3℃，北部山地地区年均最高气温为36℃，东部掸邦高原气温为29.4~35℃。

(三)自然资源

缅甸矿藏资源丰富，有石油、天然气、钨、锡、铅、银、镍、锑、金、铁、铬、玉石等；石油和天然气是缅甸重要的经济资源之一，金、银、铜、铅、锌、锡、钨、锰等有色金属储量高、分布广。此外，缅甸盛产翡翠、红宝石、蓝宝石，是世界上著名宝石和玉石产地。

缅甸森林资源较为丰富，是世界上森林分布最广的经济体之一，盛产檀木、鸡翅木、铁力木、酸枝木、花梨木等各种硬木和名贵硬木，还有丰富的竹类和藤类资源。缅甸国内河流密布，主要河流有伊洛瓦底江、萨尔温江、钦敦江和湄公河，支流遍布全国，利用水力发电潜力很大。缅甸海岸线漫长，内陆湖泊众多，渔业资源丰富，开发潜力大。

二、森林资源

(一)基本情况

由于降雨充沛、温度适宜和土壤肥沃，造就了缅甸十分丰富的森林资源类型和生物多样性。缅甸林地面积5188.7万公顷，占国土面积的76.69%；2015年，缅甸森林覆盖面积为2903.62万公顷，森林覆盖率为42.92%。林地总面积中有郁闭林地1344.5万公顷，疏林地1832.9万公顷，宜林地2011.3万公顷(表1)。

表1　缅甸林地面积

土地类型		面积(万公顷)	占国土面积比例(%)
林地面积	郁闭林地	1344.5	19.87
	疏林地	1832.9	27.09
	宜林地	2011.3	29.73
其他用地	其他土地	1386.9	20.50
	内陆水域	190.3	2.81
国土总面积		6765.77	100.00

来源：缅甸森林局(2017)。

缅甸为世界上森林类型最为复杂、生物多样性最为丰富的经济体之一。目前，已记录植物物种达11824种，其中1071种为缅甸特有种；用材树种共2088种，其中有柚木(*Tectona grandis*)、花梨(*Pterocarpus macrocarpus*)、紫檀(*Pterocarpus indicus*)、楠木(*Phoebe zhennan*)等优质、珍贵用材树种85种。缅甸柚木不仅质量上乘，而且蓄积量丰富，是世界上柚木产量最大的经济体。目前，国际市场上85%的柚木都是产自缅甸。缅甸森林资源主要分布于北部地区的克钦邦、掸邦、实皆省、钦邦、勃固省等地（表2）。

表2 2010—2015年缅甸各省(邦)森林覆盖面积

名称	克钦邦	克耶邦	克伦邦	钦邦	实皆省	德林达依省	勃固省	马圭省	曼德勒省	孟邦	若开邦	仰光省	掸邦	伊洛瓦底省	内比都
面积（平方千米）	61823	4279	13429	22321	44082	28171	11554	7646	3403	4508	20632	490	60222	4362	3440
百分比（%）	69.43	36.47	44.20	61.96	47.04	64.99	29.30	17.06	18.02	36.99	56.10	4.76	38.65	12.45	41.64

来源：缅甸森林局（2017）。

(二)森林类型

充沛的降水、热量和土壤地形的多样化使得缅甸森林类型极为丰富。缅甸森林类型由海岸沼泽林(红树林)、热带常绿林、落叶混交林、旱生林、落叶龙脑香林、山地温带常绿林和灌丛7种类型组成。其中，落叶混交林和山地温带常绿林面积最多，分别占森林总面积的38.26%和26.88%；热带常绿林在缅甸南部地区比较常见；山地常绿林主要分布在缅甸东部、北部和西部海拔900米以上地区；落叶混交林、干旱地林分布在缅甸中部地区。

(三)森林权属

缅甸的土地所有权均属于政府所有，由农业部与林业部门负责管理。政府环境与自然资源部下属的森林局具体负责林地管理，具有林地使用权分配的权利，其余土地均为农业部下属的居住与土地登记局管理。林地按用途划分为天然林、人工林和社区森林3个类型，社区森林指由农村社区及土著居民拥有的少量林地，但需获得政府长期租赁许可。

缅甸政府1992颁布的《森林法》强调尊重林地使用权，包括林地内森林的使用权和受益权，也包括个人、社区参与森林保护管理所需承担的义务和责任。根据《森林法》，被定义为用于储备林和受保护公益林的林地，社区(村集体)、个人和私营企业可获林地的使用权，林地使用权暂定为30年，并具有继承权。

(四)森林资源变化

1. 森林覆盖

尽管缅甸森林资源非常丰富，但森林覆盖率自20世纪60年代以来呈现出逐年下降的趋势。据缅甸森林局统计，1925 年缅甸森林覆盖率是 65.8%，1975 年为 61%，到 2010 年年底，缅甸森林面积 3177 万公顷，森林覆盖率为 46.9%，2015 年森林面积持续下降至 2904 万公顷，森林覆盖率为 42.92%（图 1、表 3）。在过去的几十年里，缅甸森林覆盖率下降了 20% 左右，北部山区和海岸红树林区的破坏最为严重。

据缅甸森林局 2013 年调查显示，1990—2000 年，天然林每年约有 43.5 万公顷面积消失，森林砍伐率为 1.2%；2000—2010 年，森林砍伐 30.9 万公顷（年均森林砍伐率为 0.9%）；2010—2015 年，森林年均砍伐面积扩大为 54.6 万公顷（年均砍伐率为 1.8%）。缅北地区的掸邦、克钦邦、若开邦等森林砍伐现象尤为严重（图 2 至图 3）。

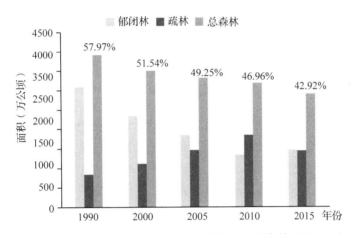

图 1 缅甸森林覆盖面积及覆盖变化［来源：缅甸森林局（2017）］

表 3 缅甸森林面积及覆盖

时间	1990 年	2000 年	2005 年	2010 年	2015 年
森林面积（万公顷）	3922	3487	3332	3177	2904
森林覆盖率(%)	57.97	51.54	49.25	46.96	42.92

来源：缅甸森林局（2017）。

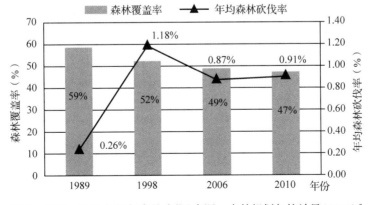

图 2 1989—2010 年缅甸森林砍伐［来源：森林规划与统计局（2013）］

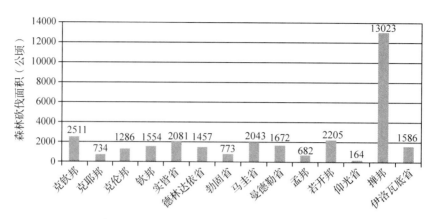

图 3　缅甸各省(邦)森林砍伐情况［来源：缅甸森林局(2017)］

同许多发展中经济体一样,缅甸森林可持续发展受到了来自多方面的威胁,如森林资源过度开发、非法采伐、传统刀耕火种的农耕方式、农业用地扩张、城市化发展、矿业发展、基础设施建设导致的林地变更等。在过去相当的一段时间内,木材出口是缅甸最主要的收入来源之一,由此导致天然森林遭到了大规模采伐,特别是非法砍伐使得森林覆盖面积急剧下降。此外,许多偏远贫困地区少数民族的生计高度依赖森林资源,历史延续的刀耕火种的传统农耕方式、薪材采伐等也是加剧这些地区森林减少的主要诱因。

2. 人工造林

虽然早在1856年,缅甸就采用了混农林种植模式种植柚木,柚木种植园初步形成,人工造林方式也得到了认可,但直至1980年大规模的造林活动才开始。通过传统种植方式、人工促进、混农林种植模式和社区林业活动等造林模式,对退化林地、采伐迹地和荒山荒坡开始了有组织的人工造林活动。

(1)林业部门人工造林。过去林业部门的人工造林都是采用小规模混农林种植模式来建立小面积的柚木种植园,直到20世纪80年代初期,林业部门人工造林重点开始转变至退化林地恢复、森林生态系统功能修复和补充木材市场供给等,并完成3万多公顷的人工造林。随后,人工植树造林面积逐年递增,2000—2005年的5年期间造林面积已超过了4万公顷,其中森林局种植面积为3万公顷,干旱地区绿化司在缅甸中部干旱地区造林面积为1万公顷。

政府林业部门将人工林分为商品林、工业用林、社区森林和水源保护林4个类型,其中商品林和水源保护林是林业部门人工造林的重点(表4)。

表4 2007—2013年林业部门人工造林面积　　　　　　　　　　　　　　　　　　公顷

年份 \ 人工林类型	商品林	工业用林	社区森林	水源保护林	合计
2007	12890	1926	2125	6961	23902
2008	15743	4	2003	6536	24286
2009	15439	0	1841	5059	22339
2010	13861	0	917	223	15001
2011	10724	0	688	324	11736
2012	5484	0	405	344	6233
2013	5393	0	445	233	6071
总计	79534	1930	8424	19680	109568

来源：联合国粮食及农业组织(2015)。

(2)私营企业人工造林。2006年之前，缅甸人工造林主要由政府林业部门负责，为了进一步提高社会公众的造林护林意识，促进经济与环境的可持续发展，政府部门鼓励公众及私营企业积极参与人工造林活动。根据《森林法》(第14条)，缅甸林业部门于2006年启动了个人和私营企业的造林项目，旨在鼓励个人和私营企业种植柚木、硬木等珍贵木材来支持国内经济发展和环境保护，2007—2013年，共完成柚木和硬木树种的人工造林65580.5公顷(表5)。

表5 2007—2013年私营企业人工林种植　　　　　　　　　　　　　　　　　　　公顷

年份 \ 人工林类型	柚木	硬木	合计
2007	113.31	—	113.31
2008	3905.3	5768.61	9673.91
2009	6852.69	3409.36	10262.05
2010	8925.86	3435.64	12361.5
2011	10227.14	3502.58	13729.72
2012	7989.63	2081.04	10070.67
2013	5432.38	3936.96	9369.34
总计	43446.31	22134.19	65580.5

来源：联合国粮食及农业组织(2014)。

三、生物多样性

由于降雨、温度、地形及河流系统等自然条件的影响，缅甸生物资源极其丰富，是亚太地区和全球生物多样性最富有的区域之一，从北部高山森林到南部的红树林、热带雨林等都呈现极为丰富的多样性。

(一)植 物

缅甸已记录的植物种类多达11824种，其中缅甸特有种1071种。木本植物种类丰富,有大型乔木树种 1347 种,小型乔木树种 741 种,灌木 1696 种,其中至少有 85 种为多种用途的珍贵木材树种,如柚木、花梨木、紫檀等。此外,还记录有竹 96 种,藤本植物 36 种,兰科植物 841 种(表 6)。

表 6 植物种类

植物种类	大型乔木	小型乔木	灌木	竹	藤本植物	兰科植物
数量	1347	741	1696	96	36	841

来源:缅甸森林局(2014)。

(二)动 物

缅甸已记录有哺乳动物 258 种、鸟类 1056 种、爬行动物 297 种、两栖动物 82 种、775 种淡水鱼类、5 种海龟和 52 种珊瑚物种,含最新记录的特有哺乳动物 1 种、爬行动物 21 种、两栖动物 3 种、鸟类 6 种。具有代表性的缅甸特有物种包括缅甸坡鹿(*Cervus eldi thamin*)、白喉鸫鹛(*Turdoides gularis*)、黑头树鹊(*Crypsirina cucullata*)、白眉䴓(*Sitta victoriae*)、缅甸歌百灵(*Mirafra microptera*)、缅甸星龟(*Geochelone platynota*)、亚洲山龟(*Heosemys depressa*)、缅甸高背龟(*Batagur trivittata*)、眼斑沼龟(*Morenia ocellata*)、缅甸小头鳖(*Chitra vandijki*)、缅甸孔雀鳖(*Nilssonia formosa*)、缅甸箱鳖(*Lissemyspunctatascutata*)等,这些野生动物的重要栖息地分布在从缅北高山森林至南部热带雨林的 38 个森林保护公园中,总面积占国土面积的 6.67%,被指定为东盟自然遗产公园。

(三)珍稀濒危物种

缅甸有 144 种珍稀濒危物种列入保护名录,其中珍稀濒危植物 38 种,哺乳动物、鸟类、爬行类和无脊椎动物 106 种。如按保护等级区分,有极危物种 25 种,濒危物种 39 种,渐危种 80 种(表 7)。

表 7 缅甸珍稀濒危物种

种类	极危物种(种)	濒危物种(种)	渐危种(种)	总计(种)
哺乳动物	4	9	26	39
鸟类	4	8	33	45
爬行类	4	10	7	21
无脊椎动物	0	0	1	1
植物	13	12	12	38
合计	25	39	80	144

来源:世界自然保护联盟第四次国家报告(2009)。

四、自然保护地

(一) 自然保护区

塔尼吉鸟类庇护区是缅甸第一个自然保护区,成立于1920年。为进一步加强自然保护与管理,缅甸政府自1920年开始,加大对自然保护区的建设力度,通过几十年不断努力,自然保护区数量不断增加,取得显著的成效。截至2010年,已建成35个自然保护区(图4)。2017年,缅甸已拥有38个自然保护区,包含了北部高原森林生态系统到南部红树林森林态系统和热带雨林森林系统,总面积3510685公顷。

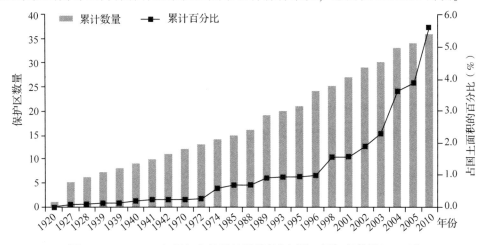

图4　1920—2010年缅甸自然保护区数量[来源:缅甸森林局(2014)]

缅甸环境保护与林业部(后改为环境与资源部)下属的森林局是负责所有林地管理、木材砍伐和保护区管理的政府部门。缅甸森林局下设的自然资源与野生生物保护处负责管理自然保护区及动植物数据。按照1995年的缅甸环境保护与林业部制定的林业总体规划内容,缅甸自然保护区规划面积将扩大到10%。根据1994年颁布的《野生生物与自然保护区保护法》规定,每个保护区需制定因地适宜的管理方案,但迄今为止,大多数保护区都还未制定出详细管理方案(表8)。

表8　缅甸35个自然保护区名录(截至2010年)

序号	类型	土地权属	保护重点	面积(公顷)
1	阿隆多·卡塔帕国家公园	缅甸自然资源与环境保护部森林局	自然资源保护、文化遗产、娱乐、生态旅游	159762
2	Bumhpabum 野生动物保护区	缅甸自然资源与环境保护部森林局	自然资源保护	7252
3	Chatthin 野生动物保护区	缅甸自然资源与环境保护部森林局	自然资源保护、科研、教育、娱乐、生态旅游	26936
4	劳加自然公园	缅甸自然资源与环境保护部森林局	自然资源保护、科研、教育	624

(续)

序号	类型	土地权属	保护重点	面积(公顷)
5	红岗山野生动物保护区	缅甸自然资源与环境保护部森林局	自然资源保护、科研、教育、娱乐、生态旅游	270395
6	赫塔曼斯野生动物保护区	缅甸自然资源与环境保护部森林局	自然资源保护、科研、教育	215073
7	胡冈谷峡谷野生动物保护区	缅甸自然资源与环境保护部森林局	自然资源保护、科研、教育	637137
8	胡冈谷地峡谷	缅甸自然资源与环境保护部森林局	自然资源保护、科研、教育、娱乐、生态旅游	1543116
9	印多吉湖	缅甸自然资源与环境保护部森林局	自然资源及文化遗产保护、科研、教育、娱乐、生态旅游	81499
10	因莱湖	缅甸自然资源与环境保护部森林局	自然资源及文化遗产保护、娱乐、生态旅游	64190
11	Kahilu 野生动物保护区	缅甸自然资源与环境保护部森林局	自然资源保护	16056
12	Kelatha 野生动物保护区	缅甸自然资源与环境保护部森林局	自然资源保护	2393
13	哈卡博拉兹国家公园	缅甸自然资源与环境保护部森林局	自然资源保护、科研、教育	381246
14	吉谛瑜野生动物保护区	缅甸自然资源与环境保护部森林局	自然资源保护	15623
15	兰皮海洋国家公园	缅甸自然资源与环境保护部森林局	自然资源保护	20484
16	罗迦南达塔岛	缅甸自然资源与环境保护部森林局	自然资源保护	47
17	莱梅野生动物保护区	缅甸自然资源与环境保护部森林局	自然资源保护	4284
18	缅玛拉昆野生动物保护区	缅甸自然资源与环境保护部森林局	自然资源及文化遗产保护、娱乐、生态旅游	13669
19	Minsontaung 野生动物保护区	缅甸自然资源与环境保护部森林局	自然资源保护、科研、教育、娱乐、生态旅游	2260
20	Minwuntaung 野生动物保护区	缅甸自然资源与环境保护部森林局	自然资源保护	20588
21	莫斯科斯群岛	缅甸自然资源与环境保护部森林局	自然资源保护	4919
22	Moyingyi 湿地	缅甸自然资源与环境保护部森林局	自然资源保护	10360

(续)

序号	类型	土地权属	保护重点	面积(公顷)
23	Mulayit 野生动物保护区	缅甸自然资源与环境保护部森林局	自然资源保护	13854
24	Panlaung-Pyadalin 野生动物保护区	缅甸自然资源与环境保护部森林局	自然资源保护、科研、教育、娱乐、生态旅游	33380
25	Parasar 保护地	缅甸自然资源与环境保护部森林局	自然资源保护	7702
26	Pindaung 野生动物保护区	缅甸自然资源与环境保护部森林局	自然资源保护、科研、教育	12208
27	波巴国家公园	缅甸自然资源与环境保护部森林局	自然资源保护、科研、教育、娱乐、生态旅游	12854
28	彬乌伦鸟类保护区	缅甸自然资源与环境保护部森林局	自然资源保护、科研、教育	12725
29	Rakhine Yoma 野象保护区	缅甸自然资源与环境保护部森林局	自然资源保护	175570
30	Shwesettaw 野生动物保护区	缅甸自然资源与环境保护部森林局	自然资源保护	55270
31	瑞同野生动物自然保护区	缅甸自然资源与环境保护部森林局	自然资源保护、科研、教育	32595
32	Tanintharyi 自然保护区	缅甸自然资源与环境保护部森林局	自然资源保护	169999
33	东枝鸟类保护区	缅甸自然资源与环境保护部森林局	自然资源保护	1606
34	Thamihla Kyun 野生动物保护区	缅甸自然资源与环境保护部森林局	自然资源保护、科研、教育	88
35	Wenthigan 野生动物保护区	缅甸自然资源与环境保护部森林局	自然资源保护	440
	总计			3522281

来源：缅甸森林局(2017)。

(二)自然保护的国际合作

1. 国际公约

1994年，缅甸制定了将环境保护纳入社会经济发展的环境政策，即《21世纪议程》；为有效地实施生物多样性和环境保护，在同年6月颁布了《野生生物与自然保护区保护法》，加入了《联合国生物多样性保护公约》《濒危野生动植物种国际贸易公约》《拉姆萨尔国际湿地公约》等。此外，在2009年缅甸所制定的"可持续发展战略"内容中，将环境保护纳入未来缅甸发展计划的框架中，根据缅甸30年森林总体规划，政府将致力保护17%的陆地自然保护区和10%的沿海及海洋自然保护区，同时加强与印度、孟加拉国、中国、老挝和泰国在跨境生物多样性保护方面的合作。截至2010年，缅甸政府共签署了32个与环境保护相关的国际、区域公约，其中7个公约与生物多样性保护有关(表9)。

表9　缅甸签署的生物多样性保护相关协议/公约

序号	协议/公约/草案	年份
1	《东南亚和太平洋地区植物保护协议》	1959(R)
2	《联合国气候变化框架公约》	1994(R)
3	《生物多样性公约》	1994(R)
4	《世界文化遗产保护公约》	1994(R)
5	《世界湿地公约》	1995(S)
6	《国际热带木材协议》	1996(R)
7	《濒危野生动植物国际贸易公约》	1997(R)
8	《联合国荒漠化防治公约》	1997(R)
9	《东盟自然资源保护协议》	1997(S)
10	《卡塔赫纳生物安全草案》	2001(S)
11	《东盟跨境尘雾与污染防治协议》	2003(R)
12	《东盟遗产公园宣言》	2003(S)
13	《关于特别是作为水禽栖息地的国际重要湿地公约》	2004(A)
14	《粮食与农业植物遗传资源国际条约》	2004(R)
15	全球老虎论坛	2004(R)
16	东盟生物多样性中心	2009(R)

注：A. 受理，R. 批准，S. 签署；来源于缅甸森林局(2013)。

2. 跨境保护

近年来，缅甸政府与周边经济体共同签署了诸多跨境资源保护合作项目，主要包括：国际山地综合发展中心设计和提议的"雅鲁藏布江景观保护与发展倡议"，涉及亚太地区3个经济体，分别是中国、印度、缅甸；缅甸政府与中国西双版纳自然保护区合作，共同建立、管理中国-缅甸跨界联合保护区；与泰国合作建立了德林达伊国家公园，这个国家公园是缅甸西部森林带和岗卡章森林带的重要核心生态连接区域，为野生大象和老虎提供了自然栖息地及迁徙路线；缅甸环境保护与林业部与泰国自然资源与环境部皇家林业厅、国家公园与野生动物局在德林达伊国家公园周边地区建立了生物保护走廊，以加强缅甸-泰国跨境区域自然保护的合作。

3. 生物多样保护的国际合作项目

为提高缅甸林业部门生物多样性保护与资源管理的能力，在相关国际组织和国外机构的支持下，缅甸积极开展自然保护与生物多样性保护的合作项目，重点集中在生物多样性本底调查和基于社区的自然资源管理等方面(表10)。同时，积极吸纳缅甸非政府组织参与生物多样性保护项目的实施,如森林资源环境发展与保护协会、生物多样性与自然保护协会、生态系统保护与社区发展倡议、红树林服务网络、生态系统发展组织、野生生物之友、缅甸植物区协会、缅甸鸟类与自然协会等。

表10 生物多样性保护国际合作项目

序号	合作组织	项目名称	项目年份	项目点	参考文件
1	野生生物保护协会,美国	老虎调查	1994—2003	全国范围	合作备忘录
2	野生生物保护协会,美国	未记录	1998—2003	胡康谷野生生物保护区	合作备忘录
3	美国加州科学院	脊椎动物调查	1999—2005	全国范围	
4	日本高知县立牧野植物园	缅甸-日本有用植物清查与研究合作项目	2001	波巴山地公园	合作备忘录
5	史密森学会	野象调查	2001—2004	蒙育瓦国家公园	合作备忘录
6	日本高知县立牧野植物园	缅甸-日本有用植物清查与研究合作项目	2002—2007	波巴山地公园、Namataung国家公园、胡康谷野生生物保护区	协议备忘录
7	野生生物保护协会,美国	胡康谷地老虎保护区	2003—2006	胡康谷地	合作备忘录
8	日本高知县立牧野植物园	有用植物清查与研究合作项目	2006—2008	Namataung国家公园	协议备忘录
9	美国加州科学院、史密森学会	缅甸生物多样性调查	2007—2010	全国范围	协议备忘录
10	美国加州科学院	爬行动物调查	2008—2010	全国范围	
11	野生生物保护协会,美国	生物多样性与老虎保护	2007—2011	胡康谷、赫塔曼斯、罗迦南达、Minsontaung、吉谛瑜等野生生物保护区	合作备忘录
12	Istituto Oikos, Italy and BANCA, Myanmar	兰皮海洋国家公园保护与可持续管理项目	2010	兰皮海洋国家公园	讨论记录
13	日本高知县立牧野植物园、日本国际协力机构	促进农村生计发展的植物资源生物多样性保护与可持续利用林业部门人员科教项目	2010—2012	Namataung国家公园	会议记录
14	韩国生物资源研究所	生物资源信息合作项目	2011—2014		合作备忘录
15	野生生物保护协会,美国	缅甸野生生物保护合作项目	2012—2016		合作备忘录
16	菲律宾大学-德国马堡大学	缅甸高海拔山地生物多样性保护合作项目	2012—2017		合作备忘录
17	野生动植物保护国际	缅甸生物多样性保护合作项目	2012—2017		合作备忘录

(续)

序号	合作组织	项目名称	项目年份	项目点	参考文件
18	意大利野生生物管理机构	兰皮海洋国家公园生物多样性保护与管理合作项目	2012—2016		协议备忘录
19	中缅保护组织	缅甸生物多样性保护与保护区管理合作项目	2013—2017		合作备忘录

来源：缅甸森林局（2013）。

五、林业产业发展

缅甸主要的林产品有木材、薪材（木炭）、非木质林产品（藤、竹、药材、森林食品、植物染料、蜂蜜等）以及经济林产品，木材生产和出口销售在缅甸国民经济发展和对外贸易中占有重要的位置。

（一）木材采伐

在18世纪英国殖民时期，英国人为缅甸天然林采伐所设计的"缅甸择伐制度"一直沿用至今，按照缅甸择伐体系的作业规程与准则，森林采伐需勘察大小适合采伐的林木，计算出最大年采伐量和采伐周期，标记出要采伐的柚木和其他硬木，采伐量需根据森林的生长量与蓄积量来确定，并遵循30年的轮伐周期（图5），如柚木仅可采伐胸径为198~229厘米及以上木材，硬木胸径达180厘米以上才可采伐。

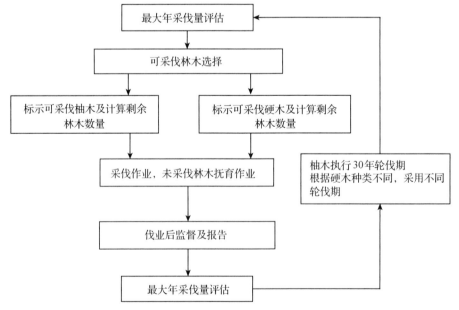

图5 缅甸林木采伐评估流程[来源：缅甸森林局，（2015）]

缅甸所有林木资源在法律上属于永久性森林资产，其中来自天然林采伐的木材比例高达96%以上（表11），采伐树种主要为柚木和其他硬木类树种。木材砍伐根据年度最大采伐量核定采伐指标，由缅甸木材总公司下属的采伐企业实施林木砍伐作业，将砍伐原木直接运输至总公司下辖的各加工企业。2006—2014年各年度原木产量见表12。为了可持续地利用木材资源，缅甸木材总公司从2015年度开始减少或暂停对柚木和其他硬木的采伐。

表11　木材采伐来源及比例

木材来源	权属面积（万公顷）			小计（万公顷）	木材来源比例（%）
	政府	个人	村社集体		
天然林	3073.4			3073.4	96.73
人工林	96.7	2.9		99.6	3.14
其他（社区森林）			4.2	4.2	0.13
合计	3170.2	2.9	4.2	3177.3	100.00
所有权比例（%）	99.78	0.09	0.13	100.00	

来源：森林规划与统计局（2015）。

表12　2006—2014年缅甸木材总公司的原木产量

年份	原木产量（吨）	
	柚木	硬木
2006—2007	334662	1225712
2007—2008	370047	1302419
2008—2009	262385	1316389
2009—2010	219557	1490047
2010—2011	244875	1311969
2011—2012	285778	1462367
2012—2013	300083	1558104
2013—2014（到11月）	159740	689226

来源：森林规划与统计局（2015）。

（二）木材加工、运输

缅甸木材加工与出口由缅甸木材总公司直接管理，总公司在不同省（邦）下辖有多家锯材深加工工厂，砍伐的原木会直接运送到这些加工厂，每年可加工处理100万立方米左右的柚木和其他硬木（表13），以满足国内外市场的需求。此外，缅甸私营企业也是木材产业的重要参与者，但私人企业只能从缅甸木材公司购买原木，然后加工成为半成品和成品后销售和出口。

表 13　2010—2014 年柚木及其他硬木木材加工

序号	类型	合计	序号	类型	合计
1	柚木加工（吨）	63880	7	天花板（吨）	2007
2	硬木加工（吨）	969896	8	指接板（吨）	863
3	柚木胶合板（片）	13468	9	刨榫槽（吨）	3294
4	硬木胶合板（片）	8138000	10	珍贵木材（吨）	30321
5	单板（万平方米）	6856	11	胶板（吨）	2171
6	镶木地板（吨）	701	12	家具（万缅币）	49600

来源：森林规划与统计局（2015）。

缅甸林木产品运输需持有林业部门签署的通行证，各大交通要道都有林业部门设置检查站，检查人员会检查林木产品的数量是否与通行证的描述一致，以决定是否签字放行或根据《森林法》处罚。

（三）销售与出口

森林局和缅甸木材总公司是主要的木材合法认证机构，无论是面向国内还是国外市场，柚木和其他硬木的原木或粗加工的锯材、方料只能由缅甸木材总公司负责销售。此外，森林局、木材总公司、缅甸森林认证委员会共同创建了缅甸木材合法保证体系，以保障流通到国际市场的缅甸木材从采伐、产品加工制造、运输到出口的合法性。

在林业部门的监管下，私人企业可参与林木加工制品的国内市场销售，但私人企业的出口销售只能经营高附加值的木材成品，林业部门会负责监管私人企业木制成品的出口生产，由其签发出口许可文件后，企业才能持该文件向贸易部申请出口的销售许可。

原木出口一直是缅甸获得外汇收入的主要来源。根据缅甸政府官方统计数据，2000—2013 年，缅甸总计出口了 2280 万立方米的木材，总价值约 80 亿美元，其中非法采伐木材占出口总量的 48%，大多通过陆地边境的非法渠道出口至周边的印度、中国、泰国和孟加拉国等经济体。

根据联合国粮食及农业组织 2017 年缅甸木材产品进出口数据统计，2010—2015 年，印刷及信纸、新闻纸、纸板、硬纸板和胶合板是缅甸进口的主要木材产品；原木（针叶和热带非针叶树种）、木炭、非针叶树种、胶合板、硬纸板是缅甸主要出口木材产品（表 14、表 15）。

表 14　2010—2015 年缅甸出口木材产品数量及产值

年份 产品类型	2010 年		2011 年		2012 年		2013 年		2014 年		2015 年	
	产量	产值	产量	产值	产量	产值	产量	产值	产量	产值	产量	产值
燃料（立方米）	19	6	1303	1172	46	75	46	75	4642	91	4678	92

（续）

年份 产品类型	2010年 产量	2010年 产值	2011年 产量	2011年 产值	2012年 产量	2012年 产值	2013年 产量	2013年 产值	2014年 产量	2014年 产值	2015年 产量	2015年 产值
工业原木（针叶类）（立方米）	78473	3463	50670	5529	40330	5010	33738	5871	30676	3451	12000	971
工业原木（热带，非针叶类）（立方米）	1786000	810726	2232000	973152	2090000	1055450	2718000	1454130	2327000	1340352	362000	174771
工业原木（非热带，非针叶类）（立方米）	0	0	0	0	7525	625	0	0	0	0	0	0
木炭（吨）	183537	21714	196373	32951	159590	24684	159590	24684	179365	27890	143195	21548
木屑及颗粒（立方米）	0	0	0	0	0	0	0	0	0	0	40	1
木材废料（立方米）	18769	413	10120	689	8314	785	8314	785	2304	358	583	5
锯材（针叶类）（立方米）	2314	671	1733	584	2095	519	5469	1175	2760	1368	1824	1454
锯木（非针叶类）（立方米）	159876	95703	154413	87034	164676	93639	158000	119132	89192	93221	112676	135748
单板（立方米）	30311	11846	30622	11588	26553	9322	28661	10901	52091	24025	117493	73858
胶合板（立方米）	23028	11113	18907	11384	17545	11435	15976	10731	16921	10473	8211	10185
硬纸板（立方米）	—	—	70	32	133	73	133	73	133	73	133	73
半化学成分木浆（吨）	—	—	1058	388	1058	388	1058	388	1058	388	1058	388
化学成分木浆（吨）	8	4	8	4	8	4	8	4	8	4	8	4
再生纸（吨）	429	24	539	82	728	113	728	113	438	43	3962	332
新闻纸（吨）	—	—	414	296	414	296	414	296	414	296	414	296
印刷及信纸（吨）	51	53	194	103	126	110	126	110	126	110	126	110
外壳材料（吨）	180	25	24	16	24	16	24	16	24	16	24	16
纸板（吨）	9	5	9	5	16	28	16	28	16	28	16	28
包装纸（吨）	36	12	160	81	160	81	160	81	160	81	160	81

注：表内产量计量单位见产品类型列标注，产值计量单位为1000美元，下同。来源于联合国粮食及农业组织数据库（2017）。

表15　2010—2015年缅甸进口木材产品数量及产值

年份 产品类型	2010年 产量	2010年 产值	2011年 产量	2011年 产值	2012年 产量	2012年 产值	2013年 产量	2013年 产值	2014年 产量	2014年 产值	2015年 产量	2015年 产值
燃料（立方米）	—	—	—	—	—	—	—	—	15	9	15	9

（续）

年份 产品类型	2010年		2011年		2012年		2013年		2014年		2015年	
	产量	产值	产量	产值	产量	产值	产量	产值	产量	产值	产量	产值
工业原木（针叶类）（立方米）	—	—	0	0	0	0	0	0	196	38	222	14
工业原木（热带，非针叶类）（立方米）	0	0	0	0	0	0	0	0	42	109	42	109
工业原木（非热带，非针叶类）（立方米）	—	—	0	0	0	0	0	0	0	0	0	0
木炭（吨）	268	61	432	92	474	81	474	81	2	2	14	34
木屑及颗粒（立方米）	—	—	—	—	316	28	316	28	316	28	316	28
木材废料（立方米）	—	—	124	24	2	2	2	2	2	2	2	2
锯木（针叶类）（立方米）	0	0	0	0	0	0	4	1	90	25	75	70
锯木（非针叶类）（立方米）	343	136	186	38	0	0	122	93	374	336	87	74
单板（立方米）	—	—	44	95	464	337	487	384	926	545	665	621
胶合板（立方米）	3480	1397	5962	2390	3826	3181	5338	4109	21150	14330	24258	21915
硬纸板（立方米）	612	388	1627	1030	2915	1974	2915	1974	3427	2245	1949	1289
半化学成分木浆（吨）	—	—	—	—	—	—	—	—	—	—	—	—
化学成分木浆（吨）	988	811	607	457	1354	1019	1354	1019	1352	1024	3164	3187
再生纸（吨）	1128	374	2835	1167	1061	406	1061	406	368	142	157	21
新闻纸（吨）	8860	5652	20047	13704	34935	21966	34935	21966	37652	21656	42877	22385
印刷及信纸（吨）	22101	19436	32180	28422	73528	61396	73528	61396	142273	108803	73203	56284
外壳材料（吨）	1608	819	5047	3132	5995	3102	5995	3102	10737	5901	14360	8416
纸板（吨）	8649	5385	18836	13039	23623	13919	23623	13919	44190	27086	38318	21616
包装纸（吨）	1453	765	648	959	105	365	105	365	3701	2669	1466	1209

来源：联合国粮食及农业组织数据库（2015）。

六、林业管理

(一)永久森林资产划定

缅甸在1992年《森林法》中就设立了永久森林资产保护条例,将永久森林资产具体划分为储备林、保护性公益林和自然保护区3类进行保护。《森林法》所设立的长远目标是将40%的国土面积划为永久森林资产保护的区域,其中将30%的国土面积作为储备林区、保护性公益林区管理;10%作为自然保护区管理。截至2014年,永久性森林资产保护区面积达19789936公顷,占国土面积的30.72%;其中,储备林区、保护性公益林区的面积达到国土面积的18.00%和6.05%,自然保护区面积占国土面积的6.67%(表16)。

表16 缅甸永久森林保护区的状况

类型		数量	面积(公顷)	占国土面积(%)
永久森林资产保护区	储备林区	812	12184291	18.00
	保护性公益林区	326	4094960	6.05
	自然保护区	39	3510685	6.67
	总计	1177	19789936	30.72

来源:森林规划与统计局(2015)。

(二)林业管理机构

随着缅甸政府机构的改革,缅甸森林管理与林业发展机构经历了林业部、环境保护与林业部到目前的自然资源与环境保护部几个阶段。目前,涉及森林管理与林业发展的部门主要有自然资源与环境保护部下辖的森林局、木材总公司、干旱地区绿化局、环境保护局、规划与统计局和调查局等6个司局(图6)。此外,在省(邦)、区、乡镇层次还设有地方林业管理机构,均接受以上6个业务部门的管理。由于长期以来民族地方武装势力的存在,政府对部分民族聚集的区域并没有实现真正的有效管理。

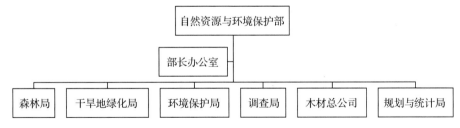

图6 缅甸自然资源与环境保护部机构设置

森林局和木材总公司是缅甸林业生产的主管部门,森林局负责森林资源的保护与可持续管理,缅甸木材总公司则主要负责木材的砍伐与加工、木材产品的营销等

(图 7、图 8)。从 1950 年以来,森林局和缅甸木材总公司一直密切合作,工作范围涉及了森林的管理及木材从砍伐、加工到销售出口的每个环节,并制定了木材生产、运输的法律法规。为减少森林采伐在可持续森林管理中的负面影响,政府在 2000 年制定了森林采伐规程。

(三)林业政策与法律法规

缅甸是目前亚洲仅存的保留有大面积原始天然林的经济体之一,森林资源不但维持着当地社区的生存与生计发展,对区域的生态系统维护也至关重要。自 1990 年以来,缅甸政府出台和实施了一系列森林保护管理与林业发展、生物多样性和环境保护的政策与法规,如《森林法》(1992)、《缅甸环保政策》(1994)、《野生动物保护与保护区法》(1994)、《缅甸森林政策》(1995)、《森林法规》(1995)、《社区林业指南》(1995)、《缅甸森林规划总案(2001—2030)》(2001)、《干旱地区综合绿化计划》(2002)、《环境保护法》(2012)、《生物多样性战略和行动计划》(2012)、《原木出口禁令》(2014)、《木材限伐》(2016)等等。

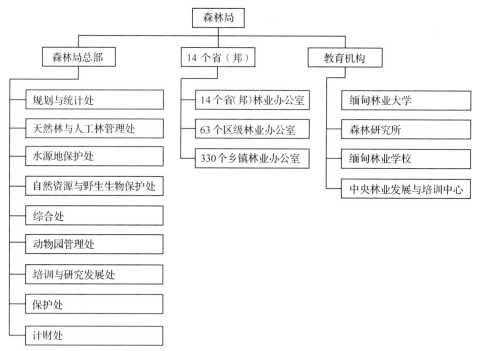

图 7 森林局机构设置

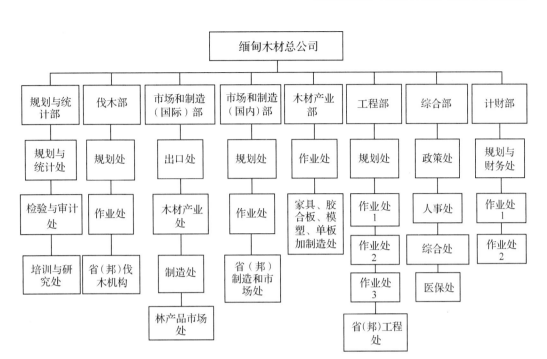

图 8 缅甸木材总公司机构设置

1.《森林法》

1992 年缅甸正式颁布的《森林法》，取代了 1902 年英国殖民时期所颁布的《缅甸森林法案》。1992 年所颁布的《森林法》对于林地使用权做了界定，不仅包括林地内林木资源的使用权和收益权，还包括私人和社区参与森林保护和管理责任，这标志着林地使用权和受益权制度的变化。同时，《森林法》强调森林保护、林地管理、人工林的发展以及林木产品的生产、加工和销售等，鼓励民众参与森林管理，支持企业参与林业发展，同时规定了较为严格的林业违法、犯罪的处罚措施。

为深化 1992 年《森林法》的影响，在 1995 年联合国环境与发展会议及其他国际林业组织的推动下出台了缅甸森林政策。该政策突出了 6 个重点领域(表 17)，即保护、可持续性、基本需求、效益、参与和公众意识，旨在可持续地管理和保护森林生态系统，维护森林生态系统在国民经济发展中的重要作用，更好地实现森林政策目标。

表 17 1995 年缅甸森林政策的 6 个重点领域

重点领域	主要内容
保护	水土保持、野生生物及生物多样性和环境保护
可持续性	森林资源可持续性体现在有形和无形资源供应的永久性保障
基本需求	当地社区居民对燃料、住所、食物及娱乐活动的基本需求
效益	以社会经济与环境保护共同发展的友好方式，充分发挥森林资源的经济潜力
参与	当地社区对森林保护与利用的权利
公众意识	提高森林在社会经济文化发展中扮演重要角色的公众意识

2. 社区林业指南

缅甸 1992 年所颁布的《森林法》中，大多数章节并未涉及社区林业及其发展的内容。为鼓励社区农户对森林资源保护与管理的参与，积极开展植树造林和促进森林产品的开发利用来满足农村社区对森林产品的需求，支持经济发展和恢复退化林地，缅甸林业部于 1995 年制定了《社区林业指南》。该指南强调了对传统社区土地使用权益的安全保障，规定林地使用权可以延期和继承，维护社区对森林资源利用的传统权利，支持社区保护他们赖以生存与生计发展的环境权力。由林业部门直接管理社区林业的发展并提供相应的技术支持，这标志着缅甸在加强社区参与森林经营管理方面取得了重要的进步。

缅甸自 1996 年开始对一直居住在储备林和公益林范围内，户数在 50 户以上的农村社区实施社区林业发展项目。具体的操作方式：首先由社区成立以农户为主体的社区"森林利用小组"，再由林业部门从国有储备林或公益林分配一定面积的森林和林地由当地社区农户管理、经营和使用，从事人工造林、混农林业、放牧及木材、薪柴等其他的非木质林产品采集等经营活动，使用期限暂定为 30 年。由于政府至今尚未制定针对社区森林和土地使用权的法律法规，社区农户亦担心长期投资的土地和资源的合法权益难于得到保障。截至 2013 年，林业部门分配的社区森林面积达 136559 公顷，涉及 1184 个村社，占缅甸森林总面积的比例不到 1%。

3. 缅甸环保政策

环境事务委员会于 1990 年成立，负责协调组织、联络国内外各部门的环境事宜，制定环境政策。缅甸环保政策于 1994 年正式出台，将环境保护纳入社会经济发展中。环境保护与自然资源部是负责自然资源与生物多样性保护政策实施的主要部门。

4.《森林行动计划》

《森林行动计划》作为《热带森林行动计划》的后续行动于 1995 年制定并正式颁布。该计划确定了 6 个核心领域，即可持续性、基本需求、保护、效率、制度和参与。

5. 缅甸《21 世纪议程》

在缅甸各政府部门共同努力下，1997 年出台了缅甸《21 世纪议程》，将环境保护纳入经济发展规划中，这标志着缅甸向实现可持续发展进程迈出了重要一步。缅甸《21 世纪议程》强调了保护区规划管理，以及自然资源与生物多样性保护的重要性。

6. 森林总体规划（2001—2030）

1998 年，森林局出台了为期 30 年的"森林总体规划"，作为森林行动计划及其他林业项目的后续行动。该规划设计了 2001—2030 年的缅甸森林发展的基本内容及目标，重点突出了农村生计发展与减贫工作。主要内容包括自然资源管理、人工林建设、社区林业建设及非林地森林恢复、林产品加工等。规划计划在 2030 年将总国土面积的 1.36%移交给社区森林用户小组，并将永久森林地产面积扩大到国土面积的 40%。

7. 干旱地区绿化行动计划

为了保护和促进缅甸中部干旱地区的森林生态系统恢复，为期为30年的"干旱区绿化行动计划"也随着"森林总体规划"一起出台，并制定出每5年的退化林业恢复目标。在绿化行动计划中，人工造林采用本土和外来树种结合的种植模式，而退化天然林则采用自然再生和人工促进方式的种植模式。

8. 生物多样性战略及行动计划

缅甸政府于2012年通过了"生物多样性战略及行动计划"，该计划旨在为全国生物多样性保护及管理工作提供一个全面的框架。具体目标涵盖了生物多样性保育、生物多样性保护优先性、存在问题的多项解决方案等，对缅甸物种可持续保护、管理及利用提供了政策支撑。

除上述政策法规之外，为更好地促进缅甸森林的可持续森林管理，缅甸政府先后加入和签署多项国际公约(协议)。

七、林业科研

最初的缅甸研究部门作为森林局的下属单位成立于1922年，旨在开展森林资源可持续管理的研究工作；为经济发展、环境生态稳定和生态系统服务可持续性提供林业政策建议；完善及更新林业与环境相关信息数据等。1978年在联合国开发计划署财政支持和联合国粮食及农业组织技术支持下，缅甸森林研究所正式在耶津成立，作为缅甸唯一的林业研究机构，隶属于森林局，具体开展森林资源开发利用的林业科研与示范工作。

缅甸森林研究所有在职人员204名，其中专职技术研究人员72人，研究辅助人员132人；具有林业专业资质的68人，博士9人，硕士28人，本科34人，学位证书1人。研究人员中，由缅甸政府或国际机构项目资助海外留学人员22人，其中7人获博士学位，15人获硕士学位，留学经济体主要是日本、德国以及中国。

缅甸森林研究所自成立以来，致力于天然林可持续管理、扩大人工林面积、开发薪材资源及节能措施、非木材产品开发利用、干旱地区恢复重建和木材有效利用等内容，开展一系列林业科学研究工作，为森林局提供科技支持。此外，缅甸森林研究所还与相关的国际组织、非政府组织和学术机构等合作，开展了多项合作研究，研究成果共计发表论文311篇，其中柚木研究40篇、木材物理化学分析及利用研究71篇、土壤研究20篇、竹藤研究18篇、木柴、炭、生物柴油、燃料炉及颗粒研究16篇、病虫害研究19篇、天然林研究18篇、森林资源研究9篇、社区林业研究19篇、医药研究9篇和其他方面的研究74篇(表18)。

表18 2015年以来国际合作项目

序号	合作组织	合作领域	年份	项目目标	研究情况
1	国际原子能机构	茵莱湖水质及沙土沉降量检测及评估管理实践	2015—2017	通过对莱茵湖环境方面测量、监测、报告及核查等多个环节，改善茵莱湖水质及减缓沉积速率	在研
2	联合国砍伐森林和森林退化导致的温室气体排放	在有关缅甸减少砍伐森林和森林退化导致的温室气体排放项目方案实施，联合国国际组织给予支持	2015—2020	加强机构和社区的环境保护和自然资源利用管理的能力	在研
3	韩国森林服务	涉及有关减少森林砍伐与退化导致的温室气体排放的相关利益者能力建设	2016—2018	改善以森林资源为生的社区居民生计；加强利益相关者的能力建设；从林业角度长期有效地减少温室的气体排放	在研
4	环境保护与可再生能源组织	区域内改善、在缅甸乡村推广炉灶	2014—2018	通过实地调研、技术分享，呼吁企业家关注并打造更高附加值的产业链	在研
5	挪威水资源研究学会	升级改造水实验室	2016—2018	①涵盖水环境水生态、保护、修复；②系统性地管理实验室设备和标准分析仪器；③进行物理、化学和生物水质科学分析	在研
6	广岛大学	对当地社区居民和生物多样性保护共同受益标准、指标的评估	2014—2017	开发可用于促进当地利益的工具和评估指标	在研
7	泰国国际合作发展机构	促进缅甸竹资源可持续管理和利用	2016—2018	①建立天然竹林与人工竹林管理体系和推广竹资源可持续利用；②加强可持续竹资源管理和利用人员的能力建设	在研
8	国际山地研究中心	有关喜马拉雅山脉减少砍伐森林和森林退化导致的温室气体排放项目实施和经验推广	2016—2018	①加强REDD+利益相关者的能力建设；②在准备阶段，准备REDD+相关仪器和确定准备阶段所在问题和差距；③改善有关利于REDD项目实施的社会、环境的林业政策	在研

(续)

序号	合作组织	合作领域	年份	项目目标	研究情况
9	日本自然科学博物馆	缅甸动植物生物数据更新调查	2016—2021	①完善缅甸动植物物种多样性相关领域的科学知识；②提供最新的缅甸动植物物种名录；③实地调研结束后，公开发表缅甸物种清单	在研
10	林业及森林产品研究所	加入减少森林砍伐和森林退化造成的温室气体排放项目碳汇计算机检测系统下嵌套REDD+该项目碳核算和监测系统	2016—2018	以社会经济与环境保护共赢的基础上，提议并论证加入REDD+项目碳汇计算和监测系统	在研
11	美国纽约植物园	缅甸北部森林植物物种多样性	2016—2021	①为缅甸北部森林复合体的植物物种提供一份基于标本的清单，以及可持续管理森林资源的数据；②实地调研后，正式出版缅甸植物物种清单	在研
12	中国科学院西双版纳热带植物园	生物多样性保护与研究合作	2016—2021	①开展生物多样性保护研究；②通过科学家、现场培训项目人员和其他教育机构人员交换项目，增强研究人员的能力	在研
13	韩国植物园	缅甸和韩国种子资源与植物物种多样性保护合作项目	2014—2017	①加强在缅甸生物多样性和提升植物资源利用价值的合作；②促进在植物多样性生态保护和可持续利用的学术及科研交流工作	在研
14	亚太森林恢复与可持续管理组织	老挝-缅甸-中国云南跨界生态安全的可持续森林恢复与管理项目	2013—2015	可持续森林恢复与管理	完成
15	东盟-韩国环境合作项目	缅甸Shwesettaw野生动物自然保护区植物物种多样性评估	2013—2015	植物物种多样性保护	完成

八、林业教育

缅甸共有3所开展林业高等教育和提供林业培训课程的教育机构，分别是缅甸林业大学、缅甸森林学校和中央林业发展培训中心。

(一) 缅甸林业大学

仰光大学于 1920 年最早开设了缅甸林业课程，第一批林业专业学生毕业于 1925 年。1982 年林业专业教学课程由农业研究所承担，1992 年改为森林局成立的森林研究所承担，2002 年在耶津成立独立的缅甸林业大学。

缅甸林业大学是缅甸唯一的一所专门从事林业高等教育的机构，为缅甸政府培养一批批林业专业人才。林业大学提供学制为 5 年学士学位、2 年硕士学位和 3 年博士学位，下设林学院和林产品学院，分别有教职员工 15 人和 18 人，在读本科生 425 人，研究生 20 人。此外，缅甸林业大学一直与森林研究所等研发机构保持着密切合作，尤其是本科生的野外实习与培训。大多数毕业生就职于森林局、干旱地绿化司、缅甸木材总公司及其下属省(邦)、区林业部门。

(二) 缅甸林业学校

缅甸林业学校位于掸邦高原北部的彬乌伦，作为一个林业培训中心，已有百年的历史，1997 年更名为"缅甸林业学校"。学校内开设了多样的林业课程，主要方向有林业与环境保护，红树林管理等，先后培养了 6000 多名林业人才。

(三) 中央林业发展培训中心

在日本国际合作机构的支持下，缅甸森林局于 1990 年在仰光成立了中央林业发展培训中心，培训中心设立了一系列与林业相关培训课程，培训形式多达 23 种；与多个国际机构在能力建设方面的林业培训项目合作，注重社区林业与社区参与的林业发展培训。

泰国（Thailand）

一、概　述

泰国位于东南亚中部，北纬5°35′~20°15′、东经97°30′~105°45′，总面积513115平方千米。其西北部和西部与缅甸相邻，东北部和东部与老挝相邻，东南部和南部分别与柬埔寨和马来西亚接壤。

泰国分中部、南部、东部、北部和东北部5个地区，76个府和1个特别行政区（曼谷也是泰国的首都），府（省）下设县、区、村。总人口6919万人（中国外交部，2020），由30多个民族组成，泰族为主要民族，约占人口总数的75%；华人约占14%，其余11%为佬族、马来族、高棉族，以及苗、瑶、桂、汶、克伦、掸、塞芒、沙盖等山地民族。泰国90%以上的民众信仰佛教，少数民众信仰基督教、天主教、伊斯兰教、印度教和锡克教。

（一）社会经济

泰国是东南亚仅次于印度尼西亚的第二大经济体，经济结构高速发展变化明显。据世界银行最新的经济体排名（2016年）显示，泰国人均国民收入总值约为5894美元，属中收入经济体。2017年，国内生产总值为4210亿美元，国内生产总值增长率为3.9%。制造业、服务业和农业生产是经济发展的三大支柱产业，除了农业之外，制造业在国民经济中的比重日益扩大，目前已成为比重最大的产业，同时也是主要出口产业之一。

农业是泰国传统经济产业，全国可耕地面积约占国土面积的41%。泰国是世界上稻谷和天然橡胶最大出口经济体，农产品是其外汇收入的主要来源之一。主要农作物有稻米、玉米、木薯、橡胶、甘蔗、绿豆、麻、烟草、咖啡豆、棉花、棕油、椰子等。泰国海域辽阔，是世界市场上主要鱼类产品供应国之一，在亚洲是仅次于日本和中国的第三大海洋渔业国。

（二）地形地貌与气候特征

国土靠北的地区发育了广泛的山区，那里是最重要的河流昭披耶河（俗称湄南河）的源头。东北高原向东延伸至湄公河，成为老挝和泰国的自然边界。泰国南部向南延伸出狭长的半岛，将中国南海和安达曼海分隔东西。

泰国由于位于东南亚的区位特点,气候受季风影响,东北季风和西南季风以半年为一轮换交替控制,年均降水量区间从东北部干燥地区的1250毫米到南部湿润地区的4000毫米不等,年平均气温为28.90℃。西南季风开始于5月,持续到9月底,为该地区带来高降雨量和高湿度,是泰国的雨季;旱季为11月至次年3月,由于受东北季风影响,气候相对凉爽干燥。3~5月是干燥炎热的热季,4月和10月则是风速和风向不稳定的过渡时期(表1)。

表1　泰国的季节气候

热季				雨季				凉季			
2月	3月	4月	5月	6月	7月	8月	9月	10月	11月	12月	次年1月
季风过渡				西南季风				东北季风			

(三)自然资源

泰国矿产资源较为丰富,金属矿、非金属矿和天然气、石油、煤炭等燃料矿分布广泛,金属矿有锡、钨、锑、铅、锰、铁、锌、铜及钼、镍、铬、铀、钍等,其中锡是泰国最重要的矿产,储量达150万吨,居世界之首。非金属矿有萤石、重晶石、石膏、岩盐、杂盐(光卤石)、磷酸盐、高岭土、石墨、石棉、石灰岩和大理石等,是世界萤石的重要产地。此外,泰国地处热带季风气候,森林资源丰富,主要由干旱针阔叶林、常绿阔叶林和海岸红树林构成。

二、森林资源

(一)基本情况

泰国经济的持续增长对环境特别是森林资源产生了巨大影响。截至2015年,泰国森林面积为1616万公顷,占国土地面积5130万公顷的31.60%(森林土地管理办公室,2016)。

(二)森林类型

受复杂的地形和气候条件影响,泰国森林类型也复杂多样,主要分为常绿森林和落叶阔叶林两大类。

1. 常绿阔叶林

常绿阔叶林主要由常绿树木组成,群落外貌终年常绿,约占森林总面积的43%,又可分为以下4种类型:

(1)热带常绿阔叶林:主要由龙脑香属(*Dipterocarpus*)、娑罗双属(*Shorea*)、坡垒属(*Hopea*)、紫薇属(*Lagerstroemia*)、柿属(*Diospyros*)、榄仁树属(*Terminalia*)树种组成,可细分为热带雨林、干性或半常绿森林和山地常绿阔叶林3个亚类。

(2) 针叶林或松林：苏曼达拉松（*Pinus merkusii*）是其优势树种。

(3) 沼泽林：淡水沼泽林和红树林，主要由红树属（*Rhizophora*）、海榄雌属（*Avicennia*）、木榄属（*Bruguiera*）等树种组成。

(4) 沿海滩涂林：主要由柿属、紫薇属和木麻黄属（*Casuarina*）等树种组成。

2. 落叶阔叶林

落叶阔叶林约占森林总面积的57%左右，其显著特征是落叶树种广泛分布，且与长时间的旱季密切相关。除泰国南部、东南部的尖竹汶和达叻两府外，落叶阔叶林广泛分布于整个泰国，大致可分为落叶混交林、落叶龙脑香林或干性龙脑香林和稀疏草原林3种类型，其中落叶混交林的优势树种主要是柚木、木荚豆（*Xylia dolabriformis*）、大果紫檀（*Pterocarpus macrocarpus*）、交趾黄檀和缅茄（*Afzelia* spp.）等（表2）。

表2 泰国森林类型

森林类型	面积（公顷）	百分比（%）
湿性常绿阔叶林	1685489.81	9.32
干性常绿阔叶林	2523717.67	13.95
山地常绿阔叶林	1601237.59	8.85
松林	46208.16	0.26
沼泽林	30400.63	0.17
红树林	249591.11	1.38
水淹林	26016.05	0.14
沿海滩涂林	12496.21	0.07
落叶混交林	9404086.92	51.97
干性龙脑香林	1890098.58	10.45
竹林	157578.40	0.87
次生林	305355.43	1.69
草原	161683.18	0.89
共计	18093959.74	100

来源：泰国皇家林业厅（2016）。

(三) 森林权属

泰国所有的林地都属于政府，森林权属包括森林所有权、租赁权和其他债权，原则上没有私人拥有的土地，但在不同的情况下，根据森林的使用者以及使用的时间和使用条件，泰国的林权状况也有所不同。

泰国皇家林业厅关于林权的定义重点在于森林的用途与功能，森林主要被分为三大类，即保护林、经济林和私有林。此外，泰国拥有大面积的橡胶种植园，所有橡胶种植园均属于私人所有（表3）。

表3 泰国皇家森林权属划分

森林类型	森林权属	面积(万公顷)	百分比(%)
保护林	国有	1552	94.83
经济林	国有	84	5.13
私人造林	私有	0.5	0.30

来源:泰国皇家林业厅。

按照"权利和资源倡议",泰国林地主要分为政府管理的公共土地,社区和土著群体保留的公共土地,由社区和土著群体拥有的土地,企业和个人拥有的私人土地共4类(表4)。

1. 政府管理的公共土地

由政府拥有和管理的森林,属国有财产,包括一些被授予特许权的保护区和林地,这些森林不为社区或土著居民使用。

2. 社区和土著群体保留的公共土地

由社区和土著群体所利用的半永久公益林,虽然政府和社区之间的权利分配各不相同,但政府通常有权获取和管理该地区的资源(森林、矿产等)。

3. 社区和土著群体拥有的土地

对这类森林而言,政府还没有适当的管理程序和补偿机制,政府不能单方面终止社区和土著群体对林地的所有权和管理权。

4. 私营企业和个人拥有的土地

对这类森林来说,如果没有适当的程序和补偿机制,政府不能单方面终止私营企业和个人的所有权和管理权。

表4 泰国林地权属

权属类型	林地面积(公顷)	百分比(%)
政府管理的公共土地	13.27	77.33
社区和土著群体保留的公共土地	1.3	7.57
社区和土著群体及公司和个人利用的土地	2.59	15.09

来源:权利与资源行动组织(2012)。

(四)森林资源变化

1. 森林面积变化

泰国曾经是东南亚地区森林最丰富的经济体之一,过去森林覆盖率曾经超过50%,也曾是世界上主要的木材出口经济体之一,尤其是柚木的出口。但是,由于近50年来人口快速增长和经济发展,给森林资源带来了巨大的压力。1961—2006年,泰国森林面积从占国土总面积的53.33%减少至30.92%(图1),其中,1976—1982年,森林面积减少尤为严重。

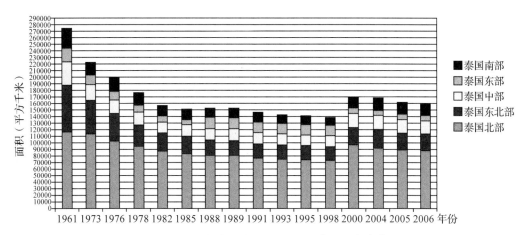

图 1　1969—2006 年泰国森林面积变化（来源：皇家林业厅）

为了减少森林耗损，泰国于 1989 年 1 月全面禁止天然林采伐，使森林砍伐和森林资源消耗率相对减少，这也使得林业收入占国内生产总值的比例从过去 5 年的平均 0.20% 降至 0.15%。自天然林禁伐之后，泰国开始由木材出口经济体转变为木材进口经济体，大部分木材从缅甸、老挝、马来西亚和印度尼西亚等经济体进口。

2006—2016 年的 10 年中，随着环保意识的提升和政府政策的重视，泰国森林面积的变化趋势呈波动趋势，2016 年的森林面积较 2006 年增加了 0.65%（表5）。同时，森林的保护和养护得到加强，更多的林地被确定为国家公园和自然保护区域。

表 5　2006—2016 年泰国森林面积变化

年份	森林面积(万公顷)	森林覆盖率(%)
2006	1601	30.92
2008	1731	33.44
2013	1634	31.57
2014	1637	31.62
2015	1636	31.60
2016	1634	31.57

来源：http://forestinfo.forest.go.th/Content.aspx?id=72。

泰国森林商用化的历史悠久，最早可追溯到 19 世纪中期政府向私营部门颁发的柚木伐木特许权。森林砍伐的高峰期发生在 20 世纪 80 年代，由于惊人的毁林速度，泰国政府于 1989 年通过法令撤销了所有伐木许可。然而，伐木禁令本身不足以有效制止森林的损失。

2. 森林面积减少的诱因

不断增加的人口和经济发展中日益增长的土地需求导致了大面积的森林资源遭到毁坏，森林面积不断减少，森林退化严重。此外，土地权属界定不清也是森林不断被侵占的重要因素；在气候干燥炎热的旱季，频发的森林火灾也导致森林遭到大面积的毁坏(表6)。

表6 森林面积减少的诱因

直接原因	间接原因
·单一农业种植的发展； ·城市化与基础设施建设； ·过度的旅游业发展； ·采矿业； ·木材非法采伐与森林火灾； ·商品林的需求剧增	·人口的快速增长，农村人口贫困面大； ·土地利用权属模糊，保护意识薄弱； ·保护与发展发展战略之间的冲突； ·林业政策模糊，缺乏可持续性； ·森林资源和环境保护机构间缺乏合作，执法力度薄弱

3. 人工造林

泰国的人工植树造林活动可以追溯到20世纪初，第一个人工林是1906年由泰国皇家林业厅在北部帕府通过人工播种而建立的柚木林，面积不足1公顷。在政府恢复退化森林面积和提高森林覆盖率的强烈意愿下，1980年人工林面积已扩大到近16万公顷，2000年达到了83.5235万公顷。人工造林主要有两个目标：重新恢复已破坏的森林；恢复受干扰流域地区的森林植被，以美化环境，但不用于木材生产。

为恢复和提高森林覆盖率，泰国政府在人工植树造林方面付出了巨大的努力，政府于1985年制定出将森林面积恢复至2048万公顷，将森林覆盖面积提高到占国土总面积的40%的整体规划，即通过努力逐渐完成大约736万公顷的人工造林。

除政府主导的人工造林外，通过企业社会责任方案支持和鼓励企业和社区开展人工造林也是一种重要的方式，其中社区林业计划人工造林272000公顷。通过多年的努力，泰国的森林覆盖率从1998年的最低值25.28%增加到2006年的30.92%。在2005—2015年的10年间，泰国共计完成人工造林88894公顷(图2)，2016年完成约160000公顷，森林覆盖率明显回升。

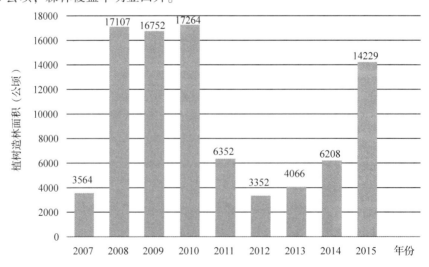

图2 2007—2015年泰国植树造林面积[来源：泰国皇家林业厅(2016)]

三、生物多样性

泰国位于东南亚中部，是连接喜马拉雅山脉北部到马来半岛北部的陆地桥梁，包括了从缅甸到老挝、柬埔寨的炎热干燥地区，属典型的热带气候类型，复杂的地理交汇性质孕育了丰富的森林植被类型，生物多样性极为丰富。

(一) 植 物

从植物地理学的角度上说，泰国位于印尼植物区的中心和马来植物区的上部。包含了约15000种植物，占世界植物物种总数的8%；其中有维管束植物约12000种，含658种蕨类植物、30种裸子植物；有花植物达11000余种，仅兰科花卉就达1500种。非维管束植物有2154种，包括藻类和苔藓植物，如苔藓、金鱼藻和地衣；蘑菇和真菌有3000多种（表7）。

表7 泰国植物物种数

类型	物种数
维管束植物	12000
非维管束植物	2154
藻类	1334
苔藓植物	925
蕨类植物	658
裸子植物	30
有花植物	11000

来源：泰国自然资源与环境政策与规划办公室。

根据泰国植物区系项目的研究结果，泰国的乡土植物共有248种，分属43科94属，其中蕨类植物13科22属24种，被子植物30科72属224种。被子植物中单子叶植物6科8属25种，双子叶植物24科64属199种。此外，由于泰国本身没有形成独特的植物区系，导致特有种的数量相对较低。

在泰国，有超过1000种植物被确定为有食用和药用价值，各地市场上可看到的食用、药用植物500多种，全国有30000~40000户的农户把采集食用、药用植物作为主要的经济收入来源，约60%农村人口的日常生活依赖非木质林产品的采集。

(二) 动 物

1. 脊椎动物

泰国已记录有脊椎动物4624种，包括302种哺乳动物，其中42%源自马来半岛，34%源自中南半岛和印度次大陆，另有24%发源于亚洲大陆；有5种是泰国特有种。

在泰国发现的众多哺乳动物中,蝙蝠是重要的物种,占哺乳动物总数的38%(108种),其中有18种为食果种,89种为食虫种,1种为食肉种。此外,啮齿目占哺乳动物总数25%;鸟类共有1017种,其中白眼河燕(*Pseudochelidon sirintarae*)和德氏穗鹛(*Stachyris rodolphei*)为泰国特有种。

2. 爬行动物

泰国记录的爬行动物至少有350种,其中31种为泰国特有种。爬行动物中物种数最多的是蛇,占总数的54.15%;其他常见物种包括壁虎、蜥蜴、石龙子类生物,占总数的36.6%;鳄鱼的物种保有量最低,仅为3种。此外,还发现有27种龟(全球共发现257种),其中包括3种陆地龟,1种平胸龟,13种淡水龟、5种鳖和5种海龟。

3. 两栖动物及鱼类

泰国约有137种两栖动物,鱼类超过2820种(含720种淡水鱼类和2100种咸水鱼类),占世界鱼类总数的10%。

4. 脊椎动物

无脊椎动物约83000种(主要是昆虫,其中蚂蚁约有1000种),已鉴定14000种(表8)。

表8 泰国动物物种数

类型	物种数
脊椎动物	4624
哺乳动物	302
鸟类	928
爬行动物	350
两栖动物	137
鱼类	2820
无脊椎动物	83000

来源:泰国自然资源与环境政策与规划办公室。

5. 珍稀濒危保护物种

目前,泰国受威胁的动物物种有哺乳动物121种,鸟类184种,爬行动物33种,两栖动物5种,鱼类218种,受威胁植物物种1131种。在2017年世界自然保护联盟(IUCN)发布的濒危物种红皮书中,泰国有3种物种位列其中,即交趾黄檀、泰国蹄蝠(*Hipposideros halophyllus*)和泰国盲蛇(*Typhlops siamensis*)。

泰国野生动物保护办公室的野生动物保护名单中有指定保留野生动物15种。此外,保护物种还包括哺乳动物201种,鸟类952种,爬行动物91种,昆虫20种,鱼类14种,两栖动物和无脊椎动物各12种(表9)。在指定保留的野生动物15种中,白眼河燕、鬣羚(*Carpricornis sumatraensis*)、儒艮(*Dudon dugon*)、马来貘(*Tapirus indicu*)、纹猫(*Pardofelis marmorata*)、南部赤颈鹤(*Grus antigone sharpie*)、泰国八色鸫

(*Pitta gurneyi*)、华南山羚(*Naemorhedus griseus*)、泰国坡鹿(*Cervus eldi*)为代表性的物种。

表9 泰国保护物种

保护类别	物种数
指定保留动物	15
野生保护动物	1302
哺乳动物	201
鸟类	952
爬行动物	91
昆虫	20
鱼类	14
两栖动物	12
无脊椎动物	12

来源：野生动物保护办公室。

长期以来，泰国的生物多样性受到农业土地扩张和作物种植的威胁，加之旅游业的兴盛和矿山、水坝开发等活动，对泰国生物多样性造成极大的威胁。熊氏鹿(*Cervus schomburgki*)和锡伯鲶(*Schilbeidae*)已经在世界上灭绝；大鹛(*Pseudiis gigantea*)、大草莺(*Graminicola bengalensis*)、黑鳍袋唇鱼(*Balantiocheilos melanopterus*)和暹罗老虎鱼(*Coius undecimraciatus*)已经在泰国绝迹；林牛(*Bos sauveli*)、泰国坡鹿、爪哇犀牛(*Rhinoceros sondaicus*)、苏门答腊犀牛(*Rhinoceros sumatrensis*)南部赤颈鹤(*Grus antigone sharpie*)、白肩朱鹭(*Pseudibis davisoni*)和恒河鳄(*Tomistoma schlegelii*)已在野外灭绝。

为有效遏制生物多样性流失严重的趋势，泰国政府近年来制定了各种相关法律，其中最为重要的是《国家公园法案》(1961年)、《保护森林》(1964年)、《野生动物保护法》(1992年)、《植物贮藏法》(1964年)、《第二植物贮藏法》(2008年)、《动物保护法》(1966年)、《泰国出口和进口法》(1979年)、《环境保护法》(1992年)和《植物物种保护法案》(1999年)。

此外，《泰国宪法》也高度重视生物多样性保护，2007年版《泰国宪法》第66条规定，地方或传统社区必须参与自然资源、环境的平衡和可持续管理、养护和利用。第67条规定赋予了居民参与政府和社区保护、维持和利用自然资源和环境的权利。第85条为公众提供了对水资源和其他自然资源进行系统管理的计划。此外，还要求公众参与自然资源和生物多样性的平衡保护、维持和利用。

四、自然保护地

根据泰国1964年出台的《森林保护法》，全国共有9394151公顷的森林被确立为了保护森林，约占森林总面积的59%，将其作为永久性林地保护的目的是为了使森林

不被砍伐、减少退化和非法侵占,同时有利于环境美化、娱乐休闲、自然教育和遗传资源的保护。2002 年政府对皇家林业厅的工作职能进行了调整,将自然保护的相关工作划归国家公园、野生动植物保护局管理。

截至 2005 年,泰国已有 108 个国家公园、102 个森林公园,55 个野生动物保护区,56 个非狩猎区、16 个植物园、55 个树木园和 1221 森林保护区(表 10),制定有严格的控制措施,并受《国家公园法》(1961 年发布,1992 年修订)和《野生动物保护和保护法》(1960 年发布,1992 年修订)等有关法律的保护。

表 10 泰国的自然保护地

保护地类型	数量	面积(万公顷)	保护目标
国家公园	108	624	保护、科研、休闲、旅游
森林公园	102	14.6	保护、科研、休闲、旅游
野生动物保护区	55	370.3	保护、科研、教育
禁猎区	56	50.6	保护、科研、教育
植物园	16	0.5	保护、科研、教育、休闲、旅游
树木园	55	0.4	保护、科研、教育、休闲、旅游
森林保护区	1221	574.9	保护、科研、休闲、旅游

来源:泰国皇家林业厅。

五、林业产业发展

泰国的林木采伐最早是从北部的柚木采伐开始的,华人、缅族人和掸族人早在 1840 年就从泰国统治者手中获得伐木许可,获准在泰北的清迈,南奔和南邦等地进行伐木。1883 年,政府开始允许欧洲人在泰国进行柚木贸易,许多公司都对柚木产业进行了投资,规模较大的有迪丽斯婆罗洲公司、孟买缅甸贸易有限公司、暹罗森林有限公司、宝隆洋行和路易斯李奥诺文斯有限公司等。

在 1989 年实施木材禁伐之前,泰国境内天然林的木材产量约为每年 200 万立方米,足以满足国内木材的消费和出口。自伐木禁令生效后,国内木材来源仅限于因基础设施建设(如修建道路、水坝等)造成的森林砍伐,没收非法伐木所得以及来自人工种植园(私营和国有企业)的橡胶木材,无法满足国内木材的需求。随着经济发展,国内木材消费也日益增长,木材的需求不得不严重依赖于进口,由此导致木材和其他工业木材产品的进口量不断增加,如锯材,胶合板,层压板、实木板、刨花板等。仅 2007 年,泰国就从世界 71 个经济体进口了 190 万立方米的原木和锯材,以满足国内用材需求。

虽然泰国木材生产未能满足国内需求,但仍向 66 个经济体出口了 180 万立方米的原木、锯材,其中大部分出口至中国和马来西亚,值得注意的是,泰国的"出口木材"主要是泰国贸易商进口原木加工成高价值木材后的再出口,如进口原木加工成锯材后再出口至国外。

虽然早在 1989 年政府就实行了伐木禁令,严格控制森林的非法采伐,但对木材的利用从未停止。政府对木材利用制定了法律规定,木材的合法加工与利用涉及人力锯材加工、机械木材加工、纸浆和造纸加工、木制品加工等方面。

木材加工的方式是多样化的,既有锯材粗加工,如木材燃料、木材粉化、木炭烧制、锯材加工等,也有木材的深加工,如胶合板、刨花板、纤维板、胶合板、地板、木制家具、纸浆等,泰国的法律规定各种木材生产需在确保森林资源可持续利用的同时带来经济效益。根据泰国海关部门 2015 年的数据,当年的林产品的产值达到 2516395782.21 美元(表 11)。

表 11　2015 年林产品出口贸易额

林产品	出口额(美元)
薪柴	46.00
木屑	285021607.36
木炭	14354145.33
原木	217664.48
锯材	133077.10
贴面板	2382871.58
刨花板	291795464.67
纤维板	514314161.82
胶合板	18875611.09
地板	8178105.76
木制家具	297552361.64
其他木制品	31238040.70
木浆	129606120.94
其他纤维纸浆	45097223.55
共计	2516395782.21

来源:泰国海关 2015。

六、林业管理

(一)林业管理机构

1896 年由泰国内政部成立的皇家林业厅是泰国林业的主管部门,职责为保护森林和监管泰北柚木采伐带来的税收,目前隶属于自然资源和环境部。泰国政府于 2002 年对皇家林业厅进行了改革,将其划分为 3 个职能部门:①皇家林业厅,负责管理保育林;②国家公园及野生动植物保护局,负责管理国家公园和野生动植物保护区;③海洋和沿海资源局,负责保护红树林,海洋和沿海资源(图 3)。

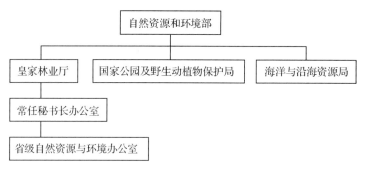

图 3　泰国森林资源管理的行政架构

泰国皇家林业厅目前的工作目标为森林监测，协调社区林业管理，恢复和保护林地、监管木材工业，具体职责：保护和维护林区；公平、系统地管理林地；增加和恢复森林面积；通过促进所有相关部门的参与来管理森林资源；研究与发展森林的可持续利用；加强相关组织在管理中的主动性、机制和信息，包括有效执法。

除皇家林业厅外，泰国76个省（府）都设有不同级别的地方林业管理部门，管理架构自上而下分别为省级行政机构、县区级机构、村镇级机构，地方林业机构的主要职责为在皇家林业厅和省级自然资源厅的管理下，协调和支持全省森林资源的管理；与相关部门和组织协调配合，防止森林破坏、防控森林火险、预防林地入侵和林地使用冲突；促进和支持社区森林管理、退化森林恢复和植树造林的经济合作；按照《林业法》《森林法》等有关法律提供森林服务，其中包括提高当人民对森林资源保护的认识；对出口的木材、木材和木炭进行检查和认证，同时支持单一窗口模式和东盟单一窗口模式贸易；促进和协调与其他有关机构在自然资源领域的合作；依据政府战略计划，支持和配合森林资源管理；协助或支持其他相关机构的工作。

（二）林业政策

自1896年泰国皇家林业厅成立以来，泰国出台了多项林业政策，包括国民经济和社会发展计划、森林政策和法规等。

1. 国民经济和社会发展计划

1961年发布的第一个国民经济和社会发展计划旨在保护占泰国国土面积50%的森林；1967年发布的第二个国民经济和社会发展计划中林地面积减少到国土面积的40%。而后，1985年发布了第一个正式的森林政策，着重于经济林和保护林建设，将占国土面积40%的森林划分为经济林（25%）和保护林（15%）。在第七个国民经济和社会发展计划中（1992—1996年），随着伐木禁令的实施，森林保护的意义被提上了新的高度，林地划分转换为保护林占25%，经济林占15%。目前，泰国正在执行第十一个国民经济和社会发展计划，计划非常注重环境保护在生产和消费中的重要性，以及在合作管理自然资源和丰富生物多样性方面的使命。

2. 森林政策

1985年森林政策出台，目标是保持国土面积的40%为森林，其中25%为保护林，15%为经济林。该政策还明确了公共部门和私营部门之间建立伙伴关系的必要性，鼓励当地社区参与到森林管理中。然而，该政策没有涉及农村贫困人口的利益。1997年出台的《泰国宪法》是泰国政治发展最重要的法律保障，《宪法》确立了人民参与制定有关资源和环境发展与保护政策的权利和作用，明确了社会力量在自然资源管理中的权利，是泰国近代最重要的法律制度。

(三) 林业法律法规

泰国政府制定了一系列与森林保护管理相关的林业法规。

1. 《森林法》(1941年出台，1948年、1982年和1989年修订)

该法案是泰国第一个关于森林管理的法律。1941年的历史资料反映泰国当时仍然有数量丰富且充满活力的森林资源，所以立法初期的主要目的是控制森林产品的采伐，并没有规定任何具体的养护目标。之后，由于森林面积大幅下降，森林的保护已变得越来越重要，所以森林法也经历了几次修订。

2. 《野生动物保护和保育法》(1960年发布，1992年修订)

该法案主要由国家公园、野生动植物保育局执行，涉及所有野生动物保护事务的规定，如建立野生动植物保护区，野生动物及其制品的获得和交易。

3. 《国家公园法》(1961年发布)

该法案涵盖国家公园土地核定、国家公园委员会机构管理、保护和维护国家公园等内容，目前由国家公园、野生动植物保育局为主体责任机构。

4. 《森林保护区法》(1964年发布)

该法案旨在确定森林保护区的各项管理内容，皇家林业厅负责森林保护的控制和维护。

5. 《植树造林法》(1992年发布)

植树造林是皇家林业厅的重要目标，新颁布的《植树造林法》旨在支持和鼓励私营部门投资种植园。

6. 《公社委员会和公社组织法案》(1994年发布)

该法案旨在加强乡村在自然资源利用、规划和决策中发挥行政力量的作用。

七、林业科研

泰国涉及环境、生态和森林的研究机构很多，其中，将林业研究作为核心的科研机构以泰国农业大学林业研究中心为代表。该研究中心集科学研究、项目资助、教育传播为一体，研究范围涵盖了林业所涉及的一切自然科学和社会科学问题。主要研究方向和领域包括森林管理、森林保护、森林土壤、森林火灾控制、林产品开发、森林生物学、野生动物、森林培育技术、林业工程、植物多样性、木材利用的物理学、化

学、解剖学研究、竹藤、木柴、木炭、生物燃料、病虫害、天然林资源、药用植物等。目前，该研究中心已正式发表林业相关论文超过5200篇。

八、林业教育

泰国农业大学是泰国的第一所农业高等国立教育大学，该校创办于1943年，目前已发展成为泰国规模较大的高等学府，下设有农学院、工商管理学院、渔业学院、人文学院、林学院、理学院、工程学院、社会科学学院、兽医学院、教育学院、经济学院、农业企业学院、建筑学院、兽医技术学院、研究生院、环境学院、文理学院、管理科学学院、资源与环境学院、自然资源与农业企业学院、科学与工程学院、文学与科学管理学院等单位。泰国农业大学除了为本国学生提供本科、硕士和博士层次的高等教育之外，还开设有针对外国留学学生的高等教育课程。

在泰国农业大学众多的学院中，林学院是泰国林业高等教育与林业科研的重要机构，为学校第四个成立的学院，下设林业管理系、林业生物系、林产品系、造林系、林业工程系和环境保护系。林业教学涉及森林管理、森林保护、流域管理等林业专业课程。学院共有83名专职教师，开展本科生、硕士和博士生教育，有在校学生1095名（2016年），见表12。

表12 泰国农业大学林学院情况

科系	主要教学课程	教师人数	招生项目数
林业管理系	林业项目的管理与规划	12	2
林业生物系	野生动物研究	20	2
林产品系	木材和造纸工业	13	2
造林系	木材生长与品质的研究	13	1
林业工程系	林业工程教育与技术	9	1
环境保护系	保护区管理和娱乐	16	2

来源：www.forest.ku.ac.th。

位于泰国北部的清迈大学也设有与林业管理相关的研究团队和培训课程。比如森林恢复研究中心就是一个由清迈大学理学院的生态学家和外聘专家组成的小型团队。该中心以研究和开发有效方法来恢复热带森林生态系统，保护环境和生物多样性为宗旨，其中，教育、培训和技术推广也是其工作的重要内容。

此外，还有一些与农业相关的院校也开设有与自然资源和环境相关的课程。比如位于清迈府的梅州大学，该大学成立于1934年，其前身为泰北农业教师培训学校。该大学以农业教育为主，其中有一些专业方向也与林业资源的经营管理相关。

越南（Vietnam）

一、概　述

越南位于东南亚大陆的东南边缘，北纬8°3′~23°23′、东经102°09′~109°30′，热带季风气候，地形复杂。其北与中国交界，西与老挝接壤，西南与柬埔寨为邻，东南临南海，国土呈细长的"S"形，国土面积329880.371平方千米，南北距离1640千米，东西距离600千米。

越南分为58个省和5个直辖市，人口总数为97582万人（越南统计局，2020），居世界第14位，总人口的3/4居住在农村地区。越南首都河内，位于红河三角洲平原，是越南政治、文化的中心，人口824.6万（越南统计局，2020），国土面积3344.7平方千米，也是越南面积最大的城市。胡志明市（原名西贡）是越南最大的经济中心，位于湄公河三角洲东北，面积2090平方千米。越南是一个多民族经济体，由54个民族组成，其中总人口上百万的三大主要民族为越族、岱依族和泰族，其他少数民族还有高棉族、芒族、山泽族等，华人达90多万人，80%以上居住在越南南部。

（一）社会经济

越南是传统农业经济体，农业人口约占总人口的75%。耕地及林地占国土面积的60%。粮食作物包括稻米、玉米、马铃薯、番薯和木薯等，经济作物主要有咖啡、橡胶、腰果、茶叶、花生、蚕丝等。越南1986年开始革新开放，经过30多年的发展，经济保持了较快增长。1999—2009年，国内生产总值年均增长7.7%，是东南亚经济发展最快的经济体，尤其是在2007年1月申请加入世界贸易组织后，国内市场进一步开放，2017年国内生产总值同比增长6.81%，创造了近10年来的最高增幅。

（二）地形地貌与气候特征

越南地形有两大基本特点：一是北部的红河三角洲和南部的湄公河三角洲间通过一段狭长的沿海平原地带相连；二是越南近3/4的国土为丘陵、高地或高山，位于西北部的黄连山主峰海拔3000米，为越南的最高峰。由于其独特的地形特征，农田仅占越南国土面积的15%。

越南属于热带季风气候，每年5~10月受西南季风影响，冬季则受东北季风影响。全国分为两个截然不同的气候地区，在16°纬线以北，冬季从12月持续到次年2月，但没有明显的旱季；在16°纬线以南，旱季则较明显，从11月一直持续到次年4月。全国平均降水量为1500~2000毫米，其中一些地区的年降水量小于500毫米，在一些山区则可能达到4800毫米。北方年平均气温21℃，南方年平均气温27℃。

(三) 自然资源

越南矿产资源丰富，种类多样，主要有煤、铁、钛、锰、铬、铝、锡、磷等，其中煤、铁、铝储量较大。森林面积约1000万公顷。复杂的地形地貌和气候条件孕育了越南多样的森林资源，包括红树林、湿润林、季雨林、常绿阔叶林、半落叶阔叶林以及常绿针叶混交林等。越南拥有丰富的渔业资源，有6845种海洋生物，其中鱼类2000种，蟹类300种，贝类300种，虾类75种，每年的海产量可达数十万吨。此外，还盛产大米、玉米、橡胶、腰果等。

二、森林资源

(一) 基本情况

越南森林资源丰富，但由于战争、大规模商品性开发、毁林开荒，林地用途改变以及基础设施建设等因素的影响，导致近几十年来森林覆盖率急剧下降。另一方面，随着限制天然林采伐等保护政策的实施和人工造林的开展，近年来以人工林为主的森林面积有所增加。

根据越南农业与农村发展部公布的《2017年全国森林现状报告》，越南全国森林总面积1441.53万公顷，其中天然林面积达1023.64万公顷，人工林面积417.89万公顷，覆盖率为41.45%。天然林大部分集中在中部高原和东南部、南部沿岸及北部沿岸地区，尤以中部高原地区最为集中，昆嵩、嘉莱及多乐等5个省共有天然林284万公顷。人工林主要分布在东北部(82.49万公顷)、中北部(48.48万公顷)及中南部沿岸地区(30.99万公顷)，而红河流域、东北部、中部高原及东南部人工造林较少。

森林不仅与越南人的生产生活密切相关，而且对越南经济发展也极其重要，它是协调生态平衡与经济发展的重要环节，对维系九龙江平原及其他地区的农业生产体系和防洪抗涝至关重要；对涵养江河水源、保持水土以及发展水电起着决定性作用。此外，木制家具用材和许多建筑材料都源自森林；90%的家用燃料为薪材，在砖瓦和某些建筑材料的生产过程中薪材也是主要燃料之一。

(二) 森林类型

根据越南1991年颁布的《森林保护与开发法》规定，森林分为防护林、商品(生产)林和特种用途林3种类型。

1. 防护林

防护林主要是为了保护和提高森林的生态功能，比如涵养水源、水土保持、防治水土流失和防治荒漠化、减轻自然灾害、控制气候变化以及确保生态平衡和环境安全等。可细分为流域防护林、防风固沙林、沿海防浪林、环境保护林等,有些省份也有边界防护林。该类型的森林占全国森林面积的34%。

2. 商品(生产)林

商品(生产)林主要用于木材和非木材类林产品的生产和贸易,同时也具有一定的防护和保护功能。包括自然再生林和通过人工种植恢复形成的生产林,占全国森林面积的50.4%。其中,人工生产林又包括人工林(采伐后造林和再造林)和种子林,天然林和人工林都经过遴选、改造和认证。

3. 特种用途林

建立特种用途林的目的是为了保护自然资源、具有代表性的森林生态系统类型以及森林动植物物种的遗传来源等,可以进行科学研究,保护历史遗迹和风景名胜区,并与旅游与环境保护相结合。特种用途林包括国家公园、自然保护区(包括自然保护区、物种和景观保护区)、风景保护区(包括历史文化遗址和风景名胜区)以及科学实验研究区,占全国森林面积的15.6%。

(三)森林权属

越南是社会主义国家,根据1988年颁布的《土地法》,越南实行土地国有制,私人不可拥有土地,政府仅通过划拨、租赁和承认土地使用权的方式对森林和土地资源进行开发利用。1993年,《土地法》修订后,颁布了"红色认证书",将森林分配给国有企业、军队、社会组织、合作社、农场、农林生产队进行长期使用,其中林权期限是50年。截至2020年,根据越南农业与农村发展部统计,国有林占58.7%,私有林占41.3%。

(四)森林资源变化

1. 第一时期:战争时期(1955—1975年)和经济恢复期(1975—1985年)

越南的山区和林地占了全国面积的3/4,因此森林覆盖率必须达50%左右才能保证生态平衡,但是二战以来,越南的森林面积急剧减少。1943年,越南还拥有1430万公顷天然林,森林覆盖率达43%,经历了20年的战争后,到1976年,森林覆盖率仅为33.8%。1975年,越南实现南北统一,当时整个越南由于战争的影响千疮百孔,全国陷入严重经济危机中,人民生活十分困难,因此政府鼓励广大农民开荒复垦,由此导致森林破坏继续加剧,到1985年,森林覆盖率已降至30%。所以,战争以及人民对森林的生计需求使得这一时期的森林面积急剧减少。

2. 第二时期:革新开放时期(1986—1995年)

自1986年以来,越南效仿中国的社会经济改革,实行革新开放,林业也有了较大发展。这一时期,越南国内推行了林权改革制度,实行森林私有化,提高当地农民参与林业活动的积极性,但森林面积仍在不断减少,到1990年,森林面积下降到918

万公顷,覆盖率为27.2%。1980—1990年,越南森林面积平均每年减少10万公顷。这一时期,除南部高原和越南-老挝边境地区之外,已无大面积的森林。在革新开放的时期,由于人口压力导致了对森林的过渡垦殖开发,尤其是北部的贫困山区采用刀耕火种和移耕的生产方式,带来了诸如水土流失严重、森林火灾频发等一系列的生态环境问题,加之越南农民日常生活对薪材有大量需求,这些原因都造成了对森林的滥伐,短短几十年森林就减少了一半以上。

在这一时期,政府也推动了一些植树造林的项目。1989年4月,政府提出了热带林业行动计划(由一些资助经济体提供经费,以项目合作的方式帮助越南发展林业),以此发动群众进行全国造林。造林树种主要有桉树、柚木、龙脑香、木麻黄、金合欢等。1992年,越南布置了全国林业发展总体任务,要提高经济效益,加快人工造林的步伐,争取早日绿化荒山,增强森林在保护环境方面的功能。这些计划在一定程度上推动了越南退化森林的恢复。

3. 第三时期:现代化发展时期(1996年至今)

1996年至今,越南推行工业化、现代化发展路线,开始重视环境保护和林业发展。1999年,越南开始实施"500万公顷造林计划",通过人工造林和天然林恢复措施。在一系列人工造林计划的推动下,从1995年开始,越南的森林面积持续增加,覆盖率从1990年的27%上升到1999年的33.2%、2005年的37%、2010年的39.5%、2014年的40.4%(表1)。

表1 1990—2014年越南森林面积变化

年份	总面积		森林类型	
	森林面积(万公顷)	覆盖率(%)	天然林(万公顷)	人工造林(万公顷)
1990	910	27.0	840	70
1995	930	28.0	820	100
1999	1090	33.2	940	140
2005	1260	37.0	1020	230
2010	1330	39.5	1030	380
2014	1370	40.4	1010	360

三、生物多样性

越南被公认为是生物多样性最为丰富的区域之一,在全球生物多样性最为典型的国家中排名第16位,具体包括遗传多样性、生态系统多样性和物种多样性。

(一)遗传多样性

越南是8个动植物"原始育种中心"之一,同时共保存了栽培植物和家养动物的

14000种基因源，拥有丰富的基因多样性。

(二) 生态系统多样性

越南的生态系统包括陆地生态系统，湿地生态系统和海洋生态系统。

陆地生态系统包括森林、农业和城市地区。因为受热带季风气候影响，气温高，雨量充沛，所以，森林的植物和动物多样性极为丰富。越南国土的3/4都是山脉和丘陵，在农业和城市地区，生态系统的多样性则较少。

越南的湿地生态系统非常多样化，在不同的地理位置和气候条件下具有鲜明的特征。湿地生态系统包括沿海红树林、泥炭沼泽、潟湖、珊瑚礁以及沿海岛屿周围的海洋等。其中，沿海红树林是许多本地和迁徙动物如鸟类、哺乳动物、两栖动物和爬行动物的家园，同时也是许多水生物种如鱼、虾、蟹等的栖息地。

越南的海洋生态系统覆盖面积超过100万平方千米，海洋资源特别丰富，据估计，在20个典型的海洋生态系统中有大约11000种海洋物种。

(三) 物种多样性

越南在物种方面也有丰富的多样性，其中植物有1500多种为越南特有物种，动物中有100多种特有鸟类和78种特有种哺乳动物。内陆湿地生态系统中发现了约1000种藻类，海洋和沿海生态系统中发现有大约11000种海洋物种(表2)。

表2 物种信息统计

物种类别		种数
高等植物	裸子植物	51
	被子植物	9462
	苔藓植物	793
	蕨类植物	774
藻类		1000
真菌类		600
哺乳动物		332
鸟类		864
爬行类		206
两栖类		209
鱼类		3170
昆虫		7750

四、自然保护地

对保护森林来说，人类是最大的挑战，人口急剧增加带来的生物资源过度开发利用、环境污染、全球变暖等问题导致一些自然生态体系退化,若干野生动物的种类和数量大幅减少,不少珍稀物种濒临灭绝,给大自然造成了不可恢复的影响。为此,越南政府采取了两项主要措施来保护生物多样性及森林生态系统:一为就地保护。就地保护是近年来越南主要采用的保护形式,这种方法是在自然保护区建立并运行一个特种用途的森林系统,以保护重要的、敏感的生态系统和生物物种为主;二为迁地保护。迁地保护主要适用于一些重要物种,如具有经济价值和科学价值的物种。

越南最早的保护区是成立于1962年的菊芳国家公园,至今为止越南已建立了180个不同类别的自然保护区,其中包括30个国家公园、58个生物圈保护区、16个物种栖息地保护区、56个自然景观保护区以及20个实地研究保护区,总面积达到505万公顷(表3)。

表3 越南保护地

序号	保护地类别	数量(个)	主要保护对象	面积(万公顷)
1	国家公园	30	保护植物和动物	120
2	生物圈保护区	58	保护生物多样性、自然资源和文化资源	250
3	物种栖息地保护区	16	保护动物栖息地和物种	41
4	自然景观保护区	56	保留历史遗传	63
5	实地研究保护区	20	提供生态旅游和研究活动	31

来源:越南林业科学院(2017)。

五、林业产业发展

(一)木材生产

据越南农业与农村发展部的统计数据,越南是东南亚主要的森林产品加工和制造中心。越南生产的许多木材都来自越南的种植园,如柚木种植园等。林业种植中广泛使用的树种包括雪松(*Cedrus deodara*)、金合欢、桉树、松树,以及一些热带硬木树种如非洲桃花心木(*Khaya senegaiensis*)、柚木和龙脑香等。越南是一个林产品出口大国,其林产品的出口额位居东南亚第1、亚洲第2和世界第5,木材和木制品占了全球木材市场6%的份额。2017年,越南林产品出口额为80.32亿美元,已超出了2016—2020年越南林业发展战略中所提出的目标。目前,越南木材企业约有4000家,其中出口木制品的企业就有1500家,美国、日本、中国是越南的三大出口市场,占越南木材和木制品出口总额的68%。在出口的木制品中,大部分为家具,其他为木片、锯材等半成品。

越南的森林采伐执行《森林管理条例》和相关木材、林产品采收管理规定,力图严格控制森林尤其是天然林的采伐,目前的木材采伐几乎都来自人工林。越南政府为阻止因商业性采伐导致的森林减少,从20世纪90年代开始逐渐将林业政策从开发转向保护。1990年年初,政府禁止了原木与锯材的出口,1997年起永久禁止了特种用途林采伐,并对天然林的商业采伐规定了采伐配额。这些政策使天然林采伐从 1997 年的 52 万立方米减少到 2002 年的 30 万立方米,2007 年降低至 15 万立方米。目前,采伐仅限于用材林,约占森林面积的 40%。但是,即便有政策保护,非法采伐在许多地方还时有发生,所以实际上天然林采伐量比规定的要多,据 2010 年估计,每年在 55 万~60 万立方米(表 4)。

表 4 2006—2016 年越南森林采伐面积

年份	森林面积(万公顷)	采伐面积(万公顷)	人工造林面积(万公顷)
2006	1261.67	190	230
2010	1338.81	290	310
2016	1406.19	360	390

来源:越南林业局(2017)。

(二)非木材林产品

热带季风气候及复杂的地理环境造就了越南丰富多样的植物区系,也孕育了大量的非木材林产品。越南的竹林面积将近 148.9 万公顷,其中天然竹林 141.55 万公顷、人工竹林 7.35 万公顷,竹子种类达 200 种以上。越南境内有 3800 多种草本植物,1000 种以上的木本植物,40 种藤本植物可供提取精油、树脂、单宁酸等。

越南非木材林产品主要分为 6 类:①纤维产品类,主要是竹类、藤类及叶类等;②食品类,包括竹笋、蔬菜、水果、谷物、香料、蜂蜜及可食用的昆虫等;③药用植物类;④芳香物料类;⑤萃取产品类,包括树脂、香精油及燃料等;⑥森林动物、鸟类、昆虫及其产品和其他产品。其中,竹藤类产品是越南最具有经济价值的非木材林产品,蜂蜜、药材、树脂等则对当地群众生活有着巨大影响。政府专门设有针对非木材林产品的管理部门,主要负责制定规章制度来实现非木材林产品的可持续利用与管理,发布鼓励森林投资和开发的政策,给予林地所有者优惠和减税措施等。

六、林业管理

(一)林业管理体制

越南于 1976 年成立林业部,负责全国整体的林业工作。1995 年进行体制改革后,将农业部、林业部和食品工业部合并为农业与农村发展部,目前下设 25 个分局,其中林业局作为副部级部门,下设林业司和森林保护司。农业与农村发展部直接管理林业部门,总理对指南、重要政策和部门的组织机构进行审批,其他与该部门直接相关的政策由农业与农村发展部签署。

(二)林业管理机构

越南林业局主要负责在管理中给越南农业与农村发展部提供建议,协助越南农业与农村发展部执行全国范围内林业方面的管理任务,指导其管理范围内的公共服务活动,比如管理全国的造林、木材生产、森林工业、森林资源保护、森林公园和自然保护区管理、野生动植物保护和执法等工作。

省一级设置林业厅和林业保护厅,主要负责林地管理开发、森林保护、林业技术推广等工作;区一级设置农业与农村发展局和林业保护局,负责管理地区林业事务、监测相关林业活动,并提供技术指导等工作;社区一级有社区林业员工和护林员(图1)。

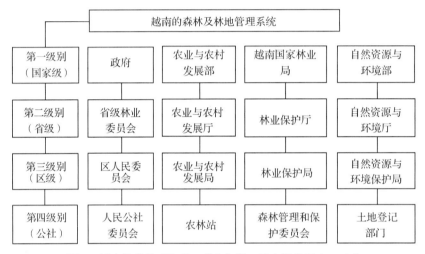

图 1　越南林业管理机构一览[来源:越南林业局(2013)]

(三)林业政策与法律法规

《土地法》和《森林保护与发展法》是越南最重要的两个管理森林所有权和使用的法律。《土地法》规定了土地权属和经营管理方面的问题;《森林保护与发展法》则主要涉及森林经营管理方面的问题。

1987年越南政府出台了首部《土地法》,后经过多次修订补充。2003年11月29日,越南第四届会议国民议会通过了第四部《土地法》,并于2004年7月1日生效。《土地法》规定政府拥有全部土地的所有权,可以代表全国人民统一管理土地使用权的权利和义务,以及土地使用者的权利和义务,该法适用:①作为全民土地所有权代表行使权利、履行职责以及开展统一的土地管理任务的机构;②土地使用者;③参与行政管理的其他单位。

越南国民议会在2004年12月3日第六届会议上重新修订的《森林保护与发展法》,取代了1991年制定的《森林保护与发展法》,并于2005年4月1日生效。该法规定了森林的管理、保护、开发和利用以及森林所有者的权利和义务等,适用于政府机关、国内组织、家庭和个人,海外越南人以及参与森林保护和发展的外国组织和个体。

此外,2008年11月13日,越南十二届国民议会通过了《生物多样性法》,并于

2009年7月1日生效。该法律规定了生物多样性保护和可持续发展以及组织、家庭和个人在生物多样性保护和可持续发展方面的权利和义务,适用于越南境内的组织、家庭和个人、海外越南人、外国组织和个人开展与生物多样性保护和可持续发展有关的活动。

2010年9月24日,越南政府发布了《环境服务付费政策法令》,于2011年1月1日起生效。该法令规定了越南境内的森林环境服务的付款政策。

2011年11月25日第八届国民会议上发布了完成"500万公顷造林项目"的决议,继续实施有关林木开发项目的机制和政策。2011—2015年,根据总理颁布的有关投资基金分配的规则、标准和规范的第60号决策(2010年9月30日),完成了森林保护与发展的任务;同时决定了有关2007—2015年森林开发政策147号文件(2007年9月10日),以及总理决定进行修订和增补的第66号文件(2011年12月9日)。

七、林业科研

成立于1961年的越南林业科学研究院是越南主要的林业研究机构,当时叫越南森林研究所。经过不断的发展,先后成立了3个所,即1972年成立的林业研究所,1974年成立的森林工业研究所,1981年成立的林业经济研究所。到1988年,这3个所重新合并为越南森林科学研究所。2011年11月25日,越南总理签署第2099号命令,改名为越南林业科学研究院,并作为农业和农村发展部下属的一个特殊科研机构进行运作管理。农业和农村发展部于2012年5月18日颁布第1149号决定,规定了越南林业科学研究院的功能、职责、权力和组织结构,并于2012年7月16日颁布第1656号决定,规定了越南林业科学研究院的条例和运作细则。

(一)组织机构

越南林业科学研究院包括4个行政部门(人事组织和行政部、科学与规划管理部、研究生和国际合作部、财务会计部)、4个研究所(造林研究所、森林工业研究所、林木改良和生物技术研究所、森林生态与环境研究所)、3个研究中心(林业经济研究中心、森林保护研究中心、非木材森林产品研究中心)、2个区域性机构(南越森林科学研究所、中越高地及南部森林科学研究所)和4个区域中心(越南西北部森林科学中心、北越中部森林科学中心、越南东北部森林科学中心、中越北部森林科学中心)。现有员工477人,其中副教授6人,理学博士1人,博士31人,博士研究生40人,理学硕士和在读理学硕士100人,工程师和大学毕业生230人。

(二)机构职能

越南林业科学研究院的机构主要职能:①森林研究、开发和拓展领域开展科学研究、技术转让、研究生培养、国际合作、咨询服务等相关业务。②向农业与农村发展部提供关于林业研究战略方向的意见,包括长期计划,含五年计划、年度方案等,以解决在研究、技术开发和实施此类方案或项目过程中所发现的林业问题。

(三) 研究领域

越南林业科学研究院的主要研究领域:热带森林的造林学和生态学;通过种植、提高肥沃度、改善和促进自然再生以实现越南森林资源的可持续管理方面的工艺和技术;动植物遗传改良;林木遗传育种,包括种子园的管理、林木种子的选择、种子贮藏和保存等;改进和应用林业生物技术;确定植物个体和种群的生理与生态特征;开发森林生态恢复的方法,以保护和保持特定森林生态系统;开发森林土地可持续利用的方法;评估和预测气候变化对森林环境影响;开发非木材林产品经营、种植、收获、加工和保存方面的技术;研究森林保护机制,以减少或降低害虫、昆虫和火灾对森林的影响;制定相关的林业政策,以惠及林业经济、自然资源管理、环境保护、林产品营销以及依赖森林的社区的社会经济利益;开发机械化生产系统,主要应用于苗圃生产和室外作业,包括种植、管理、收成和运输,以及林产品的加工和保存。

(四) 重点任务

越南林业科学研究院的重点任务:开展重要科学与技术研究;评估重点林业经济项目;发展林业技术;制定与林业有关的法规、程序、经济技术标准;培养博士和硕士研究生,并以此提升森林科学人才队伍的质量;开展国际合作并加入科学林业研究组织,与类似组织及其科学家建立关系网络;对实际应用于林业和自然资源管理中的研究成果进行技术转让和推广;根据要求承担咨询顾问工作,做好评估、监测;出版与科学、技术和环境相关的图书和期刊,更广泛地传播信息和维护网站;承担《濒危野生动植物种国际贸易公约》规定的相关职责。

八、林业教育

在越南的大学中,主要有7所大学和学院参与了本科、研究生的农业和林业教育,分别是越南林业大学、河内农业大学、太原大学的农业和林业学院、顺化大学的农业和林业学院、西原大学的农业和林业学院、胡志明市农林大学和芹苴大学农业学院。

除属于农业部和农村发展部的林业大学以外,其他所有大学都由越南教育与培训部直接管理。胡志明市农林大学是越南最好的国立大学,河内农业大学和芹苴大学农业学院只提供农业项目,林业大学只提供林业项目,其他大学同时提供农业和林业项目。其中林业大学、太原大学的农业和林业学院、顺化大学的农业和林业学院、西原大学的农业和林业学院和胡志明市农林大学都是社会林业培训网络的成员。

越南林业大学成立于1964年8月19日,在越南是一所著名的、具有高度声誉的大学，在林业、森林资源管理、环境、农村发展等领域开展了多样化的培训和教育活动。目前，该大学有超过16000名学生，包括本科和研究生，有22个本科专业，6个硕士专业，4个博士级专业。主要校区位于河内市章美县，第二个校区(建于2008年1月)位于同奈省。越南主要林业大学信息见表5。

表5 越南主要林业大学

序号	名称	成立年份	下属院系及教师	专业及学位
1	胡志明市农林大学	1955	12个院系 505名教职工	本科及硕士、博士培养
2	越南林业大学	1964	4个学院和5个研究所 460名教职工	本科及硕士、博士培养
3	顺化大学	1983	13个院系 450名教职工	本科及硕士培养
4	太原大学	1970	20个院系 415名教职工	本科及硕士培养

来源：教育和培训部(2017)。

文莱(Brunei)

一、概 述

文莱位于东南亚婆罗洲岛北部海岸,面临南中国海,位于北纬 4°00′~5°05′、东经 114°23′~115°23′,除了文莱北部南中国海的海岸线,该经济体完全被马来西亚砂拉越州包围。国土面积 5765 平方千米,被马来西亚砂拉越的林梦地区分为相离的东西两个部分。2018 年人口 42.26 万,其中马来人占 65.7%,华人占 10.3%,其他民族占 24%。马来语为国语,通用英语,华语使用较广泛。文莱在行政区划上分为文莱-穆阿拉、马来奕、都东、淡布隆 4 个区,下设有乡和村两级。

(一)社会经济

文莱于 1984 年脱离英国独立,作为一个新兴和发展中经济体,依靠天然气和石油获得了大量财富,成为世界上最富有的经济体之一,被列为世界第五和亚洲第三富裕经济体。

文莱是东南亚的主要产油国,也是世界主要液化天然气的生产经济体,原油和天然气的生产和出口是其主要经济支柱,约占国内生产总值的 71% 和出口总收入的 97%,非油气的其他产业均不发达,主要有制造业、建筑业、金融业及农、林、渔业等。近年来为摆脱单一经济束缚,文莱政府大力发展油气下游产业(侧重油气产品深度开发和港口扩建等基础设施建设)、伊斯兰金融及清真产业、物流与通信科技产业、旅游业等,加大对农、林、渔业以及基础设施建设投入,积极吸引外资,促进经济向多元化方向发展。2016 年,文莱国内生产总值超过 200 亿美元,人均国内生产总值达 5 万美元。

(二)地形地貌与气候特征

文莱西部地区(马来奕、都东和文莱穆阿拉)多为丘陵低地,分布着全国 97% 的人口,首都斯里巴加湾也位于该区。东部地区(淡布隆区)主要是茂密的森林和起伏的小山,只有大概 1 万的人口居住在该区。最低点在海平面,最高点位于巴贡山(1850 米)。

文莱位于赤道以北 443 千米处,海岸线长达 162 千米,与印度尼西亚和马来西亚一样,有着明显的热带雨林气候,全年降水量大,气温高,湿度高,气候变化受季风的影响，12月至次年3月为东北季风，其余时间为东南季风。文莱每年有一个雨季（11至次年2月）和一个旱季，雨季一般是温暖潮湿的（20~28℃），旱季非常炎热（24~36℃）。

（三）自然资源

文莱已探明原油储量为14亿桶，天然气储量为3900亿立方米，可开采25年以上，每天输出21500桶石油和大量的天然气。文莱除了油气储量巨大之外，文莱还有丰富的矿产资源，目前已探明的矿产有金、汞、锑、铅、矾土、硅等。

二、森林资源

（一）基本情况

文莱的森林面积约43.8万公顷（联合国粮食及农业组织，2010），占土地面积的75%左右，为森林覆盖率最高的经济体之一。文莱虽然国土面积仅占整个婆罗洲岛的1%，却被认为是世界上森林最丰富的经济体之一，其中未被侵扰的原始林26.2万公顷，次生林16.8万公顷，列为森林保护区的原始林面积23.552万公顷，占土地总面积的41%，文莱也是世界上原始林占比最大的经济体之一。丰富的森林资源给文莱带来巨大的社会、经济和环境效益，文莱也十分重视对森林资源的保护，推行强有力的森林管理政策和法律，森林的损耗率很低。

在由文莱、马来西亚和印度尼西亚3个经济体共同倡导的保护"婆罗洲心脏"倡议中，文莱发挥了积极作用。该倡议旨在促进该地区的森林可持续经营，包括打击跨境的非法采伐和其他问题，通过可持续的生态旅游创造经济效益。另外，文莱把林业列入净国内生产总值，对森林实行低影响的利用，包括实施减少采伐的政策和发展高附加值的生物技术产业等做法都对保护森林资源起到重要作用。

（二）森林类型

文莱森林类型主要是沼泽森林和陆地森林两大类，沼泽森林是发生在低洼地区的森林，受潮汐、季节性或持续洪水和水淹没，由红树林、海滨森林、淡水沼泽森林和泥炭沼泽森林组成；陆地森林分为高海拔地区和干燥区域的山地森林，主要由热带荒野森林、龙脑香混交林、山地森林和其他次生林组成。

按森林功能划分为防护林、商品林、休闲林、保护林和国家公园5类（表1）。防护林主要目的是保护关键的土壤和水资源；保持绿色和美丽，振兴气候；防止或尽量减少洪水、干旱、侵蚀、污染和类似的环境问题的发生；促进总体生态稳定。生产（商品）林：天然林和人工林（包括非木材种植园），提供持续的森林产品供应。休闲林具有自然特征的森林区域，为促进人们的社会、心理、身体和经济福利而开发的森林，用于户外娱乐活动。保护林：未受干扰的原始天然森林，为了生物多样性保护和开展科学、教育等。国家公园具有独特地质、地形和其他形态和特殊特征的区域,为了维持动、植物群落的生物多样性,造福于今世后代。

表1 文莱森林按功能分类

森林分类	公告保护林面积(公顷)	建议保护林面积(公顷)	面积合计(公顷)	占国土面积(%)
防护林	138026	80624	218650	37.92
商品林	18562	0	18562	3.22
休闲林	4211	234	4445	0.77
保护林	28562	3122	31684	5.50
国家公园	46210	2644	48854	8.47
合计	235571	86624	322195	55.88

(三)森林权属

文莱政府是森林资源所有者,森林保护区或永久森林财产自1933年以来属林业部门管辖,土地管理权属于其他的政府机构,但这些土地的森林采伐和利用仍然由林业部门负责。

(四)森林资源变化

根据联合国粮食及农业组织的数据,2000—2010年,文莱的森林覆盖率呈现逐步降低的趋势,从75.33%降至72.106%,2010年后得以维持稳定。根据1989年森林政策,林业部门将进一步增加15%的森林保护区面积,使全国森林保护区的总体比例达到国土面积的55%(表2)。

表2 2000—2015年文莱森林覆盖率变化

年份	2000	2003	2005	2007	2009	2010	2015
覆盖率(%)	75.33	74.42	73.81	73.13	72.44	72.106	72.11

来源:联合国粮食及农业组织(2015)。

三、生物多样性

尽管文莱国土面积只有5765平方千米,仅占婆罗洲岛土地总面积的0.7%左右,却有着多样化的生态系统,独特而丰富的多样性成为文莱的重要物质财富,被视为世界上最宝贵的生物多样性热点区域之一。

已记录的被子植物和裸子植物种类涉及162个科918个属3621个种(亚种)。根据世界保护监测中心的数据,文莱至少有6000种维管束植物,其中0.1%是地方特有的,已知的哺乳动物110种、两栖动物70种、鸟类450种、蛙类84种和昆虫1000多种,其中有1.7%是地方特有种,6.7%为受威胁种。

文莱是有着东亚最大的未受干扰的红树林经济体之一,所有这些沼泽森林仍处于原始状态,宋井英吉森林保护区是婆罗门洲特有种的家园。文莱十分重视其森林资源的保护与合理利用,其自然生态观光旅游业开发是经济多元化发展中一个极具潜力的领域,也是在保护生物多样性的同时,合理利用自然资源的成果典范。

四、自然保护地

在文莱 43.8 万公顷的森林面积中,约 23.55 万公顷森林划为森林保护区,占国土面积的 41%(表 3)。根据森林规划,还将增加土地面积的 15% 作为森林保护区,使森林保护区面积达到国土面积的 55%。

表 3　文莱森林保护区

森林保护区	公告年份	面积(公顷)
Anduki	1934,1947,1948,1954	917
Andulau	1940,1969	13392
Badas	1948	76
Batu Apoi	1950,1957	46210
Paya Gambut Belait	1982	7662
Berakas	1950,1957	348
Bukit Sawat	1985	486
Bukit Subok	1968	15
Keluyoh	1977	77
Bukit Labi	1947,1950	119880
Labu	1953,1954	14348
Bukit Ladan	1950,1951	28480
Peradayan	1953	997
Selirong	1948	2566
Sg Liang Arboretu	1948,1952,1960	66
合计(占比)		235520(41%)

来源:http://www.forestry.gov.bn/Theme/Home.aspx。

五、林业产业发展

文莱与同区域的其他经济体相比,在经济上严重依赖石油和天然气的生产作为主要收入来源,生计发展对森林产品的需求很低,对森林的干扰和压力并不是很大。在 1929 年发现石油之前,天然林的非木材林产品如胶桐乳胶和用于皮革鞣制的单宁产品主导着出口市场,占据收入的 8% 和 35%。自 1932 年开始,林业部门不再是出口的重点,许多人已经转向石油工业。虽然文莱 3/4 的地区仍然被森林覆盖,但它们对经济贡献的比例非常小。目前,林业对国内生产总值贡献仅为 0.12%,每年主要通过支付特许权使用费、保险费、行政费用、森林许可证、暂停账户和投标付款获取收入。

(一) 森林采伐

文莱允许商业性天然林受控采伐和木材生产,林木采伐与木材生产仅仅限于所涉及的生产林区内,采伐木材的特权只授予合格和有执照的伐木公司,这些公司也是锯材加工的公司,在涉及的伐木组合中的木材商业采伐由林业部门严格监督,确保采伐活动符合文莱选择性采伐系统所规定的标准。在 1989 年的森林政策框架下,实行"砍一树、种四树"和限额伐木政策。文莱自 1990 年以来限制和减少了森林采伐量,随着削减政策的实施,年采伐率减少了 50%,从 20 万立方米/年减少到 10 万立方米/年;同时,利用进口锯材抵消了满足国内需求的供应短缺,这个年度伐木配额政策直到现在仍在执行。

(二) 木材及出口

文莱的原木、锯材、胶合板等木材产品原则上均禁止出口,只有"半成品和成品"才允许出口,需经林业局局长批准后,方可签发许可证,主要针对准许出口加工的林木产品和林业部门认为不适合在国内加工的特殊类型或尺寸的锯材。

(三) 木材加工

鉴于林木资源有限,加之禁止原木出口,确保为国内提供足够的森林产品,满足建设及家具行业的需要,林业部门强调人造板工业多样化和加强林业下游产业的投资,投资领域包括提高木材加工效率,从有限的森林地区充分利用木材原料,生产附加值高的木材产品,提高研发新木制产品的创新能力,如生产板条、门窗框、其他木制半成品以及家具部件和模件等其他附加值高的木制品。

虽然被许可的木材生产的数量有限,政府政策还是保障木材生产与供应的一致性,以促进和支持木材产品的国内生产对木质产品的持续需求。在文莱,私营伐木公司同时经营锯木厂,简化并统一了在砍伐和锯材工业所涉及的各种活动,还消除了可能导致低效率和价格飙升的不必要的中介方,私营部门的木材加工业成为一个潜在投资领域。

六、林业管理

(一) 林业管理机构

文莱《森林法》第 46 章规定,文莱林业局是负责管理森林资源的主要政府机构。文莱林业局是文莱最早设立的政府机构之一,目前隶属 2015 年 10 月 22 日成立的初级资源和旅游部,在1989—2015年由渔业、农业、林业和工业等部门组成的产业和初级资源部管理,1989年以前,林业局隶属发展部。

文莱林业局拥有林地总体规划、开发和管理的职责,虽然其他国有土地上的林地、保留地和异化土地的总体责任属于各自政府机构或个人的管辖范围,但林业部门按照《森林法》规定仍然发挥着林木及其他森林产品采伐和利用的管理职责。

为了保护这些森林资源免受任何非法活动的影响,作为森林执法的常规巡逻活动的一部分,林业部门定期组织水、陆、空方式巡护森林,同时也会与政府的其他执法机构开展森林巡逻的联合行动,包括文莱皇家警察部队、文莱皇家武装部队、调查部、土地部等。

(二)林业政策与法律法规

1. 森林政策

按照森林法律、法规和条例的规定,文莱1989年制定了森林政策以及《林业20年战略计划(2004—2023年)》,主要涉及以下方面:

(1)削减森林采伐量。文莱自1990年以来实施削减森林采伐量的政策,随着削减政策的实施,年采伐率减少了50%,从每年20万立方米减少到10万立方米,同时依靠进口锯材抵消了国内需求的供应短缺。

(2)增加森林保护区的规模。森林政策概述了促进保护生物多样性的原则和战略,规定和承诺将至少55%的土地面积作为森林保护区,即从已经公布的占41%的土地面积的基础上再增加约15%。

(3)限制发放伐木许可证。林业部门自1980年以来停止发放新的伐木许可证,到目前为止,只有24个伐木公司和锯木厂从事伐木和锯木活动。

(4)禁止出口原木。以法律形式禁止出口木材,以确保今后按国内需求提供足够的森林产品。

森林政策同时强调提高森林的生产力、建立自然保护区、建立文莱热带生物多样性中心、加强国际和区域合作和提高公众意识教育。目前,森林政策正在修订和重新拟订,重点考虑可持续森林管理,尤其是其中关于环境林业、经济林业和社会林业3方面。

2. 林业法律法规

2007年,最新修订的文莱《森林法》为森林资源管理提供明确的指导方针,是文莱管理森林资源、保留林地、森林产品采收和给予传统依赖森林居民的无偿权利以及对违法行为的处罚、规定森林特许权使用费的基本法律。此外,文莱颁布的《土地法》《土地征用法》《野生动物保护法》《城镇与乡村规划法》《古物与珍宝法》和《野生动植物保护法令》等相关的法律法规,也为加强林地(森林保护区和国有林地)的管理提供了法律保障。

表 4　文莱主要林业政策与法规

序号	名称	发布年份	简介
1	《森林法》	1934	2007 年进行修订
2	《林业政策》	1989	保护、发展和管理森林资源以维护和提升生活质量；推进社会、政治、经济和人民福利以及技术进步；带来一个持续改善的环境，维持生态平衡
3	《野生动物保护法》	1978	为野生动物提供保护，建立野生动物保护区。有关野生动物的法律授权给文化、青年和体育部下属的博物馆部门
4	《野生动植物保护法令》	2007	野生动植物法令（2007 年）是为濒危野生动植物提供保护的立法。文莱自 1990 年起已经成为《濒危野生动植物种国际贸易公约》缔约方。农业部门作为行政主管部门拥有执行该法令的法定权利

七、林业科研

文莱从事森林、生物多样性、环境方面研究和教育的主要机构是隶属文莱大学的生物多样性与环境研究所，研究所位于婆罗洲西北部的生物多样性热点地区，特殊的地理位置为长期从事陆地和海洋热带生态系统研究提供了得天独厚的条件。研究所通过大学和政府以及国际资助进行项目研究，建立了国际生物多样性和环境研究大学联盟，汇集了国际上研究的核心型大学（伦敦大学国王学院、高丽大学、莫纳什大学、新加坡国立大学、奥克兰大学、文莱大学、波恩大学和北卡罗来纳大学教堂山分校等），将生物多样性和环境研究和教育的共同目标结合在一起。

文莱的植物标本收集工作也开始得比较早，文莱植物标本馆是文莱的主要标本馆藏地，目前有馆藏标本 29000 种，该标本馆已经成为重要的资料参考中心，世界各地的研究人员，尤其是文莱大学的学者经常访问该馆。植物标本室的发展由林业部门推动，最初的植物区系标本仅限于商业树种，直到 20 世纪 50 年代开始真正的收集标本和书中研究，并出版了两本刊物，即《文莱树种名录》（Hassan Pukol and P. S Ashton）和《龙脑香树种手册》（P. S. Ashton.）。文莱植物标本馆在全国以及周边经济体或地区（巴沙、砂拉越州、西马来西亚、加里曼丹、印度尼西亚和新加坡）中起着标本中心的重要作用，并积极向重要的标本馆分发重要的标本，如英国皇家植物园和一些地区性植物标本馆，如新加坡植物园。此外，标本馆与英国皇家植物园的项目合作，已经完成文莱显花植物和裸子植物的名录编制。

库拉贝拉隆野外研究中心位于文莱乌鲁淡布隆国家公园的永久性野外研究机构，也是生物多样性与环境研究所组织教育活动的核心场所。自从 1985 年成立以来，野外研究中心作为为大学本科生和高中生举办各种教育项目、野外课程、野外考察实习的场所，主题涉及热带雨林生物多样性、生态及生物多样性保护、可持续性和气候变化等。"贝拉隆之友"是野外研究中心扩展的另一个项目，旨在促进生物多样性和提高环境保护意识，并向公众中灌输保护价值观，欢迎本地和国际志愿者。

八、林业教育

文莱高等院校尚未开设有林学或与林业相关的专业和学位课程。

印度尼西亚（Indonesia）

一、概 述

印度尼西亚地处东南亚，在印度洋（南部）和南中国海（北太平洋）之间，国土面积 1904569 平方千米，地跨赤道，海岸线总长 54716 千米，共分为大雅加达首都特区、日惹特区、亚齐特区和 31 省，共计 34 个一级地方行政区，首都为雅加达。印度尼西亚在陆地上与马来西亚（在婆罗洲岛上）、巴布亚新几内亚（在新几内亚岛上）、东帝汶（在帝汶岛上）接壤，在海上与澳大利亚、印度、帕劳、菲律宾、新加坡、泰国和越南接壤。

印度尼西亚人口约 2.62 亿（中国外交部，2019），继中国、印度和美国之后位居世界第四位。印度尼西亚是一个多民族的经济体，拥有 100 多个民族，其中爪哇族占人口的 45%，巽他族占 14%，民族语言 200 多种，官方语言为印度尼西亚语。约 87% 的人口信奉伊斯兰教，是世界上穆斯林人口最多的经济体。

（一）社会经济

2017 年，印度尼西亚的国内生产总值约合 10152 亿美元，为中等收入经济体。

印度尼西亚富产经济作物，胡椒、木棉、奎宁、藤、棕榈油的产量位居世界首位，天然橡胶产量居世界第二位。工业以采矿、原料加工、装配制造、纺织为主，其发展方向是强化外向型制造业。近几年制造业增长速度均超过经济增长速度，旅游业是印度尼西亚非油气行业中的第二大创汇产业。

外贸在国民经济中占据重要地位，政府采取一系列措施鼓励和推动非油气产品出口。主要出口产品有石油、天然气、纺织品和成衣、藤制品、手工艺品、鞋、铜、煤、纸浆、电器、棕榈油、橡胶等，主要贸易伙伴为日本、新加坡、中国、美国。主要进口产品有机械运输设备、化工产品、汽车及零配件、发电设备、钢铁、塑料及塑料制品、棉花等。

（二）地形地貌与气候特征

印度尼西亚是全世界最大的群岛国，疆域横跨亚洲及大洋洲，别称"千岛之国"。较大的岛屿是苏门答腊岛、爪哇岛（超过一半的人口）、加里曼丹岛（也叫婆罗洲）、苏拉威西、新几内亚岛。大多数较大的岛屿都是多山的，山峰在 3000~3800 米之间。

印度尼西亚为热带雨林气候，年平均温度25～27℃，是一个火山经济体，共有火山400多座，其中活火山100多座，火山喷出的火山灰以及海洋性气候带来的充沛雨量，使印度尼西亚成为世界上土地最肥沃的地带之一。各岛处处青山绿水，四季皆夏，人们称它为"赤道上的翡翠"。

(三) 自然资源

印度尼西亚有肥沃的土壤，可以种植各种经济作物，是咖啡等大宗商品的主要供应经济体，橡胶、木材、棕榈油和可可销往世界市场，还有少量的茶叶、糖、干椰子、香料和烟草，还拥有丰富的矿产资源，包括锡、黄金、天然气、煤炭、镍和铜等。印度尼西亚已探明煤炭储量为42亿吨，推测储量为129亿吨，已探明的锡储量为7.4亿吨，镍储量约3.67亿吨，估计占全球镍储量的12%，目前是世界上最大的镍生产经济体，还有很多矿藏还没勘探到。从全球来看，印度尼西亚是铜、镍和金的主要生产商、是天然气的主要出口经济体，还是第二大锡生产经济体，包括石油和天然气开采在内的采矿业约占国内生产总值的1/10，通过出口和税收，为外汇收入和发展作出了巨大贡献。重要的贸易伙伴包括日本、美国、新加坡、中国、韩国、泰国、马来西亚和澳大利亚。

二、森林资源

(一) 基本情况

印度尼西亚林地面积广阔，分布在几乎所有的岛屿上，并集中分布在五大群岛，加里曼丹、苏拉威西、苏门答腊、巴布亚和爪哇岛，森林资源以阔叶林为主，针叶林主要分布在加里曼丹岛。林地约占13255万公顷(印度尼西亚林业部，2014)，占国土总面积的69.59%，森林面积为9101.0万公顷(联合国粮食及农业组织，2015)，森林覆盖率为50.24%，森林蓄积量为102.273亿立方米，每公顷蓄积量为112立方米，森林面积和活立木蓄积量分别为亚洲第1位和第2位，森林生物量总量249.72亿吨，其中地上生物量187.77亿吨，地下生物量61.95亿吨。

(二) 森林类型

按照地理和生态特点，印度尼西亚的森林可分为7类：热带常绿雨林、落叶林、红树林、沼泽林、海岸林、泥炭林和次生林。热带常绿雨林以东南亚有代表性的龙脑香科树种为主，其中树种分布的最多的是加里曼丹岛，有300多个树种。全国森林树种共有4000多种，其中具有商业价值的近250种，商业用材树种50余种。主要商业用材树种有桃花心木、柳桉(*Eucalyptus saligna*)、龙脑香、南亚松(*Pinus latteri*)、柚木等。

按功能划分为国有林和其他森林。其中，国有林又细分为5类：①生产林，指可以通过抚育间伐或择伐开采森林、木材、非木材等产品的林区；②限制性生产林，指具有地形、土壤类型和降雨等特殊脆弱条件的生产性林区，木材产量受木材最小直径的限制，取决于林分的种类；③转换林，指根据林业部规定，可通过交换等方式转换为农田和其他土地用途的林区；④保护区林，指以保护动植物的生物多样性和生态系统的森林区域；⑤防护林，指保持水土涵养水源、保护海洋的林区（表1）。

表1 2015年印度尼西亚各种类型森林面积

分类	国有林（万公顷）					其他森林（万公顷）	合计（万公顷）
	生产林	限制性生产林	转换林	保护区林	防护林		
森林	2062.43	1818.02	1069.32	1436.50	2210.17	795.99	9392.43
原始林	788.79	692.32	527.52	1023.90	1339.04	105.73	4477.30
次生林	1096.97	1065.26	527.54	405.06	840.61	579.11	4514.55
人工林	176.68	60.45	14.25	7.54	30.52	111.15	400.59

来源：印度尼西亚林业部（2015）。

（三）森林权属

从森林权属上，印度尼西亚的森林分为国有林、私有林和传统林3类。国有林地约1.26亿公顷，由政府进行管理，其中保护区由中央政府管理，防护林和生产林由中央政府下一级的政府机构管理；私有林约273万公顷，由林地的所有者进行管理；传统林约100万公顷，特指由社区管理的集体林地。

（四）森林资源变化

印度尼西亚在森林资源管理方面面临着森林采伐、天然林退化、森林治理等方面的问题。根据2013年的土地覆盖数据，大约47.5%的森林已经退化。根据联合国粮食及农业组织的数据，2000—2005年，印度尼西亚的森林覆盖率经历了一个缓慢下降的过程，而2005—2015年则一直呈现加速下降的趋势（表2）。

表2 印度尼西亚森林覆盖率变化统计

年份	森林覆盖率（%）	年份	森林覆盖率（%）
2001	54.70316	2009	52.50529
2002	54.53181	2010	52.12716
2003	54.36047	2011	51.74937
2004	54.18913	2012	51.37157
2005	54.01779	2013	50.99378
2006	53.63966	2014	50.61599
2007	53.26154	2015	50.23819
2008	52.88341		

来源：https：//data.worldbank.org/indicator/AG.LND.FRST.ZS? contextual = default&end = 2015& locations = ID&start = 2000&view = chart。

印度尼西亚以令人震惊的速度砍伐森林，森林面积的净损失已经从1990—2000

年的 58.9 万公顷/年减少到 2000—2010 年 49.8 万公顷/年，就 2013 年净损失为 450637.1 公顷。根据世界银行的估计，印度尼西亚的森林砍伐面积为每年 70 万~120 万公顷，转移为耕地的面积大概为这个数字的一半。但世界银行承认，这种估计是不准确的。同时，联合国粮食及农业组织认为印度尼西亚的森林破坏率达到每年 131.5 万公顷，森林总面积每年减少 1/100。

三、生物多样性

印度尼西亚是世界上拥有最大热带雨林的经济体之一，也是世界上最复杂的森林生态系统所在地之一，动植物群具有高度的生物多样性和地方性，主要由两个生态区域组成，西部巽他古陆受亚洲动物群影响较大，包括苏门答腊、爪哇、婆罗洲和周边较小的岛屿，这些岛屿的动物群与亚洲大陆的动物群有相似的特征，在冰河时代，较低的海平面把亚洲大陆和印度尼西亚西部群岛连接起来，使得亚洲大陆的动物可以从干燥的陆地迁徙过去；东部华莱士区受澳大利亚物种影响较大，代表了西部巽他古陆和东部大洋洲之间的生物地理过渡带，由于其边界处于深水海峡，所以它并没有与任何一个地区直接相连，该区域陆地总面积约为 338494 平方千米，分为多个小岛，由于其独特和多样的地理，该地区有许多特有的的动植物，并被划分为若干独特的生态区，苏拉威西岛、北马鲁古岛、西兰岛、巽他群岛（桑巴岛本身就是一个独特的生态区）、帝汶和班达海的岛屿等；除了两个生态热点区，同时西巴布亚省和巴布亚省的生物多样性也非常丰富。

（一）动　物

1. 巽他古陆

巽他古陆共有 381 种哺乳动物，其中 173 种为本地特有，其中 3 种猩猩物种婆罗洲猩猩（*Pongo pygmaeus*）、苏门答腊猩猩（*Pongo abelii*）和达班努里猩猩（*Pongo tapanuliensis*）被列入世界自然保护联盟（IUCN）红色名录，其他哺乳动物比如苏门答腊犀牛（*Dicerorhinus sumatrensis*）和爪哇犀牛（*Rhinoceros sondaicus*）也受到严重威胁。巽他古陆共有 771 种不同的鸟类，其中 146 种是该地区特有。爪哇和巴厘岛至少有 20 种地方性物种，包括巴厘岛椋鸟（*Leucopsar rothschildi*）和爪哇鸻（*Charadrius javanicus*）等物种。巽他古陆还有 449 种 125 个属爬行动物，其中有 249 种 24 个属是当地特有的，这一地区的三大特有科为倭管蛇科（Anomochilidae）、闪鳞蛇科（Xenophididae）、婆罗蜥科（Lanthanotidae），最具代表的罕见蜥蜴是婆罗无耳蜥（*Lanthanotus borneensis*）。巽他古陆还有 41 属 242 种的两栖动物，其中 172 种属于地方特有种。巽他古陆有 1000 种鱼类，其中 206 种为地方特有，还有大约 200 种鱼类被命名。

2. 华莱士区

华莱士区共有 223 种本地哺乳动物，其中 126 种为特有种，在这领域还发现了

124 种蝙蝠。其中，苏拉威西岛是该地区最大的岛屿，有 136 种哺乳动物，其中 82 种属是当地特有的，比如低地倭水牛(*Bubalus depressicornis*)、苏拉威西鹿豚(*Babyrousa celebensis*)。有 650 种鸟类，其中 265 种是当地特有的，其中苏拉冢雉(*Megapodius bernsteinii*)是一种只在华莱士区发现、濒临灭绝的鸟。有 222 种爬行动物，其中 100 种为特有种，其中包括 118 种蜥蜴(60 种特有)、98 种蛇(37 种特有)、5 种海龟(2 种特有)和 1 种是当地特有的鳄鱼。有 58 种地两栖动物，其中 32 个是特有种。有 310 种淡水鱼，其中 75 种是当地特有。在无脊椎动物中有 82 种鸟翅蝶类(44 种为特有种)、有 109 种甲虫(79 种为特有种)，其中世界上最大的蜜蜂华莱士巨蜂(*Megachile pluto*)位于北摩鹿加斯岛，这种昆虫雌性的身长可达 4 厘米，与白蚁共同筑巢，还有 50 种特有种的软体动物。

3. 西巴布亚省和巴布亚省

这个地区的动物包括种类繁多的哺乳动物、爬行动物、鸟类、鱼类、无脊椎动物和两栖动物，其中许多种来自澳大利亚。

(二)植 物

印度尼西亚是全球生物多样性最为丰富的地区之一，拥有得天独厚的热带气候和大约 17000 个岛屿，植物区系由许多独特的热带植物品种组成，反映了亚洲植物的多样性。这是由于印度尼西亚的地理位置，位于两个大陆之间，包括从北部的热带雨林和南部的季节性森林，穿过山丘和山地各种地形，到亚高山，拥有多种植被类型。印度尼西亚大约有 28000 种开花植物，有 2500 种不同的兰花，6000 种传统药用植物，122 种竹子，超过 350 种藤条和 400 种包括乌木、檀香和柚木在内的珍稀树种。印度尼西亚也是一些特有物种的家园，如肉食性植物，在苏门答腊岛西南部的贝纳库鲁的深处发现的大王花(*Rafflesia arnoldii*)，在婆罗洲、苏门答腊岛和印度尼西亚群岛的其他岛屿上发现的许多种捕虫猪笼草等。

1. 巽他古陆

拥有大约 25000 种不同的植物，其中 15000 种是本地特有，比如杯盖花科(Scyphostegiaceae)只有 1 属 1 种，即杯盖花(*Scyphostegia borneensis*)，是婆罗洲特有的，婆罗洲还有超过 2000 种兰花，苏门答腊岛的森林里有超过 100 种龙须鲸，其中有近 12 种是这个岛上特有的。爪哇岛有大约 270 种地方性兰花，至少 117 种植物是这个生物多样性热点区域特有的，其中 59 种在婆罗洲被发现，17 种在苏门答腊岛被发现。这个地区特有的植物与来自亚洲大陆的植物相似。

2. 华莱士区

据估计，在这个生物多样性热点地区约有 1 万种植物，苏拉威西岛有约 500 种当地特有的植物，摩鹿加群岛有约 300 种，小巽他群岛有至少 110 种。总之，对这个地区的植物群还是知之甚少。

3. 西巴布亚省和巴布亚省

这个地区的植物受澳大利亚大陆的影响较大,覆盖了从雪盖山脉、低地潮湿地区到热带海洋环境的连续样带,这里是容纳种类繁多的植物理想之地。据估计,该地区有20000~25000种维管植物,其中60%~90%是这个地区特有的,这一地区还未被充分探索,因此当地特有物种的实际数量尚不清楚。

(三)珍稀濒危物种

印度尼西亚林业部2010年统计数字显示,受保护物种多达659种(584种动植物和75种植物)。《保护物种指导策略(2008—2018)》指导物种保护工作的重点放在132种优先保护的濒危动植物,重点物种分为7类:鸟类(26种)、兽类(17种)、灵长类(11种)、爬行类和两栖类(22种)、昆虫(22种)、海洋和淡水(22种)和植物(22种)。

印度尼西亚约12491个物种列入2020年世界自然保护联盟(IUCN)红色名录,其中植物3119种,动物9370种,其中脊椎动物7028种,菌类2种。

据2020年世界自然保护联盟植物红色名录统计,灭绝等级物种有1种;野外灭绝等级有3种;属于极危等级的有131种;属于濒危等级的有215种;属于易危等级的有347种;属于近危等级的有138种;属于数据缺乏等级的有266种。其中,苔藓植物仅有1种列入世界自然保护联盟(IUCN)红色名录,且等级为无危等级(表3)。

表3 印度尼西亚高等植物濒危情况

濒危等级	苔藓植物	蕨类植物	裸子植物	被子植物	总数
灭绝	0	0	0	1	1
野外灭绝	0	0	0	3	3
极危级	0	0	0	131	131
濒危级	0	1	8	206	215
易危	0	0	9	338	347
近危	0	0	19	119	138
低风险	0	0	0	162	162
无危级	1	86	38	1731	1856
数据缺乏	0	15	4	247	266
总计	1	102	78	2938	3119

来源:世界自然保护联盟(IUCN)红色名录(2020)。

据印度尼西亚脊椎动物濒危情况统计表明,灭绝等级物种有2种,鱼类和哺乳类各1种;野外灭绝等级有1种,属于鸟类;属于极危等级的有104种;属于濒危等级的有228种;属于易危等级的有388种;属于近危等级的有417种;属于数据缺乏等级的有825种。

表4 印度尼西亚脊椎动物濒危情况

濒危等级	鱼类	两栖类	爬行类	鸟类	哺乳类	总数
灭绝	1	0	0	0	1	2
野外灭绝	0	0	0	1	0	1
极危级	48	5	8	23	20	104
濒危级	79	15	14	52	68	228
易危	138	19	16	103	112	388
近危	123	12	4	226	52	417
低风险	6	0	6	1	0	13
无危级	2745	243	353	1339	370	5050
数据缺乏	451	125	109	17	123	825
总计	3591	419	510	1762	746	7028

来源：世界自然保护联盟(IUCN)红色名录(2020)。

四、自然保护地

在印度尼西亚，森林破坏的主要原因是无节制采伐和游耕，后者的破坏更为严重。因此，为加强森林和生态的保护，印度尼西亚政府建立了各类自然保护地。自然保护地包括严格自然保护区、野生动物保护区、国家公园、森林公园、自然休闲公园和狩猎公园(表5、表6)。

表5 印度尼西亚保护地体系

保护地	数量	面积(万公顷)
严格自然保护区	239	433.0619
野生动物保护区	71	502.4138
国家公园	43	1232.8523
森林公园	22	35.0090
自然休闲公园	102	25.7418
狩猎公园	13	22.0951
合计	490	2251.1739

来源：生物多样性公约(2015)。

表 6 印度尼西亚保护地用途

森林类型	森林资源用途						
	生产	教育	休闲	科研	狩猎	饲养	环境保护
严格自然保护区				√			
野生动物保护区				√			
国家公园		√	√	√		√	
森林公园		√	√				
自然休闲公园	√		√				
狩猎公园					√		
防护林			√				√

来源:生物多样性公约(2015)。

印度尼西亚有 566 个国家公园,占地 3604.0937 万公顷,包括 490 个陆地保护区(2251.1739 万公顷)和 76 个海洋保护区(1352.9198 万公顷)。陆地保护区包括 43 个国家公园,239 个自然保护区,71 个野生动物保护区,13 个狩猎公园,22 个森林公园和 103 个自然休闲公园。

印度尼西亚有多个政府部门参与到野生生物和自然保护地的管理,主要包括人口与环境部、林业部、海洋和渔业部、农业部以及财政部、警察局等。人口与环境部负责协调其他部委制定协同的环境政策;农业部参与保护计划的制定;财政部提供资金支持;警察局参与自然保护区和湿地保护的执法工作。最主要的保护活动由林业部的森林与自然保护司负责。森林与自然保护司具有保护、保存和管理现有的保护林、自然保护区、游憩区、狩猎公园以及海洋保护区、海岸区体系的职责,并负责制定相关法律法规,以控制和管理自然资源的开发。另外,每个省都有一个地方规划部门负责管理批准所有的保护计划,并将其融入地区发展计划之中。

五、林业产业发展

(一)木材产业

印度尼西亚被认为是世界主要木材出口经济体之一,是胶合板出口的主要经济体。近年来,木材产业保持持续良好发展的增长态势。根据 2019 年国际木材组织统计,印度尼西亚在 2017—2018 年生产了约 7380 万立方米的原木,几乎全部在国内消费。2018 年,初级木材产品出口总额为 204.2 万美元,其中以胶合板(160.2 万美元)为主,锯材(3.47 亿美元)次之。中国和日本是印度尼西亚最大的合法木材出口国,主要出口产品包括胶合板、造纸、模具、木工、家具、锯材和单板等成品。其林产品加工贸易主要集中在以下 4 个领域。

1. 胶合板工业

胶合板工业是印度尼西亚木材加工业的重要组成部分和发展重点。自 1985 年全面禁止原木出口以来，胶合板工业不断扩大。到 1995 年，胶合板产量大到 990 万立方米，其中出口 870 万立方米，创汇 39 亿美元。2000 年以后，受到非法采伐、税收增加和国际市场竞争的影响，产量逐年下降，2017 年，印度尼西亚胶合板产量为 380 万立方米，出口 325.6 万立方米，创汇 21.8 亿美元。目前，印度尼西亚已经成为世界上最大的热带木材胶合板出口经济体，主要市场是日本、美国、韩国和中国等。

2. 制材工业

20 世纪 80 年代以前，印度尼西亚的制材工业相当薄弱，80 年代后期，随着林业发展的重点由原木出口向木材加工品出口的转移，制材工业得到迅速发展，锯材出口不断增加。为了限制锯材出口量，发展木材深加工，出口高附加值的木材加工品，印度尼西亚从 1990 年起提高了锯材出口税。2000 年，锯材产量为 650 万立方米，2017 年则降至 416.9 万立方米。

3. 家具行业

印度尼西亚的家具生产以藤木家具为主，产品走俏国际市场。目前，印度尼西亚有家具厂 800 多家，其中一半以上从事藤木家具生产。

4. 制浆造纸

印度尼西亚的纸浆造纸工业始于 20 世纪 20 年代，70 年代中期呈现快速发展的趋势。80 年代后，在大力发展木材加工业的同时，印度尼西亚积极发挥森林资源优势，发展制浆造纸工业，目的在于减少对进口纸产品的依赖，并逐步由进口转向出口。目前印度尼西亚是亚洲地区最大的纸浆和纸产品生产经济体，纸浆和纸制品占印度尼西亚木材产品出口的 50% 以上。

印度尼西亚实施了合法木材核实制度和合法木材证书制度。合法木材核实制度是印度尼西亚的木材合法性评估体系，对产销监管链有非常严格的规定，从而确保工厂只能接收和处理来源合法的木材，且出口的所有产品都可追溯料源。合法木材核实制度在帮助印度尼西亚企业对接新的欧盟木材法规上发挥了重要的作用。2011 年 4 月，印度尼西亚及欧盟在森林执法、管理与贸易行动计划框架下签署了自愿合作协议，其中，合法木材核实制度作为保证印度尼西亚木材合法性的可靠体系被予以认可，这为印度尼西亚木材产品顺畅进入欧洲市场奠定了基础。

(二) 木材产品进出口

2017 年，印度尼西亚的林产品进口额为 23.71 亿美元，出口额为 77.52 亿美元，出口额约是进口额的 3 倍（表 7）。其中，原木、木浆进口量大于出口量，原木进口量是出口量的 188.4 倍。相反，锯材、人造板、纸和纸板出口量大于进口量。其中人造板出口量是进口量的 7.5 倍，纸和纸板出口量是进口量的 6 倍，木浆出口量是进口量的 2.1 倍。以上表明，印度尼西亚已经成为一个木材初级产品进口经济体和木材加工品的出口经济体。

表7 2017年印度尼西亚林产品进出口贸易

产品	原木	锯材	人造板	纸和纸板	木浆	林产品
进口量(万立方米)	56.25	21.87	46.25	64.7	158.1	
进口额(万美元)	3795.5	8429.4	13522.7	73087.0	142668.0	237134.8
出口量(万立方米)	1.74	44.31	349.6	384.4	99.32	
出口额(万美元)	2314.4	33914.2	237814.4	301368.4	370812.7	775184.9

来源：联合国粮食及农业组织(2017)。

(三)非木质林产品进出口

印度尼西亚在国内和国际上进行贸易的非木质林产品有90多种，大都没有统计数据。2007年，印度尼西亚林业统计数据只记录了16种主要的非木质林产品，包括松脂、松节油、树胶、树脂、蜂蜜、水果、肉桂、月桂树油等。2001—2006年，非木质林产品及其衍生产品的总出口值达26.2亿美元，其中树漆、树液和树脂占了74%，其次是木炭，约占10%。

六、林业管理

(一)林业管理机构

印度尼西亚的森林全部为政府所有，中央设有环境和林业部，全国34个一级行政区设有地方政府林务局，林务局下设地区林业局，实行三级管理体系。各级管理机构如下。

1. 中央级

环境和林业部，下设林业和环境规划总局、自然资源和生态系统保护总局、社会林业和环境总局等13个中心，主要负责管理全国林业的发展规划、制定林业发展战略、组织实施森林培育和森林开发，制定并负责征收森林采伐税和保护该国的森林资源。

2. 地区级/省级

印度尼西亚34个一级行政区单独设立省级林务局，主要负责为林业和产业种植区制定宏观规划，制定森林清查和绘图准则，管理生产林与防护林界线的划定和实施，管理木本林产品利用许可的分配。

3. 地方级

建立森林经营单位，覆盖所有的森林区划和功能，森林经营单位被授权管理和协调在其境内的各运营商，如商业森林特许经营，社区相关林业业务和其他林地的使用都需在森林经营单位的监督下。

4. 民间组织

除政府外，印度尼西亚还有许多与林业相关的民间组织，参与政策的制定和执行，比较知名的有人造板生产者协会、野生动物保护者协会、林业顾问团等。

(二)林业政策

印度尼西亚的林业政策主要包含在《经济发展五年计划》中,该计划于1969年开始,每5年制定1次,主要有分类经营政策、森林经营许可证制度、造林优惠政策、采伐政策、相关贸易和经营政策等,旨在加强森林资源保护和生物多样性保护,积极推行森林资源可持续经营,采育结合,大力发展人工林,大力发展森林工业和木材加工业;开拓国际市场,出口高附加值产品,增加创汇能力;开发非木质林产品,实行多种经营;积极创造社会就业机会;积极开展林业国际合作。目前印尼政府的发展目标是2025年实现林业成为可持续发展的支柱,因此确定了未来印度尼西亚林业发展的六个"任务":为林业发展创造一个强有力的体制框架;提高森林资源的价值和可持续生产力;发展环保、有竞争力和具有高附加值的林业产品和服务;营造有利的林业投资环境;提高林产品和服务的出口水平;创建负责公正的林业管理体系,增加社会福利并发挥社会的积极作用。

(三)林业法律法规

1945年,印度尼西亚政府在《宪法》第33条第3段确立了林业的地位,提出境内的土地、水域和自然资源属于政府,应当用于人民利益的最大化;1967年,颁布了《林业基本法》,成为主要的林业法律;此后,又相继制定颁布了《环境管理法》《农业基本法》《工业基本法》《土地改革与自然资源管理法》《土地政策框架》等相关法律法规。

1.《森林法》

1999年,正式颁布了新的《森林法》(第41/1999号),于2000年生效,对印度尼西亚的森林管理进行了规范。《森林法》取代了《林业基本法》(1967年第5号法),后者主要侧重于木材管理,而不是养护。相比之下,1999年的法律包含了一些以保护为导向的政策。它将森林分为保护林、防护林和生产林3类,还授权林业部决定和管理森林。该法律以加强林业管理、促进社会发展和保障相关利益方权益为目标,明确了森林土地的使用权和管理权,允许个人与合作社参与森林相关的商业活动。

2.《加工/制造法》

林业部颁布该法是为了确保所有木材加工公司都遵守法律法规规定的条件,包括保持记录以证明加工配额得到了遵守,森林管理执照的发放以完成环境影响评估为前提,所有人工林、纸浆和造纸工业以及其他木材加工工业都需要完全遵守;该法还规定了对林产品的测量和检测,以保护权利,从生态和经济角度保护林产品质量,提高林产品的竞争力和森林的可持续经营。

3.《贸易法》

《贸易法》是关于林业产品出口的规定,只有经济贸易部批准为林业产品出口商的林业生产企业,方可出口林业产品,要求经认定为林业产品出口商的林业公司应向对外贸易总干事报送年度生产计划、年度出口计划。同时，还做了木材验证系统，包括木材合法性的定义、供应链的控制、核查系统和独立的监测系统。

4.《交通法》

《交通法》规定从森林移除的所有森林产品必须附有正确的运输文件，由于林产品因此被划为国有资产，政府拥有对这些产品的管理和分配的权利。该条例为从林区获得的林产品规定了两类有效的运输证件：①运输许可证，用于根据所运输的森林产品类型核实所运输的森林产品的所有权、授权和合法性。②原产地规格书，由地方一级签发；并规定进入和使用森林的所有运输森林产品的卡车和其他车辆必须拥有有效的登记许可证和编号，才能在印度尼西亚运营，所有在岛屿之间运输木材的公司都必须有有效的许可证。

5.《税法》

《税法》规定了关于木材加工的纳税申报、增值税、所得税等。

七、林业科研

1983年成立林业部后，又成立了林业研究发展中心和林产品社会经济发展中心，除了加强两个中心的建设外，1984年又成立了4个地区林业研究所，近几年已发展成为14个。

(一)印度尼西亚林业研究开发署

印度尼西亚林业研究开发署是为支持环境和林业部的组织管理工作而成立的负责执行研究、发展和创新的机构，其职能有以下4个方面：林业研究和开发领域的技术政策、计划和方案的编制；林业研究和开发领域的任务的执行；监测、评价和报告林业研究和发展领域任务的执行情况，以及林业研究和开发署的管理。

印度尼西亚林业研究开发署管理着33片森林(37000公顷)，包含234种树木(136属50科)，本地种167种，外来种67种。

(二)印度尼西亚科学院

印度尼西亚科学院是政府从事科学和研究的机构，包括从社会到自然科学领域的47个研究中心。印度尼西亚科学院组织了几个与生物多样性相关的项目，如印度尼西亚生物多样性网络，东南亚植物资源和人与生物圈。印度尼西亚科学院也发起和负责与科学、技术和研究相关的一些公共服务活动，管理着四个殖民地时期就发展起来的植物园。

(三)国际林业研究中心

国际林业研究中心于1993年在印度尼西亚成立，是一个非营利性的科学研究组织,对森林的使用和管理进行研究,重点是发展中经济体的热带森林,原则是承担国际农业研究咨询组织的林业议程,在森林保护、恢复和可持续利用等方面做出贡献,旨在减少贫困、改善粮食和营养安全以及改善自然资源系统和生态系统服务,为实现联合国可持续发展目标和各国在《巴黎协定》《联合国气候变化框架公约》相关协议中作出的承诺作出贡献。

八、林业教育

印度尼西亚有较完整的林业教育和培训体系,包含了高等、中等林业教育和林业培训,高等林业教育以加札马达大学的林学院最大,设有林地管理、造林、森林利用、生产技术、流域管理、自然保护等学科;中等林业教育主要面向林业生产系统,培养相关技术人员。

(一)公立大学与私立大学

目前印度尼西亚有29所大学提供林业教育或与林业有关的研究。大多数是公立大学(19所),其余是私立大学(10所)。所提供的学位包括林业文凭(3年课程)、林业学士学位或应用林业学位(4年课程)、硕士学位(2年课程)和博士学位(3~4年课程)。

(二)环境和林业教育培训中心

环境和林业部在茂物环境和林业教育和培训中心提供专业的林业培训和教育,中心与其他区域培训中心构成网络,这些区域培训中心为在该国各区域林业部门工作的政府官员和非政府官员提供培训和教育。

(三)林业职业学校

为了给技术性的工作提供熟练的林业技术人员,环境和林业部还在全国包括北干巴鲁、卡迪帕滕、三马林达、望加锡、古邦和马诺夸里等地区组建林业职业学校。这些职业学校采用寄宿制,毕业后可在林业技术部门或林业管理单位担任技术人员,也可以选择进一步在大学或学院获得更高的学位。

马来西亚（Malaysia）

一、概　述

马来西亚，由马来半岛南部的马来亚（西马来西亚）和位于婆罗洲岛北部（东马来西亚）的砂拉越、沙巴组成，国土面积共33.03万平方千米，其中马来西亚半岛13.1585万平方千米，砂拉越12.4450万平方千米，沙巴7.3711万平方千米。马来西亚地处东南亚，北与泰国接壤，南与新加坡隔柔佛海峡相望，东临中国南海，西濒马六甲海峡，海岸线总长4192千米。

马来西亚首都是吉隆坡，联邦政府行政中心是布城，由13个州和3个联邦直辖地（区）组成，其中11个州和2个联邦直辖区（吉隆坡、布城）位于马来半岛，沙巴州、砂拉越州和纳闽联邦直辖区则位于婆罗洲岛。2018年总人口3200万，官方语言为马来语，通用英语，华语使用较广泛。马来半岛拥有约80%的人口，主要群体是马来人、华人和印度人，还有其他如欧亚、印度尼西亚和菲律宾移民；其余20%的人口分布在沙巴州和砂拉越州，大多数人口是土著民族，其中沙巴州有39个土著群体，砂拉越州有37个土著群体。虽然不同民族的语言、文化、生活方式和生计各不相同，但他们有一个共同认知点，即人与土地、森林有着密切的物质、文化和精神关系，在马来西亚的土著民族眼中，土地和森林是有生命的实体，有自己的灵性和神圣不可侵犯性。

（一）社会经济

马来西亚是相对开放的、以利益为导向的新兴工业化经济体。截至2018年，马来西亚国内生产总值12298亿林吉特（约2886.34亿美元），国内生产总值增长率4.7%，人均国内生产总值42872林吉特（约10062美元），对外贸易总额18760亿林吉特（约4402美元），外汇储备1030亿美元。

马来西亚以服务业为主导的第三产业产值占国内生产总值的55.5%，服务业是马来西亚经济中最大的产业，吸收就业人数占马来西亚雇用员工总数的60.3%。其中，旅游业是服务业的重要行业之一，每年吸引游客2583万人次，主要来自新加坡、印度尼西亚、中国、泰国、文莱、和韩国。第二产业中以开采石油、天然气为主的采矿业产值占国内生产总值的7.9%；以电子、石油、机械、钢铁、化工及汽车制造等制造业产值占国内生产总值的23.0%；建筑业产值占国内生产总值的4.5%。以农业生

产为主的第三产业产值占国内生产总值的7.8%，农产品以经济作物为主，主要有棕榈油、橡胶、可可、稻米、胡椒、烟草、菠萝、茶叶等。马来西亚棕油产量和出口量都仅次于印度尼西亚，为世界第二大生产经济体和出口经济体，大规模的水稻、橡胶、油棕种植和锡矿区都位于马来半岛。

(二) 地形地貌与气候特征

马来西亚由马来半岛、砂拉越和沙巴3个地区组成。马来半岛地势北高南低，中部为山地，东西两岸为平原，最高峰是高达4101米的京那巴鲁山；中部山地以中央山脉(吉保山脉)为主；沿海平原地势低平，有沼泽分布。砂拉越西部沿海为平原，东部边境为山地，内地为森林覆盖的丘陵和山地。沙巴东部沿海为平原，内地大部为森林覆盖的山地，西部的克罗克山脉南北贯通。

马来西亚位于赤道附近，全境处于北纬1°~7°、东经97°~120°，属于热带雨林气候和热带季风气候，无明显四季之分，年温差变化极小，平均温度在26~30℃，全年雨量充沛，3~6月以及10月至次年2月是雨季。内地山区年均气温22~28℃，沿海平原为25~30℃。

(三) 自然资源

马来西亚自然资源丰富，橡胶、棕油和胡椒的产量和出口量居世界前列。石油和天然气储量丰富，曾是世界产锡大国，因过度开采，产量逐年减少。此外，还有铁、金、钨、煤、铝土、锰等矿产。

马来西亚生物资源也很丰富，盛产热带硬木，在原始森林中栖息着濒于绝迹的异兽珍禽，如善飞的狐猴、长肢棕毛的巨猿、白犀牛和猩猩等等，鸟类、蛇类、鳄鱼、昆虫等野生动物数量也很多，其中兰花、巨猿、蝴蝶被誉为马来西亚三大珍宝。

二、森林资源

(一) 基本情况

马来西亚森林总面积约为1831万公顷，其中内陆干旱森林1597万公顷、沼泽林136万公顷和红树林58万公顷，其余人工林、种植园40万公顷(表1)，森林覆盖率约为55.8%，其中沙巴和砂拉越的森林比例远高于马来半岛。农地上人工种植的多年生树木作物，如橡胶木(相当于人工林)已逐渐成为天然林木材供应的替代来源。加上作物面积，马来西亚林木覆盖总面积将增加到2386万公顷，占国土面积的72.7%。

表 1 马来西亚森林面积及其分布(2016 年)

区域	土地面积(万公顷)	天然林			人工林(万公顷)	森林总面积(万公顷)	森林覆盖率(%)
		内陆干旱森林(万公顷)	沼泽森林(万公顷)	红树林(万公顷)			
马来半岛	1316	541	30	10	7	588	44.7
沙巴	737	370	12	34	20	436	59.2
砂拉越	1230	686	94	14	13	807	65.6
马来西亚	3283	1597	136	58	40	1831	55.8

在马来西亚的平原和低山地区,龙脑香科的内陆干旱森林占据主导地位,形成茂密的森林郁闭。在较高海拔的山区,森林逐渐变得稀疏,植物区系变异情况多发。在沿海地区,高大的森林往往被沼泽地区的沼泽植物群和红树林所取代。内陆干旱森林占天然林总量的 89.2%,其中龙脑香科异翅香属(*Anisoptera*)、龙脑香属(*Dipterocarpus*)、冰片香属(*Dryobalanops*)、坡垒属(*Hopea*)、娑罗双属(*Shorea*)和柳安属(*Parashorea*)的树种占据优势。

(二)森林类型

由于森林的作用不仅在于木材的生产,更重要的是社区林业发展和水土、环境和野生动物的多功能保护作用,马来西亚按照用途将森林划分为永久保存林、保护区、转化林、人工林和经济林。

1. 永久保存林

《林业政策》(1992 年修订)把永久保存林划分为保护林、生产林、休憩林、研究和教育林 4 个部分。在《森林法》(1993 年修订)中把永久保存林划分为可持续经营用材林、土壤保护林、土壤改良林、防洪林、水源涵养林、野生生物保护区、原始林保护区、休憩林、教育林、研究林和综合用途林等 11 种类型。

2. 保护区

马来西亚复杂的森林生态系统中蕴含着丰富多样的植物和动物资源,为了保护这些资源,建立了国家公园和野生动植物保护区。

3. 转化林

考虑到土地能力和综合利用,需要将某些领域的森林转化为其他用途,以满足不断增长的人口需求,如基础设施、学校、医院、住宅、农业和工业用地等,这部分森林称为转化林。转化林将作为马来西亚经济多元化的一种途径,减少经济对木材出口的依赖。随着马来西亚制造业取得很大发展,马来西亚大规模转化林地发展农业的步伐已慢下来,正逐步迈向工业化。

4. 人工林

除天然林外,马来西亚也开展人工造林,但规模很小,提供一般用途的木材,补充天然林木材供应的不足。营造商业人工林可追溯至 20 世纪 50 年代在吉打州和玻璃市州种植柚木林。目前，人工林多采用速生树种，主要造林树种有马占相思(*Acacia mangium*)、云南石梓(*Gmelian arborea*)、甲合欢(*Paraserianthes falcataria*)，次要树种有赤桉(*Eucalyptus deglupta*)、松属(*Pinus*)和南洋杉属(*Araucaria*)。

5. 经济林(种植园)

马来西亚还有经济林(种植园)，如橡胶、油棕榈、椰子、可可种植园。这些经济林树种可作木材的替代资源，如马来西亚80%的家具均采用橡胶木材。

(三)森林权属

马来西亚所有的森林资源均为国有林，由联邦、州政府所有，其中，95%的森林和林地由公有机构经营管理，仅有5%的森林由公司或私营部门经营。森林被土著民族和依赖于森林生存的社区群体认为是一种社会、文化、精神资源和用于生计、信仰、认同和生存的物质基础，但政府只承认林业部门是森林资源的"保管者"，未承认土著人民自古以来就是森林的管理和使用者。

联邦政府和州政府选择将森林作为商业、农业发展和为国内消费和出口提供木材的土地资源，导致土著部落和依赖森林的群体丧失了土地和生计。各州政府没有向他们颁发合法的所有权证书，意味着取消了土著社区对土地和森林的传统和习惯权利，并认为所占有的土地是非法的，应受到惩罚。因此，如发现进入或穿越国有林区的土著人民将被赶出祖传土地，被政府重新安置，其捍卫传统土地的权力极弱。

(四)森林资源变化

20世纪70年代初至80年代末期，马来西亚经历了大规模的森林砍伐，马来半岛和砂拉越的森林面积在1971—1989年减少了近50%，而沙巴仅有20%的森林面积，表明沙巴在此期间遭到了严重的森林砍伐，伐木成为马来西亚森林毁坏和森林退化的罪魁祸首。自2000—2015年，马来西亚的森林覆盖率经历了一个迅速下降到逐步回升的过程并在2010年以来趋于稳定，森林面积变化如表2。

表2 1990—2016年马来西亚森林面积

类别	1990年	2000年	2010年	2015年	2016年
永久保护林(万公顷)	1213.952	1191.696	1208.67	1128.34	1118.243
国有林(万公顷)	520.597	450.64	374.581	406.817	388.811
保护地(万公顷)	143.641	183.729	209.474	303.812	317.118
森林总面积(万公顷)	1878.19	1826.065	1792.725	1838.969	1824.172
橡胶种植园(万公顷)	183.65	143.07	102.04	107.453	107.292
其他土地面积(万公顷)	1223.65	1316.365	1390.735	1339.078	1354.036
森林覆盖率(%)	57.17	55.58	54.56	55.97	55.52

三、生物多样性

(一)物种多样性

马来西亚拥有古老和复杂多样的生态系统景观类型,热带雨林是马来西亚极其复杂的生态系统类型之一,包含了陆地上大多数动植物物种,比非洲和南美洲的类似地区更加丰富,构成马来西亚生物多样性的核心;沿海和海洋区则是红树林和珊瑚礁这类重要的生态系统类型,使马来西亚成为世界上生物多样性丰富度最高的经济体之一,根据丰富度和特有性指数,其陆生脊椎动物和维管束植物多样性排名世界第四位。已记录有15000种开花植物,2012种蕨类植物,有1300多种植物具有潜在的药物特性,其中一些目前被用作传统草药;动物多样性包括306种哺乳动物,其中30种为马来西亚特有种;鸟类785种,两栖动物242种,爬行动物567种,淡水鱼类449种和海洋鱼类4000种,无脊椎动物150000种和数千种昆虫(表3)。

表3 马来西亚动植物物种多样性

物种类别	物种数
哺乳动物	306
鸟类	785
爬行动物	567
两栖动物	242
海洋鱼类	4000
淡水鱼类	449
无脊椎动物	150000
开花植物	15000
兰花	3000
棕榈	536
蕨类	2012
真菌	700
苔藓	832

来源:马来西亚自然和环境部(2019)。

(二)生物多样性面临的挑战

尽管马来西亚于1998年制定了第一部《生物多样性政策》,采取各种法律手段保护森林、河流、海洋生物,但是生物多样性面临的压力仍与日俱增,许多新的保护区、国家公园和州立公园被建立起来,但森林覆盖率及林分质量仍在降低。在马来西亚向发达、高收入经济体过渡的过程中,随着人口增长和社会经济的快速发展,境内近一半的植物多样性面临不同程度的威胁,使许多物种成为易危甚至面临灭绝威胁,威胁因素包括生境破坏、外来物种入侵、污染、偷猎、日益加剧的土地资源竞争和气候变化。此外,人们普遍缺乏对生物多样性重要性的认识,政府和机构在管理能力和资金支持方面也存在问题。

1. 生境和物种丧失

自2004年以来,马来西亚森林研究所在马来半岛开展了植物物种保护状况的评估,近一半(46.1%)的被评估类群受到一定程度的威胁,62个类群(13.5%)被列为严重濒危,69个类群(15.1%)濒临灭绝,80个类群(17.5%)易危,滨禾蕨属的两个特有物种 Oreogrammitis crispatula 和 Oreogrammitis kunstleri,毛柄秋海棠(Begonia eiromischa)和婆罗双属物种(Shorea kuantanensis)4种狭域特有种已经灭绝,都是由于生境被转换为其他土地用途所导致的。

马来西亚的大多数哺乳动物面临不同程度的威胁,2009年野生动物和国家公园部对马来半岛的陆生哺乳动物进行了生存状况评估,2种物种已经局部灭绝,即爪哇禾雀(Bos javanicus)和爪哇犀(Rhinoceros sundaicus),而苏门答腊犀牛(Dicerorhinus sumatrensis)为极度濒危,26种为濒危物种,22为易危物种。世界自然保护联盟(IUCN)在沙巴列出了86种哺乳动物(占40%)面临不同程度的威胁,包括8种大型哺乳动物被认为生存受威胁,其中6种被沙巴列为完全保护物种。在砂拉越州,21种陆生哺乳动物被列为完全保护物种,4种以及9个属下的所有物种都被列为保护物种。

其他动物种群的情况类似,至少124种马来西亚的鸟类受到全球性生存威胁,8种马来半岛已知鸟类在当地灭绝。尽管新的发现不断增加已知物种数量,但无法掩盖两栖动物生存状况特别脆弱的事实。青蛙和蟾蜍在全球范围内面临灭绝的风险,爬行动物也面临类似威胁,而栖息地的丧失和退化同样威胁着马来西亚的鱼类种群。

2. 破碎化及外来物种入侵

虽然马来西亚仍然有大量的森林覆盖面积,但林分质量退化严重,导致动植物种群的生态连通性丧失。此外,气候变化的影响,如极端气候条件下的降雨量或干旱的增加会破坏栖息地,温度变化可能导致当前生态系统中纬度和海拔的变化,意味着物种必须迁移至适应其最佳生境,从而导致物种分布的变化,加之外来入侵物种对本地物种的过度捕食和竞争已经造成自然生态系统变化,如来自南美洲的水葫芦、沙巴州河道和湖的杂草等,都导致了本地物种的灭绝。

四、自然保护地

马来西亚的自然保护在过去的几十年里取得了强劲的发展,2009年就达到不低于国土总面积59.5%(1952万公顷)的森林覆盖面积,并根据1984年《森林法》和有关法令将森林面积的74%(1439万公顷)作为永久保留林由宪报公布,并将永久保留林中的321万公顷(占永久保留林面积的22%)和永久保留林以外的183万公顷的面积列为不同类型的自然保护地,分别为国家公园和野生动物保护、历史遗迹和自然景观保护、水土保护、洪泛控制、水源保护、科学研究和科普教育地等。

(一)马来半岛

马来半岛保护地面积近195万公顷,依据保护目标划分为11类(表4),其中马来半岛设有3个国家公园和22个野生动物保护区,由野生生物和国家公园部门负责管理,重点是规划和执行各种保护活动,减少人类与环境之间的冲突确保为今世后代对人类和环境的繁荣带来最佳利益。

表4 马来半岛森林保护地类型及面积

序号	保护地类别	面积(公顷)
1	水土保护	527907.6
2	土壤改良	6470.32
3	洪水控制	9696.21
4	水源保护	816833.1
5	野生动物保护区	69779.46
6	原始丛林保留	32955.93
7	风景	73132.28
8	科教	17069.91
9	科研	32785.42
10	联邦森林	17677.05
11	国家公园	342591.3
合计		1946898.58

来源:马来半岛林业局(2017)。

(二)沙巴

沙巴州森林保护地总面积为342216公顷,约占森林总面积的9.5%和土地面积的4.6%。自1984年以来,建立了森林保护区、原住民森林保护区、森林休闲保护区、原始丛林保护区、野生动植物保护区、自然保护区及国家公园等保护类型,各类森林保护地受到严格法律保护,主要用于环境保护和生物多样性保护,不受任何形式的土地转换或木材采伐(表5)。

表5 沙巴州森林保护地类型

序号	保护地类别	数量
1	森林保护区	43
2	原住民保护区	10
3	森林休闲保护区	12
4	原始丛林保护区	56
5	野生动植物保护区	2
6	自然保护区	2
7	国家公园	2

(三) 砂拉越

砂拉越根据《国家公园条例》(1956年)和《野生生命保护条例》(1958年)建立完全保护区,主要是为了保护野生动物栖息地、动植物群、地质和地貌特征以及景观、历史遗迹,让公众欣赏、享受自然风景。完全保护区覆盖约100万公顷森林,占砂拉越国土总面积的8%,总体上划分为国家公园、野生动物保护区、自然保护区3类,居民被禁止狩猎和捕鱼以及采取任何形式的森林产品(表6)。

表6 砂拉越州保护地类型

序号	保护地类别	数量
1	国家公园	15
2	野生动物保护区	4
3	自然保护区	5

五、林业产业发展

(一) 木材产品的生产与消费

马来西亚约有4000家木材加工厂,为337000人提供了直接就业机会,占全国劳动力的3.5%。木材工业在马来西亚的社会经济发展中起着重要的作用。马来西亚政府制定了5年允许采伐量控制计划(表7),出台多项鼓励企业投资发展木材下游产品的措施,着力将传统的木材初加工、锯材、胶合板和镶面板的加工转向木塑、细木工板和家具等有发展潜力的高附加值下游产品的生产,为森林保护与开发及木材加工业的全面、稳定、持续发展打下良好基础。

表7 林木采伐计划

年份	木材采伐	
	面积(公顷/年)	总面积(公顷)
2006—2010	36940	184700
2011—2015	40334	201670
2016—2020	41888	209440

来源:马来半岛林业局(2017)。

随着马来西亚可持续森林管理的有效实践,政府出台了更严格的森林采伐法律、政策和条例,减少了天然林的采伐量,同时鼓励中小型企业转向木材产品深加工领域,使木材加工业完成了从单一的木材加工型向木材加工、制造、研发型三方并重的转变。马来西亚木材产品加工生产量自2010年以来呈现递减趋势,维持在每年约300万立方米的水平(表8);同期木材加工产品的消耗量也呈递减趋势(表9)。

表8 木材产品生产　　　　　　　　　　　　　　　　　　　　　　　　　　立方米

年份	锯材	胶合板	薄板	模制件	总计
2010	2659253	382884	34634	160928	3237699
2011	2675384	403262	55991	235500	3370137
2012	2790071	415466	61774	243968	3511279
2013	2501722	380518	92016	76672	3050928
2014	2456888	381446	141164	97677	3077175
2015	2511256	425796	67688	79277	3084017
2016	2484569	364247	93854	71900	3014570

表9 木材产品消费量　　　　　　　　　　　　　　　　　　　　　　　　　立方米

年份	锯材	胶合板	模制件	总计
2010	3892420	604010	202633	4699063
2011	3920570	681741	290899	4893210
2012	4772260	708732	343931	5824923
2013	3586069	590665	101240	4277974
2014	3491493	613293	134226	4239012
2015	3531195	518382	102439	4152016
2016	3463416	619458	91913	4174787

(二) 木材产品出口

马来西亚是亚洲主要的木材和木材产品出口经济体之一，亚洲其他经济体也是马来西亚木材产品的主要出口市场，特别是日本(胶合板是主要出口产品)，也包括印度、泰国和中国(原木、锯木和胶合板)；美国和欧盟也是从马来西亚进口大量木材产品、胶合板、锯木和家具的其他重要市场，主要由马来西亚半岛供应。就出口收入而言，木材产品出口已成为马来西亚创汇的主要来源，以 2018 年为例，马来西亚木材出口总额为 69 亿美元，其中木制家具 21 亿美元，位居榜首；其次是胶合板和锯材，出口总额分别为 19 亿美元和 9 亿美元；原木 6 美元，中密度纤维板和建筑细木分别为 4 亿美元和 3 亿美元。

为了加强马来西亚木材产品的国际竞争力，马来西亚政府制定了多项鼓励企业投资发展木材下游高附加值产品的措施，尤其是鼓励中小型企业转向木材产品深加工领域，2013 年以来木材产品出口产值呈现出总体增长趋势(表10)。

表 10　马来西亚主要木材产品出口贸易值　　　　　　　　　　　亿林吉特 *

产品	2010 年	2011 年	2012 年	2013 年	2014 年	2015 年	2016 年
锯木	21.42	19.52	16.91	18.65	20.72	20.20	16.12
锯材	25.14	24.80	24.51	25.14	26.51	31.68	33.90
纤维板	12.02	11.29	11.48	10.52	10.53	11.29	11.83
胶合板	51.45	52.82	51.51	53.11	51.95	46.81	43.70
模具	7.13	7.56	7.11	6.26	7.21	8.33	8.21
单板	3.39	3.22	3.33	2.93	3.06	3.50	3.56
细木工板	9.55	10.09	9.91	9.58	10.03	11.18	12.19
木质及藤条家具	66.63	63.62	66.63	59.66	65.43	74.73	78.36
木质家具	66.59	63.60	66.58	59.60	65.38	74.65	78.29
藤条家具	0.04	0.02	0.05	0.06	0.04	0.08	0.07
其他林木产品	5.65	6.15	6.60	7.10	8.12	9.02	10.71
总计	202.40	199.05	198.00	192.96	203.55	216.73	218.60

马来西亚涉及林木加工材料和产品出口包括锯材、单板和面板产品(胶合板)、模具和建筑细木(门、窗户等)、家具相关部件产品。锯材主要产于马来西亚半岛,占70%,20%来自砂拉越,10%来自沙巴。胶合板的生产主要是在砂拉越,约占70%,20%来自沙巴,其余10%来自马来西亚半岛(表11)。

马来西亚半岛禁止销售原木,沙巴也在2019年禁止原木销售,但人工种植园的原木除外,而砂拉越则保持森林木材许可证的配额。从天然森林采伐的林木主要包括婆罗双属(*Shorea*)、龙脑香属(*Dipterocarpus*)和豆科印茄属(*Intsia*)等树种,更多的林木是来从人工种植园收获的相思、桉树和橡胶木等树种。马来西亚在2018年生产约1860万立方米的原木,其中约9%的原木对外出口,价值约2.3亿美元,而主要木材产品的出口总额约为21.75亿美元(国际热带木材组织,2020)。

表 11　马来西亚 2017 年木材生产与出口　　　　　　　　　　　　　万立方米

木材产品	生产量	进口量	国内消耗	出口量
原木(工业原木)	2065	1.4	1805.4	260
锯材	324.9	35.1	143.5	216.4
面板	54.3	11.4	44.4	21.3
胶合板	290.9	45.9	61.9	274.9
小计	2735.1	93.8	2055.2	772.6

---

* 1 林吉特 = 0.2288 美元。

六、林业管理

根据马来西亚宪法,林业由各州政府管辖,每个州均有权制定本州独立的有关林业的法律和林业政策,而联邦政府的行政权力仅限于向各州提供咨询和技术援助、培训、研究以及建立实验和示范站。为了促进和协调与林业部门相联系的跨部门政策,土地委员会于1971年12月20日成立了林业委员会,以促进协调与林业部门相联系的其他部门,帮助联邦政府和州政府间讨论和解决有关林业政策、行政和管理方面的问题,并加强联邦政府与州政府之间的合作,确保有关政策和林业项目的协调实施。

(一)林业管理机构

森林被视为物质和经济资源,由政府、私营伐木公司和个人控制,关注树木的商业价值,以创造利润和税收。根据马来西亚《宪法》,联邦政府设立资源保护部,13个州对土地、森林、渔业、农业、水资源和地方当局拥有管辖权,州级农业和林业部门有义务就某些事项向联邦对口部门报告。在林业资源管理上,每个州都有自己的林业部门和相关机构,沙巴、砂拉越等少数州政府对自然资源的使用和分配有决策权,执行州、区等地方各级林业政策。马来西亚林业行政主管部门主要分为联邦政府、州和区3个层面,但各州在实践中奉行自己的土地和森林政策,联邦政府和地方州政府在土地、森林和环境的政策之间存在一定矛盾。

1. 林业委员会(联邦自然资源和环境部)

根据马来西亚宪法,林业委员会有权制定政策,促进和控制土地用于采矿、农业和林业。林业委员由副总理担任主席,由马来西亚13个州的首席部长、马来西亚自然资源和环境部长以及各州如金融、贸易、农业商品、科学、技术和环境等对林业有影响的部长和马来西亚半岛、沙巴和砂拉越州林业部门负责人共同组成,由联邦自然资源和环境部代表政府负责具体事务。

2. 州级林业局(地方州政府)

由马来半岛林业总局及所辖马来半岛的11个州和2个联邦直辖区的林业局和婆罗岛的沙巴州、砂拉越州和纳闽联邦直辖区林业局来管理森林资源,并在州、区和地方各级执行林业政策。州级林业部门有义务就某些事项向联邦对口部门报告,如环境影响评价、森林水源保护和生物多样性保护等方面,但沙巴州和砂拉越州除外,这些州按联邦宪法确定享有更多的自主权。

3. 区级林业局

区级林业局为最基层的林业管理机构,主要负责本区域的林业行政管理、森林发展、采伐控制、税收征收和森林法的执行工作。主要任务是实施政策和开展森林执法,按照可持续森林管理的理念对永久性森林保护区进行管理,通过造林实践,实现高产林与保护林的保护和再生,最大限度地为社会经济发展带来多重效益。

(二)林业政策与法律法规

据马来西亚宪法,所有州级政府对其土地、森林、渔业、农业和水资源拥有管辖权,包括决定其森林资源的管理、使用和分配等处置权。林业政策虽然是在州一级制定,但州级政府仍需承担和执行林业政策规定的基本责任,理论上意味着森林仍是政府管理的公共土地,但州政府有权进行土地处置、颁发伐木许可证、收取特许权使用费和议价、决定用于发展目的的森林使用和分配等。

马来西亚每个州虽然都有权制定自己的林业政策,有自己的林业部门和相关机构,但马来西亚在政府层面仍有 2 项重要的林业法规,即 1984 年颁布的《森林法》和 1978 年颁布的《林业政策》以及随后的修正案是马来西亚林业活动有关的 2 项重要法规,各地的林业部门负责按照林业政策和森林法管理、规划、保护和发展永久保留林,成为确保森林管理区免受非法采伐、未经授权的定居和其他未经许可活动影响的法律基础。沙巴州的主要林业法规是 1954 年颁布的《森林政策》和 1968 年出台的《森林法》。砂拉越州的林业法规是 1954 年出台的《森林政策声明》和同年颁布的《森林法令》。

1.《林业政策》(1978 年颁布、1992 年修订)

该政策根据合理和可持续的土地利用制度,确定全国各地永久林地的战略性地位,明确永久林区分类制度(现称永久保留林)和相关的管理标准,目的是根据可持续管理原则培育和管理森林、保护环境、保护生物多样性、保护遗传资源和加强科学研究和宣传教育。着力强调以下 4 方面:①保护生物多样性和具有独特动植物物种的地区;②制定社区林业综合方案;③促进当地社区积极参与林业管理项目;④支持林业和森林产品密集研究方案。

2.《林业法规》(1984 年颁布、1993 年修订)

1984 年颁布的《林业法规》及其随后的修正案旨在促进马来西亚各州林业法律的统一,它涉及与林业行政、管理和养护以及森林发展有关的问题,授权马来西亚各州任命负责设计森林管理和恢复计划、处理年度森林发展报告和管理年度预算的官员,对永久森林资产进行分类,作为财富只能在获得许可证的情况下处理。

3.《生物多样性政策》(1998 年)

《生物多样性政策》于 1998 年颁布,目的是保护马来西亚的生物多样性,并确保其组成部分以可持续的方式用于马来西亚持续进步和社会经济发展。马来西亚于 1994 年加入了《生物多样性公约》,按其要求所有履约国将该公约纳入政策。生物多样性政策包括有效管理生物多样性保护的战略及框架。

4. 其他与林业法直接或间接相关的法律法规

其他与林业法直接或间接相关的法律法规见表 12。

表 12 马来西亚与林业相关的政策、法律法规

序号	名称	颁布年份	主要内容
1	《土地法典(2016修订)》	2016	修正和统一与土地和土地使用权、所有权及收益相关的法律。不适用于沙巴和砂拉越
2	《土地保护法》	1960	涉及山地和侵蚀损害土壤的保护与修复
3	《环境质量法》(修正案1995)	1974	旨在联邦政府层面预防、解决和控制污染
4	《野生动物保护法》	2010	为马来西亚野生动物的规划、保护、养护和管理提供依据,适用于马来半岛和联邦领土
5	《国际濒危物种贸易法》	2008	为响应执行《濒危野生动植物国际贸易公约》而颁布的法律,并规定与之有关的其他事项
6	《马来西亚木材工业委员会法》	1973	该法规定设立马来西亚木材工业委员会作为一个法人机构,并规定木材贸易方面的某些规则
7	《国家公园法》(修正案1983)	1980	马来西亚国家公园的建立和管理
8	《1976年地方政府法令》	1976	就地方政府和地方当局作出规定,只适用于马来半岛
9	《土著民族法》	1954	旨在为马来半岛土著人民的安全、福祉和进步提供保障
10	《生物安全法》	2007	管制转基因生物的释放、进口、出口和使用,以及此类基因产品的生产,其目的是保护人类、动植物健康、环境和生物多样性
11	《城乡规划法》	1976	适当控制和管制马来半岛城乡规划
12	《生物多样性政策》(2016—2025)	2016	满足目前生物多样性管理的需要,以及履行马来西亚根据《联合国生物多样性公约》承担的义务
13	《环境政策》	2002	规定了马来西亚可持续利用自然资源和发展经济的原则和战略。基于以下8个原则来协调经济发展目标与环境要求包括管理的环境,自然的活力和多样性的保护,环境质量不断提高,自然资源的可持续利用,综合决策,私营部门的作用,承诺和责任,国际社会的积极参与
14	《木材工业法》	1984	授权州立法机关通过关于建立和经营人造木材工业的法律
15	《国家公园法》(修正案1983)	1980	为国家公园的建立和控制以及相关的事务提供依据,例如设立国家公园委员会;禁止在国家公园内采矿等
16	《马来西亚森林研究所法》	2016	为马来西亚林业研究发展局设立的马来西亚森林研究所存在的法令。规定马来西亚森林研究所的行政、职能和权力,并规定与之相关的事项

七、林业科研

马来西亚有多家与林业、生物多样性相关的科学研究机构。马来西亚与欧盟、英国、德国、荷兰、日本和澳大利亚以及国际热带木材组织合作,开展了一系列的研究项目,以促进森林的可持续经营。

(一)马来西亚森林研究所

马来西亚森林研究所是世界上热带林业研究的领导机构之一。成立于1929年,前森林研究所设在马来西亚林业研究与发展委员会管理下,于1985年成为一个完全成熟的法定机构。目前,森林研究所和林业研究与发展委员会都归属自然资源和环境部管辖。森林研究所是一个管理完善的森林科学公园,荣获2007年12月由国际标准化组织认证,于2009年2月10日在《遗产法(2005)》下被列为"自然遗产",并于2012年5月10日正式宣布为遗产,致力于林业和环境、林产品、森林生物多样性、经济和战略分析等方面的研究。

(二)砂拉越州生物多样性中心

1997年砂拉越州政府颁布了砂拉越州生物多样性中心条例,并建立了砂拉越州生物多样性中心,次年发起保护、利用项目,促进该州生物多样性保护与可持续发展。

(三)砂拉越热带泥炭研究所

建立砂拉越热带泥炭研究所,主要解决气候变化、与农业发展相关的碳和水足迹的环境问题;支持种植业,尤其是棕榈油和西米;建立识别和量化的环境参数;提高土地生产力;发展病虫害防控技术;采用分子技术进行研究和发展。

(四)环境与发展研究所

环境与发展研究所作为马来西亚国立大学的一个多学科融合的研究机构成立于1994年10月1日,目标是为了实现可持续发展。环境与发展研究所也作为处理环境与发展问题的咨询服务中心,协助政府基于全局制定环境政策,还包括通过技能开发和培训,为政府和私人部门提高人力资源能力。

(五)热带林业和森林产品研究所

热带林业和森林产品研究所由生物复合材料研究所与雨林研究院合并成立,包括3个实验室:可持续资源管理实验室、生物复合材料技术实验室、生物聚合物和衍生物实验室。主要研究植物资源的筛选和种植,为热带雨林生态系统服务,提供生物技术与设计、纤维特性和加工技术、发展生物高分子和衍生物、控制污染等。

(六)热带生物与保护研究所

热带生物与保护研究所成立于1996年,为了成为热带生物学领域研究和保护中心,成为当地生物多样性咨询服务机构,帮助管理和评估环境影响;开展热带雨林、淡水生态系统、栖息地保护研究,通过长期和短期的研究培训为热带生物研究和保护领域提供训练有素、熟练的人才,通过组织会议和讲习班传播生物多样性知识。

八、林业教育

1972 年以前，马来西亚没有林业高等教育机构，所有的林业专业人才都是由国外机构培训，主要来自英国和澳大利亚。1972 年马来西亚博特拉大学成立，是马来西亚第一个培训林业专业人才的大学。1986 年政府引进了新的林务员和护林员服务计划后，各林业学校开设了森林认证课程。学校还向林业局的高级官员及野外人员讲授管理和财政经营、森林经营和保护、法律、造林、防火等方面的技术知识。从 1989 年开始，林业部门与教育部门合作，通过假期短期培训向中学生传授林业基础知识。目前，马来西亚开设林业、生物多样性方面专业的大学主要有 3 所。

(一)马来西亚博特拉大学

马来西亚博特拉大学提供以农业科学及其相关领域为重点的本科和研究生课程，2014 年世界最好大学排行榜第 376 位，2015 年位列全球最好农业科学大学第 45 位。专业与学位课程主要有林业管理、游憩、木材科学技术、林业经济等。

(二)马来西亚沙巴大学

马来西亚沙巴大学是马来西亚公立大学，位于沙巴的哥打基纳巴鲁，成立于 1994 年 11 月 24 日。这所大学有 10 个学院、3 个英才中心和 15 个研究单位，专业与学位课程主要有林业、环境科学等。

(三)马来西亚砂拉越大学

马来西亚砂拉越大学是马来西亚公立大学，成立于 1992 年 12 月 24 日。专业与学位课程主要有林业、环境科学等，在亚洲大学排名第 165 位，生物多样性、自然资源和环境管理的研究实力逐渐被同行所认知。

菲律宾（Philippines）

一、概　述

菲律宾位于太平洋西端，在东西方向跨度 1850 千米，在南北方向跨度 1770 千米，北隔巴士海峡与中国台湾省遥遥相望，南和西南隔苏拉威西海、巴拉巴克海峡与印度尼西亚、马来西亚相望，西濒南中国海，东临太平洋。菲律宾是世界第二大的群岛国，一共由 7100 多个岛屿组成，国土面积 298170 平方千米。菲律宾的诸多岛屿可划分为三大区域，即吕宋岛群、维萨亚岛群和棉兰老岛群，其中位居北部的吕宋岛群是菲律宾最大的岛屿群体，其次是位居南部的棉兰老岛群，而位居中部的维萨亚岛群在三者之中面积最小。菲律宾群岛被海洋分割，这使得其成为世界上海岸线最长的经济体之一。菲律宾群岛地形多以山地为主，且这些山地多为热带雨林所覆盖。菲律宾的海拔最高点是阿波火山，其最高峰 2954 米，而海拔最低点为海平面。

菲律宾划分为三大岛组，设有 18 个大区，下设 81 个省，首都是马尼拉，位于马尼拉湾的东岸，是亚洲最大的都会区之一。人口数量超过 1.04 亿，是亚洲人口最多的 8 个经济体之一，也是全球第 12 个人口过亿的经济体。由于菲律宾在东南亚的特殊位置，使其成为一个多元文化的交融地。在菲律宾，马来西亚、印度、阿拉伯、中国、西班牙、美国等血统的人们共同生活在一起，并且形成了独特的文化交融与种族融合，如多种族、多语言、多文化和多宗教的现象在菲律宾比比皆是，在菲律宾至少有 186 种语言，其中的 182 种语言至今较为广泛的使用。

（一）社会经济

菲律宾是一个以农业为主的经济体，椰子、糖、蕉麻和烟草四大传统出口产品在国民经济中和国际市场上占有十分重要的地位。是世界上椰子主要生产经济体和椰油供应经济体，年产量达几百万吨，可提供世界市场椰油需求的 50% 左右，椰子在菲律宾国民经济中占有极其重要的地位，约有 1/3 的人以椰业为生，菲律宾人把椰树称为"生命之树"。在菲律宾，甘蔗是仅次于椰子的一种重要经济作物，也是世界十大产糖经济体之一，第二次世界大战前甘蔗的出口额最高时曾占菲律宾出口总额的 60%，现在，菲律宾约有 250 万人直接或间接地依靠糖业为生。蕉麻也是菲律宾的一种主要经济作物，其叶是制造船缆绳的优良原料，还可用来制造台布、渔网或纺织、造纸用，是全球市场蕉麻的主要供应经济体，在国际市场上享有很高的声誉。烟草也是菲律宾的重要经济来源之一，其中吕宋岛北部的卡加延谷地是亚洲最大的烟叶产区，吕宋雪茄烟在世界上享有盛名。此外，香蕉、菠萝均是菲律宾种植规模较大的水果，每年的水果出口为菲律宾带来巨大的经济收益。菲律宾的矿产资源也很丰富，但绝大部分的矿产品都用于出口，没有自己的冶炼工业。同样的，菲律宾虽然蕴藏丰富的石油，但一直没有进行全面的勘探与开发。作为一个群岛经济体，四面环海，有漫长的海岸线和广阔的海域，渔业资源丰富，发展前景较好。

2003—2017年，菲律宾的经济起起落落，但年均增长率达5%以上。其中2007年高速增长，国内生产总值同比增长一度达到7.1%。2009年，受全球金融危机影响，国内生产总值仅增长1.1%。2010年，由于全球经济复苏带动其出口增长以及选举支出的拉动，国内生产总值增长反弹到7.3%，创35年来最高纪录。2012—2014年，菲律宾经济分别增长6.8%、7.2%和6.1%，2015年回落至5.8%，2016年回升至6.8%，是亚洲增长较快的经济体。2017年增长6.7%，在东亚地区位列第3，仅次于中国和越南。世界经济论坛《2017—2018年全球竞争力报告》显示，菲律宾在全球最具竞争力的137个经济体和地区中排第56位。世界银行《2018年营商环境报告》显示，在190个经济体中，菲律宾营商环境便利度排名第133位。

(二)地形地貌与气候特征

菲律宾大部分是由山地、高原和丘陵所构成，是以活火山特征著称于世的西太平洋弧系统的一部分，其中最著名的火山包括位于黎牙实比附近的马荣火山(号称"最完美的圆锥体火山")，位于马尼拉南部的塔尔火山，以及位于棉兰老岛的阿波火山。在菲律宾，除了少数岛屿(如吕宋岛中西部和东南部)有较宽广的内陆平原外，大多数岛屿仅在沿海有零星分布的狭窄平原。菲律宾的海岸线曲折且多优良港湾，主要河流有棉兰老河、卡加延河等，贝湖是菲律宾最大湖泊。菲律宾各岛之间为浅海，多珊瑚礁，群岛两侧为深海，萨马岛和棉兰老岛以东的菲律宾海沟最深达10479米，是世界海洋最深的地区之一。

热带海洋气候是菲律宾的典型气候特征。旱季从每年的11月持续到次年的4月，盛行东北季风。而雨季集中在每年的5~10月，此期间盛行西南季风，具有湿热多雨的气候特点。菲律宾年降水量很充沛，但在不同的地区差别较大，其中降雨量最多的地区是吕宋岛的东海岸，萨马岛全岛，以及棉兰老岛北端，而吕宋岛的卡加延谷地则因山岭屏蔽，年平均降水量不到1500毫米，是全国比较干燥的地区。

(三)自然资源

菲律宾自然资源丰富，矿产资源主要有铜、金、银、铬、镍等。金是菲律宾最著名的矿物，以原生金矿为主。菲律宾的铬矿储量约有2000万吨，是世界上铬矿含量丰富的经济体之一。菲律宾的森林资源和海洋资源也很丰富，以盛产优质的乌木、檀木等名贵木材闻名于世，而水产品主要有松鱼、鲳、鲭和乌贼等，其中苏禄岛沿海是著名的珍珠和海龟产地。此外，菲律宾还有着丰富充沛的水力资源和地热资源。

二、森林资源

(一)基本情况

1934年,菲律宾的森林覆盖率占国土总面积一半以上(57%),到了20世纪90年代初期,菲律宾的森林面积已减少到570万公顷,其中龙脑香林为380万公顷,占森林面积的66.6%,苔藓树林为110万公顷,占森林面积的19.3%,亚热带种树林为50万公顷,约占森林面积的8.8%,松树为20万公顷,约占森林面积的3.5%,红树林为10万公顷,约占森林面积的1.7%。但在东南亚只有菲律宾和越南的森林覆盖率1990—2010年实现了正增长。

随着不断增长的人口,对农业用地和住房需求的不断加大,加之商业和非法采伐,以及火灾等自然灾害,2015年森林覆盖率只有23.5%,约701.4152万公顷。因此政府开始加强植树造林,2000—2008年,有超过20万公顷的土地被重新植树造林,并被菲律宾纳入发展规划,到了2015年,根据菲律宾环境和自然资源部下的森林管理局发布的信息(表1),开放森林占森林覆盖总面积的66.76%(468.2万公顷),封闭森林占28.91%(202.8万公顷),其余为红树林4.33%(30.3万公顷)。森林覆盖率最高的3个地区是卡加延河谷大区、西南他加禄大区和科迪勒拉大区,最大的人工林和红树林都在西南他加禄大区。

表1 2015年菲律宾森林面积   公顷

区域	总面积	封闭森林	开放森林	红树林
首都地区	2106	0	2000	106
科迪勒拉大区	807220	250545	556675	0
伊罗戈斯大区	147602	24163	122061	1378
卡加延河谷大区	1050963	488033	557188	5743
中央吕宋大区	536565	234839	299826	1900
甲拉巴松大区	271512	107044	145165	19303
西南他加禄大区	947794	110161	769217	68416
比科尔大区	199379	41149	133826	24404
西米沙鄢大区	203789	62025	127365	14400
中米沙鄢大区	79487	4226	56224	19037
东米沙鄢大区	511962	42667	435243	34052
三宝颜半岛大区	170970	28775	116920	25275
北棉兰老大区	382357	179007	198132	5217
达沃大区	400613	151822	245290	3501
南哥苏萨桑大区	277891	93153	182889	1849
卡拉加大区	724772	125937	571786	27050
棉兰老穆斯林自治区	299168	84468	162958	51742
菲律宾	7014152	2028015	4682764	303373

(二)森林类型

菲律宾森林一共分为5个类型：红树林、沙滩森林、牡荆林、龙脑香森林、松树林和苔藓林。

红树林：陆地向海洋过渡的特殊生态系统，这种类型的森林是潮汐型的，它可以在黏土海岸和河口的潮汐区找到，有发达的根系，果实和种子可以漂浮在海水中，遇到海滩即可生长。

海滩森林：可以沿着海滩找到，这种森林沿着海岸形成一条狭窄的带状地带。

牡荆林：牡荆是菲律宾的一种硬木，高达25~30米，这种树的木材非常宝贵。

龙脑香森林：由龙脑香科树种组成的森林，覆盖了菲律宾最大的林区，它位于沿海平地，在海拔大约800米左右的地方生长，是菲律宾最大的植物资源。

松树林：通常生长在高原地区。

苔藓林：长满苔藓的森林可以在海拔1200多米的山上找到，多处于气候湿润的山区。

(三)森林权属

在菲律宾，土地权属分为国有和私有2种形式，而林地权则为政府所有。同时，菲律宾政府采取了国有林地所有权与使用权相分离的政策，在国有林地上大规模地开展社会林业项目。在1995年，菲律宾政府签署了第263号行政命令，宣布社区森林经营是菲律宾实现林业可持续发展的一个重要战略，在森林生态系统恢复和控制林地内非法经营活动等方面作出了积极的努力。将森林分配给地方社区，让原来边缘化的社区拥有对森林资源的使用权，大力改善当地民生，缓解贫困的同时促进林业发展，至今已有33%的林地归社区管理，社区又对林地实行两种管理，一是由环境与自然资源部颁发土地认证书，对本土居民的林权予以认可，二是通过签订社区管理协议授权给家庭管理，规定其林地使用权及保护责任，期限是25年。截至2012年12月，菲律宾共有4307处已通过法律程序登记注册并具有土地使用权的机构或组织，涉及的森林面积为290万公顷。在权属文书中，社区森林经营协议这种类型所占的比重最大达1888处，192090名成员参与，涉及的森林总面积达160万公顷，占据所有权性质类型的土地总面积的55.22%。在2012年，仅在萨马(第8区)，以及第波罗市和帕加迪安市(第9区)总面积为177085公顷的区域有3家组织还拥有着木材采伐许可证。然而，2012年以来，这些许可证就再未被使用。此外，菲律宾共有140个森林综合管理协议，所对应的管辖森林面积约为100万公顷，以及63个林场租赁协议，所对应的管辖森林面积约6177公顷。

(四)森林资源变化

菲律宾的森林覆盖率在前殖民地时期曾达到90%，在20世纪初变成美国殖民地的时候，尚有 2100 万公顷的成熟林，约占全国土地面积的 70%。到 20 世纪 40 年代森林面积只有 900 万公顷，约占全国土地面积的 30%，在此期间菲律宾的森林滥伐现象愈加严重，1965—1986 年，森林面积减少了 700 万公顷，其中在 20 世纪 60 年代对森林的滥砍滥伐现象达到了极致。总的来说，菲律宾的森林面积从 20 世纪初的 2100 万公顷（森林覆盖率 70%）减少到 1990 年的 657 万公顷（森林覆盖率 22%）。随着人口增加、滥砍滥伐、薪柴收集、木炭制造、非木质林产品无序开采、轮作制度、退林还耕、油棕等经济作物大规模种植、高地蔬菜种植、道路建设、采矿活动、水电大坝建设、旅游度假区过度开发，加上洪水和山体滑坡等给人类生命和生计构成严重威胁的自然灾害，森林生态系统被严重破坏。

人们意识到森林的重要性，开始植树造林，1990—2010 年，菲律宾的天然林面积平均每年增加 5.225 万公顷（0.83%）（表 2），截至 2010 年，天然林面积共增加了 104.5 万公顷；原始林和成熟林面积维持不变；人工林面积平均每年增加 0.25 万公顷（0.83%）。截至 2010 年，人工林面积共增加了 5 万公顷（16.56%），总的森林面积平均每年增加 54750 公顷（0.83%）。

表 2 1990—2010 年菲律宾的森林面积变化情况　　　　　　　　万公顷

面积	1990 年	2000 年	2005 年	2010 年
森林总面积	657	711.7	739.1	766.5
天然林面积	626.8	679	705.1	731.3
原始林或成熟林面积	86.1	86.1	86.1	86.1
人工林面积	30.2	32.7	34	35.2

来源：https://rainforests.mongabay.com/deforestation/2010/Philippines.htm。

随后，阿基诺总统于 2011 年发布了第 23 号行政命令，宣布在全境范围内暂停砍伐树木（在菲律宾，森林在内的所有自然资源均为政府所有），并专门建立了一个反非法采伐特遣队，以便更有效地实施全面砍伐禁令。另外，不会再发放新的伐木许可证，并且天然林和残留林将永久禁止砍伐一切树木。同年，政府还发布了第 26 号行政命令（俗称"菲律宾绿化规划"）。2011—2017 年在全国 150 万公顷的土地上种植 15 亿棵树（表 3），同期"菲律宾绿化规划"的实施共创造了 2262556 个就业岗位，共雇用了 320220 人。仅在 2016 年，"菲律宾绿化规划"的报告显示就在全国范围内创造了 619970 个就业机会，并在 282091 公顷的土地上种植了 410906754 株幼苗。这不仅是一个造林计划，而且解决了贫困问题、保障粮食安全、促进环境稳定、加强生物多样性保护，以及减缓和适应气候变化。到 2018 年，原始森林面积达到 4447217 公顷，郁闭度 30% 以上的林木面积达 17739198 公顷（表 4），但在 2010—2018 年，原始森林面积以平均每年 9602 公顷的速度在减少，林木面积以平均每年 82148 公顷的速度减少（表 5），还需重视森林保护提高未来的森林经济价值和生态功能。

表3 2011—2015年"菲律宾绿化规划"的实施效果   公顷

2011年		2012年		2013年		2014年		2015年		汇总	
目标值	实际值	目标值	实际值	目标值	实际值	目标值	实际值	目标值	实际值	目标值	实际值
100000	128558（129%）	200000	221763（110%）	300000	333161（111%）	300000	334302（111%）	300000	334364（111%）	1200000	1352147（113%）

来源：http：//opinion.inquirer.net/5809/protect-philippine-forests。

表4 森林和林木覆盖面积

年份	原始森林面积(公顷)	林木面积(公顷)
2001	4582569	18686243
2010	4524033	18478534
2018	4447217	17739198

表5 每年森林覆盖和林木覆盖的减少面积

年份	原始森林损失面积(公顷)	林木损失面积(公顷)
2010	8861	103061
2011	4919	33370
2012	6889	59818
2013	10835	59088
2014	11476	102859
2015	6477	66092
2016	13387	129572
2017	13610	114712
2018	9221	70764
总计损失面积	85675	739336
每年平均损失面积	9602	82148

三、生物多样性

菲律宾是全球生物多样性热点地区之一，生物多样性程度约占全球的2/3左右，并且特有物种所占的比重很大，换言之，全球70%~80%的动植物物种都可以在菲律宾找到。菲律宾还是全球两栖动物多样性最高的经济体之一，是世界上发现新物种率最高的经济体之一，还拥有世界上最高水平的海洋生物多样性。

（一）动 物

菲律宾生活着200多种哺乳动物，包括菲律宾跗猴（*Tarsius syrichta*）、民都洛水牛（*Bubabus mindorensis*）、鼠鹿（*Tragulus kanchil*）等，有50多种蝙蝠，有许多是菲律宾特有的；有 612 种鸟类，其中 500 种是当地特有的，3 种是由人类引入的，52 种是罕见；有 111 种以上的两栖动物和 270 种爬行动物，80% 的两栖动物是特有的，70% 的爬行动物也是特有的，有 114 种蛇，其中有毒的蛇不超过 14 种，还有 50～60 种特有的扁手蛙属（*Platymamtis*）的物种，是目前这个群岛上最多样化的两栖类，特有的菲律宾鳄（*Crocodylus mindorensis*）是极度濒危的，被认为是世界上最受威胁的鳄鱼；大约有 330 种淡水鱼，其中包括 9 个特有属和 65 种特有物种，其中许多局限于单一湖泊，比如菲律宾小沙丁鱼（*Sardinella tawilis*）就是一种只在塔尔湖发现的淡水沙丁鱼。有记录的昆虫近 21000 种，其中有 915 种蝴蝶，约 1/3 是特有的，130 多种甲虫，有 110 多种是特有的，比如麦哲伦鸟翼蝶（*Troides magellnaus*）是世界上最大的蝴蝶之一，也是菲律宾最大的蝴蝶；有超过 50 种淡水蟹类，都是菲律宾的特有种。

(二) 植 物

菲律宾的植物群包括 9250 多种维管植物，其中有 1/3 是特有种，尤其是秋海棠属（*Begonia*）、露兜树属（*Pandanus*）、兰科（*Drchidaceae*）、棕榈属（*Trachycarpus*）和龙脑香科（*Dipterocarpaceae*）的很多树种是菲律宾的特有种，例如，该国现存的 150 种棕榈树中，有 2/3 是世界上其他地方找不到的。在菲律宾发现的 1000 种兰花中，有 700 种是特有的。

(三) 珍稀濒危物种

尽管菲律宾的陆地和海洋生态系统中野生动植物物种多样性极高，也是全球生物多样性丧失程度最为严重的 10 个经济体之一。2004 年菲律宾制定了全国受威胁动物物种名录，其中包括 42 种陆栖哺乳动物、127 种鸟类、24 种爬行动物和 14 种两栖动物。就鱼类而言，菲律宾至少有 3214 种鱼类，其中约 121 种为本土种且 76 种的生存状态受到严重威胁。2007 年，菲律宾环境和自然资源部颁布了一项行政命令，提出在全国范围内生存状态受威胁的野生植物物种名单，其中包括 99 种极危种、187 种濒危种、176 种易危种，以及 64 种生存状态受到威胁的物种。总体而言，估计在菲律宾至少有 700 种物种的生存状态正受到威胁或处于濒临灭绝的境地。全国原始森林的大面积丧失导致至少 418 种物种出现在由世界自然保护联盟编制的濒危物种红色名录中。

四、自然保护地

在菲律宾，生物资源的管理和保护工作极具挑战性，这是因为不符合可持续发展理念的人类活动已经给自然生态系统和生物多样性带来各种压力和威胁，而全球气候变化也给相关工作造成了更大的难度。为了积极应对这些问题，菲律宾政府根据第 7586 号共和国法令，亦被称为 1992 综合保护地系统法的有关规定，将国内具有独特的物理和生物意义的部分土地和水域划分并归入保护地范畴，旨在保护在这些地域内生活的野生生物免受人类活动的干扰与破坏,并全面提高生物多样性整体水平。

截至2016年12月,菲律宾共有170个陆地保护区,面积约406万公顷,并且尚有一些地区正处于纳入保护区体系的进程中。同时,共有70个海洋保护区,面积约138万公顷。菲律宾的主要战略之一是在国会通过立法之前,通过总统的行政命令将生物多样性富集地区纳入保护区体系。

菲律宾还建立了228个生物多样性保护优先区域,其中包括在2006年建立的128个陆地和淡水生物多样性保护优先区域,以及在2009年建立的123个海洋生物多样性保护优先区域。这些生物多样性保护优先区域涵盖了从陆地到淡水和海洋生态系统等多种菲律宾重要的生态系统类型,并且是菲律宾生物多样性保护的最关键地区。这些保护优先区域为855种就全球尺度而言都非常重要的植物、珊瑚、软体动物、海胆类、鱼类、两栖动物、爬行动物、鸟类和哺乳动物提供了必要的栖息地。菲律宾的陆地生物多样性保护优先区域覆盖了陆地面积的20%,其中包括陆生生物的大部分自然栖息地。海洋生物多样性保护优先区域仅覆盖了全国海洋面积的1.93%。

截至2012年,菲律宾共有40多个国家公园,其中伊格里特·巴科国家公园是占地面积最大的国家公园(75455公顷),25个自然公园、6个自然遗迹、37个保护景观和海景地,以及135个流域森林保护区。菲律宾其他类型的保护区包括禁猎区、野生动植物保护区、自然资源保护区、海洋保护区和荒野区等。

五、林业产业发展

菲律宾对森林产品的使用形式包括木材采伐、薪柴采集、木炭制造和非木材林产品开发(包括竹、藤和树脂等),多年来,菲律宾一直是亚太地区最主要的原木和其他林产品的生产和出口经济体,尤其是原木生产总量在所有林产品中都相对较高(表6)。

表6 2011—2014年菲律宾主要林产品产量　　　　　　　　　　　万立方米

产品种类	2011年	2012年	2013年	2014年
原木	1615.7	1604.2	1624.1	1608.0
工业原木	390.7	389.8	419.9	413.6
木质燃料	1225	1214.4	1204.2	1194.4
锯材	70.0	70.0	70.0	70.0
人造板	45.0	46.2	29.5	24.5

由于政府不再允许对天然林和残留天然林进行开采,木材工业所需的原料主要依靠进口和一些规模化种植树种。截至2014年,菲律宾仅有22家普通规模锯木厂(其平均日处理量为999立方米)和65家小型规模锯木厂(其平均日处理量为903立方米)在运行使用。此外,还有67个薄木加工厂和37个胶合板加工厂,其平均日处理量分别为3021立方米和2514立方米。总之,近年来菲律宾的林产品出口贸易结构发生了

巨大的变化。1984年以前，传统林产品，如原木、锯材、胶合板和单板等在林产品出口中占有相当大的部分。近年来，附加值较高的林产品（如木质家具和其他木制品等）逐渐占据了林产品出口贸易的主要地位（表7）。

表7 2011—2014年菲律宾主要林产品出口额　　　　万美元

产品种类	2011年	2012年	2013年	2014年
工业原木	230.6	213.3	205.6	593.2
锯材	9473.2	9417.3	12727.3	11827.4
人造板	3720.1	2927	1155.3	1207.5
木片	300.0	400.0	1300.0	1100.0

六、林业管理

（一）林业管理机构

1. 环境和自然资源部

菲律宾政府在森林管理方面隶属于中央政府的环境和自然资源部（1987年根据总统签署的法令将自然资源部改名为环境和自然资源部），主要负责保护、管理、开发和适当利用环境和自然资源的主要政府机构，管理和保护林地、放牧地、矿产资源、保护区和流域地区以及公共土地等，同时负责法律规定下的自然资源许可和分配，以确保利益共享。下设林业管理局、生态研究与发展局、土地管理局、生物多样性管理局、环保局（下面还有16个区域办公室）和矿产资源管理局（下面还有15个区域办公室）。

2. 森林管理局

森林管理局向中央和地区林业办事处提供技术指导，以便有效地保护、发展林地和流域，为实现可持续森林管理提出政策和方案建议。下设4个处：森林政策和规划管理处、森林资源管理处、森林资源保护处和森林投资发展处。

森林政策和规划管理处：负责开展政策制定、规划、信息和知识管理工作，支持林业可持续发展项目的制定和利益相关者导向的活动，为林业保护、养护、开发和利用提供广泛支持。下设5个部门：森林政策办公室、森林计划和标准办公室、林业经济办公室、森林资源基础地理空间数据办公室和信息管理办公室。

森林资源管理处：负责制定符合养护和保护、可持续发展和生态健康原则的林业管理，包括社区林业管理，森林资源利用与评估相关工作。下设4个办公室：林地利用与分配办公室、社区林业办公室、林业企业和工业生产办公室和森林资源利用和评估办公室。

森林资源保护处：负责制定有关保育计划的策略和有关森林退化、气候变化和非法伐木活动影响等新兴问题的方案。下设4个办公室：环境保护办公室、植树造林办公室、森林保护办公室和流域生态系统管理办公室。

森林投资发展处：负责指导与林业保护、管理和利用有关的原则和政策的林业具体投资战略和机会的发展，促进利用和可持续发展。下设4个办公室：投资策划办公室、投资管理办公室、财政发展办公室和林业合作发展办公室。

3. 林业管理办事处

在区域层面，各地区均设置林业办事处（共17个地区办事处），再往下又划分出省级层面的环境和自然资源办事处，目前共有77个省级办事处。而最基层的是社区层面的环境和自然资源办事处，目前共有140个社区级别的办事处。无论是省级还是社区级别的环境和自然资源办事处，其主要职责是监督有关森林资源的保护、恢复、开发和管理方面的计划、方案和项目实施（表8）。

表8 菲律宾林业行政管理体制

行政管理级别	管理职能及责任	管理人员数量
菲律宾环境和自然资源部中央办公室	动员鼓励公民参与环境与自然资源的保护和管理，实现对资源的可持续利用，满足当代与后代发展的需要	>200员工
林业管理办事处	向环境和自然资源部及其各驻地办事处提供技术指导，以便有效的保护、开发和利用森林环境和自然资源	>100员工
环境和自然资源部地区办事处共17个地区办事处	在区域层面监督和指导森林环境和自然资源的保护、开发和利用	平均每个地区办事处有150名员工
环境和自然资源省级办事处共77个省级办事处	在省级层面监督和指导森林环境和自然资源的保护、开发和利用	平均每个省级办事处有60名员工
环境和自然资源社区办事处共140个社区办事处	在社区层面监督和指导森林环境和自然资源的保护、开发和利用	平均每个社区办事处有55名员工

（二）林业政策与法律法规

在菲律宾，涉及森林和林地管理的主要政策有"705号"总统令，即1975年菲律宾林业法，其他的一些法律法规还包括1992年的《综合保护区体系法》（共和国第7586法令）、1995年颁布的《社区森林经营策略》（第263号行政命令）、2011年颁布的《采伐禁令法》（第23号行政命令）和2011年的"绿化规划"（第26号行政命令）（表9）。

菲律宾森林管理局在1997年宣布大约190万公顷的森林将被开发用于经济林种植，其中包括私营公司开发的天然林（主要为天然残留林），但是所有开发活动必须遵循合法性木材产品保障体系、人工林管理协定和人工林租赁协议规定。

1995年，菲律宾政府签署了第263号行政命令，宣布社区森林经营应成为菲律宾实现林业可持续发展的一个战略。在接下来的20多年里，菲律宾政府已在森林生态系统恢复和控制林地内非法经营活动等方面作出了积极的努力。与此同时，政府采取了一系列方法和政策来促进这一目标的实现,如以家庭林场为基础的造林计划、高地发展计划和全社会动员的造林计划。同时政府还开发了多种森林经营方案,如社会化森林综合管理项目、林地放牧管理项目、森林土地使用协议和旅游林地使用协议等。这些方案和项目旨在对开阔林地进行恢复和发展,并增加木材和其他林产品的供应。然而,菲律宾政府仍然强调社区森林经营的重要性,并把其理念贯穿到所有涉及林业的项目和工程中。

自从 2011 年菲律宾政府发布了第 23 号行政命令,特别是明令禁止对天然林的采伐以来,菲律宾环境和自然资源部不准许向任何组织或机构签发针对天然林和残留天然林展开伐木的合同或协议(如森林综合管理协议、社会化工业森林管理协议、社区森林经营协议等)。同样的,菲律宾环境和自然资源部也不准许向任何组织或机构签发在天然林和残留天然林中开展砍伐活动的许可证。但公共工程和公路部门仍具有清理道路通行权,以及为树木规模化种植而进行的场地准备、森林培育措施等类似活动的特许权。然而,在这些活动开展中所获取的木材必须上交给菲律宾环境和自然资源部进行处理。

在菲律宾,进行木材采伐需要获取木材采伐许可协议、森林综合管理协议、工业树木种植协议、社会化工业森林管理协议,或社区参与的森林经营计划所要求的森林经营与管理协定等。此外,菲律宾环境和自然资源部批准了木材和非木材产品的年度允许开采量,以确保资源开发与利用的可持续性。

表 9 菲律宾在森林管理和林业发展方面的主要法律和政策

政策、法律或法规	颁布年份	重要意义或内容
705 号总统令	1975	有关菲律宾的森林与林地生态系统的保护与恢复,以及林业产业的发展与管理
共和国第 7586 法令	1992	颁布综合保护区体系法,打造生态系统和生物多样性保护体系,以确保菲律宾的所有本土动植物可以在较长的一段时间内(跨越当代与后裔)存活下来
第 263 号行政命令	1995	以社区为基础的森林经营策略,通过与当地社区合作的方式来恢复森林面积,以及控制在森林区域非法活动发生
第 318 号行政命令	2004	明确提出森林可持续经营管理理念
第 23 号行政命令	2011	自 2011 年起,全面禁止对天然林和残余天然林中的一切树木进行砍伐。
第 26 号行政命令	2011	绿化规划项目启动,目标是 6 年(2011—2017 年)在全国 150 万公顷的土地上种植 15 亿棵树。

七、林业科研

在 1987 年菲律宾环境和自然资源部重组期间,菲律宾生态系统研究与发展局专设办事机构,以协助环境和自然资源部,以及其他相关部门或机构获取有关菲律宾的森林、草原、高地农场、沿海地区、淡水地区、城市生态系统和退化生态系统的信息,并提供相关技术和支持服务。作为菲律宾环境和自然资源部的研究与开发部门,菲律宾生态系统研究与发展局旨在为生态系统和自然资源,特别是林业资源的可持续开发与利用提供专业指导与技术支持(表10)。

表10 菲律宾的主要林业科研体系

机构名称	机构简介	研究重点
菲律宾生态系统研究与发展局	它是菲律宾环境和自然资源部下属的主要研究机构,负责自然资源的研究与开发	主要关注森林、高地农场、草原、淡水和海洋生态系统,以及退化、沿海及城市地区
菲律宾大学洛斯巴诺斯分校——林产品研究与开发研究所	促进林学研究发展,并提供与木材资源利用和非木材林产品相关的信息和技术	木质与非木质林产品的开发利用
菲律宾水产和自然资源研究发展理事会——科学和技术部	最初是为农林业研究提供一个指导方向,现已发展成为一个协助政府对自然政府展开深入研究的顶尖组织	重点关注农作物、畜牧业、林业、渔业、水土和矿产资源

在2015年,根据实际需要菲律宾生态系统研究与发展局进行了结构重组,其地区办事处一共划分为6个中心,包括:①流域和水资源研究中心;②土地管理及农林复合经营技术研究中心;③生物多样性、沿海湿地和生态旅游研究中心;④采矿和退化地区恢复研究中心;⑤森林和木材资源研究中心;⑥城市有毒物质和危险废物研究中心。其中森林和木材资源研究中心在分析菲律宾的森林和木材资源状况的基础上,从生产、进出口、消费等方面较为系统地研究了菲律宾木材供需状况,而土地管理及农林复合经营技术研究中心则侧重于应用研究,其主要目标之一是推动土地管理、农林复合系统和高地耕作的技术商业化进程。

八、林业教育

林业专业教育是菲律宾最古老的专业之一,可以追溯到西班牙殖民统治时期,当时,西班牙政府从自身的林业管理机构调遣人员在菲律宾开展林业社会化服务。正式的林业教育始于1910年,菲律宾大学的洛斯巴诺斯分校是第一所专门设立林业专业的大学,其主要目标是为菲律宾的林业部门培养经营管理人才、专业技术人才和基层实用人才,后随着社会发展学校专门成立了林学院并下设林业生物科学系、森林资源管理系、造林与森林服务科学系、社会林业系和木材科学技术系,并开设了四年制林业科学学士学位。

迄今为止,菲律宾共有75所提供林业相关课程并授予学位的大学和专科院校,其中的一些学校还开设了林学衍生专业课程并授予相关学位,并且这些学校绝大部分为政府所有和管理。此外,诸如菲律宾发展研究院等一些科研机构还专门组织开展了教育实践活动,以便协助菲律宾环境和自然资源部在保护区内及周边区域更好地实施与开展生物多样性保护,生态旅游规划和管理等活动。

新加坡(Singapore)

一、概　述

新加坡古称淡马锡，位于马来半岛南端、马六甲海峡出入口，北隔柔佛海峡与马来西亚相邻，南隔新加坡海峡与印度尼西亚相望。新加坡是一个城市经济体，1965年脱离马来西亚正式独立建国，国土面积724.4平方千米，由新加坡岛及附近63个小岛组成，其中新加坡岛占国土面积的88.5%。新加坡总人口568.6万(中国外交部，2020)，公民和永久居民403万，华人占74%左右，其余为马来人、印度人和其他种族。英语、华语、马来语、泰米尔语为官方语言。

(一)社会经济

新加坡的经济属外贸驱动型经济，以电子、石油化工、金融、航运、服务业为主，高度依赖中国、美国、日本、欧洲和周边市场，外贸总额是国内生产总值的4倍。2017年2月，新加坡未来经济委员会发布未来10年经济发展战略，提出经济年均增长2%~3%、实现包容发展、建设充满机遇的经济体等目标，并制定深入拓展国际联系、推动并落实产业转型蓝图、打造互联互通城市等七大发展战略。2019年，新加坡国内生产总值为3768亿美元；人均国内生产总值为6.6万美元；国内生产总值增长率为0.8%；通货膨胀率为0.57%；失业率为2.2%。

(二)地形地貌与气候特征

新加坡地势起伏和缓，其西部和中部地区由丘陵地构成，大多数被树林覆盖，东部以及沿海地带都是平原，平均海拔15米，最高海拔163米(武吉知马山)，海岸线长193千米。

新加坡地处热带，长年受赤道低压带控制，为热带海洋性气候，常年高温潮湿多雨。年平均气温24~32℃，日平均气温26.8℃，年平均降水量2345毫米，年平均湿度84.3%。11月至次年1~3月为雨季，受较潮湿的东北季候风影响天气不稳定。通常在下午会有雷阵雨，平均低温徘徊在24~25℃。6~9月则吹西南风最为干燥。在季候风交替月，即4~5月、10~11月，地面的风弱多变阳光酷热，岛内的最高温度可以达到35℃。

(三)自然资源

新加坡自然资源匮乏。农业用地占国土总面积1%左右,产值占国民经济不到0.1%,农业中保存高产值出口性农产品的生产,如种植兰花、热带观赏鱼批发养殖、鸡蛋奶牛生产、蔬菜种植,还有养鱼场。绝大部分粮食、蔬菜从马来西亚、中国、印度尼西亚和澳大利亚进口。

二、森林资源

(一)基本情况

2020年,新加坡森林面积为15570公顷,森林覆盖率为21.49%(表1、图1)。森林类型为典型的热带雨林,主要包括旱地原始林、沼泽原始林、红树林、次生林。主要集中在新加坡岛中部的武吉知马自然保护区。新加坡森林面积很少,全部被划为保护区,用于生物多样性保护,因此新加坡不开展生产性森林采伐。森林全部属于公有,由公共管理部门负责管理。

(二)森林资源变化

新加坡曾经整个岛屿都被热带雨林所覆盖,自1819年英国殖民后,由于缺乏生态保护的意识,除了沿海的红树林,1/3国土面积的森林被砍伐,作为木材出口到英国,剩下森林也由于伐木和收集薪柴受到了严重的破坏。1848年,考虑到对气候产生的影响,开始禁止破坏山上的森林,从而使武吉知马地区保留下少部分的原始森林。1882年,植物园的负责人调查该岛屿的植被覆盖情况,仅有7%的土地被森林覆盖,大片红树林存活到20世纪,但被大量砍伐用作柴火,红树林区域被开垦用于农业或养虾。新加坡独立后,政府增加了对植树和绿化的重视,开始大量补种树木。政府于1963年,推行了植树运动,目标是每年种植1万棵树。1971年11月,设立了首个植树节,1973年,成立了花园城市行动委员会。此后10年时间,城市初步实现了绿化。1990年6月,国家公园委员会作为发展部下属的法定委员会成立,以管理和改善包括新加坡植物园以及自然保护区在内的国家公园。新加坡政府重视城市绿化,新加坡的绿化率从1986年的35.7%上升到2007年的46.5%。最近10年,绿化率稳定在46.5%~47%(2019年)。2020年3月,新加坡正式开展"一百万棵树"运动,国家公园管理局与社区合作,在未来10年内在全岛种植100万棵树。

根据2020年联合国粮食及农业组织森林资源评估报告,1990—2000年,新加坡森林面积由14830公顷增加至17010公顷,年均造林218公顷;2000—2010年,新加坡森林面积由17010公顷增加至17740公顷,年均造林73公顷。2010—2020年,新加坡森林面积由17740公顷减至15570公顷,年均减少217公顷。海岸退化导致的红树林减少,经济发展压力、土地开垦、沿海改造、修建堤坝工程等是新加坡森林面积减少的主要原因。

表1 新加坡森林覆盖率变化统计

年份	1990	2000	2010	2015	2016	2017	2018	2019	2020
森林覆盖率(%)	20.47	23.48	24.49	22.74	22.49	22.24	21.99	21.74	21.49

数据来源：联合国粮食及农业组织(2020)。

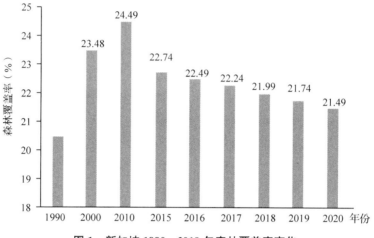

图1 新加坡1990—2019年森林覆盖率变化

三、生物多样性

新加坡位于巽他生物多样性热点地区，尽管面积较小，但在众多栖息地拥有丰富的生物多样性。新加坡非常重视生物多样性的保护，自1986年11月以来，新加坡一直是《濒危野生动植物种国际贸易公约》的缔约国，但本底情况并未调查清楚，国家公园管理局官方预估其境内有23000~28000种陆地生物和12000~17000种海洋生物。

(一)植物

新加坡是东南亚植物收集密度最高的经济体，也是世界上植物收集密度最高的经济体之一。新加坡的植物物种分布比例被评估为25.9%草本植物、9.8%灌木、37.2%乔木、13%附生植物和14%攀缘植物。其中，73.5%的物种是低地森林物种。大多数草本植物属于禾本科(Poaceae)、莎草科(Cyperaceae)和蕨类植物(Euphorbiaceae)；攀缘植物主要是茜草科(Rubiaceae)、藤本和番荔枝科(Annonaceae)；而乔木主要是大戟科(Euphorbiaceae)。

(二)动物

新加坡动物资源丰富。根据国家公园委员会统计，大约有69种哺乳动物、390种鸟类、121种爬行动物、31种两栖动物、337多种蝴蝶、133种蜻蜓和86种鱼类。在中央集水区自然保护区和附近的武吉知马自然保护区是动物的主要栖息地,也拥有新加坡唯一的原始森林。乌敏岛和德光岛的东北部也有丰富的野生动物,双溪布洛湿地保留区是候鸟的主要栖息地,还有螃蟹、弹涂鱼和泥龙虾等。武吉巴督自然公园、实马高岛是珊瑚礁的家园。

1. 哺乳动物

目前,新加坡约有 69 种哺乳动物,有记录的种类超过 90 种,包括大型动物如老虎,豹子和黑鹿等,大多数物种由于城市的快速发展已经灭绝了,偶尔有大型哺乳动物如亚洲象(*Elephas maximus*)从马来西亚的柔佛海峡游到新加坡来。莱佛士斑叶猴(*Trachypithecus obscurus*)也减少至大约 60 只。其他物种也在偏远的地区被重新发现,如 2005 年在德光岛发现了马来西亚豪猪(*Hystrix brachyura*),2009 年在乌敏岛发现了大鼷鹿(*Tragulus napu*)。一些常见的本土物种是长尾猕猴(*Macaca fascicularis*)和大蕉松鼠(*Callosciurus notatus*)。目前,发现的最大的陆生哺乳动物是野猪(*Sus scrofa*),在乌敏岛和德光岛的沿海岛屿特别常见,但在大陆上也有发现。然而,新加坡最大的哺乳动物是海洋生物,如儒艮(*Dugong dugon*)和海豚(*Delphinidae*)。

2. 鸟类

新加坡拥有 390 种鸟类种,有 30 种是人类引进的,不同鸟类有特定的栖息环境,林鸟集中在中央集水地带自然保护区;涉水鸟在双溪布洛湿地保护区;而新加坡植物园是各类园地鸟的乐园;克兰芝湿地则是湿地鸟的聚集地,为超过 170 种鸟类提供栖息地,这些鸟类包括 22 种当地濒危鸟类,如紫尾鸡(*Porphyrio porphyrio*)、蓝冠短尾鹦鹉(*Loriculus galgulus*)、蓝耳翠鸟(*Alcedo meninting*)和肉垂麦鸡(*Vanellus indicus*)等;其中多罕见的候鸟都藏在比达达利树丛中。

3. 爬行动物

新加坡的爬行动物大多很小或很少见,最大的爬行动物是河口鳄鱼(*Crocodylus porosus*)和网纹蟒(*Reticulated python*),在城市地区最常见的是家壁虎和非本地的变色蜥蜴,引进变色蜥蜴把当地的绿冠蜥蜴(*Basiliscus plumiforns*)推到了森林。在公园里,太阳石龙子十分普遍,泽巨蜥(*Varanus salvator*)在河流和红树林中很常见,另一种是孟加拉巨蜥(*Varanus bengalensis*)生活在森林里,比马来亚圆鼻巨蜥(*Varanus salvator malayanus*)小,鼻孔裂开,颜色较浅,在 2008 年在中央集水区自然保护区重新发现了杜氏巨蜥(*Varanus dumerili*)。在新加坡偏远的城市地区仍然可以看到苏门答腊喷毒眼镜蛇(*Naja sumatrana*),更大的眼镜王蛇(*Ophiophagus hannoh*)则要罕见得多,金环蛇(*Bungarus fasciatus*)有时会出现在公路上,还有 2 种珊瑚蛇和 9 种海蛇。

4. 两栖动物

新加坡的 31 种两栖动物中没有火蜥蜴和蝾螈,常见的是黑眶蟾蜍(*Duttaphrynus melanostictus*)和花狭口蛙(*Kaloula pulchra*),有 5 种引进的物种。

5. 蝴蝶

约半数的蝶来自马来西亚槟城蝴蝶公园,其中 3 种在 20 世纪 50 年代还曾生长于新加坡，但后来绝迹，它们是丽蛱蝶（Parthenos syvia）、黄绢斑蝶（Parantica aspasia）和玄珠带蛱蝶（Athyma perius），另外，花园中也不乏本地公园中常见的蝴蝶，例如宽边黄粉蝶（Eurema hecabe）和美凤蝶（Papilio memnon）。在新加坡现有的蝴蝶中，约八成生活在树叶茂密的自然保护区丛林中，多集中在中央集水区一带，其余20%已经习惯城市中的公园、公园通道和私人花园的生活。

(三) 濒危物种

新加坡农粮兽医局负责管理濒危野生动植物，于1986年成为国际贸易公约成员经济体。根据国家公园委员会的统计，濒危物种按国际贸易公约标准分为三类：第一类是最濒危的动植物，面临灭绝的威胁，禁止这类物种的任何样品进行商业贸易，除了科学研究外，一共有627种，比如小花龙舌兰（Agave parviflora）、白斜子（Mammillaria pectinifera）、旋角羚（Addax nasomaculatus）、薮犬（Speothos venaticus）等；第二类是目前未面临灭绝，但必须进行严格控制的物种，在有贸易公约许可证的情况下可以进行贸易，共495种，比如血檀（Pterocarpus tinctorius）、观峰玉（Fouquieria columnaris）、六趾蛙（Euphlyctis hexadactylus）、黑眶守宫（Paroedura masobe）等；第三类是指在公约其他成员经济体内面临灭绝或已经在控制其数量的物种，需要与之合作，避免非法捕获和交易的物种，需要对方出口经济体的公约许可证才可进口到新加坡，共170种，如尼泊尔的买麻藤（Gnetum montanum）、俄国的红松（Pinus koraiensis）、古巴的侏儒守宫（Sphaerodactylus torrei）、印度的渔游蛇（Xenochrophis piscator）等。

根据世界自然保护联盟濒危物种发布的新加坡红色名录中，新加坡植物种类约有4700余种，其中568个物种收录在红色名录中，属于极危等级有11种，如角状龙脑香（Dipterocarpus cornutus）、马来沉香（Aquilaria malaccensis）等；濒危等级有17种，如疏花（深红）娑罗双（Shorea pauciflora）、大花龙脑香（Dipterocarpus grandiflorus）等；易危等级有43种，如多穗罗汉松（Podocarpus polystachyus）、巴豆叶安息香（Styrax crotonoides）等；近危等级有13种，如卵叶海桑（Sonneratia ovata）、矛胶木（Payena lucida）等；数据缺乏有12种，如香花芒（Mangifera odorata）等。

表2 新加坡高等植物濒危情况

濒危等级	蕨类植物	裸子植物	被子植物	总数
极危级	0	0	11	11
濒危级	0	0	17	17
易危	0	1	42	43
近危	0	0	13	13
低风险	0	0	115	115
无危级	10	3	344	357
数据缺乏	1	0	11	12
总计	11	4	553	568

来源：世界自然保护联盟红色名录（2020）。

动物中一共有2659种列入红色名录，其中的脊椎动物有270种，极危等级物种有22种，如远洋白鳍鲨(*Carcharhinus longimanus*)、白腹军舰鸟(*Fregata andrewsi*)等；濒危等级有31种，如孟加拉虎(*Panthera tigris*)、灰鲭鲨(*Isurus oxyrinchus*)等；易危等级有55种，如大孔沙条鲨(*Chaenogaleus macrostoma*)、雷氏蹄蝠(*Hipposideros ridleyi*)等；近危等级有91种，如东方宽吻海豚(*Tursiops aduncus*)、紫顶咬鹃(*Harpactes diardii*)等；数据缺乏有71种，如银杏齿喙鲸(*Mesoplodon ginkgodens*)、点斑水蛇(*Enhydris punctata*)等。

表3 新加坡脊椎动物濒危情况

濒危等级	鱼类	两栖类	爬行类	鸟类	哺乳类	总数
极危级	12	0	2	7	1	22
濒危级	15	0	3	8	5	31
易危	25	0	4	15	11	55
近危	21	4	2	57	7	91
数据缺乏	58	1	6	1	5	71
总计	131	5	17	88	29	270

来源：世界自然保护联盟红色名录(2020)。

(四)生物多样性的保护

新加坡的国家公园管理局于2009年制定并启动了新加坡国家生物多样性战略和行动计划——《保护我们的生物多样性》，为指导新加坡生物多样性保护工作提供了框架。它旨在促进生物多样性的保护，同时作为一个没有内地的人口稠密的经济体，必须采取务实的方法进行保护，并为应对挑战提出独特的解决方案。同时提出建立政策框架和具体措施，以确保在可持续利用、管理和保护生物多样性方面进行更好的规划和协调。

新加坡国家公园管理局根据生物多样性公约战略计划和现实情况于2019年5月，更新了新加坡生物多样性战略和行动计划，由生物多样性中心管理，这将有助于更好地跟踪新加坡的生物多样性保护工作，这也将有助于实现全球目标。此外，2006年5月，成立的生物多样性中心，成为国家公园委员会作为新加坡自然保护科学权威的管理的有力支撑，也是新加坡生物多样性保护相关信息和活动的一站式中心。

四、自然保护地

新加坡重视自然生态系统的保护。截至2020年，新加坡共建有24处自然保护地，主要为针对各种类型森林的自然保护区和针对公园和水体保护的保护地。

(一)自然保护区

新加坡共建4处自然保护区,分别是武吉知马自然保护区、中央集水区自然保护区、双溪布洛湿地保护区和拉布多自然保护区,覆盖了新加坡境内的大部分自然栖息地,如原始旱地森林、高大次生林、淡水沼泽、岩石海岸、红树林、泥滩、海草床和珊瑚礁等,总面积约为3347公顷。

1. 武吉知马自然保护区(163公顷)

该保护区包括低地和沿海丘陵龙脑香树林。该保护区中约有一半由原始森林组成,而另一半则显示出过去受到严重干扰的迹象。保护区的中心是海拔164.3米的武吉知马山,也是新加坡的制高点。保护区内有各种珍奇鸟类、蝴蝶、猴子、松鼠、猫猴等动物,以及食虫植物。

2. 中央集水区自然保护区(3043公顷)

该保护区包含零散的原始低地龙脑香林。根据年龄、成熟度和树木种类不同而质量各异的高大次要森林以及淡水沼泽森林。水库的表面也构成了自然保护区的一部分。

3. 双溪布洛湿地保护区(131公顷)

这是一处以湿地为主的自然地带,由于候鸟在此越冬的习性而受到重视,1989年由新加坡发展部划为自然保留区,将原有的渔牧业者迁出后建成了自然公园,并于1993年12月6日正式开园。该保护区包含红树林、泥滩、河流以及废弃的鱼虾池塘,这些池塘正逐渐恢复为自然的微盐湿地类型。

4. 拉布多自然保护区(10公顷)

该保护区包含次生沿海森林,其中大部分是自第二次世界大战以来成长起来的,还有一些更原始,更早期的森林。

(二)其他保护地

新加坡针对公园和水体保护计划建立的20个保护地包括:布罗诺克和乌姆保护地、武吉巴督自然保护地、武吉知马自然保护地、板栗自然保护地、格玛拉路、肯特岭校园(Kent Ridge Campus)、肯特岭公园(Kent Ridge Park)、克兰芝红树林(克兰芝自然公园)、克兰芝水库沼泽地、花柏山公园、巴西立自然保护地、提孔红树林、乌敏岛自然保护地、射击场、圣淘沙自然保护地、新加坡植物园雨林区、姐妹岛海洋自然保护地、Surgei China(Lim Chu Kang)、Sungei China(Wodlands)和直落布兰雅山公园。

五、林业产业发展

新加坡作为城市经济体,以建设城市花园为主,林木产品依靠进口,以原木、锯材、人造板和纸与纸板为主。2012年木材贸易逆差达7.9亿美元,2014年贸易逆差转为贸易顺差，为 0.3 亿美元。此后逐年上升，到 2019 年，新加坡林产品进口额为 17.3 亿美元，出口额为 21.9 亿美元，贸易顺差达 4.6 亿美元。新加坡近年来进出口额最大的林产品为纸和纸板，2019 进口额为 19.7 亿美元，出口额为 24.0 亿美元(表4、表5)。

表4　2010—2019 年新加坡主要林产品进出口情况

年份	木质燃料(立方米)		原木(立方米)		锯材(立方米)		人造板(立方米)		纸和纸板(吨)	
	进口量	出口量	进口量	出口量	进口量	出口量	进口量	出口量	进口量	出口量
2010	91	277	16365	2903	231007	45901	348922	83409	1818002	446862
2011	448	108	15258	620	235841	49512	431330	114522	2769179	452401
2012	320	3723	23637	5410	354660	92020	507388	84270	2577104	1050890
2013	307	5122	16327	9187	357870	31420	507640	77946	2611088	1160540
2014	230	4406	21306	10299	282072	23824	491825	101310	2498119	1667345
2015	139	2866	37590	5533	146282	44602	330745	45354	2411520	1495103
2016	542	1769	53625	5581	132036	22744	329298	39929	2417028	1620548
2017	462	2727	78308	40796	112768	20005	269741	35592	3303404	2363535
2018	609	1774	44585	22604	150953	34020	304023	39521	2537380	1873350
2019	609	1774	44585	22604	170379	27731	231760	37038	2537380	1873350

来源：联合国粮食及农业组织统计数据库(2020)。

表5　2010—2019 年新加坡主要林产品进出口贸易额　　　　　　　　　　万美元

年份	木质燃料		原木		锯材		人造板		纸和纸板	
	进口	出口	进口	出口	进口	出口	进口	出口	进口	出口
2010	3.8	7.0	154.4	127.6	11409.8	4900.0	14526.2	3418.8	143509.7	136727.3
2011	12.8	3.0	154.5	52.73	12273.6	5163.6	17204.2	4232.7	233759.6	145367.8
2012	6.8	37.0	176.3	170.6	10956.1	4459.1	18849.5	3681.4	215798.1	113077.8
2013	6.5	77.2	216.5	680.5	9720.6	2489.8	19518.0	3223.1	206338.2	116496.0
2014	7.7	162.5	1469.0	400.0	9016.9	2253.2	18424.2	4410.7	202998.3	233081.4
2015	6.9	112.5	296.6	203.1	5289.8	1978.2	16804.1	2937.3	175312.9	222056.1
2016	18.3	62.2	400.7	211.4	4485.8	1189.7	13969.1	2176.2	173787.7	213301.4
2017	18.1	101.5	2812.9	2826.7	3612.5	906.1	12748.3	2150.5	216120.1	254296.0
2018	27.4	65.6	801.7	620.0	4232.7	1881.3	13081.8	2509.0	197217.2	240262.6
2019	27.4	65.6	801.7	620.0	4601.2	1673.4	11627.3	2437.5	197217.2	240262.6

来源：联合国粮食及农业组织统计数据库(2020)。

六、林业管理

(一)林业管理机构

新加坡作为一个经济发达的城市化经济体，没有传统意义上的林业管理机构，长

期以构建城市公园的方式来发展城市绿化，其发展政策也从"创建花园城市"同"在花园中创建城市"逐步转变。

新加坡最早的林业管理可以追溯到1883年，由当时植物园下属的林业部门管理，直至1895年，正式将森林事务移交给土地局。新加坡独立后，1967年新加坡政府制定了"花园城市计划"，成立公园和树木专业小组，由公共工程部门设立的。1970年，成立花园城市行动委员会，目的是监督整个岛屿的绿化政策，并协调各个政府机构在这方面的活动。1973年，新加坡植物园与公园和树木部门合并，并最终在1975年成为发展部下属的公园和娱乐部门。同年，通过了《公园和树木法案》。该法案规定了促进和维持新加坡绿化的准则。1990年，新加坡成立国家公园管理局，并于1996年7月，对国家公园管理局进行了扩展，合并公园和娱乐部门的职能。

新加坡国家公园管理局牵头负责维护花园城市及其路边的绿化以及新公园的开发和现有公园的升级，同时着手开发综合的公园连接器网络，以将岛上的公园和绿地带给社区。

新加坡国家公园管理局确定了6个关键区域，这些区域构成了"在花园中创建城市"的框架，并且邀请新加坡人民在这些想法的基础上或提出新的想法来共同创建更绿色的家。以新加坡作为花园中的亲生物城市所取得的成就为基础，并进一步将自然融入城市中，以增强新加坡作为高度宜居城市的独特性，同时减轻城市化和气候变化的影响，让新加坡人民更能够享受到空气和水更清洁，减缓气候变暖，创建对健康和福祉有益的环境，将新加坡转变为自然之城。

（二）林业政策

新加坡为实现其花园城市的目标，建立健全了城市绿化的法律制度，并加以严格执行。从20世纪70年代开始，先后出台了公园与树木保护法的相关政策，城市绿化权责分明。例如，城市道路两旁的绿地、树木归国家公园管理局管辖，市镇中小区公园、绿地由开发商建设，市镇理事会维护；任何人不得随意砍树，所有的行道树都有编码，要砍伐都要经过审批；任何部门都要承担绿化的责任，没有绿化规划，任何工程不得开工，一年内不开工的土地必须绿化；住宅小区的绿化必须达到总用地的30%~40%。政府在培养绿化意识的同时，对损坏绿化的行为实行严厉处罚，包括大额罚款以及一定时限的人身强制。

新加坡一直将栽植树木作为其城市森林发展的一项长期战略举措，充分发挥森林的环境美化和服务功能。绿化建设并不仅仅是政府主管部门的责任，从政府工作人员到普通市民都要坚持参加一年一度的植树运动；各居住小区、学校、企业都有自己养护的绿地；所有的绿化工程都要征求市民的意见和建议；鼓励市民承包或租赁公共绿地、花木、公园设施，以达到全民参与环境建设的目的。所有的建设项目，如街道、建屋、开发土地的绿化都作为项目建设的组成部分，经国家公园管理局审批后，按照绿化规划予以落实，验收合格后移交国家公园管理局管理。对于大面积的绿化养护、树木花草的管护、公园设施的维护、绿地的建设等，都用招标的方式承包或租赁经营。

(三)林业法律法规

新加坡为实现其"花园城市"的目标，健全了城市绿化的法律制度，并加以严格执行。从20世纪70年代开始，先后出台了《动物和鸟类法》《公园与树木法》《国家公园管理局法》等法律法规，城市绿化权责分明。此外，除了严厉的惩罚措施，新加坡法律也向为绿化作出贡献的人提供奖励。

1.《国家公园管理局法》(第198A章/1996年第22号法案，2012年7月修订)

《国家公园管理局法》是建立国家公园管理局并规定其职能和权力以及与此有关的事项的法律。

2.《公园和树木法》(第216章/2005年第4号法案，2006年7月修订)

《公园和树木法》是一项法案，旨在在国家公园、自然保护区、树木保护区、传统道路绿色缓冲区和其他指定区域内以及与之有关的事项中种植、维护和养护树木和植物。

3.《动物和鸟类法》(第7章/1965年第3号法案，2002年12月修订)

《动物和鸟类法》是一项防止动物、鸟类或鱼类疾病传入新加坡并在新加坡传播的法案；用于控制动物、鸟类和鱼类进出新加坡和从新加坡进出的运动；防止虐待动物、鸟类或鱼类；用于与新加坡动物，鸟类或鱼类的一般福利和改善有关的措施，以及附带的目的。

4.《野生动物法》(第351章/1965年第5号法案，2000年12月修订)

未经野生动物管理总干事的书面批准，《野生动物法》禁止饲养、释放、杀死、诱捕，捕获和养护野生生物，并规定野生生物的进口、销售和出口。

5.《植物控制法》(第57A章/1993年第18号法案，2000年12月修订)

《植物控制法》规定了植物和植物产品的种植、进口、转运和出口，植物和植物产品免受病虫害的侵害，对有害生物传入新加坡的控制。农药的使用及与之相关的措施发展和改善新加坡的植物产业。

6.《濒危物种(进出口)法》(第92A章/2006年第5号法案，2008年1月修订)

《濒临物种(进出口)法》是通过控制某些动植物及其零件从海洋的进口、出口、再出口和引进，使《濒危野生动植物种国际贸易公约》生效的法案，以及此类动植物的衍生物，以及与此有关的事项。

七、林业科研

新加坡没有独立的林业科研机构，仅在新加坡植物园中设立热带植物研究所，开展植物学相关的研究。新加坡植物园由新加坡政府法定委员会国家公园委员会管理，该植物园在 2015 年 7 月 4 日的世界遗产委员会第 39 届会议上被联合国教科文组织列为世界遗产，也是联合国教科文组织《世界遗产名录》中的第一个也是唯一的热带植物园。

植物园通过收集、种植、试验和分配潜在有价值的植物，在促进新加坡及该地区的农业发展中发挥了重要作用。最重要的成就之一是巴西橡胶树的引入、试验和推广，使橡胶树成为 20 世纪初为东南亚地区带来巨大繁荣的主要农作物。此外，植物园从 1928 年起，率先开展了兰花育种工作，并在其实验室中率先采用的新体外技术的推动下开始了兰花杂交计划。

现今植物园中设立有热带植物研究所。目前，共有 37 名职员，从事植物标本、植物园艺图书馆、分子生物学与微繁殖、兰花育种与引种、种子库相关工作。

八、林业教育

新加坡现有的新加坡理工学院、义安理工学院、淡马锡理工学院、新加坡南洋理工学院、共和理工学院、新加坡国立大学、南洋理工大学、新加坡科技设计大学、新加坡管理大学 9 所公立高等院校中，开设有生物学的课程，没有林业专业课程和人才培养项目。

斐济（Fiji）

一、概　述

斐济地处南太平洋中心，位居澳大利亚的东北部，距离新西兰北端约 1500 千米。斐济是一个典型的太平洋岛国，一共由 332 个岛屿组成，国土面积 18270 平方千米，其中维提岛和瓦努阿岛是斐济最大的 2 个岛屿，约占国土总面积的 85%。在斐济，约有 3/4 的人口居住在维提岛海岸的苏瓦、楠迪和劳托卡等城市，而在以高原山地为主的维提岛内陆居住的人口则相对较少。首都苏瓦位于维提岛的东南沿海，临近苏瓦湾。斐济总人口约 91 万人，其中大部分是斐济族人（属于美拉尼西亚人），一些居民也有着波利尼西亚或印度血统，此外，一些居民还有着欧洲或亚洲的血统，或者是其他太平洋岛屿少数民族的后裔。斐济人民尽管保留着不少独特的传统文化，也是其日常生活中不可或缺的重要组成部分，然而在过去的一个世纪中，斐济社会深受印度、中国为代表的亚洲，以英国为代表的欧洲，以及太平洋邻国（尤其是汤加、萨摩亚等国）外来文化的影响，形成了特有的多元文化格局。

（一）社会经济

斐济的经济以农业为主，农业收入占国民生产总值的 20% 以上。在斐济，农业发展以种植甘蔗、椰子、香蕉、芋头、木薯等热带经济作物为主，其中制糖业是斐济国民经济发展的一个重要支柱产业，因此有太平洋"甜岛"之称。斐济的旅游资源也很丰富，是世界知名的旅游胜地，美丽的风光和多彩的文化吸引着来自世界各地的游客前往探寻神秘的海岸、浪漫的岛屿、茂密的雨林和唯美的珊瑚礁，旅游业在其经济发展过程中也占着十分重要的地位。斐济还有着丰富的渔业资源，主要包括金枪鱼、石斑鱼、苏眉鱼、笛鲷、鲨鱼、旗鱼、剑鱼、海参等具有重要经济价值的海产品，渔业是斐济经济的一个传统产业，也是近年来发展较快的产业之一，出口额占斐济出口总额的近 10%。

斐济是太平洋岛国中经济实力较强、发展较好的经济体。自 2012 年以来斐济的经济实现连续 8 年增长，一直处于良性发展势态。斐济政府较为重视发展民族经济，特别是发展私营企业，建立宽松的政策环境，以及促进投资与出口，正逐步把斐济经济发展成为"高增长、低税收、富有活力"的外向型经济。总之，斐济是太平洋岛国论坛、南太旅游组织等许多机构总部及联合国地区机构所在地，在南太地区具有重要的影响力。

(二)地形地貌与气候特征

斐济的诸多岛屿为1.5亿年前火山活动的结果,即使在今天,瓦努阿岛和塔韦乌尼岛上还时不时会有一些地热活动的发生,绝大多数的山地已被郁郁葱葱的热带雨林所覆盖。斐济的东部地区降雨较多,且热带植被生长良好,相对比较干燥的西部则是蔗糖和椰油的重要产地。斐济的海拔最高点是托马尼维火山,其最高峰为1323米,而海拔最低点为海平面0米。在斐济,岸礁、堡礁和环礁构成了不同寻常的地形地貌,到处充满着海洋的原始美感,促成了无与伦比的自然奇观,成为全球热门旅游地之一。

斐济既没有高温酷暑,也没有低温严寒,是典型的热带海洋气候,全年均受到自东向东南方向的信风影响,其中每年5~10月,东南信风会带来干燥天气,每年11月至次年4月,东南信风则会促成大量的降水及雨季的形成。在斐济全境,降雨量因地理位置的不同而会发生显著变化,东南信风携带充足的水汽,使得位于维提岛和瓦努阿岛地区的山地迎风面呈现出湿润的气候带,而其背风面则表现为干燥的气候带。因此,斐济的这些岛屿表现出明显的干燥或湿润气候分布特征,对于干燥地区,年平均降水量一般为2000毫米左右,对于湿润地区,年平均降水量就要明显增高,海岸地带的年平均降水量约3000毫米,山区地带的年平均降水量则超过6000毫米。

(三)自然资源

斐济的矿产资源较为丰富,其中黄金资源储量很大,还有银、铜等有色金属;近海区域还蕴藏着丰富的石油资源。斐济还拥有丰富的热带木材资源,以出产优质硬木和松木而闻名于世,尤其是桃花心木,斐济是全球大叶桃花心木种植面积最大的经济体。斐济盛产金枪鱼、旗鱼、剑鱼等极具商业价值的海洋经济鱼种。斐济海水清澈,珊瑚广布,有多个世界级潜水和冲浪区,陆上则有瀑布、岩洞、雨林等自然景观和独具特色的土著群落,生态旅游资源十分丰富。

二、森林资源

(一)基本情况

斐济2016年的森林面积有102.21万公顷,森林覆盖率约为56%,从1997年的97.22万公顷增加到2016年的102.21万公顷。斐济大约有44%的森林可被归为生物多样性丰富程度和贮碳密度最高的原始林,大约38%的森林可被归为自然再生林,而人工林仅占森林总面积的17%左右,主要经济林树种包括桃花心木(*Swietenia mahogoni*)、古巴加勒比松(*Pinus caribaea*)、檀木(*Santalum album*)和柚木(*Tectona grandis*)。

(二) 森林类型

斐济的森林一共分为 4 种类型：

1. 封闭的森林

低地阔叶热带雨林：分布在维提岛和瓦努阿岛，主要是由 20~30 米高的树木混合而成，大部分是生长在陡峭土地上的原始斐济物种，但大部分被迁移到平坦的土地上，最低年降水量为 2500 毫米，包括 40~50 种被子植物物种。

云林：这是一种独特的生态系统，森林生长迟缓，存在于斐济海岸附近海拔 600 米以上和内陆 900 米以上的山顶和山脊，生长迟缓与温度较低、风大、光照水平较低等因素有关，这些因素会降低光合作用，同时过量的水分会加速养分的流失，降低土壤的通气性，普通低地物种一般不会出现在云林中，在海拔 1200 米的地方有紫金牛属的树种 (*Ardisia brackenridgei*)、樫木 (*Dysoxylum lenticellare*)、灰莉属的树种 (*Fagraea vitiensis*) 等物种，在海拔 800 米处可以看到几种常见的低地植物包括鸡骨常山属的树种 (*Alstonia vitiensis*)、秋枫属的树种 (*Bischofia javanica*) 和红厚壳属的树种 (*Calophyllum neo-ebudicum*) 等。

阔叶干燥森林：斐济原始干燥森林大部分已被放牧和火灾摧毁，在维提岛已经没有原始的干燥森林，取而代之的是木麻黄 (*Casuarina equisetifolia*)、相思树 (*Acacia confusa*) 等构成的森林；瓦努阿岛则是以檀木和木麻黄为主，但在 19 世纪早期，斐济的檀香贸易严重破坏了这些森林，目前该物种只能作为少数的残存种群生存下来。

红树林：斐济最丰富的红树林生长在潮汐带，被泥土覆盖的河岸周围，尤其是主要的三角洲河口处，有 7 种红树林物种。

沿海森林：原来是以木麻黄或露兜树 (*Pandanus tectorius*) 纯林分为主的区域，现在被海棠果 (*Malus prunifolia*)、椰子 (*Cocos nucifera*)、橙花破布木 (*Cordia subcordata*) 等混交林取代。

山地混交雨林：在维提岛、瓦努阿岛和塔韦乌尼岛海岸附近 400 米以上和内陆 600 米以上的地区，山地雨林的外貌与低地森林不同，树冠较低，气温较低，降雨量普遍较高。

混交干燥森林：目前典型的斐济干燥森林(主要为针叶树)已不复存在，现在的混交干燥林还包括其他裸子植物和硬木植物，比如罗汉松 (*Podocarpus neriifolius*)、方木麻黄属树种 (*Gymnostoma vitiense*) 等物种。

2. 开放森林

阔叶淡水森林湿地植被：主要分布在河流沿岸的泥炭或潜育土中，排水性差，主要有露兜树、柏氏灰莉 (*Fagraea berteroana*) 等树种以及在潜育土中生长的黄槿等。

3. 其他林地

包括沿海植被的灌木带和森林休耕地，覆盖了维提岛和瓦努阿岛的 1/3，由于火灾和放牧已退化为一个大草原。

4. 人工林

人工林的种植是为了满足当地对木材的需求，并维持木材产品的可持续出口贸易，种植的主要软木树种是加勒比松，主要的硬木树种是桃花心木和柚木。

（三）森林权属

19世纪英国在其对斐济的殖民统治时期制定了斐济的土地所有制，1875年来自苏格兰的亚瑟戈登被派往斐济担任总督，把苏格兰的土地所有制引入斐济，让斐济原住民拥有土地所有权，并且这个制度体系一直沿用至今。该体制的核心在于土地由斐济的土著族群所拥有。随着1940年斐济国民土地信托局的成立，政府在同年颁布了斐济《国民土地信托法》，并受原住民委托，对斐济的所有土地进行统一管理，既是土地发展过程中的受托人，也是土地的拥有者。

斐济全国约有86%的土地为土著族群所拥有，土地不可出售，未经同意不得租赁，托管的土地期限一般为50~75年，每5年调整一次评估租金，根据具体谈判结果而定；约5%的土地由政府管理，同样不出售，但可以租赁，政府租赁出去的工业用途土地通常为99年期限，每10年调整一次评估租金；约9%的土地为私有土地，单独谈判签约即可。

（四）森林资源变化

1990—2010年，斐济的森林总面积平均每年增加3050公顷（约0.32%），总面积共增加了6.4%，约为6.1万公顷。其中，天然林面积平均每年减少1200公顷（约0.14%），总面积共减少了2.8%，约为2.4万公顷；天然林中的原始林或成熟林面积平均每年减少2050公顷（约0.42%），总面积减少了8.4%，约为4.1万公顷；人工林面积平均每年增加4250公顷（约4.62%），总面积共增加了92.4%，约为8.5万公顷（表1）。

表1 1990—2010年斐济的森林面积变化情况　　　　万公顷

面积	1990年	2000年	2005年	2010年
森林总面积	95.3	98	99.7	101.4
天然林面积	86.1	85	84.4	83.7
原始林或成熟林面积	49	44.5	44.8	44.9
人工林	9.2	13	15.3	17.7

来源：https://rainforests.mongabay.com/deforestation/2010/Fiji.htm。

总的来说，在过去的20年中，斐济的森林面积有所增加，但天然林和原始林（包括成熟林）的面积略有下降，只有人工林的面积在大幅增加。联合国粮食及农业组织2015年的数据报告也显示，虽然斐济的开阔林的面积出现了大幅度的增加（262017公顷），但是具有重要生态意义的郁闭林的面积却减少了142801公顷。此外，在过去的20年中椰子的规模化种植面积也在减少，但加勒比松和硬木的种植规模和面积却大大增加（表2）。在过去的20年里，一些非森林土地已经被逐渐开发转化成为开阔林或者人工林，斐济的非森林土地面积出现了减少。

表2 1990—2010年斐济森林面积的变化情况　　　　　　　　　　　　　公顷

面积	1991年	2010年	总面积变化	年平均变化
郁闭林	704856	562055	-142801	-7516
疏林	152665	414682	262017	13790
古巴加勒比松种植	49620	77577	27957	1471
硬木种植	39220	62987	23767	1251
椰子种植	34560	18790	-15770	-0830
非林地	830285	675115	-155170	-8167
内陆水域	15794	15794	0	0
陆地总面积	1827000	1827000	0	0

来源：联合国粮食及农业组织2015年报告。

三、生物多样性

(一)动　物

在斐济，鸟类是野生动物代表之一。在76种本土陆地和海洋鸟类中，有27种是特有种，特有分布率为48%。在这些珍贵的鸟类中，红喉吸蜜鹦鹉(*Charmosyna amabilis*)和黑脸鹦雀(*Erythrura kleinschmidti*)是2种极度濒危且在全球范围内仅分布于斐济地域的鸟类。斐济还有4种猛禽，沼泽鹞(*Circus approximans*)、仓鸮(*Tyto alba*)、游隼(*Falco peregrinus*)和斐济特有的棕颈鹰(*Accipiter rucfitorques*)。

在斐济，目前已知的两栖爬行和哺乳动物大约有164种，并且多数为特有种。比如极危种斐济冠状鬣蜥(*Brachylophus fasciatus*)只在斐济群岛西北部有着零星分布，斐济的鬣蜥尾巴非常长，占其总长度的2/3以上，身体上有垂直的宽蓝绿色条纹；2种特有青蛙，斐济树蛙(*Platymantis vitiensis*)和斐济地蛙(*Cornufer vitianus*)，地蛙是一种濒危物种；斐济还是6种蝙蝠的家园，包括斐济尖齿狐蝠(*Mirimri acrodonta*)，是斐济特有的，只出现在塔韦尼岛的德苏埃峰的顶峰地区，6种蝙蝠中有4种只吃水果，而另外2种半尾鞘尾蝠(*Emballonura semicaudata*)和斐济獒犬蝙蝠(*Chaerephon bregullae*)则吃昆虫。

斐济还拥有广阔且生物多样性极其丰富的海洋环境，包括河口、海草滩、红树林、大型和微型藻类聚集区、受保护的海滨、环礁湖和珊瑚礁等，其红树林面积在太平洋岛屿地区名列第3(共计51700公顷)。这些海洋环境为多种生物提供了赖以生存的栖息场所，并且为当地人民提供充足的食物，是可持续的生计来源。迄今为止，研究人员已经鉴定和确认了斐济的1198种鱼类，1056种海洋无脊椎动物和1000多种珊瑚。虽然斐济的海洋生态系统有重要的生态、经济和科学价值，但是我们对斐济的海洋生物多样性仍然知之甚少。

斐济虽然有丰富的生态系统和物种多样性，但有25%的鸟类、11.7%的哺乳动物、67%的两栖动物和11%的爬行动物和植物的生存状况已受到威胁或正处于濒临灭绝的境地。此外，海洋生物多样性程度下降趋势也较为明显，现有67%的海洋哺乳动物的生存状况也已受到威胁。

（二）植　物

虽然斐济的野生植物数量相对较少，但特有物种的比例很高，具有重要的科学研究价值。目前已知的维管植物约2600种，其中1600种为本土种，900种为特有种，维管植物的特有分布率为56%。尽管与很多南太平洋岛国相比，有关斐济野生植物的调查研究工作开展得较为充分，且不少新种正在不断被发现，但是科学家估计，斐济尚有数量庞大的野生植物不为世人所知，据报道斐济的野生植物至少由310种蕨类植物和2225种种子植物组成，且这些数字可能还低估了斐济的野生植物多样性程度。

四、自然保护地

根据世界保护区数据库，截至2010年，斐济1.34%的陆地面积被保护（共计48个陆地保护区），其中包括16个森林保护区（表3），总面积26152公顷；17个国家公园，总面积17004.5公顷；7个自然保护地（表4），总面积5737.83公顷。

表3　斐济16个森林保护区一览表

名称	所在地	面积（公顷）	建立年份
塔韦乌尼森林保护区	卡考德罗韦省	11290.7	1914
博鲁特鲁森林保护区	巴省	1197.9	1926
南德瑞瓦图-纳德拉森林保护区	巴省	7400.7	1954
马若尼萨&维尼维特森林保护区	奈塔西里省	77.3	1955
曲雅森林保护区	雷瓦省	67.2	1955
塔武阿森林保护区	巴省	2	1958
拉维勒武森林保护区	卡考德罗韦省	4018.7	1959
瓦格森林保护区	奈塔西里省	24.7	1959
库若塔日森林保护区	卡考德罗韦省	1046.9	1961
雅日瓦森林保护区	塞鲁阿省	161.9	1962
萨苏瓦森林保护区	奈塔西里省	447.6	1963
考罗苏瓦森林保护区	奈塔西里省	369.5	1963
苏瓦和纳木卡森林保护区	雷瓦省	19	1963
罗勒罗森林保护区	劳托卡市	8.3	1968
纳博若森林保护区	雷瓦省	19	1969
萨如溪森林保护区	劳托卡市	3.2	1973

来源：斐济林业局2016年重要统计手册。

表 4 斐济 7 个自然保护地一览表

名称	所在地	面积（公顷）	建立年份
南德瑞瓦图自然保护地	巴省	93.08	1956
托马尼维自然保护地	巴省	1323.33	1958
纳卡仁琪碧陆琪自然保护地	巴省	279.23	1958
拉维勒武自然保护地	卡考德罗韦省	4018.7	1959
卓饶博特&拉碧可自然保护地	雷瓦省	2.22	1959
沃若岛自然保护地	雷瓦省	1.2	1960
雾尼莫里自然保护地	卡考德罗韦省	20.23	1968

来源：斐济林业局 2016 年重要统计手册。

斐济自然保护区的整体设置体系较为粗糙，至少有 5 个政府部门参与其保护地管理工作，但各个部门分工不明、职责不清、效率不高。这些现有的保护地和那些正在被确定的生物多样性优先保护区域，为斐济丰富的野生动植物提供了重要的生活场所，并构成了斐济最具有代表性的生物多样性保护系统体系。但是，为了使这些重点区域在保护斐济的自然资源和生物多样性的过程中能够发挥更为关键的作用，目前的一个工作重点是建立一个职责明确的保护管理体系。此外，土著社区居民应直接参与到对自然资源的保护与利用过程中。近年来，斐济的环境战略提出了 140 个在中央政府层面具有重要意义的生物多样性富集区，并且专门提出了正式的立法程序，以加大对这些区域的保护力度，杜绝破坏性发展对其的不利影响。

五、林业产业发展

在斐济，林业为推动经济发展做出了重要的贡献，斐济政府 2003 年就把林业描述为推动经济快速增长的一个重要产业，过去的 5 年里，林业产业对国内生产总值的贡献为 0.9% 左右。目前，林业是斐济的第五大出口产业，仅次于服装业、糖业、冶金业和渔业。据估计，斐济的森林生态系统的各种生态服务折算成经济价值的话其产值在每年 5440 万左右斐济元。

斐济的木材产量每年接近 50 万立方米，其中有 10 万立方米来自天然林、10 万立方米来自大规模桃花心木，以及 30 万立方米来自加勒比松。斐济的木材和其他木制产品的年出口收入约为 4200 万美元。未来大规模种植桃花心木和加勒比松将强力促进林业产业对斐济国内生产总值的贡献。斐济木材出口的主打产品是木片，其次是桃花心木木材和木制产品。2015 年，斐济出口的木材树种，加勒比松约占全部树种的 53%，桃花心木约占 42%，本土树种占 5%，斐济林业部门的总收入 100208741 斐济元。同年，来自木材和松木二次加工产业的收入为 70150740 斐济元，其他模塑、胶合板和檀香木等加工产业的收入为 30058001 斐济元。自从 1997 年以来，斐济政府禁止了原木出口贸易。同时，森林产品（如锯木、胶合板、木皮和木片）的收益受到了出口价格、生产规模和气候状况等诸多因素的影响,故而不同年间的市场价格波动起伏较大。作为斐济国民经济的一个重要支撑产业,斐济的林业产业在促进国内生产总值增长、创造就业机会和增加出口创汇等方面将会做出越来越重要的贡献(表5、表6)。

表5 2011—2014年斐济主要林产品产量   万立方米

产品种类	2011年	2012年	2013年	2014年
原木	83.7	83.7	83.7	83.7
工业原木	80.0	80.0	80.0	80.0
木质燃料	3.7	3.7	3.7	3.7
锯材	13.0	13.0	13.0	13.0
人造板	2.0	2.0	2.0	2.0

表6 2011—2014年斐济主要林产品出口额   万美元

产品种类	2011年	2012年	2013年	2014年
工业原木	515.4	489.4	1779.8	1731.0
锯材	1636.1	1688.3	1921.5	2078.3
人造板	219.4	181.6	106.0	277.1
木片	1379.5	1451	2647.7	2666.5

六、林业管理

(一)林业管理机构

斐济的林业管理部门原来是由渔业和林业部组成,随着林业部门的地位上升,2018年,不再和渔业合在一个部门,单独成立了林业部,职能是做好森林业务的推广和服务,管理好森林公园和自然保护区,森林资源评估和保护,造林研究和发展,木材利用研究和产品开发,及林业培训和教育等。主要工作围绕森林政策执行,管理和执行森林立法,确保森林资源的保护和可持续利用管理,批准和发放与森林有关的许可证,与森林资源有关的利益相关方沟通协调等方面进行展开。下设8个职能部门,即造林研究部门、管理服务部门、木材利用和研究部门、森林公园管理部门、推广和咨询服务部门、木材行业培训部门、林业培训部门、森林采伐和管理部门。林业部在各地设立林业局,接受政府每年预算拨款,执行具体林业发展计划,组织完成人工造林、技术推广和生产经营任务。林业部还下设斐济松树委员会,作为政府与当地土地所有者之间的一个合营机构,主要从事松树的种植和销售,推出沿海区大规模种植松树的新政策、增加高附加值木质产品,以及开发和利用木质能源。

(二)林业政策与法律法规

斐济主要的林业立法是1992年的《森林法令》,它取代了1953年的《森林法》

(1990年修订)。1992年的《森林法令》主要立法支持最大化的可持续贡献经济部门的发展和多样化，同时倡导大家更积极参与行业发展保护和提高斐济的森林环境保护有效性。经修订的1990年《森林条例》与1953年的《森林法》有关，和其他林业条例一起指导林业发展，包括：《1968年森林锯木厂条例》《1955年森林保护条例》、1972年森林(防火)条例、《1987年森林(养护和保护)条例》和1990年斐济松树法令。政府部门还颁布了涉及森林的各种与土地、环境和养护有关的法律，包括1940年《土著土地托拉斯法》《1953年土地保护和改善法案》、1956年《自然保护区法》和《1984年土著土地(租赁和执照)条例》。

1950—2013年，斐济的林业政策经历了多次修正(表7)。总的来说，通过不断完善的过程，斐济林业部门在工作思路与工作方法等方面也在与时俱进。同时，这些政策的修正与完善也非常有助于推进森林可持续经营，并且改善那些生计与森林资源紧密相关的居民的社会、经济和生活水平。这在当今世界正在向农业和工业自动化发展、人口数量持续增加、森林砍伐和土地退化问题日益突出的形势下尤其重要，因为对这些问题的解决都需要采取相应的政策，并最终实现森林资源的合理利用和可持续发展。

表7 斐济的林业政策变化情况

年份	林业政策
1950	首个林业政策
1953	《森林法》
1972	《土地资源划分政策(沿袭英国做法)》
1990	《斐济森林采伐作业规程》
1992	《森林法令》
1998	桃花心木种植商业化
2005	《农村土地使用政策》
2007	《林业政策》(修订)
2010	《桃花心木产业发展法令》 斐济为减少森林砍伐和退化造成的温室气体排放制定政策
2012	《斐济应对气候变化政策》

来源：斐济林业局2016年重要统计手册。

七、林业科研

斐济林业部下设几个与林业研究直接相关的职能部门，如负责森林培育方面的部门主要负责与森林资源可持续开发和管理等方面的研究；木材利用和研究部、造林研究等部门，也开展了不少与林业相关的研究工作。与此同时，斐济的林业机构也与不少外国学术和政府科研机构建立了合作伙伴关系。

如在德国政府的资助和技术支持下,通过德国技术合作署,斐济-德国林业合作项目于 1991 年 3 月至 1994 年 12 月对斐济纳莫西省的 Nakaku 处的 315 公顷天然林的开展了科学研究(由斐济森林培育技术部担任项目的实施与监管职责)。斐济和德国在这个林业研究的合作上取得了成功,其中所制定的可持续森林管理准则或管理规定(通常称为"Nakaku 模式")已为斐济林业局和斐济国民土地信托局所采纳并在全国范围内推广。除了上述德国技术合作署对斐济在森林可持续经营研究方面的支持以外,斐济还得到了由联合国开发计划署、联合国粮食及农业组织、南太平洋委员会和澳大利亚国际发展署等组织共同资助的太平洋岛屿森林和树木发展项目,以及农林业和土地资源可持续利用与发展等项目的支持。

八、林业教育

斐济的 3 所大学,即南太平洋大学、斐济大学和斐济国立大学均开设与林业有关的核心课程。

南太平洋大学是全球仅有的两所区域性大学之一,为公立研究型大学,该大学在多个南太平洋岛国(如斐济,基里巴斯,马绍尔群岛,瑙鲁,纽埃,萨摩亚,所罗门群岛,托克劳,汤加,图瓦卢)设有分校,教学质量在世界上享有很高声誉。南太平洋大学的主校区劳加拉校区位于斐济境内,该校开设了环境资源管理领域的本科和研究生课程,这些课程的设立目的是确保生态系统服务得到保护,并能够为后代积累生态资产。同时,这些课程倡导公众从伦理、道德、经济和科学等多方面入手,共同推进维护斐济生态系统完整性的进程。学校还设有一个太平洋环境与可持续发展中心,强调对可持续林业发展方面的林业高等教育。

斐济大学位于斐济第二大城市劳托卡,于 2004 年 12 月成立,校园里建有一个气候变化、能源、环境和可持续发展中心,其建立与学校的科学研究系相辅相成,并且为学生在学术研究、专业发展、政策管理、咨询服务等方面提供良好的学习和科研场所。该中心特别重视加强学生在资源管理、政策规划和可持续发展等方面的领导能力,研究领域涵盖了林业、气候变化、能源、环境、科技等方面。

斐济国立大学是一所新的公立学校,成立于 2010 年,是由斐济的 6 所院校,即斐济技术学院、斐济护理学院、斐济高等教育学院、劳托卡师范学院、斐济医学院和和斐济农业学院合并组建的,在斐济 33 个地方设有校园和服务中心机构,并开设 30 多门高等课程。斐济国立大学农林水产学院的一个侧重点是林业教育,并且与其他一些公立和私立的机构保持联系,共同开展学术研究、专业培训和社区服务等方面的工作。

巴布亚新几内亚（Papua New Guinea）

一、概　述

巴布亚新几内亚地处东南亚大陆延伸出来的诸多岛屿的中心位置，距澳大利亚最北端约 160 千米，由新几内亚岛（伊里安岛）东部、新英格兰岛、新爱尔兰岛、新不列颠岛、布干维尔岛等 600 余个岛屿组成，国土面积 452860 平方千米。首都莫尔斯比港位于新几内亚岛的东南部、巴布亚湾的东岸。巴布亚新几内亚是南太平洋岛国中面积最大和人口最多的经济体，总人口约 815 万人，且文化多元，全国人口由 1000 多个不同的民族组成，并且各民族都有其独特的民族习俗，共有 800 多种语言（是世界语言种类的 1/4），其语言的丰富性和多样性堪称世界之最。

（一）社会经济

巴布亚新几内亚的主要产业是农业，其产值占巴布亚新几内亚经济总产值的 32% 左右，主要的出口农作物产品有咖啡、可可、椰干、棕榈油等。除了农业经济作物以外，矿产和石油也是巴布亚新几内亚经济的支柱产业。作为南太平洋地区的第三大渔区，巴布亚新几内亚还有着丰富的渔业资源，盛产金枪鱼、对虾和龙虾等海产品，其中金枪鱼年潜在捕捞量 30 万吨，年捕捞量约 20 万吨，占世界捕捞量的 10% 及南太地区的 20%~30%。

巴布亚新几内亚的经济发展较为落后，2018 年联合国开发计划署人类发展指数显示，其经济发展水平在 189 个经济体中排名第 153 位，制约其经济发展的一些关键因素包括多山崎岖地貌、海陆交通不便、人口增长较快、大量农村人口流向城市、失业率居高不下、社会治安较差等。

（二）地形地貌与气候特征

在巴布亚新几内亚，一系列活火山沿着大陆北岸一直延伸至新不列颠岛，而在这些由北至南分布的山脉间还保留有大片的红树林和三角洲生态系统，大部分地区皆为山区地貌且被茂密葱郁的热带雨林所覆盖，而贯穿全岛的新几内亚高地就是由连绵不断的山脉和综合交错的山间河谷构成。巴布亚新几内亚的海拔最高点是维尔海姆火山，其最高峰为 4509 米，而海拔最低点为海平面 0 米。拥有广阔茂盛的热带雨林资源，是亚太地区热带雨林面积最大的经济体，拥有仅次于亚马孙热带雨林和刚果盆地热带雨林的世界第三大热带雨林。巴布亚新几内亚境内还分布着 5000 多个湖泊和众多的河流生态系统、长达 8000 千米的红树林沼泽生态系统(约占国土面积的 1.5%)、环礁湖、湿地、珊瑚礁和环礁岛等。

巴布亚新几内亚地处热带地区,每年都会经历一个漫长的潮湿季节,从每年的 12 月持续到次年 3 月,加上西北季风的缘故,全年大部分降水都集中在这段时期;干旱季节为每年的 6~9 月降水量相对较少。总体而言,巴布亚新几内亚的年降水量十分充沛,湿度平均值保持在 70%~90%,但就地域而言,其降水分布具有不均衡性,大部分的降水集中在北部和西部地区,南部地区的降水量则少很多(也可达 1010 毫米以上)。

(三)自然资源

巴布亚新几内亚的矿藏资源非常丰富,铜矿储量很大,是世界上铜矿储量最丰富的经济体之一,还有金矿、铬、镍、铝矾土、海底天然气和石油等资源。森林资源丰富,且多为天然热带雨林类型,是全球生物多样性最丰富的区域,具有重要的生态系统服务功能。还拥有丰富的海洋资源,金枪鱼储量约占世界储量的 20%,巴布亚新几内亚也成为全球最大的金枪鱼加工经济体之一。

二、森林资源

(一)基本情况

由于地处赤道多雨气候区,巴布亚新几内亚气候炎热,降水量大,森林资源丰富,以热带阔叶雨林为主,又可再细分为低地雨林、高地雨林和山地云雾林。巴布亚新几内亚所产的木材质地优良,在国际市场上备受关注,据国际热带木材组织统计,巴布亚新几内亚是世界热带木材的第二大出口经济体。

巴布亚新几内亚的森林覆盖率约为 63%,287620 平方千米的土地为森林所覆盖,其中约 91% 的森林可被归为生物多样性丰富程度和储碳密度最高的原始林类型,约 8% 的森林可被归为自然再生林类型,而人工林仅占森林总面积的 0.3%。在巴布亚新几内亚,已知的树种有 2000 多种,近 400 种被人们所利用,用作木材生产或原木出口等商业用途,出口较多的经济树种主要有番龙眼(*Pometia* spp.)、印茄(*Intsia* spp.)、天料木(*Homaliam cochinchinense*)、浅黄榄仁(*Terminalia* spp.)、剥皮桉(*Eucalptus deglupta*)、五桠果(*Dillenia* spp.)等。

(二)森林类型

根据用途一共分为 5 个类型的森林:

1. 低地雨林(海拔低于 1000 米)

占森林总面积的 57%,包含了重要的商业森林类型,其中超过 15% 的资源是由于砍伐而退化的次生森林。

2. 低山区(海拔在 1000~2800 米)和高山区森林(海拔高于 2800 米)

这类型森林是富含热带雨林的地区,通常位于陡峭崎岖的地形上,有超过 8910600 公顷的低山区森林和 702300 公顷的高山区森林。

3. 沼泽林

沼泽林是巴布亚新几内亚广阔的低地和沿海地区的主要组成部分,面积达 340 万公顷,位于永久或季节性被淹没的平坦地区的水道附近,超过 80% 的沼泽森林在东塞皮克省、西塞皮克省。沼泽森林是有价值的栖息地,由于沼泽化人类很难进入,也没进行机械化排水,因此在很大程度上保持原状。

4. 干燥常绿森林

巴布亚新几内亚拥有大面积的干燥常绿森林,2002 年的覆盖面积为 750300 公顷。

5. 红树林

巴布亚新几内亚的红树林面积达 574867 公顷,所有的沿海省份都有红树林,但在海湾和西部省份占总数的 66%。

(三)森林权属

巴布亚新几内亚的森林资源所有权较为特别,约 97% 的土地和 99% 的林地为原住民所有,即大部分土地由其土著族群所有,并根据他们的习俗进行管理,在不同的土著部落里面土地所有权的形式因文化而异,因此无法对土地的边界进行调查,也无法进行土地权登记,缺乏土地权属相关的法律依据等。由于巴布亚新几内亚独特的土地所有权制度,其森林资源也归属于各土著部族,开发任何与森林资源有关的业务,如采伐木材、对其他森林产品的开发利用或造林等,涉及政府、土地所有者和投资者之间的林业项目都需要在土著部族和政府(巴布亚新几内亚的林业部门)之间展开大量的沟通、谈判与磋商,比如近年来,由于现代化程度和经济等发生变化,巴布亚新几内亚传统土地的利用方式也在改变,越来越多的土地被用作咖啡、可可、油棕和橡胶等经济作物的商业种植,获得更多的经济效益,不可避免地引发与土地所有权有关的摩擦、冲突,政府不得不采取必要的干预措施,确保自发的社会和经济变革活动能够促进社会和平与经济繁荣。

(四)森林资源变化

1990—2010 年,巴布亚新几内亚的森林总面积平均每年减少 13.985 万公顷(约 0.44%),总面积共减少了 8.9%,279.7 万公顷;天然林面积平均每年减少 14.100 万公顷(约 0.45%),总面积共减少了 9%,282 万公顷;原始林或成熟林面积平均每年减少 25.600 万公顷(约 0.82%),总面积共减少了 16.3%,511.9 万公顷;人工林面积平均每年增加 0.115 万公顷(约 1.83%),总面积共增加了 36.5%,2.3 万公顷(表1)。

表1 1990—2010年巴布亚新几内亚森林面积变化　　　　　　　　　　万公顷

面积	1990年	2000年	2005年	2010年
森林总面积	3152.3	3013.3	2943.7	2872.6
天然林面积	3146.0	3005.1	2934.5	2864.0
原始林或成熟林面积	3132.9	2953.4	2834.4	2621.0
人工林面积	6.3	8.2	9.2	8.6

来源：https://rainforests.mongabay.com/deforestation/2010/Papua_New_Guinea.htm。

在巴布亚新几内亚，造成森林退化的主要原因是伐木活动和生计农业。比如原始林或成熟林的面积大幅减少，是因为更多的土地正在被开发成为经济作物的生产基地。橡胶种植面积从1990年的1.58万公顷增加到2010年的2.38万公顷，而在过去的20年里，全国的橡胶种植面积增加了近50%。红树林总面积从1990年的60.61万公顷缩减到2010年的51.56万公顷，减少幅度达15%。气候变化、海平面上升和人类对红树林资源的大肆消耗也是造成红树林减少的原因。

三、生物多样性

巴布亚新几内亚是世界上最大和最高的热带岛屿，占世界陆地面积不到0.5%，却拥有全球6%~7%的生物物种，即对所估计的全球140亿物种而言，约有40万~70万物种分布在巴布亚新几内亚。

(一)动　物

1. 哺乳动物

巴布亚新几内亚的哺乳动物包括所有现存的哺乳动物亚纲，拥有陆地上数量最多的单孔目动物，只有鸭嘴兽科(Ornithorhynchidae)没有出现过，其余单孔目物种局限于针鼹科(Tachyglossidae)动物；有袋动物很丰富，主要有袋鼬目(Dasyuromorphia)、袋狸目(Peramelemorphia)和双门齿目(Diprotodontia)的物种，其中树袋鼠(*Dendrolagus* spp.)是巴布亚新几内亚特有的，肉食性有袋动物最大的是稀有的青铜袋鼠(*Dasyarus spartacus*)，于1979年首次在巴布亚新几内亚南部被发现。胎盘类哺乳动物代表类是啮齿类动物和蝙蝠，啮齿动物仅有鼠科，蝙蝠是一个非常多样化的种群，由6科29属组成，许多是巴布亚新几内亚及其周围岛屿的特有物种。

2. 鸟　类

鸟类生物多样性丰富，共有79个科，约730种，大约有320种特有鸟类，可分为四大类，淡水鸟、海鸟、来自北方的迁徙鸟、来自澳大利亚和新西兰的迁徙鸟，建有8个特有鸟类区。最大的鸟类是不会飞的鹤鸵科(Casuariidae)的鸟类，鸽子和鹦鹉在巴布亚新几内亚很有代表性，在巴布亚新几内亚实现了最大的进化多样性，鹦鹉共有46种，占世界总数的1/7，鸽子有45种，占世界总数的1/6。雀形目(Paseriformes)鸟类在巴布亚新几内亚有最丰富的多样性,有超过33个科,最著名的是极乐鸟科(Paradisaeidae)。巴布亚新几内亚缺乏大型食肉动物,与菲律宾和新西兰一样是以鸟类作为顶级掠食者,具有代表性的是巴布亚新几内亚角雕(*Harpyopsis novaeguineae*)。

3. 两栖类

巴布亚新几内亚是全球最大的两栖动物庇护所,有超过320种,还有许多物种仍有待发现,但巴布亚新几内亚的两栖动物仅限于无尾目(Aunura)物种,即青蛙和蟾蜍,有6个科,其中4个科是本土的龟蟾科(Myobatrachidae)、雨蛙科(Hylidae)、蛙科(Ranidae)和姬蛙科(Microhylidae),另两个科树蛙科(Rhacophoridae)和蟾蜍科(Bufonidae)由人类引进。

4. 爬行类

现存的爬行动物有4个目,巴布亚新几内亚有3个目,即鳞目(Squamata)[蜥蜴亚目(Sauria)、蛇亚目(Serpentes)]、鳄目(Crocodilia)和龟鳖目(Tesudines),其中鳞目是最大的群体,大约有300种被定义(蜥蜴200种,蛇100种),剩下的2目中,龟鳖目有13种(有6种是海生的;淡水龟有7种,其中3种是巴布亚新几内亚特有的),鳄目有2种[湾鳄(*Crocodylus porosus*)是巴布亚新几内亚最大的爬行动物,伊里安鳄(*Crocodylus novaeguineae*)是当地特有的]。

5. 鱼类

鱼类分为海洋类和淡水类。由于巴布亚新几内亚位于珊瑚三角区,是世界上物种最丰富的海洋地区,有超过600种珊瑚(约占世界总数的76%),还有超过2200种珊瑚礁鱼(约占世界总数的37%);在巴布亚新几内亚的淡水栖息地,已知的鱼类约有375种,其中149种属于巴布亚新几内亚特有种。

6. 昆虫

目前没有关于巴布亚利几内亚昆虫动物群的全面描述,大概有10万~30万种,且在世界上大型蝴蝶的特有数量排名第12位。

(二)植 物

巴布亚新几内亚的植物种类丰富多样,其栖息地从海平面的沼泽到高山环境都有。热带雨林中有大量的兰花、百合、蕨类植物和藤蔓植物,在海拔910~1220米的地方有大片的松树林,在海拔最高的地方,以苔藓、地衣和其他高山植物为主,在地势低洼的沿海地区,主要为各种红树林,目前已知的红树林树种有33种,是世界上红树林多样性最丰富的经济体,据估计,巴布亚新几内亚有高等植物15万~20万种(其中约60%为特有种),有3000多种兰花和5000~20000种开花植物。

(三)物种减少原因

巴布亚新几内亚是一个主要依靠农业和伐木业来促进经济发展的低收入经济体,对热带木材的商业需求不断增长,尤其是亚太许多经济体向市场供应热带硬木的能力正在急剧下降，无形中导致巴布亚新几内亚的森林面临更大的市场需求压力（如原材料的供给），雨林不断遭到砍伐，过去20年的持续采伐使其森林面积急剧减少，也导致了森林的总体质量出现严重下滑。总体而言，商业采伐和采矿等人为活动对森林和生物多样性造成了巨大的威胁。同时，随着人口的不断增长，对农耕土地需求的与日俱增，给森林资源造成了巨大的压力，尤其是刀耕火种的造田方式和油棕等经济作物的大规模种植也造成森林面积锐减，对其丰富的生物多样性资源必须采取紧急保护措施，然而现在很多野生动植物是不为世人所知的。据科学家估计，在巴布亚新几内亚，至少有一半以上的物种尚未被科学命名，但不少物种的生存状况已不乐观，已有1种灭绝，36种极危，49种濒危，365种易危，还有288种近于濒危，这些尚未被科学命名的物种可能会在我们意识到事情的严重性之前就已经灭绝。

四、自然保护地

在巴布亚新几内亚，保护地的设置有以下几种类型，且每一种保护地类型都有其特定的规模和生物多样性组分。这几种保护地类型分别是保留地、庇护地、国家公园、野生生物管理区和保护区。其中，保留地的面积最小，其设置与执行依据是巴布亚新几内亚的《动物（保护和控制）法》，最大的保护地是保护区，其他几种保护地类型，如庇护地、国家公园和野生生物管理区，面积介于保留地与保护区之间。

在巴布亚新几内亚，几乎所有的野生生物管理区都建在土著部族的土地上。为了鼓励土著部族人民积极参与野生生物的保护行动，法律规定土著部族人民同样有权利参与庇护地、野生生物管理区和保护区中的一切与野生生物的保护与管理相关的活动中。在参与形式上，土著部族人民可以以野生生物保护委员会的成员身份参与，也可以以自然保护区的护林员身份参与。事实证明，让土著部族人民参与野生生物的保护与管理行动中是确保相关法律法规顺利实施的一种行之有效的方法。

五、林业产业发展概况

森林为巴布亚新几内亚的人民提供了包括水果和坚果在内的食物、建筑材料、药材、避难所栖息地以及其他生态服务。森林在维持农民生计等方面仍然发挥着主体地位，同时也日益成为土地所有者、政府和木材工业的主要收入来源。在巴布亚新几内亚，约1500万公顷的森林被规划为经济林，其中盛产一些优质热带硬木和其他重要林产品，它们也是巴布亚新几内亚主要的经济来源之一。

巴布亚新几内亚的林业产业在促进国内生产总值增长、创造就业机会和增加出口创汇等方面发挥着重要作用，与能源、矿业和农业并列为4个支柱出口产业，也是为政府创汇的中坚力量之一。根据国际热带木材组织（2017）的数据，2015年巴布亚新几内亚的木材产量约为410万立方米，其中89%作为原木出口，主要以出口天然林的木材为基础，主要林产品产量见表2，是仅次于马来西亚的世界第二大热带木材出口经济体。此外，林业产业直接为1万多人提供就业机会，主要集中在农村偏远地区，或与基础设施建设（如道路和桥梁建设）有关。此外，社区人民通过收取木材使用费和其他发展费用等途径也能获取一定的经济来源。

表2 2011—2014年巴布亚新几内亚主要林产品产量 万立方米

产品种类	2011年	2012年	2013年	2014年
原木	964.9	922.7	955.0	955.4
工业原木	411.6	369.4	401.7	402.1
木质燃料	553.3	553.3	553.3	553.3
锯材	12.4	8.2	8.2	8.2
人造板	15.0	9.9	9.1	9.1

尽管工业原木是巴布亚新几内亚出口林产品创汇最高的资源类型（表3），原木的出口量在未来一段时间预计将不断下滑。这是因为木材特许权的建立制约了森林资源的销路，并且自从2010年起巴布亚新几内亚政府已明令禁止原木出口。巴布亚新几内亚政府在未来一段时间将会继续加强木材的经营、加工等方面的管理，并且重视增值产品的开发。为了促成目标的实现，巴布亚新几内亚政府还会建立一些激励制度以达到效果。

表3 2011—2014年巴布亚新几内亚主要林产品出口额 万美元

产品种类	2011年	2012年	2013年	2014年
工业原木	74239.4	65018.8	73884.8	105479.1
锯材	1874.3	1480.7	1679.5	1229.5
人造板	1223.3	1030.6	1510.2	1484.4
木片	245.2	139.0	139.0	139.0

六、林业管理

（一）林业管理机构

在巴布亚新几内亚，广阔的热带森林及森林资源由林业总局负责管理，作为森林系统和相关资源的管理者，林业总局负责对所有热带天然林和国有林场进行管理和开发、协调木材行业活动，以及监管其他一切与森林资源开发与利用有关的项目，最核心使命是"促进对巴布亚新几内亚森林资源的有效管理和合理使用，实现对森林资源的可持续利用，满足当代与后代发展的需要"。

在巴布亚新几内亚，大约97%的土地由土著部族拥有和管理，伐木和造林等与森林资源有关的行动必须由林业总局和土地所有者共同协商决定。为支持1991年的《林业法案》，林业总局于1993年成立，取代了之前的森林相关部门，并对所有的省级林业部门和森林工业理事会进行了统一。林业总局由森林委员会负责监督,该委员会的主要职责是向森林部长提供专业建议,并对森林管理局(林业总局的一个主要业务部门)作出相关指示。林业总局下设5个地区办事处和19个省级办事处,并有386名长期雇员,每个省都有自己的林业管理委员会,可以自行审议辖区内的林业事宜,并直接向林业总局汇报工作情况。巴布亚新几内亚还成立了林业资源清查办公室,为开展包括树木资源盘点、生物多样性调查及土壤类型研究等多目标林业资源清查项目提供研究平台。该机构还具有森林监控、人员培训、森林资源数据收集与分析,以及工作宣传教育等职能。

(二)林业政策

作为管理巴布亚新几内亚森林资源的法定机构,林业总局的运作和管理依据以下政策和指导方针:1991年出台的《林业政策》《林业计划》《森林采伐作业规程》《林业采伐的24个关键标准》和《环境关键标准》等(表4)。

表4 巴布亚新几内亚主要的林业政策和指导方针

主要的林业政策和指导方针	目的及意义
《林业政策》	反映了政府在促进森林资源可持续发展方面的战略思想,以及在促进经济增长和创造就业机会等方面的构思。此外,还呼吁增加木材加工,因为目前80%的木材以未经加工的原木形式出口,该法案有效地收紧了有关森林发展的获取和分配要求
《林业计划》	详细说明了政府该如何管理、开发和使用森林资源,同时对有关森林采伐计划进行了概述,并对适合展开商业采伐的区域进行了界定和划分,这些区域要由林业总局许可,并由土著族群的法定代表人(由巴布亚新几内亚土地组织指定)和林业机构负责人共同签署林业管理协议。所有木材特许经营区的企业或组织的一切经营活动均需严格遵照政府的林业计划进行,并受林业法案制约
《森林采伐作业规程》《林业采伐的24个关键标准》	在巴布亚新几内亚,任何有关森林资源的开发利用活动均需依照政府的林业计划,以及林业发展指南等相关法规条例。特别是木材采伐作业必须严格依照《森林采伐作业规程》和《林业采伐的24个关键标准》执行
《环境关键标准》	环境管理是巴布亚新几内亚森林经营方针中列出的11种策略之一。根据该政策,所有森林资源的开发者都必须为每个已批准的项目提交相应的环境计划,且必须与《环境规划法》中的有关规定保持一致,并符合环境保护部所颁布的有关林业项目开展过程中的环境保护准则要求。经批准成为保护地的区域内的一切自然资源不能被开发利用,除非环境保护部部长根据环境立法的有关条款给予特别许可。作为支持文件,《环境关键标准》和《森林采伐作业规程》对有效监督伐木作业是否合法运行,以及其运转是否最大限度地减少对生态环境的负面影响等方面提供指导

来源:http://www.fao.org/d℃rep/w7730e/w7730e0a.htm。

(三)林业法律法规

1.《林业法》

巴布亚新几内亚主要的林业立法是1991年颁布的《林业法》,规定设立新的森林管理局,以取代原来的森林部,主要对森林资源的养护、开发和管理作出规定,该法通过土地所有者和政府之间所需的森林管理协议,分配森林权利和责任,土地所有者向政府出售采伐权,以换取木材使用费,政府也可以将采伐权授予私营部门内的第三方。从1993年开始修订该法案,最近一次是在2007年,但大部分森林由社区和部落拥有,仍然有许多无法进入的森林区域不在正式的森林管理范围内,还需加强管制。

2.《加工/制造法》

巴布亚新几内亚不要求合法木材供应充足的证据作为该国木材加工厂许可证程序的一部分,但是有一个森林许可证制度:①大型木材特许经营许可证:采伐前发放木材许可证,通过森林管理协议(期限一般为50年)来发放,任何政府官员,甚至部长都没有权利单方面发放许可证,经营者必须征得土地所有者的同意才能实施森林管理;②小型经营许可:小型经营者在木材管理制度(经林业局批准由省林业委员会主任委员下发,针对国内市场的选择性伐木作业而颁布的制度)的规定下工作,不用许可证。

3.《贸易法》

《贸易法》是1978年颁布的,该法令规定了所有动植物无论生命状态如何其副产品、部分或衍生物,对其勘探、进口等都要进行管制。

4.《运输法》

根据木材出口监测系统,所有出口的原木都要正确申报(包含有关伐木区域、物种等的详细信息),并缴纳相关税款,在装船前的检验中,必须核实材料的数量,重新核对信息,确认出口许可证上列出的价格,当原木装载到船上时,要在场确认检查和装载相应的原木。

5.《税法》

允许木材和伐木公司扣除其发展木材和伐木业务所发生的成本,例如,与修建通道、为员工提供住房和便利设施以及为二次加工进行结构改进有关的费用可以免税,但木材出口税必须直接支付给木材特许经营地的土地所有者。原木出口的税率在20%~35%,平均每年约为30%,取决于原木出口的数量和种类。

七、林业科研

巴布亚新几内亚森林研究所位于第二大城市莱城,机构改革前由林业局研究培训处下设的林产试验所、林业试验所和树木科3个单位合并而成,通过学术研究、信息共享和鼓励公众参与等方式,负责森林资源的可持续发展和管理工作。改革后主要负责森林可持续经营、人工林发展、森林生物学和植物园管理,还向公众提供科研项目、技术支撑和服务管理,同时作为一个重要的科技信息资源共享服务平台,研究所还在推动科技成果的完整保存、持续积累、开放共享和转化应用等方面发挥着关键作用。

森林研究所森林可持续经营研究的主要目标是为森林管理人员提供基础数据，以便更好地开展天然林资源的可持续发展与管理研究，并协助发展和改进造林技术，以便进一步改善森林林分质量，从而提高森林资源为土地所有者和经济体所带来的经济和生态效益。目前森林可持续经营研究有3个主攻方向：树木生长和产量研究，造林技术研究和生态系统管理研究。人工林发展研究主要对具有较高经济价值和市场潜力的树种进行筛选，对具有重要功能特性的树种进行改良与培育，促进树木生长和木材产量，为森林资源可持续发展的政策提供基础。森林生物学研究主要是基于计算机应用基础开发密钥，使森林管理者、科研人员和业界人员能准确方便地识别在森林生态系统中分布的2000多种树种，这样不仅可以有效提升森林管理，同时还能帮助相关人员准确鉴定木材品种并进行价格鉴定。由于巴布亚新几内亚拥有丰富而独特的植物物种，植物园在植物研究、保护和公众教育等方面发挥着重要的作用，与植物标本馆一直在并行发展，收藏了超过30万种植物标本，为巴布亚新几内亚丰富的自然资源提供了必要的科学依据。

八、林业教育

巴布亚新几内亚有3所本科大学提供林业教育，有两所职业院校提供林业教育和培训：

巴布亚新几内亚自然资源与环境大学前身为Vudal大学，位于东新不列颠省，以渔业、林业和旅游业为主，推动对自然资源的可持续利用进程。巴布亚新几内亚科技大学位于莫罗贝省省会莱城，下设13个学院，其中林学院，下设林业科学及森林管理两个专业的学士学位，以及1个林业硕士学位，也是南太平洋地区唯一一所在本科和研究生阶段皆提供热带林业资源培训的大学。巴布亚新几内亚大学位于莫尔斯比港，学校建有环境与保护系，下设林学学士和硕士学位。

在巴布亚新几内亚，与林业有关的职业院校主要是布洛洛林业学院，前身是巴布亚新几内亚林业学院，成立于1962年，位于瓦乌和布洛洛的山地森林和靠近海岸的低地雨林之间，与理工大学内的林业系合并，为从事政府机构和木材工业的实际森林管理人员提供林业培训。还有一所职业院校是木材加工与林业技术学院，可以提供林业文凭，还能提供木材质量技术监督证书。

此外，巴布亚新几内亚的许多大学与职业院校也与多家国际培训机构保持着密切的合作关系。如日本政府一直为巴布亚新几内亚森林研究所的工作人员提供短期培训。除了一些国际机构（如国际热带木材组织和联合国粮食及农业组织）以外，澳大利亚国际发展署和亚太森林恢复与可持续管理组织也为巴布亚新几内亚提供了林业相关的各种培训项目。

新西兰(New Zealand)

一、概　述

新西兰位于太平洋西南部,南纬34°~47°、东经174°~62°。西隔塔斯曼海与澳大利亚相望,相距1600千米,北邻新喀里多尼亚、斐济、汤加。新西兰国土面积约为26.33万平方千米,由南、北岛及600多个小岛组成,海岸线总长约1.5万千米。

新西兰总人口约为510万(中国外交部,2020年),约75%的人口居住在北岛;欧洲移民后裔占总人口数的70%,毛利人占17%,亚裔占15%,太平洋岛国后裔占8%;约有一半居民信奉基督教。

首都是惠灵顿,其他主要城市有奥克兰、基督城、哈密尔顿等。除此之外,还有库克群岛、纽埃、托克劳等殖民地。新西兰设有11个大区5个直辖区67个地区行政机构(其中包括13个市政厅、53个区议会和查塔姆群岛议会)。

(一)社会经济

新西兰属农业大国,农业、畜牧业和渔业较为发达,农牧产品出口约占出口总量的50%。其中,农业属高度机械化作业,主要农作物有小麦、大麦、燕麦、水果等,而肉类和乳制品出口量居世界首位,粗羊毛出口量居世界第一,占世界总量的25%。工业以农林牧产品加工为主(如乳制品、毛毯、食品、皮革、烟草、造纸和木材),多用于出口创汇。林业年出口额均在60亿美元,占新西兰国内生产总值的1.6%,林产品是仅次于乳制品和肉类的第三出口创汇来源。近年来,炼钢、炼油、炼铝和制造农用飞机等一些新兴重工业兴起。

新西兰属高收入经济体,2019年国内生产总值为3100亿新元;人均国内生产总值约6.3万新元;经济增长率为2.3%。

(二)地形地貌与气候特征

新西兰属于大洋洲,地貌多样复杂,山地和丘陵占国土面积的75%以上,平原面积狭而小。南、北两岛被库克海峡相隔,呈现出不同地形地貌,火山和温泉多在北岛,而南岛多冰河和湖泊,拥有最高峰(库克山),海拔3754米。境内水资源较为丰富,河流多呈短且湍急。

新西兰属温带海洋性气候,季节与北半球相反。新西兰的12月至次年2月为夏季，6~8月为冬季。夏季平均气温20℃左右，冬季平均气温10℃左右，全年温差一般不超过15℃。年平均降水量为600~1500毫米。

(三) 自然资源

新西兰矿藏资源十分丰富，煤炭资源储量估计超过150亿吨，主要分布在塔拉纳基、怀卡托、西海岸南部和奥塔哥地区。石油储量3000万吨，天然气储量为1700亿立方米。其他主要金属矿产还有银、金、铁、铬、铜、镓、铅、锂、菱镁矿、锰、汞、钼、镍、铂族金属、稀土、锡、锑、铝土矿、锌、铍、钛、钨和铀，但储量不大。

二、森林资源

(一) 基本情况

新西兰森林繁茂，主要分布在温带和亚热带，大部分的原始林生长在高原地区的国家公园和森林公园。据联合国粮食及农业组织全球森林资源调查报告显示，2020年新西兰全国森林面积约989.2万公顷，其他林地面积约135.67万公顷，分别占国土面积的37.6%和5.2%。在森林面积中，天然林780.80万公顷，人工林208.40万公顷；纳入国有森林资产面积约有356.6万公顷。

受水热条件的影响，新西兰两岛森林多以常绿阔叶林为主，林下有棕榈和黑桫椤，还有藤本植物。此外，在新西兰的北岛北部海岸周边分布着少许的红树林，面积约2.8万公顷。此外，新西兰拥有世界上最大植物之一的贝壳杉，生长在北岛凹地和科罗曼德尔半岛。

表1 森林面积统计　　　　　　　　　　　　　　　　　　　　　　万公顷

类型	1990年	2000年	2010年	2015年	2020年
天然林	784.12	782.53	782.38	782.15	780.80
人工林	153.11	202.51	202.43	202.51	208.40
其他林地	149.42	139.92	138.65	137.04	135.67
总计	1086.65	1124.97	1123.46	1121.70	1124.87

来源：新西兰土地变化数据库、新西兰土地利用地图、新西兰环境部、《新西兰温室气体调查(1990—2016年)》、《联合国粮食及农业组织2020年国家报告》。

(二) 森林类型

1. 按照功能和林分生长方式

划分为天然林和人工林。天然林面积约有780万公顷，主要分布在南、北两岛的山地和丘陵地带。天然林中，2/3的森林属原始林(面积约520万公顷，其中173万公顷可用作商业可持续经营,由保护部管护)。绝大部分的天然林不以生产木材等林产品为目的,旨在生态环境保护。政府通过建立国家公园、森林公园和其他自然保护区,使得天然林能够最大化地发挥生态效益和社会效益。对于余下的私有天然林,若需采伐、利用加工,必须符合可持续经营管理的原则,才可进行小规模的生产。近年来,政府通过逐步购买私有天然林,扩大保护面积,从而有效保护森林和生物多样性。人工林以生产商品材获得经济效益,总面积约有 210 万公顷,林内树种几乎都是外来种。其中,辐射松(*Pinus radiata*)占总面积的 90%,其他树种有黄杉属花旗松(*Pseudotsuga menziesii*)约占 6%,桉树(*Eucalyptus robusta*)、柏树(*Cypress fanebris*)等外来树种和少数的乡土树种(新西兰第一产业部,2020)。

2. 森林类型

按照地理气候条件和树种又划分为以山毛榉为主的阔叶林和以罗汉松为主的硬木类针叶林。其中,山毛榉分布在约 2/3 的森林中,主要有 5 种树组成(表 2);以罗汉松为主的硬木类针叶林,主要有 13 种树种,如新西兰陆均松(*Dacrydium cupressinum*)、鸡毛松属的白皇松(*Dacrycarpus dacrydioides*)、核果杉属的智利罗汉松(*Prumnopitys ferruginea*)、浆果罗汉松属的南欧黑松(*Prumnopitys taxifolia*)、桃柘罗汉松属的桃柘罗汉松(*Posocarpus totara*)等(新西兰第一产业部,2020)。

表 2 新西兰山毛榉

中文	学名	分布区域
银冠青冈/银山毛榉	*Lophozonia menziesii*	峡湾地区分布最广
云青冈/红山毛榉	*Fuscospora fusca*	生产在山麓和内陆河谷附近,特别是土壤肥沃和排水良好之地
山云青冈/山地山毛榉	*Fuscopora cliffortioides*	喜于生产在海拔较高,土壤较为贫瘠的山地
坚云青冈/硬山毛榉	*Fuscospora truncate*	
黑云青冈/黑山毛榉	*Fuscospora solandri*	生长在北岛和南岛北部的低地

来源:新西兰第一产业部(2020)。

3. 按照木材用途

按照木材用途划分为商品林、生物多样性保育林、多功能用途林和待定林(表 3)。随着社会经济发展,环境和自然资源保护意识不断提高,政府加大森林生态系统的修复与保护,提升其社会效益和生态效益。据联合国粮食及农业组织数据显示,1990—2020 年新西兰商品林种植面积较为稳定,均在 200 万公顷上下;而旨在生物多样性保护的森林面积增长速度较快,这一时期内增加了 68 万公顷;多功能用途林面积涨幅较小,同期增加 4.9 万公顷;而待定林面积从 1990 年 301.6 万公顷减少到 2020 年 248.8 万公顷。此外,政府也在扩大森林面积,旨在水土保持和公众服务。

表3　新西兰不同森林类型面积　　　　　　　　　　　　　　　　　　　万公顷

森林类型	1990年	2000年	2010年	2020年
商品林	175.8	199.5	205.7	208.1
生物多样性保育林	453.6	491.6	525.8	521.6
多功能用途林	6.2	9.2	10.2	11.1
未确定用途林	301.6	284.7	243.1	248.4
合计	937.2	985	984.8	989.2

来源：《联合国粮食及农业组织2020（新西兰国家）报告》。

(三) 森林权属

新西兰约有60%林地权属属公有，40%林地权属属私有（含土著毛利人）。在公有森林权属中，注册上市公司、国有企业、地方政府、中央政府各占一定比例；在私有权属中，以私营企业为主，其他还包括原著毛利居民及私人等（表4）。

天然林中，国有权属占75%以上，约120万公顷的原始林属私有。人工林中，私有权属占95%以上。20世纪初人工林经营主体是政府部门，其中注册上市公司（47%）、国有企业（3%）、中央政府（3%）、地方政府（3%）、私营企业（44%）；2000年后，人工林内公有所有权份额占比逐渐减少，降为2010年的8.3%，2015年的3.6%。

表4　新西兰不同权属森林面积　　　　　　　　　　　　　　　　　　　万公顷

森林权属	1990年	2000年	2010年	2015年
私有	352.3	397.5	366.2	382.3
公有	584.9	587.5	618.6	602.3
合计	937.2	985	984.8	984.6

来源：《联合国粮食及农业组织2020（新西兰国家）报告》。

(四) 森林资源变化

1. 森林消长

曾经新西兰森林覆盖面积高达85%以上，随着波利尼西亚人（毛利人）的首次发现和迁移定居，因生产生活所需（如狩猎、采集果实药草、制作木舟和工具等）和火灾等因素，森林资源遭到一定破坏，尤其是在干旱的东部地区。1840年后，随着欧洲移民开始在库克岛等海岸地区定居，原始林（如贝壳杉）遭到大量砍伐，木材用于建筑和商品出口，使得木材行业得到一定发展；人口增加，农业用地增加，天然林锐减。19世纪初森林面积降为53%。

由于木材市场需求大，天然林砍伐严重，政府加大环境保护和人工造林力度，为逐步实现木材生产由天然林向人工林的转变。在木材原料来源转变的几十年里，森林面积依旧减少。随着人工造林成效逐步显现，20 世纪初期，森林面积减少的现象得到遏制，森林覆盖率为 38.5%。1990—2000 年，森林增长趋势显著，10 年期间森林面积增加了 48.1 万公顷。自 2000 年起，新西兰森林面积大小较为稳定，均在 1010 万公顷左右，覆盖率维持在 38%，见表 5 和图 1。通过进一步调整改革管理机构，完善国家保护管理系统，加强社区居民参与，新西兰继续致力于自然资源保护和可持续利用的工作，使得森林面积扩大。例如，新西兰通过保护部和土著部落合作建立了新型管理体制（即联合委员会），使得林地管护状况得到明显改进。2014 年，通过签订协议，将尤瑞瓦拉国家公园的 21.3 万公顷森林划分给联合委员会，扩大森林保护面积。2018 年，政府制定了 2018—2028 年 10 年种植 10 亿棵树的目标。为了实现这一目标，政府通过系列管制和非管制的措施，鼓励民众多植树造林。

表 5 新西兰森林覆盖率变化统计

年份	1990	1995	2000	2005	2010	2015	2020
森林面积(万公顷)	965.8	989.85	1013.9	1018.3	1015.1	1015.2	1010
森林覆盖率(%)	36.7	37.6	38.5	38.7	38.6	38.6	38.0

来源：世界银行（2020）。

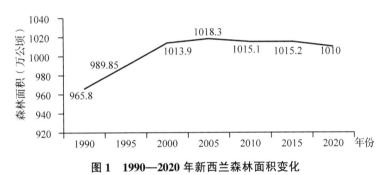

图 1 1990—2020 年新西兰森林面积变化

2. 人工造林

近年来，新西兰林业取得的成就，主要归功于造林树种选种（如辐射松）、人工林的规模化和专业化高效集约经营和出口导向性林产业工业发展政策的制定。新西兰人工林经营具有资金密集型的农业经营产业特点，技术含量较高。此外，针对各类型的林业企业（如私营企业和合营企业），政府制定了植树造林的激励政策，如提供 50%的造林资金代替原有的鼓励林业贷款计划、实行从当年投资中减去造林费用等有利于造林公司的税收政策。

新西兰人工造林始于 1870 年，起初规模很小。自欧洲后裔移居以来，由于木材需求大，森林砍伐现象严重，新西兰政府 1918 年开始了对本土木材产品出口的限制，并于 1925 年鼓励引入外来树种开展人工造林，以扩大人工林面积，减缓原始林采伐的压力和保护自然资源。

1925—1935年，新西兰开始了第一次造林热潮，提出完成造林面积2.55万~14万公顷的目标，主要集中种植在北岛中部的不适宜农业耕作的荒地，种植树种高达70多种，主要有落叶松（*Larix gmelinii*）、奥地利松（*Pinus austrain*）、科西嘉松（*Pinus corsicana*）、桉树（*Eucalyptus* spp.）、梓属（*Catalpa* spp.）、栎树（*Quercus* spp.）等。1930年完成12万公顷；1936年人工造林面积达31.7万公顷，其中国有林占60%，私有造林的数量也逐步增加，这时期使得人工造林的地位逐渐牢固。此后造林速度减慢。

直至1960—1990年迎来第二次造林高潮，以辐射松（*Pinus radiata*）种植为主，造林面积由35.2万公顷增至124万公顷，国有林和私有林比例各占一半。这次造林范围扩大，国内木材出现了供不应求的现状，政府将过剩的木材产品进行出口，获得了较为可观的外汇收入。

1992—2003年，人工造林进入第三个高速发展期。1992—1998年年造林面积均为5万公顷；1994年达造林峰值（9.85万公顷）。据推测，这时期造林成果将在2020—2025年得到体现，预计年产量可达3500万立方米。自2004年后，人工造林速度明显减弱，年造林面积为0.2万~1.2万公顷。

在造林植树方面，政府造林和私营造林有着明显的区别，私有造林主要以种植新西兰辐射松为主，来满足国内外市场的木材需求；政府造林要求任何树种的造林面积都不能超过总造林面积的30%，确保林分的多样性和完整性。

三、生物多样性

自新西兰与冈瓦纳古陆分离，新西兰物种和生态系统在几千万年孤立的地理环境中不断演化和繁衍，使得物种极为丰富并具有高度地方性。新西兰将物种和生态系统分为3个领域，即陆地、淡水及海洋。已记录陆地物种近11000种，其中811种（占7%）被列为受威胁国家保护等级，2416种（占22%）被列为濒危国家保护等级。

新西兰是全球生物多样性热点地区之一。据2020年新西兰生物多样性报告统计，约有84%高等植物、72%鸟类、81%昆虫、7%海洋生物、88%淡水鱼类和100%两栖类、蛙类及蝙蝠类的动物生存在新西兰境内（保护部，2020）。在国际上知名的物种还有大蜥蜴、几维鸟、鸮鹦鹉、本地青蛙和短尾蝙蝠等。

（一）植　物

最新的生物多样性清查报告显示，已记录的本土高等植物2786种。本土地衣类2026种（如裂衣属 *Chapsa indica*、拟蕊衣属 *Hypocenomyce scalaris* 等）；苔类及角苔类770种锡兰唇鳞苔（*Cheilolejeunea ceylanica*）；藓类109种（如南亚圆网藓 *Cyclodictyon blumeanum*）；大型藻类938种（如赫勃对丝藻 *Antithamnion hubbsii*、扇形美叶藻 *Callophyllis atrosanguinea*）等。（表6）。

表6　新西兰已记录高等植物种类

物种威胁等级		数量	代表物种
灭绝		7	勿忘我(*Myosotis laingii*)
数据缺乏		107	齿叶杜英(*Elaeocarpus dentatus*)、圆果白珠树(*Gaultheria depressa*)
受威胁物种	国家极危	213	扇羽阴地蕨(*Botrychium lunaria*)、大花鹦喙花(*Clianthus maximus*)
	国家濒危 403	77	石胡荽(*Centipeda minima*)、铁芒萁(*Dicranopteris linearis*)
	国家易危	113	亨特短喉木(*Brachyglottis huntii*)、疏花灯心草(*Juncus pauciflorus*)
面临危险	数量下降	158	绿猬莓(*Acaena buchananii*)、棕红薹草(*Carex buchananii*)
	数量恢复	8	大座莲(*Astelia chathamica*)
	数量残存 851	23	侏儒茅膏菜(*Drosera pygmaea*)、腺果藤(*Pisonia brunoniana*)
	自然共存	662	海刀豆(*Canavalia rosea*)、匍枝倒挂金钟(*Fuchsia procumbens*)
演化成本土种的外来种	自然漂流种 34	14	刺果苏木(*Caesalpinia bonduc*)、细叶金丝桃(*Hypericum gramineum*)
	殖化种	20	稀脉浮萍(*Lemna aequinoctialis*)、黄槿(*Hibiscus tiliaceus*)
不受威胁		1383	白皇松 *Dacrycarpus dacrydioides*、铜骨铁线蕨(*Adiantum fulvum*)
引入驯化种		1	蜈蚣凤尾蕨(*Pteris vittata*)

来源：新西兰保护部(2017)。

(二)动　物

新西兰不仅是植物王国，也是动物的天堂，已记录的鸟类487种，最著名的是不会飞的奇异鸟；还有蝙蝠7种、爬行类117种、两栖类11种、蛙类21种、淡水鱼类78种、蝴蝶和蛾类202种等(表7)。

表7　新西兰动物种类

类别	数量	代表物种
鸟类	487	南岛垂耳鸦(*Callaeas cinerea*)、太平洋黑鸭(*Anas superciliosa*)、澳洲小嘴鸻(*Charadrius obscurus obscurus*)、查岛鸲鹟(*Petroica traverse*)
蝙蝠类	7	强壮短尾蝠(*Mystacina robusta*)、新西兰短尾蝠(*Mystacina tuberculata*)
爬行类	117	巨蜥(*Oligosoma grande*)、塔基蒂莫南林虎(*Mokopirirakau cryptozoicus*)
两栖类	11	哈氏滑蹠蟾(*Leiopelma hamiltoni*)、绿纹树蛙(*Ranoidea aurea*)
蛙类	21	弓蛙(*Leiopelma archeyi*)
淡水鱼类	78	红新南乳鱼(*Neochanna burrowsius*)、大鳗鲡(*Anguilla dieffenbachii*)
蝴蝶、蛾类	202	新西兰研夜蛾(*Aletia cyanopetra*)、草螟鼻蛾(*Eudonia linealis*)

来源：新西兰保护部物种调查报告。

(三)珍稀濒危物种

新西兰物种具有高度地方性,约2134个物种列入2020年10月世界自然保护联盟红色名录,植物286种,动物1803种,菌类45种。在高等植物中灭绝等级物种有6种;属于极危等级的有5种;属于濒危等级的有5种;属于易危等级的有12种;属于近危等级的有7种;属于数据缺乏等级的有2种。其中,苔藓植物仅有1种列入世界自然保护联盟红色名录,等级为近危等级,见表8。

表8 新西兰高等植物濒危情况

濒危等级	苔藓植物	蕨类植物	裸子植物	被子植物	总数
灭绝	0	0	0	6	6
极危级	0	0	0	5	5
濒危级	0	0	0	5	5
易危	0	0	0	12	12
近危	1	0	3	3	7
低风险	0	0	0	16	16
无危级	0	11	15	207	233
数据缺乏	0	0	0	2	2
总计	1	11	18	255	286

来源:世界自然保护联盟(2020)。

新西兰脊椎动物列入红色名录的有1390种,其中灭绝等级物种有21种,鸟类最多19种;属于极危等级的28种;属于濒危等级的有67种;属于易危等级的有89种;属于近危等级的有59种;属于数据缺乏等级的有95种(表9)。

表9 新西兰脊椎动物濒危情况

濒危等级	鱼类	两栖类	爬行类	鸟类	哺乳类	总数
灭绝	1	0	1	19	0	21
极危级	12	1	5	9	1	28
濒危级	12	1	22	27	5	67
易危	20	3	15	45	6	89
近危	15	0	6	34	4	59
无危级	750	2	9	228	42	1031
数据缺乏	82	0	1	0	12	95
总计	892	7	59	362	70	1390

来源:世界自然保护联盟(2020)。

由于欧洲移民数量不断增加、外来物种入侵、土地及海洋资源开发利用、自然资源过度开采、污染和气候变化等,新西兰生态系统不断退化,本土物种生物多样性流失。为了更好地保护本土物种以及他们的栖息地,新西兰于2002年建立了国家物种威胁等级分类体系,而新西兰保护部是物种和生态系统保护的主管部门,第一产业部和环境部协同监管。近年,新西兰政府宣布计划在2050年清除境内哺乳类有害物种(如鼠、鼬)的目标,加强本土物种的生物多样性保护。

四、自然保护地

(一)保护地类型

新西兰是世界上最早建立保护区的经济体之一,第一个国家公园是汤加里罗国家公园,在由毛利人于1887年赠送给英国女王的汤加里罗土地上建立。为了加大自然保护的力度,新西兰将约1/3的国土面积纳入保护地范畴,建立了十分完整的保护体系,拥有了自然保护区、荒野保护区、国家公园、自然纪念区、物种管护区、景观保护区和特定资源管护区等不同保护地类型。通过各类保护地建立清除保护区有害生物等措施,使生物多样性流失状况得到较大的改善。目前,已建立13个国家公园(占地面积约为300万公顷)、3个海洋公园、数百个自然保护区和生态区、1个海洋与湿地保护网络以及河流与湖泊特别保护区。

按照1977年的《自然保护区法案》、1980年的《国家公园法案》、1987年的《保护法案》和世界自然保护联盟的相关规定,将境内保护地划分为7种类型,见表10。

表10 新西兰保护地类型

类别	功能
自然保护区	可用于科学研究、公众娱乐、历史、自然风景和本地保护等
荒野保护区	用于野生动植物保护
国家公园	用于生态系统保护和娱乐活动
自然纪念区	用于保护特定自然特征的区域
物种管护区/栖息地	用于人为管理手段介入动植物栖息地或物种保护的区域范围,又分为特定野生动物庇护所、野生动物保护区和野生动物管护区
景观保护区	用于陆地或海洋景观保护和娱乐
特定资源管护区	用于可持续利用自然生态系统的保护区域

来源:新西兰环境部(2020)。

(二)保护机制

新西兰自然保护区管理体系由政府机构和非政府机构组成。新西兰保护部是主要负责自然保护区的政府机构,管辖面积约为900万公顷,其中天然林占500万公顷,下设1个中央管理部门和14个地方管理部门。中央管理部门下设政策处、维护部、行政服务部、土著毛利人相关部门和法律服务部等,而地方管理部门下设地方性管理办公室和野外监测站,地方管理部门可依据地理和生态特征来实行因地制宜的管理工作。非政府机构为政府和民众之间交流合作起媒介作用，主要负责自然保护区的资源保护和研究，这些非政府机构包括新西兰自然保护组织、新西兰自然保护会、新西兰自然保护区管理组织。新西兰政府对天然林管护十分严格，仅允许有限范围内的林地开发利用，实行保护区旅游许可证制度，规范生态保护区内一切商业性活动，即为民众提供娱乐休闲服务（如旅游），也可避免和减少对森林生态系统的破坏（保护部，2020）。

在新西兰，主要保护政策有《保护总体政策》和《国家公园整体政策》；与保护区相关的法案有 25 部法案，如《保护法案》《国家公园法案》《自然保护区法案》《海洋保护区法案》《野生动物防控法案》和《野生动物法案》等。

五、林业产业发展

（一）新西兰林产业发展背景

新西兰林产业是重要国民经济支柱之一，年总收入为 67 亿新元，占国内生产总值的 1.6%，在木材生产、加工和商业部门为 3.5 万人提供就业机会。目前，林产业发展主要分为一是以天然林为主的公众娱乐服务创收（如生态旅游）；二是以人工林为主的木材加工生产，用于国内市场需求和出口创汇，后者创造价值更大。

新西兰的木材加工生产由天然林转变为人工林是个漫长过程。早期，因与天然林木材质量相比，企业对人工林木材作为工业原料，比较抵触。1930 年，在坎特伯雷建立了第一个辐射松木材加工厂，逐步加大对人工林选种育种科学研究，规范管理经营模式，加强技术化生产加工。直到 1960 年，人工林锯材产量才超过天然林锯材产量，原木品质也得到提高，人工林木材也逐渐得到认可。自 20 世纪 70 年代起，新西兰木材生产从期初的完全依靠天然林采伐，转变为以辐射松为主的人工林采伐。另一方面，新西兰对天然林开采管理比较严格，对采伐林区，企业机构需符合《森林法案》里相关规定，得到第一产业部的允许审核，制定可持续森林管理方案，才能进行小规模作业。20 世纪起，新西兰根据人口和经济结构特点，将林业产业确定为出口导向型。大力发展人工林的同时，加快林产品产业链建设，加强科学技术研究，政府制定一系列林业优惠政策，遵循自由市场贸易经济政策，积极扩宽海外市场，使得林产品出口量逐年增加。此外，土著毛利人和居民都不依靠森林来提供食物和燃料，几乎所有木材用于工业用途，加之新西兰人口不多，使得林产品成为新西兰重要的支柱产业。

（二）主要林产品生产与贸易

1. 林产品生产

随着市场需求增大，林产品生产加工逐渐技术化、规模化，加之新西兰人口数量不大，2019 年木材生产量达 3595 万立方米，主要林产品有原木、锯木、人造板、纸及纸浆等。其中，原木生产量 1990—2019 年翻了近三番；锯木在过去 30 年间，国内生产量由1990年219.80万立方米增加至2019年的442.30万立方米。

表11 新西兰木材产品生产量

产品类型	1990年	1995年	2000年	2005年	2010年	2015年	2019年
原木(万立方米)	1317.70	1664.40	1927.90	1908.60	2449.00	2895.40	3594.90
工业原木(万立方米)	1312.70	1659.40	1927.90	1908.60	2449.00	2895.40	3594.90
燃料(万立方米)	5.00	5.00	0.00	0.00	0.00	0.00	0.00
锯木(万立方米)	219.80	295.00	391.00	427.10	407.90	402.97	442.30
人造板(万立方米)	68.30	99.20	125.50	150.38	116.78	125.07	127.32
木炭(万吨)	—	—	—	—	0.00	0.00	0.00
木屑颗粒(万吨)	—	—	—	—	—	4.80	7.50
纸及纸板(万吨)	75.70	90.30	87.70	95.12	88.88	72.29	73.81

来源：联合国粮食及农业组织统计数据库(2020)。

2. 林产品贸易(出口)

林产品是新西兰仅次于乳制品和肉类的第三大出口创汇产品。2019年，林产品出口贸易额为46.9亿新元，占世界林产品总贸易额的1.3%。主要木材出口产品有原木、锯材、木浆、纸及纸板、人造板和木切片等，其中工业原木出口占全球供应量的1.1%。其他林产品有蜂蜜、泥炭藓等。由于中国建筑行业快速发展和美国住房需求增加，中国和美国成为新西兰最主要的林产品贸易伙伴，其他还有澳大利亚、韩国、日本、印度尼西亚等(第一产业部，2020)。

在出口林产品中，原木和锯木出口量所占比重最大。原木出口量占总出口量的一半以上。1990—2019年，原木出口量增长了13倍，其出口额增长了近29倍。中国是新西兰原木出口最大的市场，原木出口额占总出口额的82%，其次是韩国和印度；在过去30年里，锯木出口量和出口价值分别增长了132.6万立方米和5.3亿新元，出口市场主要是美国、澳大利亚、中国和越南；林产品中增幅明显的还有人造板和纸及纸板(表12、表13)。

表12 新西兰木材产品出口量

产品类型	1990年	1995年	2000年	2005年	2010年	2015年	2019年
原木(万立方米)	168.30	538.80	590.90	514.30	1074.57	1639.82	2266.68
工业原木(万立方米)	168.30	538.80	590.90	514.30	1074.56	1639.82	2266.58
燃料(万立方米)	—	—	—	—	0.01	0.00	0.10
锯木(万立方米)	61.60	107.30	152.30	180.50	202.47	178.67	194.20
人造板(万立方米)	35.46	62.10	80.60	89.70	65.82	72.31	71.10
木炭(万吨)	—	0.00	0.00	0.00	0.00	0.00	0.00
木屑颗粒(万吨)							
纸及纸板(万吨)	33.62	33.15	46.56	67.31	59.05	42.22	42.28

来源：联合国粮食及农业组织统计数据库(2020)。

表 13　新西兰木材产品出口额

产品类型	1990 年	1995 年	2000 年	2005 年	2010 年	2015 年	2019 年
原木(万立方米)	9498.40	44701.60	32298.60	30679.60	96435.30	149648.00	278205.40
工业原木(万立方米)	9498.40	44701.60	32298.60	30679.60	96434.40	149648.00	278195.90
燃料(万立方米)	—	—	—	—	0.90	0.00	9.50
锯木(万立方米)	12210.20	30682.10	35533.10	50631.00	60856.50	57615.90	65491.10
人造板(万立方米)	9826.80	24756.60	21534.90	29910.20	28148.10	32280.90	25235.30
木炭(万吨)	—	0.00	0.00	0.00	0.20	2.30	4.50
木屑颗粒(万吨)	—	—	—	—	—	—	—
纸及纸板(万吨)	19227.70	23648.10	24788.90	37213.40	42383.40	33803.50	29723.60

来源：联合国粮食及农业组织统计数据库(2020)。

六、林业管理

(一)林业管理机构

20 世纪 80 年代前，新西兰是以国有林为主的林业经济体。林务局是唯一管理、监督、经营国有林的政府机构。80 年代后，随着政府机构的不断改革，新西兰森林资源管理和林业发展机构经历了林务局、农林部和第一产业部等几个改革阶段。

1. 历史概述

1850 年新西兰原始林仅剩 1400 万公顷，意识到自然资源流失严重性。1874 年新西兰第一部林业法规获得批准后，设立林业管理官员，对余下的天然林进行管理，规定获有木材许可证的森林才能进行开发利用，但森林管护效果并不理想。1896 年，木材大会上提出在土地局内建立林业分支，随后南北岛都相继建立了苗圃，并开始在不适用于农业用地、皇室土地上植树造林。1920 年，成立了林务局，作为新西兰的林业管理部门，负责一切与林业相关的管理事宜，包括林业政策的制定、林业培训、环境保护、病虫害防治、国有林的生产和森林产品的销售等方面。1921—1923 年，《森林法》加大对天然林的管制，接着完成全国林业资源清查，指出亟待加快人工林的发展，保护剩余的天然林。这个阶段，国有林发展主要是通过辐射松人工林的引种、选育、培育和利用，为国民经济起到了支撑性贡献。

20 世纪八九十年代，新西兰林业管理体制机构进行第一次改革，将原设的林务局一分为三，成立了保护部、林业部和林业公司。以国有林作为重点改革对象，推行用于商业经营的国有人工林资产私有化，将国有人工林资源拍卖出售给公司经营。1993 年，确立了新西兰林业分类经营模式。1998 年，农业部和林业部合并，成立农林部，下设政策司、产业司、执法司和森林经营司，在产业司下设有森林处等 6 个处室。

2. 现行管理机制

自 2005 年起，政府大力倡导以保育为主的土地资源管理。为了统筹全国自然资源和优化管理，2011 年政府机构再次改革，来促进各类初级产业部门之间合作协同，提高生产效率和管理水平，将农林部、渔业部、新西兰食物安全局合并。2012 年，更名为新西兰第一产业部。2018 年，在第一产业部下增设新西兰林业业务部门，在林产业政策、运营和管理上给予足够的重视，优化林业部门领导管理水平。目前，涉及森林资源管理、保护和林业发展的部门，主要是第一产业部和保护部。

(1) 第一产业部。新西兰第一产业部在自然资源保护、调解和发展方面扮演着重要角色，主要负责提高出口量及产品价值，增强各初级部门生产力，确保食品安全，增加可持续的资源利用，预防生物风险。现有职工约 2900 名。与林业事宜有关的部门有政策理事会下设的森林与种植组，负责新西兰林业日常工作；资源政策理事会下设的资源管理政策组、气候变化组、北岛组、南岛组，负责森林资源保护和可持续发展的工作；贸易与行政管理司，负责林产品贸易有关的工作（图2）。

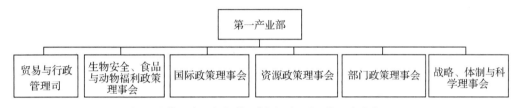

图 2 新西兰第一产业部机构 ［来源：新西兰第一产业部(2020)］

(2) 保护部。新西兰保护部是新西兰保护地最高级别且主要的管理部门，享有保护地的土地所有权及管理权，负责编制保护地的总体规划，指导开展非商业林的生物多样性、文化、自然、遗产和娱乐等管护工作。管辖面积约占国土面积的 1/3，管护近 80% 的原始林。

保护部由生物多样性、企业服务组、土著毛利组、政策与来访组、民众组、伙伴关系组、行政组等 7 个部门构成（图3）。在北岛设有 28 个保护区办公室和 8 个来访服务中心，南岛设有 33 个保护区办公室和 14 个来访服务中心。主要职能职责包括鼓励民众参与环境和资源保护工作；保护新西兰本土动植物及它们的栖息地；管护保护区的基础设施（如栈道、茅舍及露营地）；管理保护区来访者；协调与企业、社区组织、其他非政府组织的关系及培训保护管理工作的志愿者；负责管理保护区的许可证和执照；维护、修复新西兰历史建筑及地区；环境和自然资源宣传工作，提高民众意识。

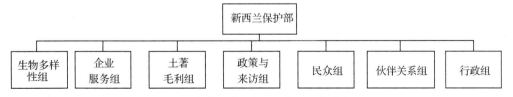

图 3 新西兰保护部机构 ［来源：新西兰保护部(2020)］

保护部将新西兰划分为 11 个保护区，与整个新西兰行政区的划分有别。每个保护区内设有相对应的区域办公室、保护地办公室和保护管理机构等，主要负责日常保护、宣传和旅游管理工作，如森林防火、管控外来入侵物种、宣教、旅游景区等。除保护部外，还有保护委员会和保护局共同配合管护工作。

（二）林业政策

新西兰拥有较为健全的法律框架体系，将森林资源管理纳入自然资源，统筹管理。通过林地管理、森林采伐、森林产品加工生产、贸易等林业政策的制定实施，为自然资源的可持续管理及发展奠定了良好基础。随着社会经济不断发展，新西兰林业政策发展大致分为 4 个阶段。

1. 第一发展阶段（1918 年以前）

随着欧洲殖民者的迁移定居，原始林遭到大面积破坏，为了防止天然林资源的枯竭和满足市场木材需求，政府开始支持在农业用地上进行部分造林活动。

2. 第二发展阶段（1919—1983 年）

政府逐步重视林业发展，大力推进人工林的发展，开始设立林业管理部门并配置林业管理人员，加强林木育种、木材加工利用的科学研究，同时制定了林业发展相关支持政策，如造林贷款、造林补贴。

3. 第三发展阶段（1984—2002 年）

政府机构进行改革，尤其是以国有人工林的私有化作为改革重点对象，出台人工林引种和集约经营政策与税制优惠经济政策，大力推行林业分类经营管理模式，推进林业市场化进程，侧重于通过税收、环境保护投资等方面促进林业产业发展，使得新西兰在近代世界林业有较高的成就。

4. 第四发展阶段（2003 年至今）

随着国际社会对全球气候变化的关注不断加深，新西兰林业政策倾向于推行森林可持续管理经营、应对和减缓气候变化等新领域，更加重视自然资源和生态系统保护工作。

（三）林业法律法规

在新西兰，与林业有关的法规制定起始于 19 世纪，比如 1840 年签署的《怀唐伊条约》，该条约确定了土著毛利人与皇室的合作伙伴关系，要求收回土地及其附属资源的所有权和处置权；1877 年签署《国土条例》，旨在针对气候带和山地保护措施，突出了保护森林生态系统的重要性。

从 20 世纪起，新西兰林业法律法规的制定更加具有针对性且具体化，主要有《森林法案》《自然保护区法案》《国家公园法案》《保护法案》《自然资源管理法案》《国有森林资产法案》《应对气候变化法案》《海外投资法案》等。这些法案颁布实施，标志着新西兰林业的核心从最初的自然资源利用管理，逐步转为自然资源保护，到如今的资源综合性管理利用，使得新西兰在近代林业上取得不可估量的成就，并成为区域林业发展的典范。

目前，主要的涉林法律法规有以下几部：

1. 1949 年的《森林法案》

《森林法案》是新西兰最重要法律之一。该法案对森林经营、采伐、加工利用、森林资源的保护与恢复、林业产业的发展等各方面都做了全面的规定。1993 年，《森林法》修订通过后，所有私有天然林的采伐必须通过政府审批许可，纳入天然林可持续管理经营计划，允许开采的天然林面积受到严格的限制。

2. 1977 年的《自然保护区法案》

《自然保护区法案》的颁布旨在加强新西兰保护区管理体系，强调了新西兰本土生物多样性的管理。

3. 1980 年的《国家公园法案》

基于 1952 年《国家公园法案》(已废除)，新法案对国家公园的管理更加具体化，明确指出将划定为国家公园的区域，必须纳入国家公园管理章程和符合国家公园总体管理规划的要求中，并要求建立国家公园局和公园服务站来确保国家公园保护区的管护工作。后建立国家公园委员会与土地相关部门共同管理国家公园，而公园服务站负责国家公园日常管理工作。该法案还明确了本土动植物保护的重要性和提出严格防控外来物种的入侵等。

4. 1987 年的《保护法案》

《保护法案》的出台，是新西兰最早的保护区法律政策，将保护范围扩大至国家公园、森林公园、海洋公园以及其他用途地等。1989 年进行修改，颁布了《保护法改革法案》，增加了湖泊等管理事项进一步完善保护系统，内容包括淡水鱼经营管理、边缘地带保护、自然保护区和湖泊等地保护管理，强调并鼓励公众的参与保护管理工作，也突出了地方政府的管理地位。

5. 1989 年的《国有森林资产法案》

《国有森林资产法案》标志着国有林进行私有化的改革，将国有林按森林资产划分后，将所有森林资产分为 90 份，面积从 51 公顷至 13.2 万公顷不等，均以拍卖的形式进行出售。

6. 1991 年的《自然资源管理法案》

《自然资源管理法案》的颁布实施，加强了保护部的保护职能，进一步完善了新西兰保护管理体系，旨在可持续地综合性、系统性管理各类自然资源(如空气、水、土壤和生态系统)。该法案重点强调了可持续管理的定义即为均衡自然资源的管理、利用、保护三者之间的发展速度，使其能够为民众提供社会、经济和文化等多方面服务、健康和安全。具体体现于三个方面：①能够满足未来几代人对自然资源(除矿物外)的需求且维持其潜力；②保障和维持空气、水、土壤和生态系统自生修复能力；③避免、弥补和减少对环境的一切不利影响。

在该法案中，也明确地指出在未来规划发展中，必须考虑自然资源保护。比如林业产业链的任何一个环节（如森林管理、采伐利用和出口贸易），都必须严格遵守此法案，尤其是对天然林的管制。换而言之，政府不鼓励天然林工业利用，多鼓励森林资源的保护。

7. 1993年的《生物安全法案》

新西兰是世界上首个制定生物安全法律的经济体，建立了完善的生物安全体系。《生物安全法案》的出台旨在对风险管理和生物安全标准的设定，完善加强边境检疫检验管理，预防、控制和清除虫害管理。

8. 2002年的《应对气候变化法案》

自2000年起，新西兰政府签订《京都议定书》。为了更好应对全球气候变化，政府承诺在2008—2012年温室气体排放量必须控制在1990年的水平。为了完成该目标，政府建立了3种机制方案（如造林补助计划、永久森林碳汇倡议和排放交易计划），最终于2008年建立"碳市场—排放交易体系"，加强林业建设，大力发展清洁能源，减少温室气体的排放。

2002年，颁布了《应对气候变化法案》，一是明确了需要减排的部门和企业及其减排责任；二是明确了相应部门的排放配额，超额排放需要购买额外指标；三是创建了"新西兰单位"作为国内温室气体排放计量单位等。该法案进一步完善了新西兰自然资源和生态系统的管理体系，也标志着新西兰21世纪林业政策的转型和发展动向。

9. 2005年的《海外投资法》

《海外投资法》的出台明确了海外投资的具体管理措施。该法案在2018年进行了修订，为林业用地或转用地的投资提供了简化的筛选途径，也对林权和海外投资提出了新的审查要求。

七、林业科研

新西兰林业研究所是新西兰唯一且最主要的林业科研机构，隶属于新西兰皇家科学院。该研究所专注于木材加工、木材衍生材料和其他生物材料领域的科学研究和技术开发工作。研究所总部位于北岛的罗托鲁瓦，约有320名人员；在基督城的坎特伯雷大学设有一个研究部，约有30名人员，其中包括实习生和学生。此外，在惠灵顿也有研究团队。

研究所的前生是国有森林实验站，始建于1947年，后在1949年被新西兰林务局正式指定为林业研究所。1992年，正式成立该研究所。1993年根据《新西兰公司法》，变更为新西兰林业研究有限责任公司，属政府所有。该研究所的股权归新西兰商业、创新与就业部和财政部共同所有，按照公司运行模式运营和管理。

该研究机构在可持续森林管理与林木改良、森林生物安全与风险管理、木材加工、木材相关生物能源及其他生物材料的研发、从林业为基础的生态功能服务角度出发的土地资源利用决策等方面研究，在全球具有较高的声誉。同时，与其他有意向研究合作伙伴和终端用户共同合作，在以土地资源为基础的生物安全、土壤及淡水资源管理、气候变化、本土林业、生物工业技术与高价值制造业等方面也有一定研究。

该研究机构提供在林业、木材加工、高价值制造以及生物材料的系列服务，面向全球，服务内容多元化，包括咨询、研发、实验、试点设备开发和商业化研究等方面。

八、林业教育

新西兰没有独立的林业高等院校，境内部分大学设有林学院（如坎特伯雷大学）并开设与林业相关的课程及培训，并设有专科、本科、研究生和博士等学位。这些高等院校有新西兰林肯大学、怀阿里奇理工学院和新西兰北方理工学院等。

（一）坎特伯雷大学

坎特伯雷大学建于1873年，位于新西兰南岛东岸的坎特伯雷省，是新西兰著名的公立研究型大学，也是21世纪学术联盟成员。坎特伯雷大学拥有7个学院：艺术、商业、工程、法律、音乐与美术、林业、科学，下设39个系。其中，在工学院下设森林工程系和环境工程系，开设森林工程和自然资源工程的专业课程，在理学院下设林业科学系，开设林业科学的专业课程。林业专业课程从森林培育、森林保护与修复、林木采伐、木材科学、可持续地利用森林资源、可持续管理经营等方面，全面系统性地为在校学生提供专业学习。在校全日制学生共有12000人，其中本科生9500人，硕士生2500人，有教职工1200人，国际学生占比3%左右。坎特伯雷大学与新西兰研究所保持密切合作，与所里研究人员一起参与学生培养计划，为新西兰培养了大批的林业专业人才。

（二）林肯大学

林肯大学始建于1878年，位于新西兰基督城，是新西兰历史最悠久的学府之一，在世界上享有很高的声誉，是一所综合性研究型公立大学。下设3个学院：农业和生命科学学院、商业学院和环境、社会和设计学院，专注于土地及土地相关规划和可持续发展的教学和研究，设有学士、硕士及博士学位课程。优势研究领域包括农业企业商业、农业管理、农业发展、土地经济学、评估和不动产管理、供应链管理、旅游酒店管理等，下设林学有关的课程。在校学生4000人，拥有新西兰高校中最优的师生配比（1∶12），使学生能得到专业且个性化的指导；也是新西兰大学中研究生比例最高的高校，研究生人数约占学校学生总人数的1/3；且拥有国内最高国际学生比例（占总校学生的30%）。

(三)怀阿里奇理工学院

怀阿里奇理工学院建于 1972 年，位于新西兰北岛中部罗托鲁阿市，是新西兰主要的林业职业教育机构。设有旅游商务系、计算机技术与交流系、林业与林木加工与生物技术系、语言文学系、护理与健康系和经贸培训系等，提供林学有关的学业证书、文凭和技能培训课程，如木工、森林经营、林学、园艺、木材加工利用、环境管护和植物生物技术等。现有在校学生共 9000 余人。

(四)北方理工学院

北方理工学院属新西兰公立的高等院校，是北方地区最大的高等教育机构，主校区在旺格雷市。在校学生约有 10000 人，国际学生 260 人。该院校开设有森林经营、木材加工、林业基本技能等学业证书培训，约有 90 个专业资格的学位、文凭证书和培训课程。

(五)怀卡托大学

怀卡托大学于 1964 年成立，属公立高等教育机构，位于北岛的汉密尔顿，主校园在新西兰最大的内陆城市哈密尔顿和陶朗阿地区。下设有管理学院、人文与社会科学学院、理工学院、计算机与数学科学学院、教育学院、毛利族与太平洋发展学院、法学院、教育学院。开设学士、硕士、博士等学位课程，设有林学有关的课程。在校学生 12000 多名，国际留学生 2200 多名，毛利学生所占比例在新西兰高等院校里排名第一。1990—2016 年，林学学士学位毕业人数有 18 人。

(六)国立中部理工学院

国立中部理工学院是新西兰第三大理工学院，2016 年由丰盛湾理工学院和怀阿里基理工学院合并而成。共有 5 个主校区，分别是罗托鲁瓦校区、陶波校区、陶朗加校区、托克拉校区和瓦卡塔尼校区，除五大校区外，还有多个授课点。在校学生约有 13000 名。国立中部理工学院开设与林业有关不同文凭等级的课程，这些课程有农业、蜂业、园艺、林业、保护性作业、动物福利等，文凭等级包括证书、专科文凭、学士后文凭、学士、研究生文凭和硕士。校内有木材产业培训中心，也是新西兰唯一经营锯木厂和木材加工的专业培训机构。

澳大利亚(Australia)

一、概　述

澳大利亚位于欧亚非大陆板块的东南方，南纬10°41'~43°39'、东经113°09'~153°38'，东面濒临太平洋的珊瑚海和塔斯曼海，西、南、北三面均临印度洋及其边缘海域，是世界上唯一一个独占一个大陆的经济体，也是全球最小的大陆。澳大利亚国土面积为769万平方千米，位居世界第6，海岸线长36735千米。由6个州和2个地区组成，6个州分别是1901年之前曾各自独立的英国殖民区，其他没有被当时的殖民区管辖的地方在1901年之后成为联邦政府直接管辖的领地，分别是新南威尔士州、昆士兰州、南澳大利亚州、塔斯马尼亚、维多利亚州、西澳大利亚州、北领地和澳大利亚首都领地，堪培拉是澳大利亚的首都也是其政治中心、文化中心。澳大利亚是典型的移民经济体，多个民族形成了多元文化，据2018年统计，澳大利亚人口达2510万。

(一)社会经济

澳大利亚是一个高度发达的资本主义国家，也是一个后起的工业化经济体，农牧业很发达，素有"骑在羊背上的国家"之称，农牧业用地4.4亿公顷，占全国土地面积的57%。作为南半球经济最发达的经济体和全球第十二大经济体、全球第四大农产品出口经济体，也是多种矿产出口量全球第一的经济体，因此也被称作"坐在矿车上的国家"，黄金业发达，已经成为世界屈指可数的产金大国。自1970年代以来，澳大利亚经济经历了重大结构性调整，农牧采矿业已成为传统工业，制造业和高科技产业、旅游业和服务业迅速发展，目前服务业已成国民经济主导产业，占国内生产总值的70%左右，产值最高的行业是房地产及商务服务业和金融保险业。1991—2017年，澳大利亚经济的实际年增长率达到3.2%，高于同期美国(2.5%)、英国(2.1%)、法国(1.6%)、德国(1.4%)和日本(0.9%)等主要发达经济体的平均增长率，澳大利亚人口不是很多，当前的人均国内生产总值较高，2019年全年国民生产总值达到19948.74亿澳元，约合1.4万亿美元，人均国内生产总值为5.4万~5.5万美元(同期加拿大和德国的人均国内生产总值都在4.6万美元左右，英国人均约为4.23万美元，法国和日本的人均国内生产总值略微超过4万美元)，在发达经济体中处于相对较高的位置。

(二) 地形地貌与气候特征

澳大利亚是世界上地势最平、海拔最低的大陆，也是地貌变化最少的地区之一。澳洲大陆形成于千百万年前，拥有古老而独特的地理特征。大部分陆地的海拔较低，只有不到1%的地区海拔在1000米以上，新南威尔士的雪山海拔也仅有2000米左右，其最高峰科修斯科峰海拔2228米。澳洲大陆可分为3块：西部大高原，中部低地和东部高原。西部大高原和中部低地的大部分地区地势较平，东部高原则包含了近海处陡峭的悬崖、高原和延伸向澳洲大陆腹地的缓坡。

澳大利亚气候类型多样，北部地区为热带气候，中部干旱，南部地区则为温带气候。澳大利亚还是世界上最干旱的大陆之一，80%的地区年均降水量不到600毫米，一半地区则不到300毫米。大部分地区夏季炎热，1月份平均气温超过30℃。北部冬季温和，南部温度较低，然而只有在高海拔地区才会出现北欧或北美那样的低温。在部分地区，降水量和温度都随季节波动较大。

(三) 自然资源

澳大利亚拥有丰富的自然资源和漫长的海岸线，蕴藏着极为丰富的矿产资源、石油和天然气等，仅矿产资源就有70余种，其中，铝土矿储量居世界首位，占世界总储量35%，是世界上最大的铝土、氧化铝、钻石、铅、钽生产经济体。其他矿产资源如黄金、铁矿石、煤、锂、锰矿石、镍、银、铀、锌等的产量也居世界前列。同时，澳大利亚还是世界上最大的烟煤、铝土、铅、钻石、锌及精矿出口经济体，第二大的氧化铝、铁矿石、铀矿出口经济体，第三大的铝和黄金出口经济体。已探明的有经济开采价值的矿产蕴藏量：铝矾土约31亿吨，铁矿砂153亿吨，烟煤5110亿吨，褐煤4110亿吨，铅1720万吨，镍900万吨，银40600吨，钽18000吨，锌3400万吨，铀61万吨，黄金4404吨。澳大利亚原油储量2400亿公升，天然气储量13600亿立方米，液化石油气储量1740亿公升。

澳大利亚的畜牧业发达，是当前世界最大的羊毛和牛肉出口经济体，此外小麦、大麦、棉花、高粱的产量也较高。渔业资源也十分丰富，捕鱼区面积比国土面积多16%，是世界第三大捕鱼区，海水、淡水鱼以及甲壳及软体类水产品的品种均超过3000种，其中已进行商业捕捞的约600种，成为对虾、龙虾、鲍鱼、金枪鱼、扇贝等的主要出口经济体。

二、森林资源

(一) 基本情况

根据澳大利亚农业部最新的2018年森林状况报告（每5年一次统计，1998年、2003年、2008年、2013年、2018年）统计，森林面积共有1.34亿公顷，占陆地面积的17%，其中天然林(原生林)面积为13161.5万公顷(98%)，商业人工林(商用林)有195万公顷，47万公顷为其他森林。澳大利亚的森林面积占世界森林面积的3%，居全球第7位。其中，昆士兰州拥有澳大利亚最大的森林面积，约5180万公顷，占澳大利亚森林总面积的39%；其次是北方领地拥有2370万公顷森林，占18%；西澳大利亚州有2100万公顷森林，占比16%；新南威尔士州拥有2040万公顷森林，占15%。这几部分占了澳大利亚大半的森林面积，森林面积最小的是首都领地，仅为14万公顷。

(二)森林类型

澳大利亚的森林主要分为原生林(占比98%)、商用林(1.5%)和其他类型森林(0.4%)，其中原生林又分为8种类型：金合欢树林、澳大利亚柏、木麻黄、桉树林、红树林、白千层属灌木、雨林和其他天然林，金合欢树林和桉树林的面积超过原生林总面积的80%。桉树是澳大利亚最有代表性的林木，桉树有900余种，几乎所有的桉树树种都是澳大利亚本土品种。商用林指种植用于木材生产的人工林，是商业木材产品的主要来源，剩下的来源还有硬木人工林，主要为速生桉树；软质木人工林，主要为松树。其他森林包括以非工业为主的小面积人工林和其他类型的人工林地，比如檀香木人工林、小型农场、农林复合经营的人工林等。

(三)森林权属

森林的所有权分为公有或私有两种形式。原生林共有6种权属类型：多种用途公有林、自然保护区、其他公有林、私有林、租赁林和权属不明林。多种用途公有林是澳大利亚各州公有林和木材储备林；自然保护区是正式用来保护环境、休闲娱乐的土地，包括自然公园、保护地、州及政府休闲保护用地；其他公有林是用于多种用途的公有林，包括设施、科研、教育、牲畜通行道、采矿、防御、水库周围水土保持；私有林指私人拥有的森林；租赁林指公有土地(属于国家、州或政府的土地)上的森林由私人管理；权属不明林是指由于信息不足、无法判定权属的森林。

根据澳大利亚农业和资源经济与科学局2016年统计，在澳大利亚13161.5万公顷的天然林中，多种用途公有林977.2万公顷(7%)、自然保护区2171.9万公顷(17%)、其他公有林1044.2万公顷(18%)，共占天然林的32%，而其余67%天然林则为私人管理的4724.6万公顷(36%)租赁林和4103.1万公顷(31%)的私有林(表1)。

表1 澳大利亚的森林权属

权属	面积(万公顷)	占土地面积的百分比(%)
多种用途公有林	977.2	7
自然保护区	2171.9	17

(续)

权属	面积(万公顷)	占土地面积的百分比(%)
其他公有林	1004.2	8
私有林	4103.1	31
租赁林	4724.6	36
权属不明林	80.5	1
总计	13161.5	100

(四)森林资源变化

从 2000 年以来,澳大利亚的森林面积经历了先下降后持续增长的变化,其中 2008 年下降至最低点,2005—2008 年,澳大利亚的森林总面积从 12500 万公顷减少到 12320 万公顷,一共减少了 180 万公顷,主要原因有土地使用方式的改变及自然灾害如旱灾和火灾。2008 年后森林面积开始逐步增加,至 2011 年已经达到 12470 万公顷并在近年保持不变,2011—2016 年,森林面积净增加 390 万公顷。森林面积的增加是由于进行林地清理、农地森林化、种植林木到沙漠和荒地以及培育经济林等。

除了保护天然林面积使其持续增加外,澳大利亚一直重视培育商用木材生产的经济林,希望在保护原生林的同时能满足国内林业发展的需求。在 12260 万公顷天然林中,共有 3660 万公顷适合商业木材生产。从 2005 年以来的十余年间,适合采伐的天然林面积有所减少,与此同时人工林面积有所增加,从 2005—2006 年的 180 万公顷增加到 2010—2011 年的 200 万公顷并于近年间保持不变。

三、生物多样性

澳大利亚特殊的地理位置造成物种具有特有性和原始性的特点。澳大利亚大陆在很早的地质年代就同其他大陆分离,孤立存在于南半球的海洋中,但动植物没有同其他大陆完全隔离;澳大利亚的自然条件单一,变化不大,加之没有受到第四纪冰川的影响,使得动植物演化很慢;同时没有高级野生哺乳动物,尤其是没有狮子、老虎、豹子等猛兽,很多动物没有天敌,人类开发也晚,许多古老的动物容易存活下来。在地球演化过程中保留下来的古老生物种类,成为人类研究地球演化历史的活化石,因此澳大利亚也被称为"世界活化石博物馆"。大概有 80% 以上的开花植物、哺乳动物、爬行动物和青蛙,以及大部分的淡水鱼和近一半的鸟类都是澳大利亚特有;海洋中有 4000 种鱼类、1700 种珊瑚、50 种海洋哺乳动物和各种海鸟,在南澳大利亚水域发现的大多数海洋物种在其他地方也都没有,这里还拥有世界上最大的珊瑚礁系统。

(一)植 物

澳大利亚现有 2 万种维管植物和 1.4 万种非维管植物、25 万种真菌和 3000 多种地衣，大部分是南半球的稀有物种。整个大陆从内陆沙漠再到东南部的崇山峻岭，从沿海平原到茫茫沼泽，从热带雨林、温带雨林到草原、密灌丛、高山植被等，囊括了各种类型的植物。澳大利亚的陆地植物群划分为30个主要的植被群和67个主要的植被亚群，广泛分布在干旱的西澳大利亚、南澳大利亚和西部的丘状草原，占原生植被的23%，还有39%的原生植被被桉树、金合欢覆盖。

维管植物主要包括被子植物、裸子植物和蕨类，除11%属归化种外，其余全部为澳大利亚特有种。被子植物中含有许多单子叶植物，最具代表的是禾本科（Poaceae）植物，包括大量物种，从热带的刺竹属（*Bambusa arnhemica*）物种到干旱地区的齿稃草属（*Trjodia*）物种都有；还有800多种兰花，大部分是落叶植物，这些物种中有1/4都是附生植物，其他代表性的科还有莎草科（Cyperaceae）、鸢尾科（Iridaceae）、血皮草科（Haemodoraceae）、露兜树科（Pandanaceae）植物等；双子叶植物是最具多样性的被子植物，在澳大利亚最丰富的树种主要来自豆科（Fabaceae）（占澳大利亚植物总数的12%）、桃金娘科（Myrtaceae）（占9.3%）、菊科（Asteraceae）（占8%）和山龙眼科（Proteaceae）（占5.6%），豆科的金合欢（*Acacia frnesiana*）在澳大利亚就有超过800种，是澳大利亚的国花，一半以上分布在西澳；桃金娘科多以木本物种为代表，最出名的是桉树（*Eucalyptus robusfa*），也是澳大利亚的国树。裸子植物主要包括苏铁和针叶树，苏铁主要分布在澳大利亚的东部和北部，西南部和中部很少，一共有3科4属69种，本土的针叶树一共有3科14属43种。蕨类植物澳大利亚有30科103属390种。

非维管植物中藻类是一群种类繁多的光合生物体，澳大利亚大约有10000~12000种，但是很多都没有记录；苔藓类是原始的陆生植物，主要分布在热带、寒温带和山地地区，一些特殊物种在干旱区也有分布，记录已确认的苔藓种类接近1000种；澳大利亚的真菌大约有25万种，但只有5%被命名描述过，除了常见的植物病原体外，对大多数物种的分布、特征、栖息地都缺乏了解研究；地衣是由子囊菌和单细胞绿藻组成的复合生物，澳大利亚共有3238种地衣，其中有422个属34%的物种为特有种。

(二) 动 物

澳大利亚的动物种类繁多，有378种哺乳动物，828种鸟类，300种蜥蜴，140种蛇和2种鳄鱼，大多是澳大利亚特有种。这种高度的地方性现象可以归因于长期的地理隔离。哺乳动物近一半是有袋类动物，其余的都是胎盘哺乳动物和单孔目动物，最著名的动物有袋鼠（*Macropus* spp.）、考拉（*Phascolarctos cinereus*）、针鼹（*Tachyglossidae*）、澳洲野狗（*Conis lupusdingo*）、鸭嘴兽（*Ornithorhynchus anatinus*）、沙袋鼠（*Wallabia bicolor*）和袋熊（*Phascolomidae*）。澳大利亚有140多种有袋动物，包括袋鼠、沙袋鼠、考拉、袋熊和袋獾，袋獾目前只在塔斯马尼亚岛发现；澳大利亚本土有55种不同的袋鼠，在大小和重量上差别很大，0.5~90公斤不等。澳洲野狗是澳大利亚本土的野狗，也是澳大利亚最大的食肉哺乳动物。澳大利亚有一类独特的单孔目动物群，为卵生哺乳动物，通常被称为"活化石"，其中最具特色的是鸭嘴兽。在澳大利亚列出的828种鸟类中，大约有一半是在其他地方找不到的。地理隔离也促进了不寻常鸟类的发展和生存。这些动物从微小的食蜜雀（*Callaeas cinerea*）到巨大的、不能飞的鸸鹋（*Dromaius novaehollandiae*）都有，澳大利亚的毒蛇种类比任何其他大陆都多（世界上25种最致命的蛇中有21种）。澳大利亚多样化的海洋养活了世界上22000种鱼类中的4000种，以及世界上58种海草中的30种。

（三）珍稀濒危物种

近年来，随着人口增加和农业发展，大面积的土地开荒，栖息地在持续减少，通过对比参考《世界自然保护联盟濒危物种红色名录》中物种保护的恶化情况，澳大利亚仅次于印度尼西亚，在全球生物多样性流失严重程度位列第2，占全球流失总量的5%～10%，很多物种从无危升至近危，从易危升至濒危，随着时间推移和社会发展，物种数量减少，栖息地分散，基因多样性消失，最终导致物种灭绝。澳大利亚濒危动物是指在澳大利亚发现的濒临灭绝的鸟类、鱼类、青蛙、昆虫、哺乳动物、软体动物、甲壳类动物和爬行动物的种类和亚种。根据1999年澳大利亚联邦环境保护和生物多样性保护法案公布的（每10年一次）名录，受威胁的动植物物种见表2至表3。

表2　濒危植物列表

等级	数量	代表物种
灭绝	37	刺槐（*Acacia kingiana*）、白膜蕨（*Hymenophyllum whitei*）
极度濒危	191	假黄皮树（*Clausena excavata*）、圣岛木槿（*Hibiscus insularis*）
濒危	557	板条橙花（*Acacia auratiflora*）、灰绿毒龙豆（*Gastrolobium glaucum*）
易危	588	玫瑰桉树（*Eucalyptus rhodantha*）、洛克伊马尾杉（*Phlegmariurus lockyeri*）
总计	1373	

表3　濒危动物列表

等级	类别	数量	代表物种
灭绝	蛙类	4	胃育溪蟾（*Rheobatrachus silus*）、孵溪蟾（*Rheobatrachus vitellinus*）
	鸟类	22	绿头辉惊鸟（*Aplonis fusca*）、短翅刺莺（*Dasyornis broadbenti*）
	哺乳类	27	盖氏袋鼠（*Bettongia gaimardi*）、荒漠袋鼠（*Caloprymnuscampestris*）
	其他	1	佩德湖钜蚓（*Hypolimnus pedderensis*）
野外灭绝	鱼类	1	佩德南乳鱼（*Galaxias pedderensis*）
极度濒危	鱼类	7	银鲈（*Bidyanus bidyanus*）、粗体澳洲躄鱼（*Brachionichthys hirsutus*）
	蛙类	15	黄斑响铃树蛙（*Litoria castanea*）、科罗澳拟蟾（*Pseudophryne corroboree*）
	爬行类	10	短鼻剑尾海蛇（*Aipysurus apraefrontalis*）、白喉癞颈龟（*Elseyaalbagula*）
	鸟类	17	弯嘴滨鹬（*Calidris ferruginea*）、黄腹长尾鹦鹉（*Neophema chrysogaster*）
	哺乳类	10	圣诞岛白齿鼩（*Crocidura trichura*）、昆士兰毛吻袋熊（*Lasiorhinus krefftii*）
	其他	30	澳大利亚麦龙虾（*Charax tenuimanuis*）、豪勋爵岛竹节虫（*Dryococelus australis*）

(续)

等级	类别	数量	代表物种
濒危	鱼类	19	小鳍皱鳃鰕虎鱼(*Chlamydogobius micropterus*)、溪硬头鱼(*Craterocephalus fluviatilis*)
	蛙类	10	布罗雨滨蛙(*Ranoidea booroolongensis*)、巨横斑蟾(*Mixophyes iteratus*)
	爬行类	20	蠵龟(*Caretta caretta*)、棱皮龟(*Dermochelys coriacea*)
	鸟类	55	乌草鹩莺(*Amytornis purnelli*)、褐麻鸭(*Botaurus poiciloptilus*)
	哺乳类	38	短鼻大袋鼠(*Bettongia tropica*)、虎纹袋鼬(*Dasyurus maculatus*)
	其他	22	澳洲肩针锹甲(*Hoplogonus simsoni*)
易危	鱼类	24	齐氏裸臂鳖鱼(*Brachiopsilus ziebelli*)、噬人鲨(*Carcharodon carcharias*)
	蛙类	12	日落澳蟾(*Spicospina flammocaerulea*)
	爬行类	31	巴克利棘蛇(*Acanthophis laevis*)、海龟(*Chelonia mydas*)
	鸟类	63	红尾黑凤头鹦鹉(*Calyptorhynchus banksii*)、安岛信天翁(*Diomedea antipodensis*)
	哺乳类	59	宽足袋鼩(*Agile antechinus*)、塞鲸(*Balaenoptera borealis*)
	其他	13	吉普斯兰大蚯蚓(*Megascolides australis*)
受保护	鱼类	8	路氏双髻鲨(*Sphyrna lewini*)
总计		518	

四、自然保护地

澳大利亚的保护区包括英联邦和离岸保护区,由澳大利亚政府管理,澳大利亚的6个州和2个自治领地都有自然保护区分布,覆盖了澳大利亚陆地面积的8952.88万公顷,约占陆地总面积的11.5%。澳大利亚首都地区保护程度最高,约占其领土的55%,其次是塔斯马尼亚岛和南澳大利亚岛,分别为40%和25%。保护程度最低的是昆士兰州和北部地区,不到6%。在所有的保护区中,有2/3被认为是严格保护的保护区类型,其余大部分是管理资源保护区类型。澳大利亚超过80%的保护区是由澳大利亚政府或州政府和属地政府公有和管理的。保护区的第二大组成部分是土著保护区,只有0.3%是私有的。根据管理方的不同,保护地分为四大类。

(一)由政府管理的保护地

1. 国家公园

澳大利亚的国家公园一共有7个,分别为波特里国家公园、圣诞岛、卡卡杜国家公园、诺福克岛、普普基灵国家公园、乌鲁鲁-卡塔丘塔国家公园和皇家国家公园(位于新南威尔士州,是澳大利亚第一个国家公园,也是世界上第二个国家公园)。

2. 国家遗迹

国家遗产名录是2003年时澳大利亚对国内具有突出遗产意义地点的记录名单,

包括自然和历史遗迹,也包括了对澳大利亚土著文化有意义的地方,其中有些地点也被列入了世界遗产的一部分。

3. 植物园

植物园一共有3个,分别是澳大利亚国家植物园、波特里植物园和诺福克岛植物园。

4. 南极特别保护区

截至2014年,澳大利亚一共有12个南极特别保护区。

5. 南极特别管理区

截至2014年有1个特别管理区域拉斯曼丘陵。

6. 英联邦海洋保护区

根据1999年环境保护和生物多样性保护法建立的,分为5个区域共57个保护区,其中北部海域8个、西北部13个、东部8个、东南部14个、西南部14个。

7. Calperum和Taylorville保护站

两个保护站都位于南澳,是由私人和政府共同出资购买,Calperum站在1993年由芝加哥动物学会购买,Taylorville站在2000年由澳大利亚景观信托基金会购买,所有权归国家公园所有。

(二)政策规定和国际义务需要保护的保护地

1. 列入世界遗产名录的地区

截至2020年4月,有20个点被联合国教科文组织列为世界遗产,比如哺乳动物化石遗址、大堡礁、麦克唐纳群岛等。

2. 土著保护区

澳大利亚土著居民与政府达成协议,被政府正式列为保护区体系的一类保护区,根据2019的统计,一共有75个,占地约6.7亿公顷。

3. 生物圈保护区

生物圈保护区一共有15个,也被联合国教科文组织纳入世界生物圈保护计划。

4. 国际重要湿地

由于澳大利亚特殊的地理位置,其湿地具有代表性、稀有性和独特性,对保护生物多样性有着重要意义,列入湿地公约名单的一共有65个湿地。

(三)由澳大利亚各州和属地管理的保护区

由澳大利亚各州和属地管理的保护区一共有8个,分别是堪培拉地区、新南威尔士保护区、北部地区、昆士兰保护区、南澳地区、塔斯马尼亚保护区、维多利亚州保护区和西澳保护区。

(四)其 他

如一些鲸鱼保护区等。

五、林业产业发展

澳大利亚用于木材及加工品生产的原生林主要分布在新南威尔士、昆士兰、塔斯马尼亚、维多利亚和西澳大利亚各州的多用途公有林。现在的木材总消费量大约有1900万立方米，锯材和原木大多用于供应国内制材厂，其中建筑业是最大的木材消费市场，80%的针叶林都用于房屋建筑。2006—2011年，澳大利亚每年采伐的多用途公有林面积从11.7万公顷减至7.9万公顷，降幅达32%，受此影响，出自天然林的锯材和浆料原木产量也有所减少。但期间人工林锯材和浆料原木的产量有所增加，2010—2011年，澳大利亚76%的原木产自人工林。另外，根据澳大利亚《全国人工林清单》显示，人工林包含了103万公顷的软质木林（主要树种为松树）和98万公顷硬木林（主要树种为桉树）。

2012年，澳大利亚林业总附加值（以基础价格计）达到12.65亿澳元。2016年原木总产值创造新高，首次超过23亿澳元，而在2006年总产值仅为17.1亿澳元。2006—2011年，锯材实际产值从37亿澳元增加到38亿，人造板实际产值从15亿增加到16亿，纸与纸板从96亿增加到109亿，制浆木材从1.31亿增加到1.89亿。

根据2013年国家森林清查指导委员会统计，非木质林产品的年产值估价为1.98亿澳元，相比2006—2007年的1.26亿有所增加。这次统计的非木质林产品包括了鳄鱼、鹿、野猪、桉树油、茶树油、野生食品、檀香油、蜂蜜和蜂蜡、松露等。在澳大利亚，由于相关产业的规模较小而且比较分散，关于非木质林产品的生产、消费和贸易的信息较难获取。

（一）木材加工与生产

澳大利亚通常将林产品划分为锯材、人造板、纸板和纸类。随着森林保护意识的加强，天然林木材生产受到进一步限制。2007年，全国原木总产量的31.4%（即860万立方米）为产自天然林的硬木，然而2010—2011年，这个比例下降到了23.8%（630万立方米），减幅约为26%。此外，产自人工硬木林的原木产量则有所上升，从2006—2007年的410万立方米增加到2010—2011年的530万立方米。与此同时，天然林木材生产受限也导致其产出的硬木锯材减少。2015—2016年硬木锯材产量相比10年前减少了44.3%。另一方面，软质木锯材生产则几乎完全依赖于人工林，因而受到的影响较少。2005—2006年，全国软质木锯材总产量为500万立方米，2015—2016年则为510万立方米，到了2017年，从经济林采伐的原木占原木总量的87%，产值比2016年增长了11%，从原生林中采伐的原木较10年前减少了一半，只有430万立方米。锯材产量则是逐年增加，2017年达520万立方米；人造板包括中密度纤维板、刨花胶合板和胶合板，在2012年出现大幅下降后又呈不断增长的趋势，2017年达170万立方米；纸板和纸类也是继2012年后开始不断增加，2017年达320万吨。整年的林业产值达 26 亿澳元，突破了近 10 年的记录。

(二) 木材进出口

根据澳大利亚农业水力资源经济局 2017 年的报告，木制品出口近几年一直呈现增长趋势，2015—2016 年，澳大利亚木材和纸产品总出口额为 31 亿澳元，总进口额为 55 亿澳元。表 4 列出了 2005—2006 年与 2015—2016 年多种木材的进出口额，到 2017 年上涨 11%，首次突破 35 亿澳元，木制品制造业年销售额及服务收入达到 237 亿澳元，商业硬木和软木的采伐量创下了 2880 万立方米的新纪录。

表 4 木材进出口信息

年份	木材类别	出口额(万澳元)	进口额(万澳元)
2005—2006	原木	8240	—
2005—2006	锯材	12100	41940
2005—2006	人造板	18020	22940
2005—2006	纸与纸板	6110	218700
2005—2006	回收纸	14010	—
2005—2006	碎木片	83900	—
2005—2006	其他产品	19850	—
2005—2006	混杂林产品	—	54330
2005—2006	纸制品	—	42580
2005—2006	纸浆	—	22500
2015—2016	原木	—	—
2015—2016	纸与纸板	89800	22 亿
2015—2016	纸制品	—	66200
2015—2016	锯材	—	55500
2015—2016	人造板	6600	48900
2015—2016	碎木片	110000	—

来源：澳大利亚统计局。

六、林业管理

(一) 林业管理机构

澳大利亚的林业政策在中央、州和领地各级政府制定和执行，州政府和领地政府对森林管理负主要责任，且在不同的州和领地有不同的名称，比如在昆士兰州就称为基础林业部，在新南威尔士州就称为林业局，各州和领地通过制定经营计划、实践准则和造林体系对多用途林进行管理，使森林采伐、更新、经营都有了准则。

1. 中央级林业管理机构

(1) 澳大利亚农业和资源经济与科学局。是澳大利亚农业和水资源部所设的科学与经济学研究机构，负责独立进行专业、世界先进水平的研究、分析，并为与澳大利亚农业、渔业及林业发展相关的政府部门及公司的管理层提供建议。

(2) 澳大利亚农业与水资源部—林业。该部门一共约有 5000 名员工，林业方面主要负责促进高产、经济效益好、有国际竞争力和可持续的林业发展。

(3) 澳大利亚环境与能源部。该部门负责设计与实施中央政府关于环境、水资源和重要遗产保护相关的政策和项目，加强应对气候变化，保证澳大利亚充足、稳定和廉价的能源供应。

2. 州级林业管理机构

(1) 环境计划与可持续发展局。环境与计划局以保护澳大利亚首都特区的环境为目的，负责自然保护立法、制定策略、项目、信息发布等工作。

(2) 新南威尔士林业公司。新南威尔士林业公司是州内规模最大的商业天然林和人工林的管理机构，主要负责新南威尔士州 200 万公顷林区休闲、环境保护、可持续木材生产相关工作。

(3) 环境与自然资源局。于 2016 年由北领地政府建立，旨在综合保护北领地内的环境与自然资源，包括水、土地资源管理和环境相关问题。

(4) 农业与渔业局。在昆士兰州设有 92 处办公室，主要负责领导州内农、渔、林业可持续发展，不断创新，为当地经济和居民带来效益。

(5) 南澳大利亚第一产业和地区。南澳大利亚第一产业和地区是南澳大利亚州政府的一个重要经济发展部门，其林业部门与当地企业及社区合作，促进南澳大利亚州林业和木材加工业的发展，并积极寻求新的发展机遇。

(6) 第一产业公园水资源与环境局。第一产业公园水资源与环境局主要负责塔斯马尼亚州内自然与文化资源的可持续管理和保护，旨在促进塔斯马尼亚州社区和经济发展。

(7) 环境土地水资源计划局。环境土地水资源计划局管理维多利亚州内的公园和保护地、公有森林、河流、海岸和海洋环境，并与维多利亚公园、维多利亚森林、水资源管理部门和管理委员会等机构合作。

(8) 生物多样性环境保护和景区局。该局侧重促进西澳大利亚州重点自然景区的旅游业发展，为企业投资与合作创造机会，同时保护环境。在具体工作中结合环境保护科学，以增进对西澳大利亚州生物多样性的了解并分享相关信息。

(二) 林业政策与法律法规

澳大利亚的森林政策主要有 1992 年制定的《全国森林业政策声明》和《澳大利亚的人工造林：2020 年规划》。在 1992 年政策的基础上，澳大利亚花费 10 年时间出台并执行了一系列地方性森林协议，着力在天然林的有效保护和充分利用间实现平衡。

1.《全国森林政策声明》

澳大利亚森林管理以1992年颁布的《全国森林政策声明》为依据。中央、州及领地政府致力于全国森林的可持续管理,包括位于公有和私有土地、保护地内及商业用途的所有森林。该声明为森林管理提供框架,以此为依据发现环境变化压力并有所应对,以保证人民从森林和森林资源中获得最大利益。《全国森林政策申明》也反映了由澳大利亚中央政府、各州和领地及地方政府签订的《政府间环境条约》中的内容。该条约响应当前环境保护和发展项目,包含了一系列咨询和合作以促进澳大利亚自然和文化遗产保护。《全国森林政策声明》则包含了澳大利亚政府对森林管理的计划、相关目标和政策措施。各级政府的一部分已经不同程度地实施了很多《全国森林政策声明》提出的政策措施。最后,《全国森林政策声明》也规定每5年起草发布一份全国森林状况报告。

2.《地区森林条约2002》

《地区森林条约2002》要求各州森林部门建立一个综合、对外公开的信息库以支持国家和地区相关机构监控和报告森林状况。

该条约的主要目标是使《地区森林条约》中规定的中央政府应承担的义务生效;使《全国森林政策声明》中的部分内容生效;支持森林与木材产品委员会的运行。

3.《澳大利亚可持续森林管理标准与指标框架2008—政策指南》

这是澳大利亚第二个可持续森林管理标准与指标框架。它包含了7大标准,44项指标,制定时考虑了澳大利亚现行的国家与地方法规与政策及国际条约,包括《全国森林政策声明》。在制定和实施各项指标时采用预防原则、不同代人之间的平等原则、公众参与、透明与信息公开、国际优秀公民、使用者支付及产业和地区发展的原则。该框架包含的标准呈现了澳大利亚人民想要保护的森林多种价值,其指标则用于衡量这些标准在一定时期内发生的改变。这些标准和指标将用于评估澳大利亚在可持续森林管理方面的进步。

4.《全国原住民林业战略》

2005年,澳大利亚中央政府颁布了《全国原住民林业战略》,主要目的为鼓励原住民中的土地拥有者与林产业建立商业伙伴关系。这样的伙伴关系能给原住民社区及森林和木材产业带来长远的利益。

《全国原住民林业战略》指出实施更具综合性的林业研究和发展计划的关键要素:在做研究和实施发展目标时,重点关注原住民社区对林产业的特殊要求;帮助原住民社区把研究和发展成果融入森林管理和林业活动中;明确和控制研究资金源头。

5.《澳大利亚天然植被框架》

该框架主要用来指导相关部门可持续管理天然植被,并提出改进全国范围内天然植被覆盖范围、连续性、状况和功能相关目标。

6.《非法伐木政策》

在2012年11月,澳大利亚议会通过了《2012年禁止伐木法案》,规定禁止进口木材为违法行为，非法采伐的木材进入澳大利亚市场，同时禁止并加工在澳大利亚加工非法采伐的木材。非法采伐是许多发展中经济体面临的一个重大问题，它导致森林退化、栖息地和生物多样性丧失、威胁可持续生计并加剧全球碳排放。该法案通过确保在澳大利亚购买和销售合法采伐的木材产品，创造了一个公平的经济竞争环境，并使消费者和企业对他们购买的木材产品的合法性有更大的确定性。

7.《澳大利亚人工林：2020 规划》

人工林 2020 规划是指在澳大利亚、州政府和地方政府与人工林木材种植和加工行业之间，由林业、渔业和水产养殖部长理事会于 1997 年发起的，并于 2002 年进行了修订，旨在通过鼓励澳大利亚种植园产业规模的持续增长来提高地区财富创造和国际竞争力。

七、林业科研

(一)澳大利亚科学与产业研究机构

联邦科学和工业研究组织是澳大利亚联邦政府负责科学研究的机构，总部设在堪培拉，在澳大利亚和法国拥有 50 多个站点。该机构由联邦政府资助的科学研究始于 104 年前。科学和工业咨询委员会成立于 1916 年，但由于资金不足而受到阻碍。1926 年，科学和工业研究委员会的成立，加强了科学领导地位，增加了研究经费，使研究工作得到了振兴。之后发展迅速，取得了显著的成就，并在 1949 年更名为联邦科学和工业研究组织，在森林研究方面处于领先地位，主要研究林木生长，森林健康及对环境的反应，以及了解和管理风险比如野火、虫害、疾病和气候变化。联邦科学和工业研究组织的研究时间和空间范围都很广，从组织到树叶、树木、森林、地貌，从几年到几十年都有涉猎。

联邦科学和工业研究组织把林木生长和碳捕捉方面的知识应用到各种由小组研发和管理的模式中，尤其是森林生长模型和土地表面模型在全球范围内广泛用于改善人工林管理。联邦科学和工业研究组织还拥有一些参与了澳大利亚政府的碳计量模型开发的专家，该模型在全国范围内被采用，主要用于碳核算。目前研究人员还在开发新一代用于提高森林防火和灭火能力的林火蔓延模式。

(二)澳大利亚林业研究所

澳大利亚林业研究所于 1935 年成立，是一家非营利机构，一共拥有 1100 多名成员，工作涉及澳大利亚森林管理和保护的各个领域，其成员来自政府部门和企业，从事林业、自然保护、资源和土地管理、研究、行政和教育等方面工作。

(三)林业合作研究中心

林业合作研究中心于 2005—2013 年运营，之后成为塔斯马尼亚大学的澳大利亚未来林业中心。林业合作研究中心在全国有 31 个合作方,设有多处办公室。主要任务是通过科研、教育、沟通及合作来支持澳大利亚可持续的林业发展。其研究成果在澳大利亚林业转型时期起到了积极作用,在这段时期内,澳大利亚人工林面积翻倍,达到 200 万公顷。

林业合作研究中心的研究主要有 4 个项目:管理监控林木生长和健康、高经济价值木材、伐木和操作以及地貌与林木。一些重要创新有移动近红外线扫描仪,可以低廉成本精确预测林木内部材性并以此推断林木经济价值;利用网络模型优化林间运输和木材生产操作;车载电脑系统帮助提高机器伐木效率;林业虫害控制小组提供技术支持和信息分享。

八、林业教育

(一)国立大学科学院芬纳环境与社会学系

国立大学坐落在澳大利亚首都堪培拉,是澳大利亚唯一由联邦国会专门单独立法而创立的大学,2019 年世界排名 29,芬纳环境与社会学系是一个让各种思想交融碰撞的平台,学生可以探索不同的认识和解决问题的方式,结合自然和社会科学(包括人文学)来了解环境和可持续发展所面对的挑战。本系设有一个和林业相关的本科专业,即森林科学。

(二)墨尔本大学生态系统与森林科学院

墨尔本大学始建于 1853 年,是澳大利亚 6 所砂岩学府之一,2019 年世界大学排名中,位列澳洲第 2,世界第 39 位,一共有 7 个校区,每个校区分布不同院系,生态系统与森林科学院坐落于伯恩利校区,是全国领先的研究机构和学院,致力于研究与森林和其他生态系统相关的生态进程、可持续土地管理以及环境社会学,研究范围包含了从自然到高度城市化的所有环境,同时设有与林学相关的多个专业,包括本科、硕士和博士学位。为学生提供能引导全世界森林与自然资源管理企业发展的知识、技能教学及分析能力培养。学生将了解气候变化科学、水资源管理与生物多样性保护,并发展在领域内进行重要实验工作的能力。墨尔本大学森林生态系统科学硕士项目将为学生未来从事森林与自然资源管理部门的管理职位而助力。毕业生就业领域广泛,包括森林与环境管理、研究与开发、生态咨询、木材管理与加工、土地保育与野生动物保护、气候变化科学与政策、森林碳投资与核算、澳大利亚及海外援助与发展机构等。

(三)南十字星大学环境科学与工程院

南十字星大学始建于 1970 年,位于澳大利亚新南威尔士州,环境科学与工程院设有多个本科、硕士学位课程,在环境可持续性研究方面处于领先地位,侧重环境规划与管理、生物保护、海洋生物学与生态学、可持续林业、渔业管理以及水土管理方面的教学和研究。在校学生 13348 人,国际学生 1477 人,本科生 10052 人。

美国（America）

一、概　述

美国位于北美洲，在加拿大和墨西哥之间，由 50 个州、1 个联邦直辖特区、5 个岛屿自由邦和其他几个岛屿属地组成。美国本土和联邦特区位于北纬 25°~49°、西经 70°~130°，东临大西洋，西临太平洋，北和加拿大接壤，南靠墨西哥和墨西哥湾，陆地面积 9147596 平方千米，海岸线长 2268 万千米。据 2019 年统计，美国人口 3.282 亿，白人占 64%，拉美裔有 16.3%，黑人占 12.6%，大部分居民信奉基督教，人口最多的城市是纽约市。

（一）社会经济

美国是一个高度发达的经济体，有较为完善的经济调控体制，其劳动生产率、国内生产总值和对外贸易额均居世界首位。2018 年国内生产总值为 20.5 万亿美元，人均为 6.28 万美元，贸易总额为 4.2 万亿美元。虽然美国人口只占世界人口的 4.3%，却拥有世界总财富的 29.4%，达 3 万亿美元，拥有世界上最多的亿万富翁。2018 年，美国在世界 500 强企业中，121 家总部设在美国。截至 2020 年 8 月，美国商业银行拥有 20 万亿美元的资产，管理的全球资产超过 30 万亿美元。

（二）地形地貌与气候特征

美国地势呈东西高、中部低，山脉多为南北走向，东部地区由丘陵和低矮的山脉组成，而中部内陆是一片广阔的平原（称为大平原地区），西部有高低不平的山脉（其中一些是太平洋西北部的火山），其间分布着内陆高原和平地，阿拉斯加州还有崎岖的山脉和河谷，夏威夷的地形则千变万化，但主要是火山地貌。

美国的气候也因地理位置的不同而类型多样，但多为温带和亚热带气候，夏威夷州属于热带海洋性气候，佛罗里达州的大部分地区被认为是温带但属于热带气候，阿拉斯加州是北极地区，为亚寒带大陆性气候，密西西比河以西的平原是半干旱地区，西南部的大盆地则是干旱地区。东南部和太平洋地区年降水量基本都在 1000 毫米以上，年降水量最少的在落基山脉中，低于 300 毫米。

（三）自然资源

美国的自然资源极为丰富，拥有经济发展所需的几乎所有矿藏，已探明的矿产资源总储量居世界首位,煤炭、石油、天然气、矿石、钾盐、磷酸盐、硫黄等资源储量居世界前列,其中煤炭储量达4910亿吨,集中在宾夕法尼亚和密西西比河流域等地,其矿区总面积达129.5万平方千米,占土地面积的13%,占世界煤炭总储量的27.6%;石油储量约240亿吨,主要集中在加利福尼亚州、得克萨斯州等地。

二、森林资源

(一)基本情况

美国的森林面积约占世界的8%。据2016年林务局统计,森林面积为3.1亿公顷,占国土面积的1/3,森林覆盖率达33.93%,林木蓄积量为201亿立方米。

东部森林是软木和硬木的混合林,包括松树、橡树、枫树、云杉、山毛榉、桦树、胡桃木、树胶;中部为阔叶林,向东一直延伸到科德角,向西北延伸到明尼苏达州,是重要的木材来源,主要有橡树、胡桃木、灰枫木;南部的森林包括松树、山核桃、树胶、桦树和美国梧桐等,沿着墨西哥湾一直延伸到德克萨斯州的东部;太平洋森林是所有森林中最壮观的,拥有巨大的红杉和道格拉斯冷杉;在西南部有巨型仙人掌、丝兰、烛台木和约书亚树。

中部的草原位于大陆的内部,水分不足以支持大型森林的生长,高草草原(现在几乎全被开垦)位于子午线以东,子午线以西的地区年降水量经常小于500毫米,矮草原覆盖了西德克萨斯州、新墨西哥州南部和亚利桑那州的部分地区。

西部科迪勒拉山脉的山间地区大部分被沙漠灌木覆盖,通向阿拉斯加海岸线较低的山坡上覆盖着针叶林,阿拉斯加州的其余部分是荒原或苔原。

夏威夷州有广阔的森林、竹子和蕨类植物,甘蔗和菠萝虽然不是岛上土生土长的,但现在已经占据了大部分耕地。

(二)森林类型

美国的森林类型分布差异很大。根据林务局统计,美国有140种森林类型。根据树种的相对丰度以及每种木材覆盖类型最常出现的位置聚合为28种(表1),大部分硬木森林类型分布在美国东部、中西部到东北部,以及西德克萨斯州和加利福尼亚州的中央谷地,软木森林主要分布在美国东南部以及从落基山脉到太平洋西北部的整个美国西部。

按照用途美国森林又被划分为3类:用材林、保留林和其他林。用材林指每公顷年产材能力在1.4立方米以上的林地,面积达21084万公顷。其中,南方拥有丰富的木材供应,占美国用材林的40.31%,相比之下,西部地区只占27.64%,北方为32.05%。保留林指根据法律法规禁止采伐的林地,包含了自然保护区等,面积达2995万公顷,主要在美国西部地区,占全美保留林的85.14%。其他林地指每公顷年产材能力在1.4立方米以下的林地,如灌丛林、城市森林等,拥有6961万公顷,主要在西部(占80.81%)和南部地区(占18.03%),如图1、表2。

表 1　美国森林类型(按树种相对丰度)

序号	森林类型	序号	森林类型
1	北美白松/红松/短叶松林	15	加利福尼亚针叶混交林
2	云杉/冷杉林	16	外来树种软木林
3	长叶松/湿地松林	17	橡树/松树林
4	火炬松/短叶松林	18	橡树/山核桃林
5	矮松/刺柏林	19	橡树/柏树林
6	花旗松林	20	榆树/白蜡树/三角叶杨林
7	西黄松林	21	枫树/山毛榉/美国黄桦木林
8	西部白松林	22	山杨/桦木林
9	冷杉/云杉/西部铁杉林	23	赤杨/枫树林
10	黑松林	24	西部橡树林
11	铁杉/西加云杉林	25	柯树/月桂树林
12	西部落叶松林	26	其他西部硬木林
12	红杉林	27	热带硬木林
14	其他西部软木林	28	外来树种硬木林

来源：https://forest-atlas.fs.fed.us/grow-forest-types.html。

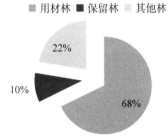

图 1　美国的森林类型(按用途分)

表 2　美国的森林类型(按用途分)

森林类型	总面积(万公顷)	区域划分					
		北部		南部		西部	
		面积(万公顷)	占比(%)	面积(万公顷)	占比(%)	面积(万公顷)	占比(%)
用材林	21084	6758	32.05	8498	40.31	5827	27.64
保留林	2995	283	9.45	162	5.41	2550	85.14
其他林	6961	80.9	1.16	1255	18.03	5625	80.81
总计	31040	7122	22.97	99.5	31.86	14002	45.17

(三)森林权属

美国的森林根据林地权属分为公有林和私有林。公有林多为受保护的森林，又分为国有林(由联邦林务局管理的森林)和其他公有林(除林务局外的其他政府部门管理的森林);私有林中大多数为用材林,根据拥有者不一样又分为私人公司和非公司两种。私人公司指私人拥有加工设备和能力的公司;私人非公司又分为私人所有、家庭所有、非营利组织所有等(表3)。

美国超过一半的林地是私有的(占58%),私人实体拥有并管理着180.05万公顷土地,大部分位于东部,由1100万私人森林所有者拥有和管理。在这些私人森林所有者中,92%(1000万所有者)的私有林属于家庭和个人,称为"家庭森林"所有者,剩余的私有林归公司、保护组织、俱乐部、本地美国部落等。私人拥有的森林以商业用途为主,是全美木材生产的主要提供者,除了生产营林外,还提供狩猎、钓鱼或景区的功能。私有林是一个重要的资产,自主经营、自负盈亏,受法律保护,向政府纳税,可以传给下一代。

全美只有42%的林地是公有的,其中联邦政府拥有并管理着9650万公顷的土地,占公有林的74%,大部分林地在西部,由美国农业部下属的林务局管理5870万公顷林地,内政部下属的土地管理局管理1540万公顷林地,国家公园管理局和国防部管理2230万公顷林地;州、县和市政府拥有并管理着3350万公顷的林地,大部分在西部(表3)。公有林不得用于经营,主要提供生态效益和社会责任,保护森林,为野生动物提供了栖息地,帮助应对气候变化,同时提供重要的经济产品和丰富的户外娱乐、发展自然教育。

表3 美国森林权属信息 百万公顷

权属类型		区域划分			
		美国	北部	南部	西部
国有林	国有林	用材林	39.26	4.05	4.86	30.35
		保留林	10.93	0.405	0.405	10.12
		其他林	8.89	0.4	0.4	8.09
	其他公有林	用材林	25.5	11.74	6.07	7.69
		保留林	19.01	2.02	1.21	15.78
		其他林	27.51	0.4	0.809	26.3
私有林	私人公司	用材林	44.93	11.74	24.69	8.5
		其他林	14.57	0	1.62	12.95
	私人非公司	用材林	100.36	40.06	48.97	11.33
		其他林	19.43	0.405	10.12	8.9
总计			310.39	71.22	99.15	140.01

来源:美国农业部,2015。

(四)森林资源变化

根据美国森林资源清查统计,美国在 1630 年还有大约 4.2 亿公顷的森林,占土地总面积的 46%,随着人口的增加和社会发展,大约有 1.04 亿公顷的林地被转为其他用途的土地,主要是用于农耕用地,这种情况持续了 50 年;到 1910 年,森林面积下降到 3.05 亿公顷,占土地总面积的 34%。近 20 年来,政府采取费用分担补助计划,促进私有林的拥有者进行非工业林营造,联邦政府还开展林业激励、农业保护、资源储备等补助项目,大规模的人工造林,使得其森林面积基本上保持相对稳定的趋势(图 2)。截至 2016 年,森林覆盖率为 33.9%,覆盖最高的地区是缅因州(占 89.46%)、新罕布什尔州(84.32%)、美属萨摩亚(80.84%)和北马里亚纳群岛(80.37%);覆盖最低的地区是北达科他州(占 1.72%)、内布拉斯加州(3.2%)和南达科他州(3.93%)。

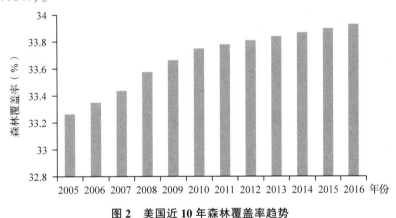

图 2　美国近 10 年森林覆盖率趋势

三、生物多样性

(一)动　物

美国的动物群包括生活在美国本土及周围海域、夏威夷群岛、北极的阿拉斯加以及太平洋和加勒比的几个岛屿领土上的所有动物,涵盖了北极、热带和海洋动物等区系,有着许多当地的特有物种。据统计,美国已记录的物种有 432 种哺乳动物、800 种鸟类、超过 100000 种已知的昆虫、311 种爬行动物、295 种两栖动物和 1154 种鱼类。

1. 西部地区

美国西部地区极具生态系统多样性,有沙丘、盆地、高山冰川、茂密的森林和干燥的沙漠等,气候条件也各不相同,很少有同一物种生活在整个西部地区。常见的有骡鹿(*Odocoileus hemionus*)、白尾羚松鼠(*Ammospermophilus leucurus*)、美洲狮(*Puma concolor*)、郊狼(*Canis latrans*)、北美灰熊(*Ursus arctos horribilis*)、浣熊(*Procyon lotor*)、斑点臭鼬(*Spilogale gracilis*)等,西北部和阿拉斯加地区还常有灰熊和棕熊(*Ur-*

sus arctos），沿西海岸有海獭（Enhydra lutris）、加利福尼亚海狮（Zalophus californianus）等，在内陆沙漠区有世界上最毒的蜥蜴、蛇和蝎子，比如吉拉毒蜥（Heloderma suspectum），西南边界生活着黑美洲豹（Panthera onca）和虎猫（Leopardus pardalis），华盛顿州、俄勒冈州等还有美洲河狸（Castor canadensis）、赤狐（Vulpes vulpes），新墨西哥州和犹他州有北美狐（Vulpes macrotis）、蓬尾浣熊（Bassariscus astutus）等。西部地区的海峡群岛国家公园是世界上最丰富的海洋生物圈的一部分，包括许多独特的植物和动物物种，比如圣岛丛鸦（Aphelocoma insularis）、西部强棱蜥岛屿亚种（Sceloporus occidentalis becki）、太平洋蜥尾螈（Batrachoseps pacificus）等。

2. 南部地区

南方有各种各样的栖息地，从路易斯安那州的沼泽地、卡罗莱纳州东部的沿海沼泽和松树林、田纳西和肯塔基州的丘陵、德克萨斯西部的沙漠、西弗吉尼亚的山脉、密苏里州的草原到俄克拉何马州和德克萨斯州的狭长地带，整个地区的动物种类包括北美负鼠（Didelphis virginiana）、九带犰狳（Dasypus novemcinctus）、美洲鳄（Crocodylus acutus）、真鳄龟（Macrochelys temminckii）、宽头石龙子（Plestiodon laticeps）、煤石龙子（Plestiodon anthracinus）、灰狐（Urocyon cinereoargenteus）、白尾鹿（Odocoileus virginianus）、美洲牛蛙（Lithobates catesbeianus）和铜头蝮（Agkistrodon contortrix）等。

3. 中部地区

在美国中部的大草原上生活着美洲野牛（Bison bison）、东部棉尾兔（Sylvilagus floridanus）、黑尾长耳大野兔（Lepus californicus）、郊狼、黑尾土拨鼠（Cynomys ludovicianus）、麝鼠（Ondatra zibethicus）、浣熊、草原松鸡（Tetrao cupido）、野火鸡（Meleagris gallopavo）、白尾鹿、草原狐（Vulpes velox）、叉角羚（Antilocapra americana）、富兰克林地松鼠（Poliocitellus franklinii）等。爬行动物包括牛头蛇（Pituophis catenifer sayi）、环颈蜥（Crotaphytus collaris）、鳄龟（Chelydra serpentina）、麝香龟（Sternotherus odoratus）、西部黄动胸龟（Kinosternon flavescens）、锦龟（Chrysemys picta）、西部菱斑响尾蛇（Crotalus atrox）和草原响尾蛇（prairie rattlesnake），在该地区还发现了一些典型的两栖动物有三趾，比如小鳗螈（Siren intermedia）、俄克拉何马蝾螈（Eurycea tynerensis）和平原旱掘蟾（Spea bombifrons）。

4. 东部地区

在阿巴拉契亚山脉和美国东部有鹿、山猫、浣熊、松鼠、野兔、啄木鸟、猫头鹰、狐狸和熊等；美洲短吻鳄（Alligator mississippiensis）生活在北卡罗来纳州和德克萨斯州之间的沿海各州；鼩鼱分布在新英格兰地区，而北美最小鼩鼱（Cryptotis parvus）和长嘴鼩鼱（Sorex longirostris）分布在东南各州；灰狼（Canis lupus）曾经在美国东部游荡，但现在已经在这个地区灭绝了；东麋鹿（Cervus canadensis canadensis）曾生活在整个东部地区，但在1880年被美国鱼类和野生动物管理局正式宣布灭绝；驼鹿（Alces alces）也曾生活在整个东部地区，但目前只在新英格兰北部发现；海貂（Neogale macrodon）由于其珍贵的皮毛，于1903年被猎杀灭绝。

5. 夏威夷岛

夏威夷的许多动物群已经适应了它们的栖息地,进化成了新的物种,将近90%的动物是当地特有的,比如海岛猫鼬、夏威夷海龟和棱皮龟等,夏威夷的珊瑚礁是超过5000种物种的家园。

6. 阿拉斯加

阿拉斯加的生活区范围从草原、高山、苔原到茂密的森林,使得整个阿拉斯加的野生动物丰富多样,包括北极熊(*Ursus maritimus*)、北极海鹦(*Fratercula arctica*)、驼鹿(*Alces alces*)、白头海雕(*Haliaeetus leucocephalus*)、北极狐(*Vulpes lagopus*)、灰狼、加拿大猞猁(*Lynx canadensis*)、麝牛(*Ovibos moschatus*)、白靴兔(*Lepus americanus*)、海象(*Odobenus rosmarus*)和北美驯鹿(*Rangifer tarandus*)等;已记录的还有430多种鸟类和美国数量最多的秃鹰,其中阿留申群岛是大型鸟类的栖息地,超过240种鸟类栖息在此。阿拉斯加地广人稀,很多地方没有被开发,被称作世界上最后的荒野,至今仍然存在许多濒危物种。

7. 其他

美属萨摩亚由于地处偏远,陆生物种的多样性很低,已记录的有8种哺乳动物、65种鸟类[其中比较特别的是蓝冠吸蜜鹦鹉(*Vini australis*)、无斑秧鸡(*Zapomia tabnensis*)]、5种壁虎、8种石龙子和2种蛇;海洋生物非常丰富,大多集中在色彩斑斓的珊瑚礁周围,是玳瑁的家园,还生活着5种海豚。

关岛在第二次世界大战结束后不久,引入棕树蛇(*Boiga irregnlaris*),导致许多当地野生动物灭绝,比如10种当地特有鸟类(共12种)、10种蜥蜴和2种蝙蝠都已灭绝。近年来,美国政府采取了很多措施来减少岛上棕树蛇的数量,引进其他物种包括菲律宾棕鹿(*Rusa marianna*)、亚洲水牛(*Bubalus bubalis*)、巨型海蟾蜍(*Rhinella marina*)和3种非洲巨型蜗牛等。目前,一些本地物种如石龙子、壁虎和巨蜥在岛上被发现。

北马里亚纳群岛联邦是40种本地和外来鸟类的家园,特有种有马里亚纳果鸠(*Ptilinopus roseicapilla*)、马里亚纳金丝燕(*Aerodramus bartsch*)、马里亚纳绣眼鸟(*Zosterops conspieillatus*)、提岛王鹟(*Monarcha takatsukasae*)、金绣眼鸟(*Cleptornis marchei*)和罗塔绣眼鸟(*Zosterops rotensis*)等;其他常见属引进的物种包括有白领翡翠(*Todiramphus chloris*)、棕额扇尾鹟(*Rhipdura rufifrons*)、眼斑燕鸥(*Sternula nereis*)等。

波多黎各已记录的有349种鸟类、83种哺乳动物(陆地哺乳动物都是蝙蝠)、25种两栖动物、61种爬行动物和677种鱼类,很多特有种,如波多黎各啄木鸟(*Melanerpes portoricensis*)、波多黎各蟒蛇(*Chilabothrus inornatus*)、尼科尔斯的矮壁虎(*Sphaerodactylus nicholsi*)、波多黎各蚯蚓(*Amphisbaena caeca*)等。

美属维尔京群岛由3个主岛和50个小岛组成,群岛国家公园里有140多种鸟类、302种鱼类、7种两栖动物和22种哺乳动物。

(二) 植　物

美国的原生植物包括大约 17000 种维管植物, 以及数以万计的其他植物(如藻类、地衣、真菌等)。目前, 有 3800 种非本地的维管植物在美国种植, 美国拥有世界上最多样化的温带植物区系, 只有中国能与之媲美, 开花植物物种主导着全美的植物物种多样性(表4)。

表 4　美国本土植物统计

分类	数量(种)
被子植物	16499
松柏类(裸子植物)	122
蕨类植物	658
苔藓植物	1024
地衣	440
总计	18743

生物地理因素促成了美国植物群的丰富多样, 大部分地区气候温和, 阿拉斯加有大片的北极地区, 佛罗里达南部和夏威夷都是热带地区, 与加拿大和墨西哥有很长的边界, 与巴哈马、古巴和其他加勒比岛屿以及亚洲最东部相对接近, 还有雨林和一些世界上最干燥的沙漠, 跨越较大, 区系较多, 具有一定的地方性, 比如很多本土植物为世界提供了大量的园艺观赏植物, 如开花山茱萸、紫荆属植物、山月桂、美国水松、广玉兰、洋槐等; 一些农业类植物如蓝莓、黑莓、蔓越莓、枫糖浆、山核桃等也在大量种植。但有些本土的植物, 如富兰克林树($Franklinia\ alatamaha$)已被证明在野外灭绝, 很多本土维管植物都被认为是稀有及濒危的。

(三) 珍稀濒危物种

美国各地都通过了保护濒危动植物名单, 每一种被联邦政府列为受保护的物种也受各州的保护, 但有些州可能会列出未被联邦政府或邻近州列入保护名单的物种。根据鱼类和野生动物局 2021 年统计, 濒危物种见表 5。

表 5　美国珍稀濒危物种统计

物种类型		近危	代表物种	濒危	代表物种	试验性的、非本土种群	代表物种
脊椎动物	哺乳动物	21	北美囊鼠($Thomomys\ mazama\ glacialis$)、赤树袋鼠($Urocyon\ littoralis\ catalinae$)	51	豹猫($Leopardus\ pardalis$)、密苏里州的大耳蝙蝠($Corynorhinus\ townsendiiingens$)	4	墨西哥狼($Canis\ lupus\ baileyi$)、索诺兰沙漠叉角羚($Antilocapra\ americana\ sonoriensis$)

（续）

物种类型		近危	代表物种	濒危	代表物种	试验性的、非本土种群	代表物种
脊椎动物	鸟类	22	北方斑点鸮（*Strix occidentalis caurina*）、佛罗里达灌丛鸦（*Aphelocoma coerulescens*）	75	厚嘴鹦鹉（*Rhynchopsitta pachyrhyncha*）、白颈鸦（*Corvus leucognaphalus*）	6	加州秃鹫（*Gymnogyps californianus*）、鸣鹤（*Grus americana*）
	爬行动物	32	墨西哥北部加特斯蛇（*Thamnophis eques megalops*）、橄榄蠵龟（*Lepidochelys olivacea*）	15	旧金山袜带蛇（*Thamnophis sirtalis tetrataenia*）、斯莱文蜥蜴（*Emoia slevini*）		
	两栖动物	15	加州虎蝾螈（*Ambystoma californiense*）、约瑟米蒂蟾蜍（*Anaxyrus canorus*）	21	内华达山黄腿蛙（*Rana sierrae*）、德州盲眼蝾螈（*Typhlomolge rathbuni*）		
	鱼类	45	雅基鲶鱼（*Ictalurus pricei*）、泵石鮰（*Noturus placidus*）	74	维珍河鲦鱼（*Gila seminuda*）、白鲟（*Acipenser transmontanus*）	17	韦氏镖鲈（*Etheostoma wapiti*）、强壮红点鲑（*Salvelinus confluentus*）
无脊椎动物	蛤	15	路易斯安那州珍珠贝（*Mangaritifera hembebi*）、匕首蚌（*Elliptro lanceolato*）	76	走蚌（*Dromus dromas*）、尼欧肖珍珠贝（*Lampsilis rafinesqueana*）	31	膨大前嵴蚌 *Epioblasma turgidula*、有翼枫叶蚌 *Quadrula fragosa*
	蜗牛	12	奇特南戈琥珀蜗牛（*Succinea chittenangoensis*）、岩石蜗牛（*Leptoxis ampla*）	36	关岛树蜗牛（*Partula radiolata*）	2	安东尼河流蜗牛（*Athearnia anthonyi*）
	昆虫	17	达科他弄蝶（*Hesperia dacotae*）、灰草潜蝽（*Ambrysus amargosus*）	74	盐溪虎甲虫（*Cicindela nevadica lincolniana*）、萧氏凤蝶（*Heraclides aristodemus ponceanus*）	2	俄勒冈州银斑蝶（*Speyeria zerene hippolyta*）
	蛛形纲动物			12	*Texella cokendolpheri*、*Neoleptoneta microps*		
	甲壳类动物	4	沙地大龙虾（*Cambarus callainus*）、麦迪逊洞穴等足类动物（*Antrolana lira*）	23	沙士达山龙虾（*Pacifastacus fortis*）、春池鲎虫（*Lepidurus packardi*）		
不开花植物	松柏苏铁类植物	3	*Cycas micronesica*、*Cupressus goveniana* ssp. *goveniana*	1	佛罗里达榧（*Torreya taxifolia*）		
	蕨类植物	2	亚拉巴马州条纹蕨（*Thelypteris pilosa* var. *alabamensis*）、美国鹿舌蕨（*Asplenium scolopendrium* var. *americanum*）	36	阿留申群岛鳞毛蕨（*Polystichum aleuticum*）、佛罗里达硬毛蕨（*Trichomanes punctatum* ssp. *Floridanum*）		

(续)

物种类型		近危	代表物种	濒危	代表物种	试验性的、非本土种群	代表物种
不开花植物	地衣类			2	佛罗里达有孔石蕊（*Cladonia perforata*）、岩石地衣（*Gymnoderma lineare*）		
开花植物	开花植物	162	蒂伯龙美丽大百合（*Calochortus tiburonensis*）、矮苋（*Amaranthus pumilus*）	728	黄色飞燕草（*Delphinium luteum*）、楔形大戟（*Chamaesyce deltoidea* subsp. *serpyllum*）		

来源：美国鱼类和野生动物管理局 https：//www.fws.gov/endangered/species/us-species.html。

四、自然保护地

美国的保护地体系主要分为五大体系，即国家公园体系、国家森林和国家草原体系、国家野生动物庇护所体系、国家景观保护体系和联邦土地特殊体系；又根据不同管理部门，保护地又分为联邦、州、和地方3个层面，受到保护的程度也各不相同。截至2020年，一共有36283个保护区，覆盖了11189.17万公顷，相当于美国陆地面积的12%。此外，美国共有787个国家海洋保护区，总面积为32109.08万公顷，占美国海洋总面积的37%。

根据世界自然保护联盟的描述，美国保护地又分为4个等级。最高级别的保护是一级保护地，又叫严格的自然保护区和荒野区，不改变自然状态下属于永久保护的区域；二级保护地主要指国家公园，也属于永久保护，但在维持基本的自然状态下可以有一定程度的开发利用；三级保护地指采用集约式管理和保护的大部分区域；四级保护地指尚未认定的保护地。

（一）联邦级保护地

联邦一级的保护地由联邦相关政府部门管理，其中大部分由美国内政部下属的国家公园管理局管理，其他保护地则由美国林务局、土地管理局、美国鱼类和野生动物管理局管理。国家公园管理局管理国家公园体系，主要保护美国自然、历史和文化资源，并为公众提供休闲娱乐场所；林务局管理国家森林和国家草原体系，主要是维护国家森林体系的健康、生物多样性及生产力；土地管理局管理国家景观保护体系，主要是维护公共土地健康、多样性和生产力，为公众带来使用和享受的机会；鱼类和野生动物管理局管理国家野生动物庇护所体系和国家鱼类孵卵处体系，主要保护和管理野生动物和鱼类、濒危物种及栖息地；联邦土地特殊体系包括国家荒野地保护体系、国家步道体系、国家风景河流体系等,又归属于各自的土地管理机构,各个体系又包含多种类型,各部门协调合作分工明确,联邦政府拥有所有保护地的所有权。

1. 国家公园体系

1872年,美国建立了全球第一个国家公园——黄石国家公园;1916年美国又通过《有机法案》设立了国家公园管理局,至此正式出现国家公园体系的概念,以保护风景、自然和历史文物以及野生动物为目的,负责维护国家公园和纪念地,并由内政部管理,目前已经扩展到422个公园(表6),以及167个相关区域,帮助保护国家的自然和文化遗产,以造福当代和未来的人,覆盖了50个州。167个相关领域地区作为保护国家自然和文化遗产的重要部分,但大多数相关地区不是国家公园管理局的下属单位,而是由其他政府机构或非政府组织和土地所有者管理,国家公园管理局通过直接管理相关区域的全部或部分,或提供技术或财政援助。其中,包括附属区25个、授权地区6个、纪念区3个、国家文物区55个、步道系统30个、国家风景名胜48个。

表6 国家公园体系类型

序号	类型	数量(个)
1	国家战场	11
2	国家战场公园	4
3	国家战场遗址	1
4	国家军事公园	9
5	国家历史公园	58
6	国家历史遗迹	76
7	国际历史遗迹	1
8	国家湖岸	3
9	国家纪念管	31
10	国家纪念碑	84
11	国家公园	62
12	国家公园大道	4
13	国家保护区	19
14	国家储备	2
15	国家游乐区	18
16	国家河流	5
17	国家风景名胜河道	10
18	国家风景区	3
19	国家海岸	10
20	其他	11
	总计	422

来源:https://www.nps.gov/aboutus/national-park-system.htm。

国家公园体系中有62个国家公园。许多现有的国家公园在被国会升级之前就已经被总统根据文物法案作为国家古迹进行保护。目前,29个州有国家公园,美属萨摩亚和美属维尔京群岛也有，加利福尼亚州是有最多国家公园的州，有 9 个；其次是阿拉斯加州，有 8 个；犹他州有 5 个；科罗拉多州有 4 个。最大的国家公园是阿拉斯加州的伊莱亚斯公园，面积超过 323.75 万公顷，比美国最小的 9 个州都大；最小的公园是密苏里州的圣路易斯拱门国家公园，占地约 78.04 公顷。受国家公园保护的总面积约为 21212.46 公顷，平均面积为 34.07 万公顷。

2. 国家森林和国家草原体系

国家森林和国家草原体系由农业部林务局管理，包括 155 片国家森林，总面积为 76080900 公顷（占整个体系的 97.6%），20 片国家草原，总面积 1618743 公顷（占 2.0%），和其他 122 个领域，如土地利用计划、购置土地、研究试验基地、国家保存地和其他，总面积 323749 公顷（占 0.4%）。该体系被分为 9 个管辖区域，每个区域由一个区域森林管理员领导，9 名区域林务员向林务局副局长报告，后者向林务局局长报告，每 10 年对全美的森林和草原等自然资源管理情况做一次评估，每 5 年进行一次中期更新。

3. 国家景观保护体系

2000 年，国土资源部创建了国家景观保护体系，由国家古迹、国家风景线、保护区、荒野区、荒野研究区、自然风景区杰出区域、上游水源森林保留地、国家原始风景河道、上游水源森林保留地、山地合作管理保护区、阿拉斯加国家级白山游憩地等 11 种不同类型的 867 个保护地组成。目前，该体系大约对 16996797 公顷土地进行管理（不包括步道和河流）。

4. 国家野生动物庇护所体系和国家鱼类孵卵处体系

国家野生动物庇护所体系和国家鱼类孵卵处体系是指由美国渔业和野生动物管理局管理的保护地，是一种保护鱼类、野生动植物的公共土地和水域的体系。第一个野生动物保护区于 1903 年在佛罗里达州成立，为鹈鹕岛国家野生动物保护区。目前一共拥有 530 个野生动物保护区、38 个湿地管理区（管理超过 26000 个水禽养殖区）、50 个协调区，占地超过 60702846 公顷，庇护体系中近 83% 的土地都在阿拉斯加州。国家鱼类孵卵处体系由 66 个鱼类孵卵处、7 个鱼类技术研究中心和 9 个鱼类健康中心组成。

5. 联邦土地特殊体系

目前有 3 个特殊的管理体系：国家荒野地保护体系、国家步道体系和国家风景河流体系。这 3 个体系都由国会建立，再由不同的机构按法律规定的范围内管理其指定的土地。

（1）国家荒野地保护体系根据《荒野法案》将荒野区定义为未开发的联邦土地，相对未受人类活动影响，主要受自然影响，主要以原始娱乐、教育科研为价值，该体系的土地一般面积在 2023 公顷以上，以保持其原始特征为主，受到比国家公园等保护地更严格的保护，禁止开矿、放牧、利用水源等，尽可能减少人为的干扰。目前，美国有 760 处荒野区，总面积达 40468564 公顷。

(2)国家风景河流体系是在1968年通过《国家野生与风景河流法案》建立的,也是全球最早建立的河流保护地体系,通过保护的河流,以造福当代和子孙后代。根据《国家野生与风景河流法案》,建立了3类河流:①自然河流,没有蓄水池(水坝、改道等),一般无法进入,其分水岭(河流和支流周围的区域)是原始的,河流基本未被开发;②景观河流,一半在未开发地区,不设蓄水池,但在某些地方可通过道路进入;③休闲河流,通过公路即可到达。随着海岸线发展,在过去经历了一些蓄水或改道,目前有227段河流,长度达20452.8千米。

(3)国家步道体系是在1968年通过《国家步道系统法案》创建,该法案建立了阿巴拉契亚和太平洋山脊国家风景步道,并授权提供一定的户外娱乐管理,该体系包括4类国家步道:①国家景观步道,提供户外娱乐和重要的风景、历史、自然或文化的保护和景观;②国家历史步道,具有国家历史意义的旅行路线;③国家休闲步道,位于联邦、州或私人土地上的城市区域内,或可合理进入的区域;④连接辅助步道,提供通往或在其他类型的小径之间的通道。国家步道必须通过国会立法才能建立,且长度要超过160千米,目前一共有11条国家步道,长度超过25750千米。

(二)州级保护地

每个州都有一个州立公园系统以及许多其他类型的保护地(如森林、保护区、娱乐区等),各个公园差异极大,一些州立公园,如阿迪朗达克公园,公园的边界内有许多城镇,公园内大约一半的面积为国有的,并被纽约森林保护区作为"永远的荒野地"加以保护;阿拉斯加的伍德基奇克州立公园是最大的州立公园,它比许多国家公园都要大,占地约65万公顷;许多州也经营森林娱乐区域。

(三)地方级保护地

美国的县、城镇、市政当局、地区公园系统、娱乐区和其他单位管理着各种各样的当地公园和其他保护区。其中一些仅仅是野餐区或操场,大部分仍然是广泛的自然保护区。例如,亚利桑那州凤凰城的南山公园被称为美国最大的城市公园,它占地6474公顷,包含93千米的步道。

五、林业产业发展

据美国农业部的统计,林业产业在2018年的制造业总产值中占了4%,约占美国经济总量的1.5%,在45个州都是十大制造业雇主之一,为全美的农村经济提供了大量的就业、收入和附加值,尤其是美国南方的林产品相关部门,比如加工木材和制造木制品的工厂,是对南部各州经济做出最大贡献的三大部门之一,为当地居民提供了重要的就业来源,还有西部地区和东南区域的林业个人收入和就业人口在全美占比较高。

(一) 木材市场概况

根据北美工业分类,美国的木材工业主要分为六类:①锯木厂和木材生产,负责生产锯木、板、梁、杆、木瓦、壁板和木屑等,同时,对木材进行化学处理以保护其不受火灾伤害;②木镶板制造,生产单板、胶合板、人造板等;③预制房屋制造,生产可移动的、模块化的预制房屋和建筑物;④杂项木制品制造,包括非锯木厂或单板、人造板、木制品和活动房屋制造商生产的木制品制造,比如木梯子、橱柜、卷轴和牙签等;⑤木浆厂,只制造木浆,而不将木浆加工成纸或纸板;⑥造纸厂,生产纸张。这六大木材产品行业在美国共有14448家机构,雇员311363人,其中加利福尼亚州、佛罗里达州、俄勒冈州、得克萨斯州、纽约州等是这些行业中机构最多的地方。

随着建筑市场越来越多,对森林产品的需求也就越来越高,贸易、关税和进口产品的竞争都直接影响木材成本,但随着近几年提倡环保的重要性,一些可持续或性能更好的产品也在逐渐取代木材市场,六大木材产品行业的增长相比过去都有所下降。根据美国商务部统计,2018—2019年锯木厂和木材生产行业有3229家企业,雇佣88029人,创造了352亿美元的收入;木镶板制造行业共有2715家企业,雇员81424人,总收入为276亿美元;预制装配式房屋制造行业有905家企业,雇员40877人,总收入为105亿美元;杂项木制品制造行业有7325家企业,雇佣38222人,总收入为77亿美元;木浆厂行业共有46家企业,员工总数为8609人,总收入为62亿美元;造纸厂行业有228家企业,54202名员工,创造了405亿美元的总收入(表7)。其中,木浆厂和造纸厂行业过去5年中每年销售都在下降,只有建筑市场还有所增长,但家用产品受到进口和替代材料的竞争,增长也出现疲软趋势。

表7 2018—2019年美国木材产品行业收入额统计

行业种类	收入额(亿美元)
锯木厂和木材生产	352
木镶板制造	276
预制房屋制造	105
杂项木制品制造	77
木浆厂	62
造纸厂	405
总计	1277

来源:https://www.camoinassociates.com/recent-and-emerging-trends-forestry-and-lumber。

(二) 木材生产

美国是世界上最大的林产品消费经济体,也是最大的林产品生产经济体,占世界林产品的30%。近20年来,林产品出口都呈增长趋势,出口额从2000年的23439.21亿美元增加到2018年的28429.3亿美元,木制品消耗占全球的28%,木材消耗的

96%均由国内提供,西部地区的针叶林(占了全美针叶林的70%)是全美商品木材的主要产地,2018年西部木材产量较上年的3268.6万立方米增长了4.3%,其中软木锯材产量为3411.9万立方米,近10年来木材的生产量均呈现上涨趋势(表8)。

表8 10年美国木材生产量统计

年份	生产量(万立方米)
2009	7134.04
2010	7188.80
2011	7859.74
2012	8210.68
2013	8807.76
2014	9395.16
2015	9420.88
2016	9682.14
2017	10274.97
2018	10503.89

(三)木材进出口

美国林产品进口主要来自加拿大,其进口量就占了42.7%。中国是第二大进口供应经济体,占总量的21.9%。根据美国国际贸易委员会2017年的统计,由于美国住房市场需求增加,加大了对木材、木板、木制品等产品的进口需求,木材进口较上年增长了7.7%,达到71.2亿美元,单板和镶板的进口增长了近4亿美元(7.0%),达到61.28亿美元;对模具和细木制品的进口也增加了2亿美元(8.0%),至34.24亿美元;美国对纸制品的购买主要是对工业用纸和纸板的进口,特别是新闻纸,加拿大是美国新闻纸的最大供应商,占了99%,由于数字化时代的发展,进口的新闻纸较上年已下降了7.7%,至9.07亿美元,自2013年以来共下降了29.8%;随着电子商务的发展,自2013年以来,美国纸箱和纸袋的进口每年都在增长,2017年达到25.38亿美元(表9、图3)。

表9 2013年—2017年美国林产品进口产值

木材类型	进口产值(亿美元)				
	2013年	2014年	2015年	2016年	2017年
纸板	25.51	27.76	27.43	27.30	29.81
木材	50.36	57.31	54.46	66.09	71.20
单板和镶板	45.88	48.06	52.22	57.30	61.28
模具、细木制品	28.53	30.69	32.15	31.76	34.24
纸盒纸袋	20.88	21.94	23.38	24.04	25.38
新闻纸	12.90	13.16	10.68	9.79	9.07

来源:美国商务部(2018)。

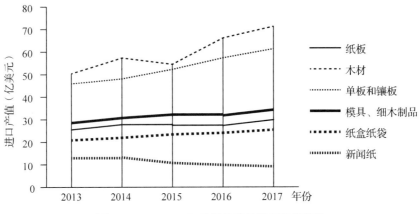

图3 2013—2017年美国林产品进口产值变化

美国林产品的主要出口地为中国、加拿大、墨西哥、日本、澳大利亚和英国，2017年以前加拿大是最大的出口市场，占美国出口总额的24%；中国是美国第二大出口贸易伙伴，占19.7%；墨西哥是第三大出口市场，占14.9%。然而，近年来，由于中国对住房的需求不断上升，以及家具行业的不断扩张，加拿大在美国的出口份额有所下降，而中国的份额却在上升，其出口变化最大的是硬木木材，主要是橡木，通常用于制造房屋固定物，如橱柜、地板、木制品或装饰品和家具等。据美国国际贸易委员会统计，2017年原木和未加工木制品的出口较上年增长了11.7%，达到33.98亿美元，出口中最大的份额（41.1%）流向了中国；工业纸和纸板近几年来一直是美国最重要的林产品出口，主要出口给墨西哥、中国和加拿大，占总出口量的55.1%；同样在电子贸易增长的趋势下，纸盒纸袋的出口小幅度上升了2.0%，达19.05亿美元；电子信息化的迅速发展，导致新闻纸出口较上年下降了4.6%。2013—2017年一共下降了68.8%（表10、图4）。

表10 2013年—2017年美国林产品出口产值

木材类型	出口产值（亿美元）				
	2013年	2014年	2015年	2016年	2017年
纸板	66.31	68.48	66.01	64.02	70.90
木材	31.33	36.09	32.16	34.03	38.90
纸浆和再生纸	86.97	87.02	84.83	82.99	87.75
原木和未加工木制品	31.77	33.90	31.04	30.43	33.98
纸盒纸袋	18.40	18.64	19.04	18.68	19.05
纸巾类	20.34	20.10	19.77	18.09	18.10
新闻纸	4.45	3.12	2.46	1.49	1.42

来源：美国商务部（2018）。

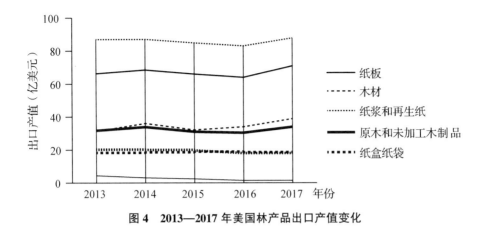

图 4　2013—2017 年美国林产品出口产值变化

六、林业管理

(一) 林业管理机构

美国的林业管理目前主要向集权化发展，从联邦到地方有一套完整的林业管理体系，主要分为联邦政府、州政府和市级政府 3 个层面。

1. 联邦政府

联邦政府负责森林资源管理的部门主要有 3 个：美国农业部林务局、内政部的土地管理局和国家公园管理局，其他还有美国农业部自然资源保护署等部门。

土地管理局：负责管理 10602.8 万公顷的土地，占美国国土面积的 1/8，其中林地 1541.85 万公顷，大部分土地位于美国西部，包括阿拉斯加州，主要是广阔的草原、森林、高山、北极苔原和沙漠，管理土地的相关资源和用途，包括能源、矿物、木材、饲料、野马和毛驴种群、鱼类和野生动物栖息地、荒野地区、考古学、古生物学和历史遗址，以及其他自然遗产价值。

国家公园管理局：负责管理美国的国家公园系统、历史遗迹等，其宗旨是保护好自然环境和文化遗产资源，其次才是公众游乐，将自然、文化资源保护和户外娱乐的好处扩展到美国和世界各地。管理局采用集中统一的垂直管理体制，中央机构由内政部直接管辖，中央下设地区机构分片管理所属的国家公园，每个公园又设基层管理机构——公园管理局，三级机构垂直单一管理，各州、市政府都不能干涉，为了保护生态环境，不允许建索道、娱乐设施，有专门的野生动物辅助道路，控制游客总量等。

林务局：联邦政府林务局是统管林业的行政单位，也是除内政部外唯一一个管理国家土地的机构。于 1905 年成立，总部设在华盛顿，超过 3 万雇员，主要负责管理超过 7800 万公顷的国家森林和草原、城市林地等，其中有林管理实行联邦林务局、大林区(九大林区)、林管区(共 155 个，隶属于各大林区)和营林区(超过 600 个，最基层单位，主要负责森林经营、保护、更新、管理等工作)四级管理。林务局除了国有林管理，还负责组织森林火灾防控、森林资源清查（自1928年以来以州为单位逐个开展森林资源清查，建立覆盖全美的资源清查分析和森林健康监测体系），鼓励私人对林业管理进行投资、林业科学研究、森林政策及法规制定、人员培训、木材生产管理和指导州一级林业管理和私有林经营管理等事务。

管理机构主要由以下3部分组成。①国家总部办事处：主要负责国家森林系统、国营和私营林业、研究和开发、国际项目、信息中心、程序和立法、业务操作、公民权利、区域办事处管理、自然资源保护服务等；②区域办事处：分为9个大区办事处，主要是北部地区、落基山脉地区、西南地区、内陆地区、太平洋西南地区、西北太平洋地区、南部地区、东部地区和阿拉斯加地区，每个区设一个林业站或研究所，负责开展和管理森林经营和科研工作；③研究和发展办公室：美国最重要的林业科研机构，下设太平洋西北研究站、太平洋西南研究站、落基山研究站、森林产品实验室、北部研究站、南部研究站、国际热带林业研究所、东北州有林和私有林中心，为全美的林业政策和土地管理提供科学依据。

2. 州政府

州政府负责森林资源管理的部门根据各州行政区划，称谓不一样，分为林业厅、自然资源管理局、林业委员会、土地管理局、森林资源委员会和其他等，部分州政府只有一个州级林业管理部门，有的州有几个，比如俄勒冈州就有3个州级林业管理部门：林业厅、林业资源研究所和流域改善委员会。在47个州一共有55个州级政府部门，主要负责对私有林进行管理，帮助私有林场制定林业生产计划，做好防火、防虫等，进行水土保持等管理工作，并为私有林主提供技术和一定的资金支持。

3. 市级政府

市级林业政府部门主要负责城市森林管理和公共土地上的树木覆盖，以及公园、绿地、道路、水域等生态环境保护问题，不是每个城市都有林业部门，只有40个州的56个城市设有林业管理部门，各地称谓也不一样，有林业局、城市林业局、消防局、市政公园管理局等。

（二）林业政策

美国的林业政策主要从3个方面制定：森林保护政策、林业扶持政策和林业税收政策。根据林业政策再制定颁布相关的法律法规来依法管理森林资源。

1. 森林保护政策

美国林业的管理理念主要是依靠法律手段对森林资源进行管理和经营，很早就有了保护森林的思想，于1891年美国颁布了第一个和森林保护相关的法律——《森林保留地条例》，并在黄石公园内建立了第一块保留林，标志着美国的森林保护正式走上法制轨道。随着18世纪和19世纪林地的减少，自20世纪以来，美国开始不断加强林业政策的建设，在森林保护方面开始向集权化发展，进一步明确林务局以及州政府的管理职责与范围，开始在大学中开展林业教育，随着保护制度的建设，森林资源一直非常的稳定,自 20 世纪以后森林覆盖率就一直在 30% 以上,尤其是近 20 年来基本没有太大变化,森林生长量都超过了采伐量,实现了越砍越多永续利用的良性循环。同时,美国加强了和林业相关的环境法案实施,1969 年出台的《国家环境政策法案》确定了"环境影响陈述"政策,共同促进森林资源的发展。

2. 林业扶持政策

美国的林地大部分是私有林,政府无权干预私有林的经营,于是通过制定相关的扶持政策来激励私有林主进行森林经营,比如发放贷款、降低利率、延长年限,对上缴木材的所得税也给予一定优惠;鼓励私有林主进行长期更新造林,当年的造林费用可在纳税时扣除,政府提供 7 年以内免 1 万美元税款的制度;退耕还林政策,政府连续 5 年补助每公顷林地每年 111 美元,帮助农地退还成林地;政府每年划拨专门的经费对私有林主的造林活动进行奖励和补贴,补助标准各州不同,补助幅度一般在 50% 左右,最高可达 65%,政府还提供 40% 的费用进行伐后更新工作,调动了私有林主的经营主动性;政府部门还无偿为私有林主提供技术扶持。一系列的扶持政策都是为了提高营林积极性,加强私有林的管理,共同推进森林资源保护。

3. 林业税收政策

美国法律规定,除了对国有林进行免税政策外,其他公有林和私有林都要缴纳财产税,1924 年美国国会通过的《克拉克麦克纳利法》,首次提出并认识到税收制度对用材林的重要性,税法的提出更好地促进了森林经营;1986 年又通过了《税务改革法》,使得大部分林业投资者和经营者适合于该条例,联邦政府及各州对森林资产等收入征收各种不同的税款,比如对林地和立木征收财产税,对采伐征收生产税、采伐税,对林产品征收产品税,对资产转让等征收遗产税或继承税,其他还有道路税、许可证税等,各州征税方式不同,收费也不同。由于美国林业的一大特点是以私有林为主,因此只有通过不断完善林业税收政策,达到合理利用森林资源的目的,促进森林保护和永续利用。

(三) 林业法律法规

美国的法律法规比较健全,虽然政府没有颁布专门的《森林法》,但是针对不同时期出现的问题,通过国会及总统颁布法案或法律法规来指导相关的森林经营活动,和林业相关的法规和条例有 100 多个,涉及森林的保护、管理、采伐等各方面,以联邦政府颁布的这些法案条例为主,各州政府根据自己的州情况也制定了相应的地方林业法律法规,美国法律法规主要分为以下 4 个阶段。

1. 初级保护阶段(1891—1929 年)

1981 年 3 月,颁布了《森林保留地法》,开始建立森林保留地。1900 年美国国会通过《雷斯法案》,主要是保护野生动植物,禁止非法获得、买卖等(后分别于 1969 年、1981 年、1988 年、2008 年进行修订);1911 年又颁布了森林防火的《威克斯法令》;1924 年颁布的《克拉克—麦克纳利法》给了林务局资金管理的调配权,开始进行税收改革以促进森林保护。

2. 保护实施阶段(1930—1959年)

这一阶段主要处于美国的经济大萧条时期,木材市场极度萎靡,美国政府开始大量开展森林防护项目。1930年颁布了《科努森—温盾玻格法》,规定从木材经营中收取一部分资金用于林地更新和植被恢复;1933年林务局起草了《美国林业联邦计划》,投入大量人力物力财力以改善生态环境;1947年又颁布了《森林病虫害防治法》,以控制森林内相关病虫害的暴发和蔓延。

3. 完善保护阶段(1960—1989年)

这一阶段颁布和通过了很多和森林保护相关的法规条例。1960年《森林多种利用及永续生产条例》诞生,主要是对国有林的管理规定,扩大了利用范围,包括保护生态、户外娱乐、木材生产等,标志着美国林业由传统的木材生产向现代林业转变,强调资源保护;1964年颁布了三个比较重要的法案:一是《天然林保护法》,规定大部分森林进行自然更新,禁止砍伐和开发利用;二是《野生动物保护法》,从国有林的采伐区规划出364万公顷林地进行专门保护;三是《荒野法案》,建立了荒野区,得到永久保护;1969年通过的《国家野生与风景河流法案》明确提出了河流的保护;同年开始通过了一系列的环境法案,帮助促进森林资源管理,比如《国家环境政策法案》《清洁空气法》《清洁水法案》和《濒危物种法案》等,其中1969年出台的《国家环境政策法案》明确提出政府有关于影响环境的所有项目,必须向公众公开并陈述其项目报告,待公众进行评估后,对项目进行修改才可以做最后的决策;1973年通过的《濒危物种法案》则明确了物种保护的相关政策,规定任何政府及个人都不能产生涉及危害濒危生物的行为;1976年颁布《国家森林管理法》,确定了其森林的管理体制,体现了新的管理理念,对国有林的管理提高了标准,要求农业部对森林土地进行评估,制定基于多用途、可持续生产利用原则的管理方案,并对森林资源实施管理计划,是管理国有林的首要法规;1978年颁布了《可更新资源推广法》和《可更新资源研究法》,补充完善国有林管理的法律体系;1980年颁布了《退耕还林法》,对以前是林地的农田进行退耕还林,并提供一定的优惠政策;1985年制定了《保护区规划》,采取退耕还林还草、植树造林等措施扩大栖息地,保护生态系统;1987年美国制定了林业体系的基本法律《系统管理法》,授权农业部成立林务局,并管理所有的林业工作。

4. 稳定发展阶段(1990年至今)

自90年代以来,美国的林业一直处于健康稳定的发展状态。1992年国会通过了《森林生态系统健康与恢复法》,对森林生态系统的管理进行监测和合理经营,实施森林健康计划,开展一系列的林业可持续发展项目,主要以改善生态和保护环境为目的对森林进行管理;2008年又出台了《食物、环境保护和能源法》,授权林务局对私有林、社区林业、生物质能源、文化遗产和森林保护区等进行建设;同年又修订了《雷斯法案》,增加了禁止木材非法采伐的相关内容;2009年颁布了《美国经济恢复和再投资法案》,主要针对森林环境保护、清理可燃物、灾后修复和森林防火等相关内容。

美国的一切法律法规都是让森林资源管理能够依法执行并受到保障，并逐渐形成了完善的森林法体系，同时法律法规也在林业管理中发挥积极作用。

七、林业科研

美国的林业科研机构由联邦系统、高等院校和一些林业企业构成，联邦系统主要以林务局为主，林务局也是全美最重要最具代表的林业科研机构。

美国林务局自1905年成立以来，其研究与发展部门一直处于林业科学的前沿，改善全美森林和草原的健康和利用，由7个研究站（太平洋西北研究站、太平洋西南研究站、落基山研究站、森林产品实验室、北部研究站、南部研究站、国际热带林业研究所）和81个实验森林和牧场组成。

林务局的研发还与其他联邦机构、非政府组织、大学和私营部门合作。目前有400多名林务局的科学家在促进全美多样化的森林和牧场的可持续管理方面工作，研究范围很广，项目遍及全美50个州，研究重点领域主要有共享管理和改善森林条件的应用科学（如市场分析、情景规划、大型景观研究和森林规划的决策等）、森林调查和趋势分析（如森林调查和分析、资源规划评估等）、森林防火系统（包括预测、规划、影响评估和恢复等）、林木产品及市场；基础研究领域包括森林与草原、土壤、空气质量和水文、造林与生态学（森林生态学和鱼类与野生动物生态学）等。

除了联邦政府的林务局之外，其他林业研究机构如下。

（1）地球观察研究所。成立于1973年，旨在通过鼓励和评估学者和科学家的建议，为研究所提供发展计划，主要解决科学、环境和公共的政策问题。

（2）森林商业中心。位于佐治亚大学，整合了学术研究和金融方法，为世界各地的森林工业、投资者和土地所有者提供培训和服务。

（3）城市森林研究中心。是美国农业部林务局下设机构，建立了管理社区森林的方法，优化社区林业的效益，提高投资价值。

（4）森林生产力合作社。由北卡罗来纳州立大学、弗吉尼亚理工大学的以及康塞普西翁大学共同合作，其他合作社成员还有木材管理投资组织、林业顾问、政府机构、私人土地所有者等，要求具有森林培育学、生态生理学、土壤学、植物群落生态学、生长和产量建模、遥感、空间分析、地理信息系统和统计学等方面的知识，致力于通过可持续的资源管理，提高森林生产力和价值。合作社在美国东南部和拉丁美洲共同管理着超过1000万公顷的松树和阔叶林。

（5）火灾和环境研究应用小组。位于华盛顿州西雅图市和科瓦利斯市，对火灾和空气质量问题进行研究，是美国农业部林务局、太平洋西北研究站的一部分。

（6）大盆地研究所。是一个跨学科的领域研究组织，在整个西部地区促进环境研究、教育和保护，该研究所通过教育和直接服务项目促进生态系统和栖息地恢复。

(7)城市林业的人文研究。着重研究城市森林环境的公众认知、城市自然服务的价值,并包括政策应用。

(8)太平洋西北生态系统研究联盟。致力于开发生态系统管理方案,以加强太平洋西北地区生态系统研究活动和管理应用之间的联系。

(9)佐治亚理工学院可再生生物制品研究所。以近一个世纪的木质纤维素研究为基础,推进基于可再生资源的商业机会。

(10)城市森林生态系统研究所。提供关于城市林业的研究和活动信息。

八、林业教育

美国的高等林业教育起源于1898年,比欧洲晚了约100年,最早的林学院于1898年在东部地区成立,叫比尔特莫林业学院,注重培养学生的实用技能,采用师徒制办学;同年创办了纽约州立林业学院,附属于康奈尔大学,既给学生授予专业知识,也进行大学通识教育,类似现在的大学教育;第三所林业学院则是1900年耶鲁大学创办的林学院,并延续至今仍在办学,主要培养管理森林的人才,尤其注重研究生的教育。

1935年以后,只有通过美国林学会的资格认证,各大高校才能开展高等林业教育,第一次共有12所大学取得认证资格,该认证持续至今仍在使用,每隔10年进行一次认证;1950年开始,由对学校进行认证转为对专业进行认证,2018年共有48所大学的林业教育拥有这项资格认证,这些大学中,俄勒冈州立大学林学院是目前唯一一所大学中仍然叫林学院的学院,有3个系:森林工程资源管理系、森林生态系统和社会系、木材科学工程系,共5个专业,传统林业专业只有林学和林业工程,其他专业为自然资源管理、可再生资源管理和森林旅游等涉林专业。

目前,全美没有独立的林业院校,都是在综合性大学里下设林学院、林学和野生动物管理学院、自然资源管理学院等,其高等林业教育受美国立法影响很大。总的说来,整个美国的林业教育都主要围绕三个方向:一是学生的高等教育;二是开展林业科学研究;三是做好林业科技推广。全美在31个州一共有54所大学开展了林业专业类的教育,除本科教育外,大部分院校设有研究生教育,可授予硕士和博士学位,比较出名的大学如下:

1. 加州大学伯克利分校

加州大学伯克利分校的林学和资源管理学院,下设农业和资源经济系、环境科学系、营养科学系、植物科学系。专业包括保护与资源研究、环境经济与政策、环境学、森林与自然资源、遗传与植物生物学、微生物学、分子环境生物学、分子毒理学、营养学、社会与环境等。

2. 耶鲁大学

耶鲁大学的环境学院创立于1900年,由吉福特·平肖家族(自然资源保护运动的先驱之一)捐赠建立,平肖曾任美国林务局的首任长官,在其愿景和学院努力下,耶鲁大学率先创立了森林管理和自然资源保护的新模式,培养了多位首批林业工作者。这些行业先锋塑造了我们对环境保护、环境教育和公有土地的现代观念。1921年,学院更名为"耶鲁森林学院",1972年又更名为"耶鲁森林与环境学院",意在体现为可持续发展和人类利益进行全生态系统长线管理的努力,2020年7月1日起,正式更名为"耶鲁大学环境学院",提供环境管理硕士、森林学硕士、环境科学硕士、森林科学硕士学位。

3. 爱荷华州立大学

爱荷华州立大学在农业领域有着世界级声誉,2004年林学系与动物生态系合并,成立自然资源生态与管理系,动物生态学专业和林学专业很受欢迎。其中,森林营(forest camp)是林学学术体验的亮点之一,1993年后在大二用一学期的林业课程取代夏令营,包括森林生物学、森林测量、森林产品和生态系统决策,所有这些课程在秋季学期进行12周,在其他3周,学生参加森林夏令营,在北卡罗来纳州、怀俄明州、蒙大拿州、亚拉巴马州、密苏里州、明尼苏达州和密歇根州举行。

4. 密歇根州立大学

密歇根州立大学正式成立于1902年,其林业本科学位被公认为美国历史最悠久、也是最顶尖的林业课程之一,甚至在林学系成为农业和自然资源学院的一部分之前,密歇根州立大学的教员就已经开始研究和教学,以确保密歇根州的森林未来。农业和自然资源学院包括农业经济学、作物及土壤学、森林学和包装学,林业本科课程整合了生态学、生物学、经济学和社会科学,帮助学生找到解决气候变化、保护和可持续能源等世界上最紧迫挑战的方法;理学硕士和博士学位课程主要培养森林生态、土壤科学、造林学以及政治学、社会学和人文学等专业人才。

加拿大(Canada)

一、概　述

加拿大位于北美洲北部,是世界上土地面积第二大的经济体,首都为渥太华,是由10个省和3个地区组成的联邦。其领土从西部的太平洋地区一直延伸至东部的大西洋地区,北部延伸至北冰洋,总面积998万平方千米。加拿大人口稀少。据2016年的统计数据,加拿大只有3629万人(相当于美国人口的10%)。其中,很多集中在南部边境附近,82%的人集中在大中城市,官方语言为英语和法语。加拿大拥有3个海岸:西部的太平洋海岸、东部的大西洋海岸和北部的北冰洋海岸,海岸线总计超过20万千米。

(一)社会经济

加拿大是西方七大工业经济体之一,制造业、高科技产业、服务业发达,资源工业、初级制造业和农业是国民经济的主要支柱。加拿大以贸易立国,对外贸依赖较大,经济上受美国影响较深。2017年,加拿大对外商品贸易额为11225.1亿加元,贸易逆差约239.9亿加元。2018年,加拿大国内生产总值为20634亿加元,人均国内生产总值为5.51万加元,国内生产总值增长率为1.8%,失业率为5.6%。

2017年,加拿大制造业总产值1817.2亿加元,占国内生产总值的9.8%,从业人员169.4万,占全国就业人口的9.4%。建筑业总产值1253.5亿加元,占国内生产总值的6.8%,从业人员138.5万,占全国就业人口的7.7%。2017年,农、林、渔业总产值274.5亿加元,占国内生产总值的1.5%。主要种植小麦、大麦、亚麻、燕麦、油菜籽、玉米、饲料用草等作物。可耕地面积约占国土面积16%,其中已耕地面积约6800万公顷,占国土面积7.4%。加拿大渔业发达,75%的渔产品出口,是世界上最大的渔产品出口经济体。2017年加拿大服务业总产值为12336.8亿加元,约占当年国内生产总值的66.5%,从业人员1424.7万,占当年全国总劳动力的78.8%。2017年旅游收入约856亿加元,接待外国游客约2085万人次。主要旅游城市有温哥华、渥太华、多伦多、蒙特利尔、魁北克城等。

(二)地形地貌与气候特征

加拿大东部为拉布拉多高原,东南部是五大湖中的苏必利尔湖、休伦湖、伊利湖和安大略湖，和美国的密歇根湖连接起来形成圣劳伦斯河，夹在圣劳伦斯山脉和阿巴拉契亚山脉之间形成河谷，地势平坦，多盆地。伊利湖和安大略湖之间有壮观的尼亚加拉大瀑布。西部为科迪勒拉山系的落基山脉，许多山峰海拔在4000米以上。最高山洛根峰，位于西部的洛基山脉，海拔为5951米。北极群岛地区，多系丘陵低山，受极地气候影响冰雪覆盖。中部为大平原和劳伦琴低高原，面积占国土的一半左右。

加拿大因受西风影响，大部分地区属大陆性温带针叶林气候。东部气温稍低，南部气候适中，西部气候温和湿润，北部为寒带苔原气候。北极群岛终年严寒。中西部最高气温达40℃以上，北部最低气温为-60℃。

(三) 自然资源

加拿大地域辽阔，森林和矿产资源丰富。矿产有60余种，主要有钾、铀、钨、镉、镍、铅等。原油储量仅次于委内瑞拉和沙特阿拉伯居世界第3，其中97%以油砂形式存在。已探明的油砂原油储量为1732亿桶，占全球探明油砂储量的81%。森林面积3.47亿多公顷（居世界第3，仅次于俄罗斯和巴西），产材林面积286万平方千米，分别占国土面积的46%和29%；木材总蓄积量约为196亿立方米。境内约89万平方千米为淡水覆盖，可持续性淡水资源占世界的7%。

二、森林资源

(一) 基本情况

加拿大有3.47亿多公顷被森林覆盖，相当于国土面积的46%，占世界森林覆盖面积的9%，森林蓄积量为196亿立方米，是世界上森林资源比较丰富的经济体之一，林业和林产品在加拿大也是第一产业，为超过140个经济体提供林产品，国内生产总值达200多亿加元。其中，最大出口市场是美国、欧盟、中国等。森林中针叶林占了67.8%，代表树种主要为云杉、花旗松、白冷杉等；混交林占了15.8%；阔叶林占10.5%；其他非林木占了5.9%。

(二) 森林类型

加拿大的森林类型多样，根据区域特点分为8个林区：①阿卡迪亚林区：位于魁北克省和加拿大东部的沿海省份，并延伸到美国，占全国森林面积的2.2%，包括温带阔叶林和混交林；②北方林区：是加拿大最大的林区，跨越了7个省份和地区，占全国森林面积的82%，以针叶林为主，也包含了世界上1/3的极地森林；③海岸森林保护区：位于西海岸，占全国森林面积的2.2%，该地区几乎全部由针叶树种组成，包括道格拉斯冷杉（*Pseudotsuga menziesii*）、西加云杉（*Picea sitchenrsis*）、西部铁杉（*Tsuga heterophylla*）等，是加拿大主要木材产地之一，年采伐量占25%；④哥伦比亚林区：位于落基山脉和不列颠哥伦比亚中部高原之间，占全国森林面积的1.8%，主要由针叶树组成；⑤落叶林区：位于休伦湖和伊利湖之间，是加拿大最小的林区，只占全国森林面积的0.4%；⑥大湖—圣劳伦斯林区：位于马尼托巴东南部到加斯佩半岛之间，是加拿大第二大林区，占全国森林面积的6.5%，以混交林为主，也是加拿大木质人造板工业的发源地；⑦山地林区：位于加拿大西部，占全国森林面积的2.3%；⑧亚高山林区：位于不列颠哥伦比亚省和阿尔伯塔省，占全国森林面积的3.7%，为针叶林区。

（三）森林权属

加拿大94%的森林属于公有（其中省政府和地方政府管理占90%，联邦政府管理占有4%，只管理直辖的两个区及各地的印第安保护区、军事区和国家公园的森林，无生产性的森林），只有6%的森林是私有林，由一些林木公司和家庭所有并管理，私有林主要分布于诺瓦斯科、安大略、魁北克南部地区，采伐量占全国的19%。所有这些司法管辖区有一起创建、执行法律、法规和政策的权利，以满足加拿大可持续森林管理提供法律上的保障。

（四）森林资源变化

2017年，加拿大的森林面积为3.47亿公顷。1990—2017年，加拿大的森林总面积减少了不到1%，其中加拿大最北部生态区由于偏远人口稀少，其森林面积几乎没有变化（27年间森林面积减少了0%~0.1%）；在过去的27年里，森林砍伐率最高的地区是大草原，自1990年以来森林面积减少了10%，主要原因是森林转为农业用地。总的说来，近27年来加拿大森林面积相对稳定，保持在3.47亿公顷，减少的大部分原因是自然灾害，如火灾和病虫害，大多数生态区几乎没有可察觉的森林砍伐。退化的森林面积较小，在过去的25年里一直在下降，2010年森林退化少于全国森林面积的0.02%，2014年森林退化了34200公顷，仅占全球森林退化的0.3%。

三、生物多样性

加拿大虽然位于北方，但由于其面积宽广，有多样的环境、地形和气候，包括温带雨林、草原、苔原、河流、潮汐池、海藻林、海洋、冻土带等，为丰富的物种提供栖息地，一共分为20个生态带（陆地生态带15个、海洋生态带5个）。其中，15个陆地生态进一步划分为53个生态省，生态省又进一步划分到194个生态区。在加拿大2015年野生物种报告中评估了加拿大现有物种总数，除病毒和细菌外，加拿大大约有8万种已知物种，被分为5类：原生动物界（约占已知物种的1%）、真菌界（约占16%）、植物界（约占11%）、动物界（约占68%）和其他（约占4%）。

加拿大由于地广人稀，要进行完整而系统的物种生物多样性调查几乎不可能，因此还有很多未知的物种，这些未知的物种可能是科学上的新物种，也可能是科学上已经知道的物种，但还没有在加拿大出现的记录。随着越来越多的未记录物种被发现，对已知物种的统计会继续增加。

(一) 动 物

在加拿大的动物中包含了大多数已知的物种，其中昆虫是多样性最丰富的群体，占加拿大已知动物物种的近70%，鞘翅目（Coleptera）如甲虫，膜翅目（Hymenoptera）如蜜蜂、黄蜂及其近亲，鳞翅目（Lepidoptera）如飞蛾和蝴蝶，双翅目（Oiptera）如苍蝇，是加拿大大部分昆虫的主要类群，但由于冬季的严寒，加拿大本土没有有毒的昆虫。加拿大还是许多大型哺乳动物的家园，本土哺乳动物大约有200种，包括蝙蝠、鲸类、偶蹄类、有袋类、啮齿类等，其他许多欧亚哺乳动物是由欧洲殖民者引进的；鸟类包括17个目共462种，其中美洲鹤（Grus ameriacana）是加拿大鸟类的一种，但只有唯一的繁殖地，在野牛国家公园；爬行动物43种，包括乌龟、蜥蜴和蛇，其中有25种蛇，12种海龟；两栖动物有43种，包括蝾螈、青蛙和蟾蜍，包括东部常见的斑点钝口螈（Ambystoma maculatum），以及不列颠哥伦比亚省沿海雨林中稀有的太平洋大鲵（Dicamptodon tenebrosus），加拿大拥有5个科的青蛙和蟾蜍物种，包括蛙科（Ranidae）、蟾蜍科（Burfonidae）、树蛙科（Rhacophoridaae）、北美锄足蟾科（Scaphiopodidae），还有只在不列颠哥伦比亚发现的尾蟾科（Ascaphidae）；还有1100种鱼类，加拿大的许多淡水湖泊和溪流是虹鳟鱼（Oncorhynchus mykiss）、北极鲑鱼（Salvlinus alpinus）和美洲红点鲑（Salvelinus fontinalis）的家园，见表1。

表1 加拿大动物物种统计（已知物种）

类别	数量	代表物种
海绵（无脊椎）动物	490	加拿大云海锦（Aphr callistes vastus） 玻璃海绵（Class hexactinellida）
软体动物	1500	布朗神秘蜗牛（Campeloma decisum） 北极椎实螺（Stagnicola arctica）
蛛形类	3275	家比幽灵蛛（Pholcus phalangioides） 捕鱼蛛（Polomdes spp.）
甲壳类	3139	美国蟹龙虾（Homarus americanus） 北太平洋雪蟹（Chionoecetes opilio）
昆虫	18530	花萤（Chauliognathus pennsylvanicus）
鱼类	1100	绿色太阳鱼（Lepomis cyanellus） 美洲红点鲑（Salvelinus fontinalis） 强壮红点鳟（Salvelinus confluentus）
两栖动物	43	火蜥蜴（Aneides vagrans） 西部蟾蜍（Anaxyrus boreas） 俄勒冈斑点蛙（Rana pretiosa）

(续)

类别	数量	代表物种
爬行动物	43	东部豹斑蛇(*Pantherophis gloydi*) 星点水龟(*Clemmys guttata*) 海龟(*Chelonia mydas*)
鸟类	462	拉布拉多鸭(*Camptorhynchus labradorius*) 旅鸽(*Ectopistes migratorius*) 火鸡(*Meleagris gallopavo*)
本土哺乳动物	200	加拿大猞猁(*Lynx canadensis*) 北极狐(*Vulpes lagopus*) 弓头鲸(*Balaena mysticetus*) 加拿大马鹿(*Cervus canadensis*)

(二)植 物

加拿大的植物种类繁多,这是由于加拿大的生态环境和气候条件导致的。从安大略南部温带阔叶林到北部寒冷的北极平原,从西海岸的湿润温带雨林到干旱的沙漠、荒芜的土地和苔原平原,主要分为落叶类、松柏类和一些乔木灌木。落叶林位于东部和中部,包括藤枫、红枫、各种桦树和山毛榉等,主要生长在河岸周围的森林里、海岸线和森林边缘。针叶树种分布于北方森林,是加拿大最常见的树木,包括多种云杉和雪松。在加拿大的北方森林、落叶林和草原上还可以找到许多不同的灌木,包括桤木、野樱、野丁香等(表2)。

表2 加拿大植物物种统计(已知物种)

类别	数量	典型种类
有花植物	3800	比氏老鹳草(*Geranium bicknellii*) 藤黄景天(*Sedum stenopetalum*) 紫椎菊(*Echinacea angustifolia*)
针叶植物	34	阿尔卑斯落叶松(*Larix lyallii*) 恩格曼云杉(*Picea engelmannii*) 大冷杉(*Abies grandis*)
其他植物	1100	

(三)珍稀濒危物种

在加拿大所有被列入《物种灭绝风险法案》中的物种都受到了联邦政府的法律保护,包括保护物种的个体、种群和栖息地不受破坏。《物种灭绝风险法案》同时要求为濒危名单上的物种成立物种保护团队和战略部门。此外,每年环境部都会根据加拿大野生动植物濒危等级协会给出的正式评估将新的动植物物种添加到《物种灭绝风险法案》中。加拿大野生动植物濒危等级协会和世界自然保护联盟都有自己的评估系统,这两个评估系统不能与物种灭绝风险法案的评估混淆,在加拿大只有《物种灭绝风险法案》具有法律效应，见表3、表4。

表3 加拿大珍稀濒危物种

濒危等级	分类	数量	代表物种
灭绝	哺乳动物	3	灰鲸(*Eschrichtius robustus*) 黑足鼬(*Mustela nigripes*) 大西洋海象(*Odobenus rosmarus rosmarus*)
	鸟类	1	草原松鸡(*Tympanuchus cupido*)
	爬行动物	4	森林响尾蛇(*Crotalus horridus*) 道格拉斯角蜥(*Phrynosoma douglasii*)
	两栖动物	1	虎蚊蝾螈(*Ambystoma tigrinum*)
	鱼类	2	叉斑厚唇雅罗鱼(*Erimystax x-punctatus*) 长吻鲟(*Polyodon spathula*)
	节肢动物	3	大理石岛端粉蝶(*Euchloe ausonides*)
	软体动物	2	普吉特海湾蜗牛(*Cryptomastix devia*)
	维管植物	2	锦龙花(*Collinsia verna*) 伊利诺伊山蚂蝗(*Desmodium illinoense*)
	苔藓	1	卷灰缩叶葡藓(*Ptychomitrium incurvum*)
濒危	哺乳动物	17	虎鲸(*Orcinus orca*) 北美林地驯鹿(*Rangifer tarandus caribou*) 汤森德鼠兔鼠(*Scapanus townsendii*)
	鸟类	25	岩行鸟(*Charadrius montanus*)
	爬行动物	8	细尖尾蛇(*Contia tenuis*) 夜蛇(*Hypsiglena torquata*)
	两栖动物	6	岩石尾蟾(*Ascaphus montanus*) 俄勒冈斑点蛙(*Rana pretiosa*)
	鱼类	17	铜色吸口鱼(*Moxostoma hubbsi*) 密点石䱀(*Noturus stigmosus*)
	节肢动物	25	锈斑熊蜂(*Bombus affinis*) 白花蛾(*chinia bimatris*)
	软体动物	13	洞螈蚌(*impsonaias ambigua*) 蓝灰尾滴蛞蝓(*Prophysaon coelureum*)
	维管植物	81	长柏蕾荠(*Braya longii*) 北美大草原白龙胆(*Gentiana alba*)
	苔藓	6	碎米藓(*Fabronia pusilla*)
	地衣	2	西加亚铃孢(*Heterodermia sitchensis*)

(续)

濒危等级	分类	数量	代表物种
近危	哺乳动物	12	美洲森林野牛(Bison bison athabascae) 海獭(Enhydra lutris)
	鸟类	12	姬苇鸦(Ixobrychus exilis) 黑枕威森莺(Wilsonia citrina)
	爬行动物	13	东部猪鼻蛇(Heterodon platirhinos) 束带蛇(Thamnophis butleri)
	两栖动物	5	福氏蟾蜍(Bufo fowleri) 大盆地抠足蟾(Spea intermontana)
	鱼类	13	花狼鱼(Anarhichas minor) 鲈形美洲鲅(Notropis percobromus)
	节肢动物	5	达科他弄蝶(Hesperia dacotae) 哥伦比洒灰蝶(Satyrium behrii columbia)
	软体动物	1	单峰驼蛞蝓(Hemphillia dromedarius)
	维管植物	51	东部假扁果草(Enemion biternatum) 紫变豆荚(Sanicula bipinnatifida)
	苔藓	2	亮叶珠藓(Bartramia halleriana)
	地衣	1	溪边猫耳衣(Leptogium rivulare)
特别保护	哺乳动物	15	北美驯鹿(Rangifer tarandus caribou) 美洲鼹(Scalopus aquaticus)
	鸟类	16	长嘴杓鹬(Numenius americanus) 美洲角鸮(Otus flammeolus)
	爬行动物	7	蓝尾金蜥(Eumeces skiltonianus) 奶蛇(Lampropeltis triangulum)
	两栖动物	7	西部蟾蜍(Bufo boreas) 红腿蛙(Rana aurora)
	鱼类	14	赫氏杜父鱼(Cottus hubbsi) 北美小口鮈(Opsopoeodus emiliae)
	节肢动物	3	黑脉金斑蝶(Danaus plexippus)
	软体动物	4	奥林匹亚蚝(Ostrea conchaphila)
	维管植物	25	希尔眼子莱(Potamogeton hillii)、软毛艾菊(Tanacetum huronense var. floccosum)
	苔藓	4	凤尾蕨(Fissidens exilis)
	地衣	3	密瓜肾盘衣(Nephroma occultum)

表 4　物种保护名录信息

保护级别	物种数	代表物种
近绝迹种	24	灰熊（*Ursus arctos*） 北美草原松吉鸡（*Tympanuchus cupido*） 太平洋送地鼠蛇（*Pituophis catenifer catenifer*） 条纹鲈鱼（*Morone saxatilis*）圣劳伦斯湖种群 俄勒冈狼（*Lupinus oreganus*）
濒临灭绝物种	253	爱斯基摩勺鹬（*Numenius borealis*） 巴特勒乌梢蛇（*Thamnophis butleri*） 布兰查德的板球蛙（*Acris blanchardi*）
濒危物种	128	短尾信天翁（*Phoebastria albatrus*） 沿海巨型火蜥蜴（*Dicamptodon tenebrosus*） 安蒂科斯蒂翠菊（*Symphyotrichum anticostense*）
特殊受关注物种	149	斑点蝙蝠（*Euderma maculatum*） 黑脚信天翁（*Phoebastria nigripes*） 北部橡蟒（*Charina bottae*）

四、自然保护地

在加拿大，约 2400 万公顷的森林面积受到保护，几乎占到全国森林总面积的 7%。更多的森林分布在地处偏远、交通不便的地区，因此也在很大程度上避免了人类活动的影响。加拿大的保护地是为了保护生态完整，同时也为娱乐和教育提供场所，一共分为 4 种类型：国家公园、候鸟保护区、国家野生动物保护区和海洋保护区。

(一) 国家公园

国家公园是加拿大乃至世界上的天然瑰宝。它们代表了加拿大自然环境的力量，不仅塑造了加拿大的地理，而且展现了其历史进程和自然景观，致力于保护生境、野生动植物、代表性生态系统及特别的自然地区。自从 1885 年建立第一个国家公园（班夫国家公园）以后，目前共有 39 个国家公园和 8 个国家公园保留地。这些国家公园几乎覆盖了整个加拿大地区，包括大西洋、太平洋、北极圈、内陆地区以及北美五大湖区域，面积从 1400 公顷（加拿大乔治亚湾群岛国家公园）到近 450 公顷（加拿大伍德布法罗国家公园）不等。所有国家公园和保留地目前总面积达 3035.71 万公顷，约占加拿大总面积的 3.0%。以一种不损害其完整性的方式管理它们，保护这些壮丽的自然区域及生态系统，也可供游客了解、欣赏和享受。

表5 加拿大国家公园及保留地

序号	国家公园名称	所在地	面积(公顷)	建立年份
1	奥拉维克国家公园	西北地区	1220000	1992
2	奥尤特克国家公园	努纳武特	1908900	1976
3	班夫国家公园	阿尔伯特	664100	1885
4	布鲁斯半岛国家公园	安大略	15400	1987
5	布雷顿角高地国家公园	新斯科舍	94900	1936
6	麋鹿岛国家公园	阿尔伯特	19400	1913
7	佛里昂国家公园	魁北克	24400	1970
8	芬迪国家公园	新布伦瑞克	20600	1948
9	乔治亚湾岛国家公园	安大略	1400	1929
10	冰川国家公园	不列颠哥伦比亚	134900	1886
11	草原国家公园	萨斯喀彻温	90700	1981
12	格罗斯莫恩国家公园	纽芬兰与拉布拉多	180500	1973
13	伊瓦维克国家公园	育空地区	1016800	1984
14	贾斯珀国家公园	阿尔伯特	1087800	1907
15	克吉姆库吉克国家公园	新斯科舍	40400	1968
16	克鲁瓦尼国家公园	育空地区	2201300	1993
17	库特尼国家公园	不列颠哥伦比亚	140600	1920
18	古什布格瓦克国家公园	新布伦瑞克	23900	1969
19	莫里斯国家公园	魁北克	53600	1970
20	勒维斯托克山国家公园	不列颠哥伦比亚	26000	1914
21	皮利角国家公园	安大略	1500	1918
22	阿尔伯特王子国家公园	萨斯喀彻温	387400	1927
23	爱德华王子岛国家公园	安大略	2200	1937
24	普卡斯克瓦国家公园	安大略	187800	1978
25	考苏伊图克国家公园	努纳武特	1100000	2015
26	古丁尼柏国家公园	努纳武特	3777500	2001
27	雷丁山国家公园	马尼托巴	287300	1933
28	红河国家城市公园	安大略	3600	2015
29	谢米里克国家公园	新斯科舍	2220000	2001
30	特拉诺华国家公园	纽芬兰与拉布拉多	40000	1957
31	千岛群岛国家公园	安大略	2400	1904
32	特拉诺华国家公园	纽芬兰与拉布拉多	970000	2008
33	图克图特诺革特国家公园	西北地区	1634000	1996
34	乌库什沙里克国家公园	努纳武特	2088500	2003

(续)

序号	国家公园名称	所在地	面积(公顷)	建立年份
35	乌恩图特国家公园	育空地区	434500	1995
36	瓦布斯克国家公园	马尼托巴	1147500	1996
37	沃特顿湖国家公园	阿尔伯特	50500	1895
38	森林野牛国家公园	阿尔伯特西北地区	4480700	1922
39	幽鹤国家公园	不列颠哥伦比亚	131300	1886
40	8个国家公园保留地	—	2444800	—
总计		—	30357100	—

(二)国家野生动物保护区

目前,加拿大境内有55个国家野生动物保护区(其中,一些地区包括相对未受干扰的生态系统),这些保护区为动植物提供了重要栖息地,保护着超过210万公顷的区域,其中超过3/4的区域保护着海洋栖息地。根据《加拿大野生动物法》,建立和管理国家野生动物保护区的目的是保护和研究野生动物。

(三)候鸟保护区

根据《候鸟公约》,第一个候鸟保护区是1919年在魁北克建立,然而加拿大为保护候鸟已于1887年在萨斯喀彻温省南部建立了一个鸟类保护区,后来成为候鸟保护区(1921年)和国家野生动物保护区(1994年)。目前,加拿大有92个候鸟保护区,包括近1150万公顷的候鸟栖息地,为候鸟在陆地和海洋环境中提供安全的避难所。加拿大环境保护署是负责保护野生动物的机构,但保护区可以位于联邦、省或私人土地上。

(四)海洋保护区

目前,加拿大共有14个海洋保护区,总面积超过3500万公顷,约占加拿大海洋和沿海地区的6%。海洋保护区有助于建立健康的海洋环境,并通过保护海洋生态系统、海洋栖息地和海洋物种,提供一种基于自然的解决方案,以应对气候变化的影响。海洋艺术协会也为加拿大文化作出贡献,同时支持当地经济和沿海社区的经济繁荣。

五、林业产业发展

林业和森林产品是加拿大的第一产业,提供超过373373个工作岗位和超过370亿美元的国内生产总值。由于加拿大具有多样的气候,不同的气候环境或不同的区域导致树种的多样性和森林生产力的不同。在太平洋沿海森林有充足的雨水,保持最高的树种多样性,主要树种是松柏(如道格拉斯杉)。太平洋沿海森林树木有较大的生长量(胸径 200 厘米、高 200 米)和较高的生产力[5~12 立方米/(公顷·年)]。在不列颠哥伦比亚省内陆地区树种多样性极高,在同一立地条件下可以找到 9 个树种,主要采伐方法是部分砍伐;管理方法采用"自然"的管理方式;在残余林冠下播种或自然更替;主要水分来源为雨和雪,生长量为 3~5 立方米/(公顷·年)。在落基山脉地区土地非常贫瘠,水分主要通过降雪,很少有人住在这里。

(一)木材加工与生产分布

加拿大西部地区以木材加工为主,尤其是不列颠哥伦比亚省木材径级大,蓄积量大,北方森林被认为是北美的"肺",这里木材主要用于生产胶合板、木材、纸浆等,生产力较低[1~2 立方米/(公顷·年),自然生长]。东南部森林树种多样化,同时也是加拿大特产枫糖浆的主要来源。在东部海岸森林,环境较为恶劣,森林类型是阔叶林,是纸浆和纸张产品的重要产出地,尤其是魁北克省以生产小材径为主。不列颠哥伦比亚省和魁北克省是加拿大的主要木材产区,占全国森林面积的 35%,蓄积量占全国的 56%,年采伐量占全国的 56%(表 6、表 7)。

表 6 木材利用类型

木材利用类型	描述
初级木产品	原木、木质纸浆、木屑、其他主要木材产品(包括圣诞树)
纸浆和纸张产品	加工纸、新闻纸、其他纸及纸板、其他纸制品、其他纸浆、回收纸、木浆
木纤维产品	纤维板、硬木木材、硬纸板、碎料板、胶合板、木瓦、软木木材、单板、其他木纤维材料
非木产品林业资源	圣诞树、槭树产品

表 7 加拿大木材生产量   亿立方米

年份	1990	1995	2000	2005	2010	2015	2016
木材产量	476.2538	476.0826	473.2047	459.9679	455.0942	451.4384	451.0759

(二)林产品出口

加拿大是全球林业产品的贸易大国,占世界林业贸易的 16%。大约 47% 的出口林产品来自纸浆、新闻纸和软木材。加拿大在纸浆市场占有最大份额,几乎占全球产量的 1/3,占北美总产能的 3/4;新闻纸产量约为 3200 万吨,是全球最大的生产经济体,出口占世界的 45%。但近年来,随着北美对新闻纸的需求下降,电子媒体极大地减少了印刷广告的需求,市场结构发生了变化;加拿大是世界上最大的软木材生产经济体和出口经济体之一,占加拿大林产品出口价值的 20%。2018 年加拿大的林产品出口总额达到 383 亿加元,比 2017 年增长 7.6%,纸浆和新闻纸的出口额较 2017 年增幅最大，分别增长18%和17%。软木材是2018年唯一出口下降(1.5%)的主要林产品，原因是美国市场状况恶化和不列颠哥伦比亚省锯木厂减产。总的看来，2012—2018年，加拿大林产品出口总额增长了53%(表8)。

表8 加拿大主要木材产品出口额统计　　　　　　　　　　亿加元

年份	软木材	新闻纸	印刷纸	木板	纸浆	其他
2008	51	43	42	10	72	83
2009	38	27	36	8	53	73
2010	48	27	28	9	73	73
2011	52	28	26	8	75	74
2012	57	23	24	10	67	68
2013	74	24	25	15	70	75
2014	83	26	25	14	75	84
2015	85	23	26	16	80	96
2016	100	22	22	22	76	102
2017	104	20	21	24	83	105
2018	103	23	24	27	97	109

六、林业管理

(一)林业管理机构

加拿大约94%的森林土地属于联邦政府和省/地方政府，这意味着于联邦政府和省/地方政府有绝对的权利创建和执行法律、法规和相关政策，为加拿大实施可持续森林管理提供有效地保证。加拿大森林资源管理的最高部门是自然资源部，部下的组织机构分为联邦级、省级和市(县)级，除政府机构外，还成立了各种林业协会协助政府管理林业资源。

1. 自然资源部

自然资源部是加拿大联邦政府部门之一，负责管理自然资源、能源、矿物与金属、森林、地球科学、制图、遥感监测等。自然资源部是1995年由能源、矿物及资源部与森林部合并成立。内设13个部门，包括7个司2个局3个办公室1个署，其中就包括加拿大森林局。加拿大森林局下设首都区、大西洋林业中心、大湖林业中心、劳伦斯森林中心、北方林业中心、太平洋林业中心和加拿大木纤维中心，各个中心根据自身情况在职能部门设置方面的侧重有所不同，主要包括计划与运营、森林健康与多样性、防治害虫、森林信息和研究等。

2. 联邦级林业管理部门

联邦政府在自然资源部下设林务局，主管加拿大的林业工作，其主要职责是制定林业发展战略、林业科技政策,协调制定林业政策与法规,负责管理联邦所有的森林资源,负责组织林业基础科学研究并通过示范林形式进行推广以及负责林业产品的国际贸易,促进企业和地区发展,开展林业统计和管理等事务。

3. 省级林业管理部门

省级林业主管部门组织形式基本一致,除不列颠哥伦毕业省设林业部外,其余各省均由自然资源部的林务局进行管理,森林绝大部分为省有林,每个省的自主权很大,加拿大宪法规定,每个省均有自然资源管理部门,管理本省的森林资源,且每个省具有独立的林业立法权,可以根据本省的实际情况制定省级森林资源管理的法律法规、标准和计划,对省有林进行经营管理发展林业产业解决劳动就业,依法分配省有林的采伐权和经营责任,管理重点在于强调森林的可持续性和生物多样性,同时提供森林旅游和休闲以及为私有林所有者提供帮助和咨询。

4. 市(县)级林业管理部门

市(县)级森林资源管理部门主要负责社区所有林的经营管理,市级林业主管部门的机构比较小,专职管理人员一般只有2~5人,管辖面积也相对较小,只有几百至几千公顷。

5. 林业协会

林业协会的成员多为当地林业官员、采伐公司和私有林主。林业协会根据政府的林业政策,结合本地情况,制定共同遵守的章程,让政府的林业政策能够得到贯彻落实。比如加拿大职业林业协会联合会是一个由每个省级林业协会代表、加拿大林业协会和加拿大林业认证委员会组成的协会。加拿大林业协会负责促进全国范围内林业教育和管理实践。

(二)林业管理制度

1. 公有林管理

加拿大对公有林采取"共有森林,雇佣经营"的管理模式,联邦和各省林务局筹集资金,向社会公布造林、采伐和木材加工,各公司通过竞标取得造林、采伐和加工的权利,联邦林务局负责管理国有林,各省管理省有林,委托通过有资质的私人林业公司进行开采,签订合同后由政府颁发经营许可证或木材供应协议,经营许可证或木材供应协议对公司实施严格的开采要求,在合同期内接受联邦政府和省政府下设的森林管理部门检查和监督。

2. 私有林管理

加拿大的私有林只占全国森林的6%,面积较小,政府对私有林的管理与公有林有所不同,主要通过为私有林林主提供技术培训或技术咨询,建立社区森林资源管理咨询委员会,减免保护地税金等措施引导其规范经营管理。

(三)林业政策与法律法规

加拿大除了以国家战略作为方针,并没有国家层面的《森林法》,与林业相关的立法权和行政权主要归属于各省制定管理。加拿大的林业发展战略随着时代及社会发展而变化,1981年至今分为5个阶段:木材供给阶段(1981—1987年)、森林经营阶段(1988—1992年)、森林生态系统与森林经营阶段(1993—2003年)、基于生态系统管理的森林经营(2004—2008年)、应对气候变化阶段(2009年至今)。加拿大于1987年制定了第一个国家林业战略《国家林业部门战略》;1992年又颁布了《国家林业战略(1992—1997年)》,制定了国家森林资源可持续经营的6项标准和83个指标,此后每5年出台一次国家战略,为加拿大制定林业政策、研究创新以及林业实践确定方向,促进加拿大林业可持续经营的发展。2004年,加拿大政府又与各省签署了《加拿大森林协议》有助于森林经营与管理。

七、林业科研

森林对加拿大经济、旅游、健康,以及野生动物保护、水、土壤等起到了至关重要的作用。因为森林和林地面积广大,这意味加拿大的林业研究任务十分艰巨。目前,加拿大有超过20个森林相关的研究机构在做物种监测、创新林业实践的开发和测试、遗传学、造林、森林保护、森林产量增长,促进木材生产和管理以及其他跨学科实验。所有这些研究成果为政府和管理机构的决策提供基础信息和科学知识。

(一)阿尔伯塔省生物多样性监测研究所

阿尔伯塔省生物多样性监测研究所目前有10人管理团队,主要研究生物多样性管理和适应气候变化、生态恢复监测、稀有植物和珍稀动物监测等。对2500多个物种和栖息地的生物多样性进行监测,为阿尔伯特省生物多样性保护提供依据。

(二)Aleza 湖森林研究中心

Aleza湖森林研究中心的使命是为北不列颠哥伦比亚大学、其他大学或政府机构等提供研究和教育基地,并负责管理Aleza湖森林,确保森林的管理和操作,致力于可持续森林管理、造林、森林生态保护的教育和研究。

(三)加拿大森林服务

加拿大森林局与各省份和地区紧密合作,确保森林可持续和健康。加拿大森林局有7个中心,包括大西洋森林中心、加拿大木材纤维中心、大湖林业中心、劳伦林业中心、首都地区、北方林业中心和太平洋林业中心。加拿大森林局的使命是促进加拿大的森林的可持续发展和竞争力,为目前及未来几代加拿大民众带来福祉。

(四)加拿大林产品创新研究院

该机构为世界上最大的私人非营利森林研究所,拥有超过 600 名员工,遍布在加拿大。其研发实验室位于蒙特利尔、魁北克市、温哥华等地。服务内容主要是提高竞争力和提供可持续性的解决方案,发现传统市场之外的创新和机遇,加速创新,并使行业间、政府和学术界成为合作伙伴关系等。

(五)Foothills 研究中心

Foothills 研究中心是一个独特的社区合作伙伴,致力于为林业管理提供切实可行的解决方案。

(六)新不伦瑞克大学

新不伦瑞克大学研究领域涉及土壤和流域管理。森林生物学和遗传学、森林管理、鱼类和野生动物生态学,木材科学与技术,社会科学和自然资源。

九、林业教育

加拿大庞大的森林面积使林业成为重要的产业和行业,这需要更多的加拿大人接受林业相关教育。为了实现这一目标,全国超过 10 所大学(学院)在加拿大提供环境和保护、森林科学与管理、遗传学、造林、保护等学科的本科、硕士、博士学位。同时,加拿大有很多世界顶尖的林业教育机构(表 9)。

表 9　加拿大教育机构

序号	机构名称	简介	教师人数	授予学位
1	阿尔伯塔大学	阿尔伯特农业学院有 4 个部门,包括农业、人类生态学、可再生资源、资源经济学和环境社会学	全院有 80 多名在职人员	本科学位包括:农业、食品商业管理、环境学、林学、林业商业管理等。硕士和博士学位包括:资源经济与环境科学、可再生资源研究
2	英属不列颠哥伦比亚大学	英属不列颠哥伦比亚大学林学院有 3 个部门,包括:森林和保护科学、木材科学、森林资源管理	林业学院有 67 名教员和 41 名兼职教员	本科学位包括:城市林业、保护科学、木材科学、林学、林业科学;硕士学位包括:林业科学、林业应用科学、国际林业、可持续林业管理、林学。部分学科可授予博士学位

(续)

序号	机构名称	简介	教师人数	授予学位
3	西蒙菲莎大学	资源与环境管理学院是应用科学学院的一部分。资源与环境管理学院为自然资源和环境问题、国家、国际利益问题的跨学科研究提供了一个机会和平台	共有27名教职人员和49名兼职人员	毕业生可授予环境资源管理本科学位、硕士学位以博士学位
4	北不列颠哥伦比亚大学	生态系统科学与管理科学是为学生提供了一个全面的森林生态系统管理和实践的综合学科	本学科有18名教职人员以及4名兼职人员	授予森林生态管理本科学位
5	温哥华岛大学	林学院是由为学生提供各种森林和林地管理的专业知识,包括造林、防火、生态学、森林健康研究、地理信息系统以及国际林业	共有6名教职工	提供两年的林业资源技术培训,这将为申请林业相关大学课程提供便利
6	维多利亚大学	维多利亚大学加拿大自然科学与工程研究协会主要是研究和培训机构。协会研发的林业与气候变化模型为研究生学习与研究森林与气候变化之间的关系(包括碳储存)提供了依据	本学科有19名教职人员以及9名兼职人员	开展森林生物学基础和应用研究,并培训研究生和博士后研究人员
7	新不伦瑞克大学	林业和环境管理学院引领林业管理和生态保护,率先在林业和计算机应用等领域(如仿真建模、生态管理、地理信息系统的应用,和野生动物管理)取得较大成绩	本学科有25名教职人员以及10名兼职人员	授予林业环境管理专业本科、硕士、博士学位
8	湖首大学	自然资源管理学院通过以学生特长为中心的学习和研究,致力于培养高质量的毕业生和科学家,提高加拿大的森林生态系统的管理水平,通过科学研究和推进森林科学来满足社会的需要	本学科有24名教职人员以及11名兼职人员	授予环境管理、林业科学两个学科的荣誉本科学位;授予林业科学硕士及博士学位
9	多伦多大学	林学院是一个集跨学科、多元化、自然资源利用和创新、工程和社会科学为一身的学院。引领森林保护、森林生态系统管理、森林管理和政策,生物质能利用、可持续生物材料和化工产品科学等前沿研究	目前有12位(副)教授任职于多伦多大学林学院	授予森林保护、管理、政策和治理等方向研究生学位

秘鲁（Peru）

一、概　述

秘鲁地处南美洲西部，北邻厄瓜多尔、哥伦比亚，东界巴西，南接智利，东南与玻利维亚毗连，西濒太平洋，面积 128.52 万平方千米，海岸线长 2254 千米。全国人口 3249.55 万人，其中印第安人占 45%，印欧混血种人占 37%，白人占 15%，其他人种占 3%。官方语言为西班牙语，一些地区通用克丘亚语、阿伊马拉语和其他 30 多种印第安语，约 96% 左右的居民信奉天主教（中国外交部网站，2020）。全国划分为 26 个一级行政区，包括 24 个省（大区）、卡亚俄宪法省和首都利马省。

（一）社会经济

秘鲁是传统农业矿业经济体，主要经济活动包括农耕、采矿、碳氢化合物开采和纺织品制造等，经济发展在拉美经济体中居于中等水平。政府重视市场在经济发展中的主导作用，倡导自由贸易，重视对农业、矿业、基础设施建设等领域的投入。秘鲁中央储备银行统计，2019 年国内生产总值 2304.13 亿美元，人均国内生产总值 7320 美元，经济增长率 2.2%，通货膨胀率 1.88%，失业率 6.6%，外汇储备 683.19 亿美元，外债 224.40 亿美元。

秘鲁实行自由贸易政策。主要出口矿产品和石油、农牧业产品、纺织品、渔产品等。2019 年，秘鲁对外贸易总额 884.91 亿美元，其中出口 459.85 亿美元，进口 425.06 亿美元，同比分别增长 -2.58%、-6.04% 和 1.46%。主要贸易伙伴为中国、美国、巴西、加拿大等。

（二）地形地貌与气候特征

秘鲁是一个多山的经济体，安第斯山纵贯南北，山地占国土面积的 1/3。全境从西向东分为 3 个区域、西部沿海区为狭长的干旱地带，为热带沙漠区，气候干燥而温和，有断续分布的平原，灌溉农业发达，城市人口集中；中部山地高原区主要为安第斯山中段，平均海拔约 4300 米，为亚马孙河发源地；东部为亚马孙热带雨林区，属亚马孙河上游流域，多为山麓地带与冲积平原，终年高温多雨，森林遍布，地广人稀，是秘鲁新开发的石油产区。

秘鲁全境从西向东分为热带沙漠、高原和热带雨林气候。秘鲁西部属热带沙漠、草原气候，干燥而温和，年平均气温 12~32℃；中部气温变化大，年平均气温 1~14℃；东部属热带雨林气候，年平均气温 24~35℃。首都平均气温 15~25℃。年降水量西部不足 50 毫米，中部 200~1000 毫米，东部在 2000 毫米以上。

（三）自然资源

秘鲁矿产资源丰富，银、铜、铅、金储量分别位居世界第 1、第 3、第 4、第 6，是世界第五大矿产经济体和世界第二大产铜经济体。渔业资源丰富，鱼粉产量居世界前列。石油储量 4.73 亿桶，铁矿储量 14.52 亿吨，液体天然气储量 7.14 亿桶，铜矿储量 8200 万吨（2019 年）。

二、森林资源

（一）基本情况

秘鲁森林面积为 7233 万公顷，位居世界第 9 位，南美洲排第 2 位，其热带森林面积位居全球第 4，仅次于巴西。森林面积占全国土地总面积一半以上，森林的近 98.5% 为天然林，人工林仅占 1.5%（2020 年）。全境分为西部沿海干旱区、中部安第斯山脉中段半干旱区和东部亚马孙河流域 3 个生态区，西部沿海干旱区面积 1360 万公顷，约占总面积的 10.6%；中部安第斯山脉中段半干旱区面积 3920 万公顷，约占 30.5%；东部亚马孙河流域面积 7570 万公顷，约占 58.9%。由于地形和气候的特点，全国 91% 的森林分布在安第斯山脉东部亚马孙河流域地区，约 7.7% 分布于中部的半干旱山岳区，其余 1.3% 分布在安第斯山西部的干旱沿岸地区。

（二）森林类型

秘鲁的森林类型主要为热带雨林。此外，还有半湿润林、干旱半干旱林及红树林等。

热带雨林分布在安第斯山脉以东，面积约 5700 万公顷。依海拔高度、土壤类型等划分为两个亚类：①缓坡丘陵区的埂坎林和山地林，是秘鲁最普遍的热带雨林亚类，面积约 3700 万公顷；②冲积森林（包括较低的河流阶地森林），由于过去利用强度较高，留下大片的次生林，主要由喜光速生先锋树种组成，此类森林生长旺盛、地势平坦、交通便利，适合综合森林管理和发展农林复合经营。

半湿润林分布在山区和山间谷地。山区虽然有一定的降水量，但由于长期的放牧及燃料采集等，天然林几乎消失。干旱半干旱林主要分布在秘鲁西部的沿海地区，主要树种是豆科的李叶苏木、二色马蹄木棉。红树林分布在沿海地区北部与厄瓜多尔交界的通贝斯地区，约有 5300 公顷。

(三)森林权属

秘鲁的森林权属主要分为国有林、公有林、社区林及私有林4种类型。其中,国有林占75.12%;公有林占4%;社区林占18.19%;私有林占2.69%;另外还有一部分权属没有明确的森林由政府管理。

(四)森林资源变化

秘鲁近20年森林面积呈现出明显的下降趋势。根据联合国粮食及农业组织森林资源评估报告(2020年),1990—2000年,秘鲁森林面积由7644.85万公顷减至7529.78万公顷,年均毁林11.51万公顷;2000—2010年,秘鲁森林面积由7529.78万公顷减至7404.98万公顷,年均毁林12.48万公顷;2010—2020年,秘鲁森林面积由7404.98万公顷减至7233.04万公顷,年均毁林17.20万公顷,尤其是亚马孙地区的热带森林砍伐逐渐呈现上升趋势(表1、图1、图2)。

表1 秘鲁森林覆盖率变化统计

年份	1990	2000	2010	2015	2016	2017	2018	2019	2020
森林覆盖率(%)	59.73	58.83	57.85	57.18	57.04	56.90	56.78	56.64	56.51

来源:联合国粮食及农业组织森林资源评估报告(2020)。

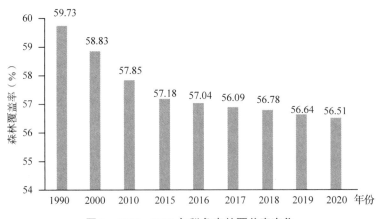

图1 1990—2020年秘鲁森林覆盖率变化

导致毁林的直接原因主要是高速公路等新增基础设施建设、亚马孙流域新增居民区(包括城区的扩大)、农业经济作物区和轮作区的扩大、石油开采和水力发电项目的发展、亚马孙南部地区的采矿活动、非法采伐以及非法种植可可等。秘鲁约1/3的森林面积成为退化林地或次生林地,导致森林生态系统服务功能、生物多样性甚至粮食安全保障性降低。

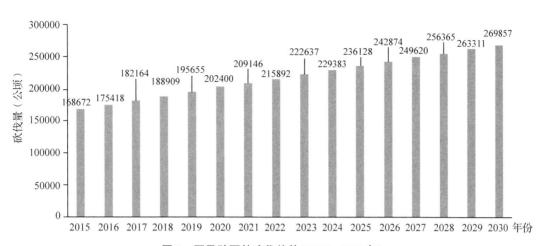

图 2　亚马孙雨林砍伐趋势(2015—2030 年)

[来源：保护森林减缓气候变化方案，秘鲁环境部(2015)]

三、生物多样性

秘鲁生物多样性丰富，从海洋海岸到安第斯山脉和亚马孙森林，拥有世界上 104 个"生命区"中的 84 个，被认为是生态系统、物种、遗传资源和土著文化自然财富的世界领先者之一。由于近几十年来不断加大了对资源的开采强度，自然遗产受到了威胁，数百种物种面临灭绝的危险。

虽然秘鲁早于巴西于 1999 年成为最早制定政府遏制生物多样性丧失战略的拉丁美洲经济体，2008 年的世界自然保护联盟红色名单上仍登记了 16900 多个濒临灭绝的物种，目录仍然面临着所制定战略如何实施的问题。

(一)植　物

秘鲁植物资源丰富，已记录植物种类约有 20533 种，其中维管植物 19147 种[《生物多样性公约(秘鲁第六次国家报告)2020 年》]。其中，7590 种是特有的。秘鲁是世界上最大的兰花家园，大约 2700 种，特有种 800 多种，丰富多样的野生植物种群并未有效的开展资源挖掘和栽培驯化研究，例如秘鲁乔木树种约有 2500 种，得到开发利用的有 195 种，商业用树种仅 30~35 种，仅不到总数的 1.5%。目前开发利用的树种主要是红木类、雪松(*Cedrus deodara*)、苏木、杉木、胡桃木、金鸡纳(*Cinchona calisaya*)、橡树等。而土著社区仍沿袭着传统的依靠野生资源的生活方式，极易造成物种濒危，甚至灭绝。

(二)动　物

根据《生物多样性公约(秘鲁第六次国家报告)2020 年》的统计中，秘鲁已记录的动物物种约有 36746 种,其中脊椎动物有 5737 种,海鱼近 2000 种和淡水鱼 797 种,鱼类种类居世界首位,盛产鲈鱼(*Lateolabrax japonicus*)、比目鱼(*Paralichthys olivaceus*)、凤尾鱼(*Coilia mystus*)、金枪鱼、甲壳类动物、贝类和海豹等,太平洋还有很多鲨鱼、抹香鲸(*Physeter macrace-phalus*)和鲸鱼;鸟类 1816 种,位居第 2,也是巨嘴鸟(*Ramphastos toco*)的故乡,其他还有洪堡企鹅(*Spheniscas humboldti*)、安第斯秃鹰(*Andean Condor*)、鲣鸟等,鸟类还具有重要的经济价值,鸟粪被出口到其他地方用作肥料,秘鲁的马努生物圈保护区是世界上鸟类物种最集中的地方;两栖动物 332 种,位居第 4 位,比如原产于亚马孙雨林的箭毒蛙是世界上最毒的物种之一;哺乳动物有 462 种,位居第 5,是巨獭(*Pteronura brasiliensis*)、巨食蚁兽(*Myrmecophaga tridactyla Panthera onca*)、野猪(*Sus scrofa*)、犰狳(*Priodontes maximu*)和貘(*Tapirus terrestris*)等动物的家园,其他珍稀物种还包括美洲狮(*Puma concdor*)、美洲虎(*Panthera onca*)、眼镜熊(*Tremarctos ornatus*)和粉红河豚(*Inia geoffrensis*)等;爬行动物 360 种,位居第 7,其中有 100 种是当地特有的,主要集中在东部的亚马孙雨林,常见的有水蟒(*Funestes murinus*)、海龟(*Chelonia mydas*)、凯门鳄(*Melanosuchus niger*)等;蝴蝶有 4441 种,位居第 1。

(三)濒危物种

根据世界自然保护联盟 2020 年的统计,秘鲁已记录的 20533 种植物物种中,已有 2660 种列入红色名录,灭绝等级物种有 1 种山榄科的 *Pradosia argentea*;野外灭绝等级有 3 种均为木曼陀罗属,分别是粉花木曼陀罗(*Brugmansia insignis*)、木本曼陀罗(*B. arborea*)和红花木曼陀罗(*B. sanguinea*);极危等级有 38 种,如亚马孙沃埃苏木(*Vouacapoua americana*)、卡塔紫凤梨(*Tillandsia chartacea*)等;濒危等级有 97 种,如飞琴柱(*Cleistocactus sulcifer*)、秘鲁胡桃木(*Juglans neotropica*)等;易危等级有 292 种,如大叶桃花心木(*Swietenia macrophylla*)等;近危等级有 41 种,如巨桉(*Eucalyptus grandis*)、圆筒仙人掌(*Austrocylindropuntia pachypus*)等;数据缺乏有 89 种,如萨摩亚红树(*Rhizophora samoensis*)等(表 2)。

表 2 秘鲁高等植物濒危情况

濒危等级	苔藓植物	蕨类植物	裸子植物	被子植物	总数
灭绝	0	0	0	1	1
野外灭绝	0	0	0	3	3
极危级	0	0	6	32	38
濒危级	0	0	1	96	97
易危	0	0	5	287	292
近危	0	0	6	35	41

(续)

濒危等级	苔藓植物	蕨类植物	裸子植物	被子植物	总数
低风险	0	0	0	60	60
无危级	2	12	14	2011	2039
数据缺乏	0	0	0	89	89
总计	2	12	32	2614	2660

来源：世界自然保护联盟红色名录(2020)。

秘鲁约有5107种动物列入红色名录，其中脊椎动物4585种，灭绝等级物种有1种为哺乳类毛丝鼠科的克拉苏鼠(*Lagostomus crassus*)等；极危等级有47种，如路氏双髻鲨(*Sphyrna lewini*)、秘鲁角蛙(*Atelopus peruensis*)等；濒危等级有154种，如鲸鲨(*Rhincodon typus*)、尖吻鲨(*Isurus oxyrinchus*)等；易危等级有211种，如弧形长尾鲨(*Alopias vulpinus*)、玻利维亚青蛙(*Telmatobius sanborni*)等；近危等级有212种，如大青鲨(*Prionace glauca*)、长吻双髻鲨(*Sphyrna corona*)等；数据缺乏有406种，如加州下鱵鱼(*Hyporhamphus rosae*)、葛氏灰喙鲸(*Mesoplodon grayi*)等，见表3。

表3 秘鲁脊椎动物濒危情况

濒危等级	鱼类	两栖类	爬行类	鸟类	哺乳类	总数
灭绝	0	0	0	0	1	1
极危级	11	22	2	8	4	47
濒危级	20	77	10	31	16	154
易危	31	40	23	84	33	211
近危	24	18	18	126	26	212
低风险	0	0	3	0	0	3
无危级	938	327	269	1640	377	3551
数据缺乏	170	131	42	2	61	406
总计	1194	615	367	1891	518	4585

来源：世界自然保护联盟红色名录(2020)。

生境的改变和丧失、外来物种的引进、污染、气候变化和过度开发自然资源等活动被认为是世界生物多样性丧失的原因。非法贩运野生动物及其过度开发是秘鲁野生动物面临的最明显的问题之一。野生动物通常在公共市场出售，作为旅游景点展出，作为宠物饲养，或将其部分用于纪念品、手工艺品、传统医药以及肉食品。为保护野生动物，秘鲁开展了一系列保护计划，如"养护海龟计划(2019—2029年)""保护安第斯山貘(*Tapirus pinchaque*)计划""安第斯秃鹰(*Andean condor*)国家保护计划""保护白翅冠雉(*Penelope albipennis*)国家计划"等。

四、自然保护地

秘鲁自然保护地体系分为国家、地方和私人管理3个层面。其中,国家自然保护地又根据保护对象和功能不同再划分为11种类型,分别是国家公园、国家储备区、国家庇护所、历史圣地、景观保护区、防护林、公共储备区、保留区、狩猎保护区、野生动物保护区和小岛屿。

由于政府有较充足资金支持,自然保护地的管理比较完善。目前,秘鲁共建有92处自然保护地,总面积达到1941.51万公顷,约占国土面积15.11%。其中,国家自然保护地有67处,面积1859.49万公顷,占国土面积14.47%;地方和私人保护地共有25处,面积80.02万公顷,仅占0.63%(表4)。

表4 秘鲁各种保护地数量与面积

类别		数量(个)	面积(万公顷)	占比(%)
国家自然保护地	国家公园	12	796.71	6.20
	国家储备区	13	371.93	2.90
	国家庇护所	9	31.74	0.25
	历史圣地	4	4.13	0.03
	景观保护区	2	71.18	0.55
	防护林	6	39.00	0.30
	公共储备区	8	177.75	1.38
	保留区	9	339.64	2.64
	狩猎保护区	2	12.47	0.09
	野生动物保护区	2	0.86	0.01
	小岛屿	—	14.08	0.11
	小计	67	1859.49	14.47
地方保护地		5	69.52	0.54
私人保护地		20	12.50	0.09
总计		92	1941.51	15.11

来源:热带森林管理现状,国际热带木材组织(2011)。

五、林业产业发展

(一)林业产业

秘鲁的商品林面积1788.1万公顷,约占森林总面积的24%,用于木材生产的树种在100种以上,其中桉树(*Eucalyptus robusta*)、维罗蔻木(*Alpiodsperma mega-*

locrpum)、亚马孙豆木(*Cedrelinga catenaeformis*)、郝瑞木棉(*Chorisia* spp.)、香洋椿(*Cedrela odorata*)等 25 个主要用材树种占木材生产总量的 80%。据秘鲁农业部统计，秘鲁木材采伐量的 90%，约 730 万立方米被农村家庭作为柴火，只有约 81 万立方米的木材被加工成木板、锯材、胶合板和贴面板等工业产品，这些产品主要出口到中国、美国等国际市场。木材的主产区是乌卡亚利、洛雷托、马德雷德迪奥斯和胡宁等大区，这 4 个大区的木材产量占全国 2/3。薪炭材的采伐遍及全国各地，尤其欠发达的山区对木质燃料的需求很大，这使安第斯山地区的森林遭到严重破坏。

秘鲁木材加工水平不高，大部分加工企业为中小型工厂，年产能力较低。秘鲁的木材工业主要是锯材、人造板及纸和纸板的生产与加工；2019 年，锯材年产量为 59.65 万立方米，人造板生产量较少。其中，以胶合板生产为主，单板生产量很小。纸和纸板年产量自 2013 年起急速上升，于 2019 年达 142.63 万吨，印刷纸产量很少。

秘鲁的木材工业主要集中在安第斯山东侧的南部地区，锯材厂主要在乌卡利亚省、胡宁省、马德雷德迪奥斯省、帕斯科省及圣马丁省。胶合板厂主要在洛雷托省和乌卡利亚省，单板厂主要在乌卡利亚省，地板加工厂建在瓦努科省、乌卡利亚省和胡宁省，枕木厂建在帕斯科省。在这些省份中，乌卡利亚省是木材工业最集中的地区，尤其是该省北部的普卡尔帕市，有高速公路与首都利马市连接，物资运输便利，是锯材厂和人造板厂最集中的地区。

(二)林产品进出口贸易

秘鲁林产品进口主要是原木、锯材、人造板、纸和纸板等，秘鲁曾禁止原木出口，但近几年原木出口量逐渐回升。秘鲁原木进口以针叶树为主，有少量的阔叶树非热带原木进口；原木出口也以针叶树为主，另有少量的阔叶热带原木和阔叶非热带原木出口。锯材的进口以针叶树锯材为主，出口以阔叶树锯材为主，从 2015 年起锯材的出口大幅度下降。

秘鲁人造板工业不太发达，进口量从 2010 年的 28.9665 万立方米扩大到 2019 年的 65.4145 万立方米，人造板进口品种齐全。其中，碎料板进口量最大，其次为中密度纤维板、硬质纤维板。另外，还有少量的胶合板、绝缘板和单板进口。人造板出口量相对较小，主要出口胶合板及少量的单板和碎料板。秘鲁对纸和纸板的需求较大，2019 年进口量达 112.6479 万吨。

2019 年，秘鲁主要林产品进口额约为 32.04 亿美元，出口额约为 3.16 亿美元，贸易逆差较大，纸和纸板消费量高，进口量约为 112.65 万吨，进口额为 10.41839 亿美元，约占总进口额的 32.52%，秘鲁生产的木地板、锯材、胶合板和贴面板等工业产品主要用于出口中国、美国等国际市场(表6、表7)。

表6 2010—2019年秘鲁主要林产品进出口情况

年份	木质燃料（万立方米）		原木（万立方米）		锯材（万立方米）		人造板（万立方米）		纸和纸板（万吨）	
	进口量	出口量	进口量	出口量	进口量	出口量	进口量	出口量	进口量	出口量
2010	0	0	1065	710	99201	295383	28.9665	41256	95.5232	81271
2011	0	151	94	1896	93488	308823	40.0953	43567	101.8324	105352
2012	0	3	5100	1782	86745	332767	42.1445	36583	107.6625	116025
2013	0	0	47192	2906	99504	374000	40.1170	22868	110.7395	111510
2014	0	0	49445	10350	93879	342862	41.7955	18877	118.1587	94947
2015	0	0	2041	6657	107482	136002	48.3926	25212	123.6805	78104
2016	1762	5	2048	3416	91947	119526	51.1516	12636	126.6132	111570
2017	—	0	19814	6877	100186	143473	57.2984	9083	98.4365	155484
2018	—	1	41570	8831	124629	76693	66.6181	10956	112.6479	146445
2019	—	1	54041	9906	129498	88013	65.4145	10617	112.6479	146445

来源：联合国粮食及农业组织统计数据库（2020）。

表7 2010—2019年秘鲁主要林产品进出口贸易额   亿美元

年份	木质燃料		原木		锯材		人造板		纸和纸板	
	进口	出口	进口	出口	进口	出口	进口	出口	进口	出口
2010	0	0	0.00067	0.00225	0.24099	1.16923	1.22363	0.20497	9.30416	0.58494
2011	0	0.00017	0.00039	0.01104	0.25161	1.00520	1.53871	0.22368	10.58120	0.91663
2012	0	0.00011	0.00698	0.01187	0.30069	0.66197	1.75253	0.19412	10.78343	0.82167
2013	0	0	0.18284	0.01330	0.35030	0.57210	1.93366	0.15652	10.94489	0.74310
2014	0	0	0.21700	0.03320	0.34295	0.67164	1.99711	0.14155	11.35894	0.68257
2015	0	0	0.00685	0.02708	0.28958	0.95294	1.86182	0.15350	11.40475	0.48912
2016	0.00304	0.00014	0.00460	0.01476	0.25197	0.81916	1.92726	0.07234	10.75322	0.61729
2017	—	0	0.07925	0.03551	0.26433	0.77704	2.01893	0.06708	8.04022	0.94019
2018	—	0.00003	0.15094	0.04136	0.33153	0.57591	2.42973	0.05079	10.41839	1.04071
2019	—	0.00003	0.19621	0.01890	0.33292	0.53332	2.42673	0.04928	10.41839	1.04071

来源：联合国粮食及农业组织统计数据库（2020）。

六、林业管理

（一）林业管理机构

1. 中央政府层面

秘鲁的森林资源管理分属两个部门：林业生产属于农业部；自然保护区以及气候变化归属于环境部。

秘鲁农业部下属的森林和野生动物局，是秘鲁林业管理体系的中央机构。其主要职责是促进秘鲁野生动植物的可持续管理。具体来讲，森林和野生动物局负责制定林业政策，发布标准和程序，以促进林业和野生动植物行业的发展；在森林和野生动植物管理方面提供免费和专业的技术援助；促进与人工林、生态旅游、野生动植物管理以及木材和非木材林产品管理有关的生产性投资；促进科学研究以生成最新的技术信息，以制定具有影响力的公共政策；与区域和地方政府、土著、农民和民间组织合作，以确保森林和其他野生植被生态系统的可持续性及其资源的合法贸易。

森林和野生动物局下设9个处室，信息管理处，政策建设处，资源可持续管理处，技术管理处，综合处，总务处，预算办公室，总法律顾问办公室和行政监察机构。

（1）信息管理处。负责执行统计部分、登记册、制图数据库、地籍、清单、分区以及森林和野生动植物管理。

（2）政策建设处。负责制定和提出政策指导方针、计划、战略、方案、项目；促进保护和可持续利用以提高竞争力的标准；促进林业和野生动植物研究以及能力建设。

（3）资源可持续管理处。负责执行与森林和野生动植物管理，森林生态系统和野生遗传资源有关的战略、规范、计划，方案，项目和活动。验证濒危野生动植物种国际贸易公约附录中包括的动植物标本或产品的出口，进口和再出口。

（4）技术管理处。负责监督和评估国家森林和野生动植物政策的执行情况；拟定森林和野生动植物部门的知识管理计划

（5）综合处。根据国家森林和野生动物局高级管理层的指导，协调和支持的机构；批准机构管理的行政指南和年度活动计划。

（6）总务处。根据行政系统的规定，负责管理人力资源以及财务，后勤和一般服务资源的机构。

（7）预算办公室。负责内部计划、预算、国际合作、投资计划和合理化过程的进行有关的事项。

（8）总法律顾问办公室。负责向其他合法性质的依存关系提供建议的机构，并回答其权限范围内提出的疑问。

（9）行政监察机构。按照规定执行对国家森林和野生动物局管理活动的控制；促进对资源和资产的正确和透明的管理，维护其行为者和运营的合法性和效率。

2. 地方层面

秘鲁政府正在进行林业管理权力的下放进程，这意味着权力下放完成后森林资源管理权将直接归地方政府所有，这一进程尚未结束。目前，26个行政区域中只有6个省获得了林业管理权限，森林管理的责任现在从中央政府转移到地方政府的进程尚未完成，中央政府（国家森林和野生动物局）仍然是秘鲁林业管理的主要实体，迫切需要在地方一级开展强有力的能力建设进程，以保证透明和高效的管理行动。同时，一些亚马孙河流域的地区政府被归为亚马孙区域间理事会管理，并以有组织的方式开展其林业业务和发展政策。

3. 其他机构

除上述林业行政机构外，秘鲁还成立其他管理机构参与林业事务。例如，秘鲁国家级自然保护地由环境部下设的国家保护地管理局负责管理，秘鲁关于减少毁林和森林退化所致排放量项目的工作由气候变化委员会负责管理，战略规划中心侧重于森林所有权分配和森林利用等问题，亚马孙研究所主要是促进地方的可持续森林管理，还有土著人协会、丛林发展种族间协会和，安第斯、亚马孙和非裔秘鲁人居住区管理研究所等，这些组织都积极参加与森林问题有关的活动，尤其是土著人协会对森林政策的制定具有越来越大的影响力。另外，在20世纪90年代中期，秘鲁还成立了与木材有关的全国性的商业团体。

世界自然基金会秘鲁分会、生态论坛、"保护国际秘鲁"、秘鲁自然保护基金会和"红色环境"等非政府组织也是推动森林保护和森林特许权改革进程的重要力量。

(二) 林业政策

秘鲁正在进行全面的森林政策改革，并制定了新的立法，以更好地适应中央政府的林业行政权力下放。2013年，秘鲁批准了国家森林和野生动植物政策，作为各级政府对森林和野生动植物进行管理的指南。该政策的中心是社会包容性发展和公平地获取森林资源。森林政策规定政府应支持林业和商品性农林业在不同管理级别的不同参与者群体(包括小规模生产者)之间建立的关系，这是秘鲁根据与土著群体进行"事先协商"的新要求制定的林业政策，主要目标是促进可持续发展，确保养护和可持续利用森林生态系统的商品和服务，使更多的利益相关者可以参与。

政策定义了适用于小农林业系统的管理机制，哪种机制与谁相关，取决于农民所拥有的产权类型(所有权或使用权合同)和所采用的造林系统(混农林业、人工林、天然林经营)的组合。现行的林业政策规定私有林或公共权属的人工林中的树木被视为私有财产，因此不需要政府授权即可采伐。在私人或公共土地上自然生长的天然林是政府的森林资源，在采伐使用之前需要申请管理计划和授权，并且其木材需要缴税。

目前，秘鲁森林政策改革的标志是促进人工造林的计划。该计划的重点是人工林登记管理实际上放松了对种植人工林的管制。政策规定不允许砍伐天然林来建人工林，并鼓励人工造林来恢复退化的土壤，在森林被砍伐和退化的土地上新建人工林才有资格申请注册，从而促进了再造林计划。

(三) 林业法律法规

秘鲁林业法律法规主要是《森林与野生动物法》，以及为保障其顺利实施国家森林和野生动物局颁布的《森林管理条例》《野生动物管理条例》《森林种植园和农林业系统管理条例》和《土著和农村社区森林和野生动物管理条例》等法规条例。

《森林与野生动物法》，于2015年10月1日正式生效。内容共有6章19条：①森林和野生动物的概念、专门机构和监测、规划和分区；②森林和其他野生植被生态系统的管理；③野生动物管理；④森林生态系统；⑤人工林和农林业系统；⑥森林产品和野生动物管理控制制度。

《森林管理条例》共有 28 条，主要解释了森林分区、森林特许权管理、林产品的森林授权、保护野生动植物遗传资源、侵权行为和处罚等相关内容。

《野生动物管理条例》共有 24 条，主要解释了野生动物管理资格，狩猎和捕获管理，遗传资源保护，野生动物产品和副产品的运输、加工和销售，侵权行为和处罚等相关内容。

《森林种植园和农林业系统管理条例》共有 17 条，主要解释了森林种植园特许权管理，森林产品和副产品的运输、加工和销售，种子园数据库信息管理，侵权行为和处罚等相关内容。

《土著和农村社区森林和野生动物管理条例》共有 21 条，主要解释了土著和农村社区森林分区和管理资格认定，狩猎和捕获野生动物管理，卫生和生物控制措施，森林和野生动物产品和副产品的运输、加工和销售，监督、审计和控制，侵权行为和处罚等相关内容。

七、林业科研

(一)秘鲁亚马孙研究所

秘鲁亚马孙研究所是世界上最重要的亚马孙研究组织，是秘鲁林业方面最大的科研机构，旨在实现亚马孙地区人口的可持续发展，重点是农村地区，专门从事自然资源的保护和正确利用。秘鲁亚马孙研究所开展了对自然资源的研究，评估和控制，促进了对自然资源的合理利用并促进了经济活动，从而使定居在秘鲁亚马孙河地区的农村社区得以可持续发展。

秘鲁亚马孙研究所的业务范围遍及秘鲁亚马孙河盆地的整个地理区域，包括亚马孙河、圣马丁、洛雷托、乌卡亚利、万努科、马德雷迪奥斯等区域，以及其他地方的丛林和亚马孙平原地区，总面积约 76 万平方千米，占国土面积的 60% 以上。秘鲁亚马孙研究所的总部设在洛雷托州伊基托斯市，拥有 4 个研究中心开展专门主题的研究，即"费尔南多·阿尔坎塔拉·博卡内格拉"研究中心、"何塞·阿尔瓦雷斯·阿隆索"生物站、"杰纳罗·埃雷拉"研究中心、"圣米格尔"实验中心。此外，秘鲁亚马孙研究所在亚马孙主要地区的乌卡亚利、圣马丁、迪曼和南部丛林、瓦努科州和亚马孙设有 5 个分部。

目前，秘鲁亚马孙研究所的宏观研究方向主要为以下三方面。

1. 识别和评估对生态系统和亚马孙生物多样性的影响

调查了亚马孙森林及其水域的生态动力学，开发了有关其可持续管理和使用的知识和技术。同样，它使用诸如生态经济区划和生物清单之类的工具，确定对人类活动可能造成的影响最敏感的区域，评估亚马孙物种中存在的指示物种的生物多样性和保护状况，以及直接受这些活动影响的水和土壤的质量。

2. 重视传统知识和亚马孙文化认同

通过可持续管理和利用其自然资源增强了亚马孙社区管理环境和实现可持续利益的能力，促进了与生物多样性和农业生物多样性有关的传统知识的恢复。

3. 农村可持续发展和亚马孙人口的生活质量

为了解亚马孙地区的潜力并确定自然资源利用的不同可能性，秘鲁亚马孙研究所开展了经济生态区划研究，作为领土规划的基础，从而促进了亚马孙领土及其自然资源的可持续利用。

（二）其他科研机构

除秘鲁亚马孙研究所外，部分国立大学也承担科研任务，如秘鲁亚马孙国立大学设立自然资源的亚马孙研究中心，用于促进亚马孙地区科学领域的研究发展；莫利纳农业大学林学院，参与可持续森林管理的研究，且是秘鲁农业部在《濒危野生动植物种国际贸易公约》用材树种目录方面的咨询机构。

自进入 21 世纪以来，秘鲁政府大力发展生态站建设，用于科研和教育培训基地等，如 2000 年建立的 Las Amigos 生态站，其位于秘鲁安第斯山脉南部山底的亚马孙森林，主要用于科研和教育培训基地。2005 年，由亚马孙保护协会和亚马孙流域保护协会建立的 Wayqecha 森林生态站，是秘鲁唯一的永久性试验样地，研究主要集中森林生态和管理领域。2010 年，由亚马孙保护协会资助建立 Villa Carmen 生态站，位于秘鲁南部的马努生物圈保护区，主要功能是促进农林业和水产养殖业可持续发展、开展教育项目、开展生态研究站服务、增加当地社区的就业。

八、林业教育

秘鲁林业教育机构主要包括 7 所国立大学，分别为亚马孙国立大学、中部国立大学、库斯科圣安东尼奥国立大学、莫利纳农业大学、乌卡亚利国立大学、国立丛林农业大学、卡哈马卡国立大学。这 7 所国立大学通过开展本科、硕士和博士学位林业教育，培养高层次林业人才，课程涉及林业各领域，包括经济、生态和社会问题等。

（一）亚马孙国立大学

秘鲁亚马孙国立大学始建于 1961 年，由 14 所学院和 1 所研究生院组成。其中，林学院有热带森林生态工程和森林科学两个专业，学院师资力量雄厚，建有计算和几何实验室、亚马孙热带土壤实验室、亚马孙热带森林昆虫学和病理学实验室、植物生长和适应实验室、植物组培工厂、木材干燥实验室、木材解剖技术实验室、木材化学和能源实验室共 8 个实验室。秘鲁亚马孙国立大学共有 34 个硕士授权方向和 9 个博士授权方向，涉及林业教育领域为林学与森林管理学硕士方向和亚马孙生态学博士方向。

(二)中部国立大学

秘鲁中部国立大学始建于1959年12月,由5所学院和1所研究生院组成。其中,农学院下设有森林与环境科学专业(本科),学习生态系统、生物多样性、森林培育和可持续发展等相关课程。研究生院共有33个硕士授权方向和7个博士授权方向,其中森林与环境科学专业硕士阶段有3个专业方向,分别是水文盆地可持续管理、环境管理与可持续发展和生态旅游;博士阶段仅有1个专业方向为环境科学与可持续发展。

(三)库斯科安东尼奥国立大学

库斯科安东尼奥国立大学是秘鲁最古老四所大学之一,始建于1692年3月。该校在马尔多纳多港分校设有森林工程学院,培养致力于可持续发展的具有广泛社会意识和科学、技术和人文水平的林业专业人员。学院有13名专职教师,培养本科和硕士研究生,完成本科专业需要修习35学分的基础课和165学分的专业课和专业实践。学习课程包括秘鲁文化的演变、哲学概论、树木和木本植物标本室的管理、生态学、木材解剖、林业制图、森林病理学、森林土壤学、森林经营管理、野生动物管理、林业试验设计等相关课程;培养学生对亚马孙生态、社会、经济、文化和政治现实的理解能力,使他们能够从整体和综合的角度看待秘鲁的林业发展。

(四)莫利纳农业大学

莫利纳农业大学始建于1902年7月,由8所学院、12所职业学校和1所研究生大学组成。于1963年在联合国特别基金的支持下,通过秘鲁的林业培训与研究项目成立林学院。林学院本科阶段有森林工业和森林管理两个专业。森林工业专业再分为木材的机械转化、采伐与森林经济和木材的化学转化3个研究方向;森林管理专业再分为森林经营与评估、生态林、野生动物保护区和国家公园3个研究方向。在研究生阶段分为4个专业:森林资源保护、森林与森林资源管理、木材工程、生态旅游。学院共有42位教授,其中36位具有硕士学位或博士学位。

(五)乌卡亚利国立大学

乌卡亚利国立大学始建于1979年12月,由8所学院组成,涉及林业教育领域为森林与环境科学学院,下设有森林工程与环境工程2个专业,开设林业经济管理、森林病理学、森林生态学、野生动物管理、森林采伐等课程。

(六)国立丛林农业大学

国立丛林农业大学始建于1969年,共有8个学院。其中,可再生自然资源学院下设森林工程、水土保持工程、可再生资源工程与环境工程 4 个专业。截至目前，该校共培养约 3100 名毕业生，其中本科毕业生 2800 人，研究生 300 人。

（七）卡哈马卡国立大学

卡哈马卡国立大学始建于 1962 年 2 月，由 10 个院系和 24 个职业学校组成，涉及林业教育领域主要有森林生产、森林管理及野生动物保护等。截至 2017 年 1 月，该校共培养本科生共 9854 人，硕士研究生 255 人，博士研究生 34 人。

墨西哥（Mexico）

一、概 述

墨西哥地处北美洲南部，北邻美国，南接危地马拉和伯利兹，东临墨西哥湾和加勒比海，西南濒太平洋，海岸线长11122千米。国土面积为196.44万平方千米，人口1.29亿（中国外交部，2017），印欧混血人和印第安人占总人口的90%以上，88%的居民信奉天主数，5.2%信奉基督教。官方语言为西班牙语，首都为墨西哥城，全国划分为32个州，州下设市（镇）和村。

（一）社会经济

墨西哥是拉美经济大国，《美墨加协定》（原北美自由贸易区）成员，同50个经济体签署了自由贸易协定，是世界最开放的经济体之一。墨西哥工业门类齐全，石化、电力、矿业、冶金和制造业较发达，同时也是传统农业国和玉米、番茄、甘薯、烟草的原产地。据统计，2019年国内生产总值1.26万亿美元，同比下降0.1%，人均国内生产总值9863美元，通胀率3.2%，失业率3.4%。2019年12月底，外汇储备1830.3亿美元。

墨西哥主要出口原油、工业制成品、石油产品、服装、农产品等，出口对象主要为美国、加拿大、欧盟、中美洲、中国等；进口的产品主要是食品、医药制品、通信器材等，进口来源主要为美国、中国、德国、日本、韩国等。2019年外贸总额9164.11亿美元，其中出口4611.16亿美元，进口4552.95亿美元。

（二）地形地貌与气候特征

墨西哥海拔在1000米以上的高原和山地面积约占国土面积的5/6，最高峰奥里萨巴火山，海拔5700米。东、西、南三面为马德雷山脉所环绕，中央为墨西哥高原，东南为地势平坦的尤卡坦半岛，沿海多平原。

墨西哥在地理上纵向跨度较大，由南至北气候复杂多样，分为热带、亚热带与温带区和半干旱与干旱区3种类型气候带。沿海和东南部平原属热带气候，年平均气温为25~27.7℃；墨西哥高原终年气候温和，山间盆地为24℃，地势较高地区17℃左右；西北内陆为大陆性气候。大部分地区全年分旱、雨两季，雨季集中了全年75%的降水量，而西北部年平均降水量不足250毫米。

(三) 自然资源

墨西哥矿产资源丰富，主要的金属矿产有铁、锰、铜、铅、锌、金、银、锑、汞、钨、钼、钒等，其中银储量位居世界第1，铜储量位居世界第3，钼、铅和锌位居世界第7；主要的非金属矿产有硫、石墨、硅灰石、天然碱和萤石等。其中，石墨储量位居世界第3，硫储量位居世界第6；主要能源矿产资源有石油、天然气、铀和煤等。据墨西哥经济部最新统计，2020年1月墨西哥石油储备为230.88亿桶原油当量。

二、森林资源

(一) 基本情况

墨西哥森林面积为6569.21万公顷，森林覆盖率为33.44%，森林蓄积量为47.27亿立方米。其中，针叶林蓄积量为18.7亿立方米，阔叶林蓄积量为28.57亿立方米（2020年）。墨西哥原始林面积为3318.30万公顷，占森林总面积50.51%；天然次生林面积为3240.87万公顷，占全国森林总面积49.33%；人工林面积为10.04万公顷，占森林总面积0.16%，主要分布在杜兰戈州、恰帕斯州、瓦哈卡州、奇瓦瓦州、哈利斯科州和米却肯州。

(二) 森林类型

墨西哥在地理上纵向跨度较大。按气候带可将森林类型分为热带森林、亚热带与温带森林以及半干旱与干旱区森林3种类型。

墨西哥的热带森林类型中，热带雨林面积约为3140万公顷，占森林总面积的48.5%，立木蓄积量为10亿立方米，主要分布在墨西哥湾和太平洋海域沿岸，生态系统极其丰富，平均每公顷森林中约60个树种及100余种植物。沿海地区的红树林广泛分布于太平洋和大西洋的海岸线，面积约为77万公顷，群落种类丰富，以幼龄树为主。此外，热带森林区域还拥有丰富的松树资源，如卵果松（*Pinus oocarpa*）、劳森松（*Pinus lawsonnii*）、墨西哥果松（*Pinus cembroides*）等，主要分布在奇瓦瓦州和杜兰戈州。

墨西哥的亚热带与温带区森林的活立木蓄积量约为18亿立方米，亚热带森林主要类型为栎林或与其他阔叶树种混交林，如北美枫香（*Liquidambar styraciflua*）和墨西哥山毛榉（*Fagus mexicana*）；由针叶树纯林、针阔混交林等构成的中温带林主要分布在海拔800~3300米地区。

干旱和半干旱地区森林植被类型包括仙人掌属、仙人球属植物及布胶树等特殊植物外，还涉及在墨西哥北部沙漠地区推广种植的牛筋草（*Eleusine indica*）、钱币草（*Hydrocotyle mexicana*）等耐旱抗盐的草本植物。

(三) 森林权属

墨西哥的森林权属主要分为公有林、私有林和国有林3种类型，以公有林为主，包括合作社的森林，原始公社、地方部落、土著社区的森林，殖民地以及一些闲置土地、不明土地的森林。据 2015 年统计数据，墨西哥公有林面积为 4919.10 万公顷，占森林面积的 74.81%；私有林面积为 1416.95 万公顷，占森林面积的 21.55%；而国有林面积为 239.63 万公顷，仅占 3.64%。

（四）森林资源变化

墨西哥森林面积至 20 世纪末以来，一直呈现出下降的趋势。1990—2000 年，墨西哥森林面积由 7059.17 万公顷减至 6838.14 万公顷，年均削减 22.10 万公顷；2000—2010 年，墨西哥森林面积由 6838.14 万公顷减至 6694.33 万公顷，年均削减 14.38 万公顷；2010—2020 年，墨西哥森林面积由 6694.33 万公顷减至 6569.21 万公顷，年均削减 12.51 万公顷（表 1、图 1）。

表 1　墨西哥森林覆盖率变化统计

年份	1990	2000	2010	2015	2016	2017	2018	2019	2020
森林覆盖率(%)	35.94	34.81	34.08	33.77	33.70	33.64	33.57	33.51	33.44

来源：联合国粮食及农业组织国家报告(2020)。

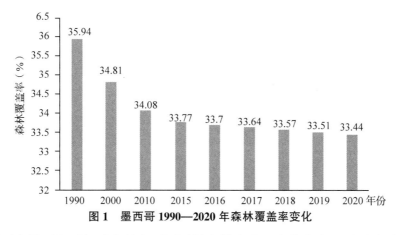

图 1　墨西哥 1990—2020 年森林覆盖率变化

墨西哥森林面积逐年减少的主要原因是森林火灾、生物灾害以及过度采伐。据国家森林委员会统计，2010—2019 年的 10 年间，墨西哥森林火灾受灾面积达 425.69 万公顷，仅 2019 年全年，墨西哥 32 个州共发生 7410 起森林火灾，影响面积 633678 公顷。火灾数量最多的是墨西哥、米却肯州、哈利斯科州等 10 个州，占全国森林火灾总数的 76%；火灾影响最严重的地区是哈利斯科州、纳亚里特州、格雷罗州等 9 个州，占全国总数的 72%（图 2）。自 1998 年特大火灾后加强了火灾预防能力，配备森林防火人员 2000 余名，设立 156 个观测塔和 206 个防火站。近年来，墨西哥利用来自美国国际开发署的资助制定了防火能力和综合火灾管理和火灾生态的国家计划，由国家森林委员会牵头与美国大学、农业部开展了诸如灾后地区恢复、火灾生态研究与综合管理等多方面研究,并应用于火灾防治当中,使得森林火灾逐渐得到控制。

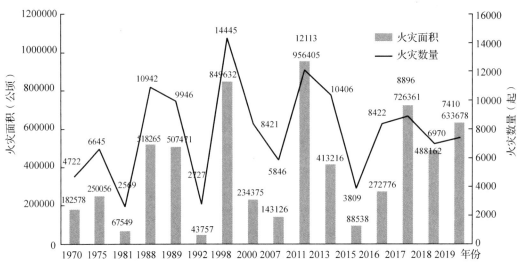

图 2　1970—2019 年墨西哥火灾数量与受影响面积(来源:https://www.gob.mx/conafor/documentos/reporte)

三、生物多样性

墨西哥被认为是"大千世界"的经济体,拥有近 20 万物种,占全球物种总数的 12%~14%,是动植物物种多样性最丰富的经济体之一(表 2),也是 17 个生物多样性多元化经济体之一。

表 2　墨西哥生物多样性物种数量比较

经济体	维管植物	哺乳动物	鸟类	爬行类	两栖类
巴西	56215	648	1712	630	779
哥伦比亚	48000	456	1815	520	634
中国	32200	502	1221	387	334
印度尼西亚	29375	670	1604	511	300
委内瑞拉	21073	353	1392	293	315
厄瓜多尔	21000	271	1559	374	462
秘鲁	17144	441	1781	298	420
澳大利亚	15638	376	851	880	224
马达加斯加	9505	165	262	300	234
刚果	6000	166	597	268	216
墨西哥	21989~23424	564	1123~1150	864	376
墨西哥排名	5	3	11	2	5

来源:墨西哥生物多样性知识和利用委员会(2009)。

墨西哥在2016年制定了《国家生物多样性战略》和《2016—2030年行动计划》，提出了在短期、中期和长期内保护、恢复和可持续管理生物多样性的主要要素及其提供的服务；其愿景是"到2030年保持生物多样性和生态系统功能，以及继续提供墨西哥人民生活和福祉发展所必需的生态系统服务；政府和社会致力于保护、可持续利用以及公平、公正地分享生物多样性带来的利益。"

(一) 植 物

墨西哥以其丰富的植物而闻名世界，是栽培植物的驯化和起源中心。2020年《生物多样性公约（墨西哥第六次国家报告）》中记录墨西哥的维管植物类约有24360种。其中，有10235种（42%）是特有种，如兰花在墨西哥分布有1263种，其中585种为墨西哥特有种。此外，1987年在阿坎多纳丛林中发现两性霉草属的裂生霉草（*Lacandonia schismatica*），是一种小型腐生植物（即植物体内缺乏叶绿素，由有机物分解而成），为全球28万余种已知植物中唯一的一种生殖结构不同的植物。

在墨西哥，沙漠植物分布在北方（奇瓦瓦沙漠和索诺兰沙漠），大概有6000种沙漠植物，其中90%是墨西哥和美国沙漠特有的，奇瓦瓦沙漠覆盖着刺梨仙人掌（*Opuntia ficus-indica*）、白刺金合欢（*Acacia farnesiana*）、龙舌兰（*Agave americana*）和牧豆树（*Prosopis juliflora*）等，索诺兰沙漠有仙人掌（*Opuntia* spp.），如撒瓜罗、管风琴、帕洛弗德仙人掌、铁木和奥克提罗等。森林、草原、高原等丛林植物主要分布在南方，在较高的森林中有50多种松树，还有红木、橡树和柏树等；针叶树和阔叶树主要分布在奇瓦瓦州、杜兰戈州、哈利斯科州、米却肯州、瓦哈卡州和恰帕斯州；在中部森林中有杜松（*Juniperus rigida*）、矮松（*Pinus virginiana*）和长青橡树（*Quercus robur*）等；最低的山谷有无花果、藤本植物、兰花和凤梨科植物等；在山脉之间的中部高原有半沙漠，有草原、丝兰、圆桶仙人掌等；热带雨林分布在恰帕斯州、金塔纳罗奥州、尤卡坦州、坎佩切州、塔巴斯科州和瓦哈卡州，有常绿阔叶植被、棕榈树、红树林等。此外，与河流、海岸、湖泊或泉水交汇的地方，都有湿地栖息地，红树林尤为重要，根部形成不可穿透的屏障，保存淤泥，为鱼类、鸟类和鳄鱼提供栖息地。

(二) 动 物

墨西哥动物物种多样性丰富，记录约有67314种动物，位居世界第5，其中脊椎动物有6581种（墨西哥百科全书数据库，2020）。哺乳动物约有592种，仅次于印度尼西亚和巴西，在全球排第3位，142种是特有种，大部分生活在温带地区，包括鹿、大角羊（*Ovis canadensis*）、郊狼（*Canis latrans*）、狐狸、熊、美洲狮（*Puma concolor*）、美洲虎（*Panthera onca*）和山猫（*Felis lynx*）等，其中啮齿动物350种，热带地区主要是蝙蝠、蜘蛛、吼猴、丝食蚁兽（*Tamandua mexicana*）、灰叶猴（*Presbytis phayrei*）和贝尔德貘（*Tapirus bairdii*）等动物的家园，生活在海洋里的鲸类动物有近30种，从地球上最大的哺乳动物蓝鲸到最小的鼠海豚都有，物种十分丰富；鸟类约有 1149 种，在北美位居第 1 位，在全球排 11 位，70% 以上生活在热带地区，常见的有长尾小鹦鹉（*Conuropsis carolinensis*）、金刚鹦鹉、巨嘴鸟（*Ramphastos toco*）等，在沼泽地区，有翠鸟、苍鹭（*Ardea cinerea*）和白鹭（*Egretta garzetta*）等，在北部山区和热带稀树草原上有蜂鸟、飞禽以及猛禽，比如羽冠卡拉卡拉鸟（*Polyborus plancus*）、老鹰等；1017 种爬行动物，包括蜥蜴、鬣蜥、毒蜥、短吻鳄（*Osteolaemus tetraspis*）、鳄鱼和凯门鳄（*Caiman latirostris*）等，还有大部分海龟也面临灭绝的危险，如棱皮龟（*Dermochelys coriacea*）、肯普的雷德利龟（*Lepidochelys kempii*）、玳瑁（*Eretmochelys imbricata*）、红海龟（*Loggerhead turtle*）等；429 种两栖动物，有 16 个科，其中 7 个科为墨西哥特有；有 384 种淡水鱼和至少 1350 种海洋鱼；已记录的昆虫种类有 47853 种，蝴蝶的种类在 2200~2500 种之间，蜜蜂的种类超过 2000 种，但实际上墨西哥地区的昆虫物种数量要远高于记录数据，数十万种。

（三）濒危物种

根据 2020 年世界自然保护联盟（IUCN）统计，墨西哥约 3422 种植物列入红色名录，其中野外灭绝物种有 2 种，龙舌兰属的礼美龙舌兰（*Agave lurida*）和巨麻属的 *Furcraea macdougallii*；近危等级有 98 种，如大果松（*Pinus coulteri*）、墨西哥杓兰（*Cypripedium molle*）等；易危等级有 320 种，如格雷格松（*Pinus greggii*）、墨西哥果黄杞（*Alfaroa mexicana*）等；濒危等级有 390 种，如金冠龙（*Ferocactus chrysacanthus*）、科米坦圆柏（*Juniperus comitana*）等；极危等级有 131 种，如红刺嘉文丸（*Mammillaria carmenae*）、瓦斯蒂克角状铁（*Ceratozamia huastecorum*）等；数据缺乏有 144 种，如包尼栎（*Quercus excelsa*）等（表 2）。

表 2　墨西哥高等植物濒危情况

濒危等级	苔藓植物	蕨类植物	裸子植物	被子植物	总数
野外灭绝	0	0	0	2	2
极危级	1	0	11	119	131
濒危级	1	0	39	350	390
易危	0	0	17	303	320
近危	0	0	12	86	98
低风险	0	0	0	27	27
无危级	0	15	62	2233	2310
数据缺乏	0	0	0	144	144
总计	2	15	141	3264	3422

来源：世界自然保护联盟红色名录（2020）。

墨西哥约 6748 种动物物种列入红色名录，其中脊椎动物 5832 种，灭绝等级有 20 种，如管美洲鳊（*Notropis aulidion*）、墨西哥拟八哥（*Quiscalus palustris*）等；野外灭绝等级有9种,如库舍剑尾鱼(*Xiphophorus couchianus*)、艾米美洲鳑(*Notropis amecae*)等;近危等级有188种,如砂栖骨尾鱼(*gila eremica*)、尖吻七鳃鲨(*Heptranchias perlo*)等;易危等级有288种,如黄斑棕榈蝮(*Bothriechis aurifer*)、盲鱼回(*Prietella phreatophila*)等;濒危等级有298种,如下口蝠鲼(*Mobula hypostoma*)、墨西哥食草美洲鳑(*Algansea amecae*);极危等级有199种,如墨西哥蝴蝶鱼(*Ameca splendens*)、墨西哥刺豚鼠(*Dasyprocta mexicana*)等;数据缺乏有498种,如青鱼(*Mylopharyngodon piceus*)等(表4)。

表4 墨西哥脊椎动物濒危情况

濒危等级	鱼类	两栖类	爬行类	鸟类	哺乳类	总数
灭绝	14	0	0	3	3	20
野外灭绝	8	0	0	1	0	9
极危级	58	97	8	9	27	199
濒危级	92	97	40	25	44	298
易危	117	49	53	39	30	288
近危	60	17	25	66	20	188
无危级	2293	119	537	998	385	4332
数据缺乏	333	19	122	1	23	498
总计	2975	398	785	1142	532	5832

来源:世界自然保护联盟红色名录(2020)。

(四)主要国际合作

墨西哥积极参与联合国框架下森林与环境保护等领域的相关公约,包括《联合国气候变化框架公约》《生物多样性公约》以及《关于特别是作为水禽栖息地的国际重要湿地公约》等,并参与减少森林砍伐和森林退化导致的温室气体排放项目,作为气候投资基金森林投资计划中的试点经济体,接受国际复兴开发银行及美洲开发银行的投资,同时在森林可持续管理、提高气候变化适应力、碳排放融资渠道建设,以及社区低碳培训与能力建设方面开展项目合作。

区域层面,墨西哥与北部接壤的美国、南部相邻的危地马拉和伯利兹合作较为紧密。包括建立中美洲生物走廊,围绕中美洲环境可持续发展战略在森林与生物多样性保护、气候变化与可持续竞争力方面开展合作项目,同时注重边境地区林火与生物安全等方面的合作。在与中国合作方面,2012年签署了国家林业局与墨西哥合众国自然资源部《中华人民共和国关于林业合作的谅解备忘录》。根据备忘录,双方积极推进去全球与区域林业合作,并在造林、森林恢复、森林可持续经营、林产品加工利用、森林与气候变化、荒漠化防治等领域开展多种形式的合作与交流。

四、自然保护地

墨西哥的自然保护地体系主要有国家、州(地方)级、社区级及私人保护地4种类型。在联合国教科文组织发起的"人与生物圈"计划的推动下,墨西哥于20世纪70年代分别在恰帕斯州的杜兰戈和蒙特斯·阿祖莱创建了米奇利亚(La Michilía)和马皮米(Mapimí)生物圈保护区。此后,墨西哥政府逐步认识到建立自然保护地以保护生态系统、自然景观和野生动植物资源的重要性,建立了多个自然保护地。

(一)国家自然保护地

国家自然保护区委员会负责管理墨西哥的国家级自然保护地,并将其分为生物圈保护区、国家公园、自然遗产、自然资源保护区、动物和植物保护区、避难所7类。截至2020年年底,墨西哥共有45个生物圈保护区、66个国家公园、5个自然遗产、8个自然资源保护区、40个动植物保护区,及18个避难所,共计182处自然保护地,总面积约9083.9520万公顷,占国土面积的46.24%,其中最出名的是洛斯莱昂斯沙漠国家公园和帝王蝶生物圈保护区。

表5 墨西哥国家级自然保护地

类别	数量	面积(万公顷)
生物圈保护区	45	7776.1530
国家公园	66	141.1319
自然遗产	5	1.6269
自然资源保护区	8	450.3345
动物和植物保护区	40	699.6864
避难所	18	15.0193
总计	182	9083.9520

来源:墨西哥生物多样性知识和利用委员会。

(二)州级自然保护地

在州级层面,在墨西哥环境资源部或州政府机构的管理下,一些州如哈利斯科州和瓦哈卡州等建立了州级的自然保护地,一些市政当局还建立了市政保护区,至少有22个州在州一级制定了保护区法令。

(三)社区级自然保护地

在社区层面,不同的社区和合作社长期维护某些使用强度较低的区域,如水源地、宗教保护地,还有一些保护特定物种的种群的保护地。在过去的10年中,各种土著社区和合作社通过社区领土条例指定了其受保护的社区区域,有超过150个受保护的社区或合作社区域，范围从不到 10 公顷至 100000 公顷之间。

(四)私人保护地

私人可以通过向国家自然保护区委员会申请将某一位置设立为自愿保护区，墨西哥有配套的法律支持建立这种私人自愿保护区。像社区和合作社区域一样，墨西哥私有区域也相对较小，并且数量少于社会拥有的区域。

五、林业产业发展

墨西哥森林资源丰富，林业生产总值在 20 世纪 70 年代曾占到国内生产总值的 65%。但 1995 年以后，林业在国民经济中的地位逐渐下降；2018 年墨西哥林业部门就业人数约 16.1 万人，不到总劳动力的 1%。

(一)林业生产

据估计，墨西哥约有 900 万公顷热带林与温带林用于木材或非木质林产品的生产，每年热带林采伐面积约为 750 万公顷，采伐量占木材生产总量的 1.4%，涉及约 584 个森林经营单位。全国工业原木总产量为 494.7 万立方米（2013 年），近 10 年来产量呈下滑趋势。薪材是贫困家庭的主要能源，木质燃料是墨西哥主要消费的林产品，2019 年的产量为 4289.45 万立方米。

(二)进出口贸易

墨西哥 2019 年主要林产品进口额约为 84.2 亿美元，出口额约为 10.4 亿美元，贸易逆差较大，木材产品主要出口美国、德国；家具进口主要来自美国、中国。

墨西哥国民消费木材产品中约 15% 为国内供给，其余部分依靠进口，主要进口的产品是锯材、人造板、纸和纸板。2019 年，锯材的进口量为 214.1384 万立方米，出口量为 1.3190 万立方米；进口额为 5.49628 亿美元，约占全部林产品的 6.53%，出口额为 0.07565 亿美元，约占全部林产品的 0.77%。人造板的进口量为 152.6553 万立方米，出口量为 13.5752 万立方米，进口额为 6.48116 亿美元，约占全部林产品的 7.93%，出口额为 0.39333 亿美元，约占全部林产品的 3.75%。纸和纸板的进口量为 810.2638 万吨，出口量为 66.0932 万吨，进口额为 69.76456 亿美元，约占全部林产品的 82.85%，出口额为 8.44138 亿美元，约占全部林产品的 81.15%（表 6、表 7）。

表 6 2010—2019 年墨西哥主要林产品进出口情况

年份	木质燃料（万立方米）		原木（万立方米）		锯材（万立方米）		人造板（万立方米）		纸和纸板（万吨）	
	进口量	出口量	进口量	出口量	进口量	出口量	进口量	出口量	进口量	出口量
2010	0.0026	0.8392	2.5690	2.0126	148.3318	0.9706	151.8309	5.0290	533.1798	29.6955
2011	0.0012	1.0821	2.4150	2.7253	179.9127	1.1634	152.9950	5.9730	538.3129	34.1094
2012	0.3976	3.7535	4.0970	5.7777	153.4810	0.8978	141.5846	3.8340	575.6144	33.8845
2013	0.2513	3.7554	2.9758	5.7177	147.0104	1.3917	173.3997	4.1123	629.2316	39.9083
2014	0.4615	4.9928	2.5901	13.4672	142.2082	1.3805	171.2456	3.5183	647.7121	40.0897
2015	0.0449	0.9608	1.9246	5.5976	176.4167	1.1029	202.7672	3.2654	646.5174	42.0889
2016	0.0810	1.5850	0.6234	4.0145	194.3375	0.9890	196.4246	2.8233	697.5968	50.2810
2017	0.0001	1.5437	0.6001	4.1421	200.4417	0.6886	188.7924	8.5980	762.4090	50.9506
2018	0.0001	1.8474	1.2497	5.6898	189.7236	0.7894	174.0579	13.6632	814.7064	67.9888
2019	0.0001	1.8474	8.1557	5.1784	214.1384	1.3190	152.6553	13.5752	810.2628	66.0932

来源：联合国粮食及农业组织统计数据库（2020）。

表 7 2010—2019 年墨西哥主要林产品进出口贸易额　　　　　　　　　亿美元

年份	木质燃料		原木		锯材		人造板		纸和纸板	
	进口	出口	进口	出口	进口	出口	进口	出口	进口	出口
2010	0.00031	0.00369	0.07062	0.05315	3.58313	0.06114	6.41085	0.13963	46.45741	4.12565
2011	0.00008	0.00507	0.05363	0.12939	3.98520	0.06124	6.62128	0.17882	49.23374	4.90819
2012	0.01086	0.01715	0.10511	0.21151	4.05016	0.07997	7.48722	0.21080	55.00674	5.13995
2013	0.01105	0.02230	0.05992	0.17612	4.17755	0.10130	8.22375	0.37098	57.16428	5.54552
2014	0.01052	0.03062	0.04872	0.19072	4.48754	0.07934	8.00916	0.21003	60.02340	6.13655
2015	0.00049	0.01253	0.05326	0.18135	4.83829	0.04970	8.52851	0.12573	54.40535	5.87822
2016	0.00076	0.01058	0.01381	0.10956	5.03400	0.05801	8.04409	0.12306	57.64347	6.64236
2017	0.00001	0.01923	0.01724	0.11429	5.63858	0.04168	6.83955	0.28268	63.87078	7.14879
2018	0.00001	0.02839	0.04696	0.22866	5.87670	0.02646	7.56264	0.39029	69.92398	8.62666
2019	0.00001	0.02839	0.23156	0.11267	5.49628	0.07565	6.48116	0.39333	69.76456	8.44138

来源：联合国粮食及农业组织统计数据库（2020）。

六、林业管理

(一)林业管理机构

1. 中央政府层面

墨西哥环境与自然资源部负责制定和实施森林可持续发展政策、林业部门计划，并监督制定森林管理计划，并保证其与自然资源和农村发展等政策的协调一致。

国家森林委员会于 2001 年 4 月 4 日成立，隶属于环境与自然资源部，在全国 32

个州均设有办事处,其目标是发展、支持和促进林业事务中的生产;保护和恢复活动,并参与制定计划,以及在可持续林业发展政策中的应用。此外,国家自然保护区委员会、生物多样性调查研究委员会以及国立环境研究所等机构,在保护和管理墨西哥森林资源方面起到支撑和补充作用。

2. 地方层面

墨西哥各州独立分管其林业发展,许多州重视森林恢复和保护,其中个别州设有环境和林业的专属部门。国家森林委员会在全国 32 个州均设有办事处,致力于墨西哥森林资源的保护管理和恢复,以及制定以推动森林活动为目的的计划和实施可持续的森林开发。

3. 其他相关管理部门与非政府组织

墨西哥非政府组织和社区组织在林业领域十分活跃,代表社区和公众发挥了重要的宣传作用,在信息共享和能力建设方面协同管理森林,对社区组织林区的使用和管理有着很大的影响。

(二)林业政策

墨西哥的宏观林业政策由环境与自然资源部制定,其目标是促进墨西哥森林资源可持续经营,各州也可自行制定林业经营管理条例。墨西哥具有全面的《国家森林计划》以及《国家林业战略(2000—2025)》,二者构成了森林可持续经营的政策框架,可持续生产和保护森林资源是国家发展的组成部分。与此同时,墨西哥在蒙特利尔进程框架与国际热带木材组织框架下分别制定了针对温带森林和热带雨林的《森林可持续经营标准和指标》,旨在加强林业的可持续经营与管理。

近 20 年来,为使森林政策协调一致,墨西哥制定了多种计划,其中有作为国家林业发展方针的《森林发展计划》,有旨在促进森林砍伐和退化地区造林的《国家造林项目》以及《保护墨西哥森林资源可持续管理计划》。此外,实现目标的具体计划还包括《商业林植树计划》,内容包括减少毁林、重新造林并将更多土地纳入社区森林体系中管理;有助于削减当地社区贫困的《推动和发展商业种植园计划》;在众多涉及生态服务的计划中还有建立在《商业林植树计划》之内的"环境与水文部门支付计划",提出了有偿环境服务机制的概念,为进一步改善生态环境提供资金支持。

墨西哥政府为促进人工造林计划,提出了造林补助与减税政策和低息贷款政策。政府成立了森林基金会,建立一种新的保护和恢复森林的财政机制,给资源管理提供支持,在环境服务补偿这一新领域的工作处于世界领先地位。此外,政府根据联邦权利法征收的部分水费作为项目基金来源,根据与林地所有者签订的合同条款,5 年内允许每年向林地所有者拨款,并实行以业绩为基础的支付方式;对通过提高森林管理水平,在提供洁净水和控制气候变化等方面发挥了重要作用的森林所有者提供拨款补助。

(三)林业法律法规

墨西哥林业法律法规主要包括《森林法》和《林业可持续发展法》,还有一系列涉及造林、林火等方面的相关法律与法规。

1.《森林法》

墨西哥农业与水利资源部于1992年年底颁布了第一部《森林法》,内容涵盖多个方面,规定了森林管理部门的职能、森林资源清查应涵盖的信息、造林与再造林工作的开展细则和林产品原料的运输与储存等。出台《森林法》的目的是维持、保护与恢复生态系统生物多样性,防治盆地与山地沟渠的水土流失;在保证自然资源更新力的前提下,开展木材与非木制产品的可持续管理,提高市镇、业主的社会经济水平,推进林业现代化,创造就业机会;保护、恢复森林,拓展商业种植园等多种形式的经营模式,以不损害自然资源为前提,发展林业副业;通过教育、培训和森林技术开发,促进森林文化的繁荣。1998年联邦政府颁布了《森林法实施细则》。

2.《林业可持续发展法》

墨西哥环境与自然资源部依照《林业战略规划》于2003年制定了《林业可持续发展法》,强调森林生态系统服务功能在森林管理中的重要性,内容共涉及林业发展规划、森林信息系统、森林和土壤储备、森林区划、森林登记官、森林管理条例、森林管理体系和年度森林覆盖变化的卫星评估8个方面。2005年,环境与自然资源部颁布了《林业可持续发展法实施条例》,辅助《林业可持续发展法》的施行。2008年,墨西哥对《林业可持续发展法》中的条款进行增补,以加强对原木采伐、运输、储存环节的监督。

3. 其他法规

与林业相关的法律还包括1996年颁布的《关于宜林地及造林要求的法令》规定了人工林建立的标准及程序,以及造林实施的具体要求;1996年颁布的《关于林地和农田用火以及促进社会和政府共同参与森林防火的方法、标准和细则》;1999年颁布的《林地用火规定》通过具体要求防范林火,规定加强灾情处理相关部门的能力建设;2000年出台的《林业发展项目补贴发放规定实施细则》,以及2001年《关于建立国家森林调查、农业和畜牧研究所的法令》等。

七、林业科研

墨西哥致力于林业科学与技术的研究机构为墨西哥国立农林牧研究院,是墨西哥最大的关于农业、林业和畜牧业研究的单位,拥有884名科研人员,其中19%拥有本科学历,49%拥有硕士学位,32%拥有博士学位,在全国设有8个区域研究中心和38个实验领域。

(一)西北地区研究中心

该中心主要从事研究农业和畜牧业的相关研究,具有较好的基础设施,面积较大的实验室和温室(535公顷)。目前,拥有122个研究人员职位,其中26个正在招聘研究生,33个是新员工,还有63个具有25年以上经验的专家。

其下设6个实验领域,分别是诺曼博朗实验场、哥斯达黎加埃莫西约实验场、库里亚坎山谷实验场、瓦尔富尔特实验场、瓦尔德墨西卡利实验场和托多斯·桑托斯实验场。

(二)北中部地区研究中心

主要研究农业和林业相关问题,拥有研究人员120名,其中博士学位的占31%,硕士学位的占52%,学士学位的占21%。该中心每年面向社会开展培训和传播活动,鼓励生产者确定对他们的生产过程有利的技术,并通过充分利用自然资源来提高其产品的竞争力。这影响了来自墨西哥不同地区的15000多名生产者、14000名技术人员和5000名学生。其下设6个实验区域,分别是帕比仑(Pabellón)、萨卡特卡斯(Zacatecas)、瓜迪亚纳山谷(Valle de Guadiana)、拉古纳(La Laguna)、德莱西亚斯(Delicias)、拉坎帕纳(La Campana)实验场。其中,帕比仑(Pabellón)实验场建有植物病理学、昆虫学和森林健康实验室;瓜迪亚纳山谷(Valle de Guadiana)实验场开展人工林,可持续森林管理和环境服务等相关研究;拉坎帕纳(La Campana)以森林管理和人工林替代性使用木材和生物能源的遗传改良方向为研究重点。

(三)东北地区研究中心

该地区主要以生产农作物和发展畜牧业为主,林业仅占较少部分。其下设有5个实验区域,分别是萨尔蒂略(Saltillo)实验场,主要产品是苹果、核桃、非木材林产品和山羊;特兰格纳(General Terán)实验场,主要开发柑橘类水果、基本作物和生物肥料;圣路易斯(San Luis)实验场,主要研究设施农业、绵羊、山羊、豆类;布拉沃河(Río Bravo)实验场,主要开展高粱、玉米、油菜籽和植物保护相关研究;拉斯瓦斯蒂卡斯(Las Huastecas)实验场,主要研究大豆、辣椒和植物保护方向。

(四)太平洋中心区域研究中心

该中心的实质性活动是执行研究项目,并将所产生的先进技术、知识产权转让给林业、农业和畜牧业的服务提供者和生产者。为了满足科研和技术的需求,共有170名员工,其中研究人员88名,行政和技术人员73名,中层管理人员9名,开设了23个培训课程。主要研究该地区的农业生态链,林产品主要有松树、栎树、冷杉等。

中心下设5个实验区域,分别是特科曼(Tecomán)、哈利斯科中心(Centro Altos de Jalisco)、乌拉潘(Uruapan)、阿帕津干山谷(Valle de Apatzingán)、圣地亚哥伊克斯昆特拉（Santiago Ixcuintla）实验场。

（五）中部地区研究中心

该中心基础设施由办公楼、2个战略性试验场和4个试验点组成，占地415公顷，可以在灌溉和季节性条件下进行试验，还有超过15公顷的温室，8个实验室和1个昆虫馆，并建有土壤肥力和植物营养实验室，地球动力学实验室，农业机械标准化中心。中心下设7个实验区域，分别是中心区域（Dir. Regional Centro）、巴乔中部（C. E. Bajío）、墨西哥山谷（Valle de México）、克雷塔罗（S. E Querétaro）、伊达尔龙（S. E Hidalgo）、特拉斯卡拉（S. E Tlaxcala）、梅特佩克（S. E Metepec）实验场。以上实验场提供有关农业和林业的各种主题的培训课程。

（六）南太平洋区域研究中心

无论是生物还是文化方面，南太平洋地区都是墨西哥生物多样性最丰富的地区之一。南太平洋区域研究中心当前拥有11个用于原位保护的种质库和3个用于非原生境保护的种质库，这些种质库代表了可以开发新遗传材料的非常重要的基因库。其中心下设3个实验区域，恰帕斯州中心实验场、瓦哈卡中央谷实验场和伊瓜拉实验场，开展水土保持、社区林业、人工造林对退化地区的影响，生态系统保护和森林健康状况方面研究。

（七）中心海湾区域研究中心

该中心有239名职员，其中研究人员占45%，中层管理人员占4%，在所有研究人员中，有71%的从事农业研究，22%从事畜牧业研究，仅7%的从事林业相关研究。

中心下设6个实验研究领域。其中，4个位于韦拉克鲁斯州［伊特斯塔库科（Ixtacuaco）、拉波斯塔（La Posta）、科塔斯特拉（Cotaxtla）和埃尔帕尔马（El Palmar）］，1个位于塔巴斯科州［惠曼圭略（Huimanguillo）］，另外，1个位于普埃布拉州［生马提尼托（San Martinito）］。埃尔帕尔马（El Palmar）实验场主要研究红杉的遗传改良、橡胶生产技术研发、木材工业化和森林管理方面。圣马提尼托（San Martinito）实验场研究的重点是林产品和木材技术，包括对木材用于不同用途（包括生物能来源）的工业化的研究。

（八）东南地区研究中心

该中心主要从事农业研究，拥有147名员工，其中包括78名研究人员，其中17名拥有博士学位，50名拥有硕士学位，11名拥有学士学位。

八、林业教育

墨西哥的森林教育起源于哥伦布时代以前,例如德州墨西哥人对树木的种植有丰富的知识,由于战争中断了400年。直到1909年,先驱者唐·米格尔·安格尔·德·奎维多,他邀请5位农民开始了林业事业,墨西哥的林业教育再次兴起,他本人也被称为"树的使者"。

墨西哥共有32所高等教育机构,其中查平戈自治大学、瓜达拉哈拉大学和韦拉克鲁斯大学3所大学设有林学院并开设林业专业相关课程。此外,有11所大学开设林业工程师职业学位,培养林业工程师323名,同时,墨西哥农业局、教育部和国家森林委员会也针对林业技术开展不定期的职业培训,培养林业技术工程师共计688人。

(一)查平戈自治大学

查平戈自治大学始建于1916年,以农林专业为主要方向。目前,学校共有教职员工589人,学生5435人。该校更侧重于工程重点,涉及农业工业、林业恢复、可再生自然资源、农业经济学和动物科学等领域。查平戈自治大学下设有林学院,本科课程学制四年,其下有林业统计与数学系、森林工程系、森林资源管理系、生态与林业系和林产品系,共5个专业。

(二)瓜达拉哈拉大学

瓜达拉哈拉大学创建于1792年,在墨西哥全国高等院校中仅次于墨西哥国立自治大学,居第2位。经过两个世纪的发展壮大,现在已是一所包含人文科学、社会科学、自然科学、技术科学、经济管理科学、卫生科学等在内的综合性大学。学校共有11296名教职人员,学生127330人,本科学制4~5年。林业教育方面,开设了木材、纸浆和林产品科学技术专业。

(三)韦拉克鲁斯大学

韦拉克鲁斯大学正式创建于1944年,是墨西哥五大国立大学之一,是一所包含人文科学、社会科学、自然科学、技术科学、经济管理科学、农业科学和保健科学在内的综合大学。该校总部设在韦拉克鲁斯州州府哈拉帕市,其他4个分校分散在该州的另外4个城市。韦拉克鲁斯大学共设有21个学院,其中热带原始森林动植物学院开设了森林资源管理专业的课程。

蒙古国(Mongolia)

一、概述

蒙古国地处亚洲中部,西伯利亚和中国之间的内陆经济体。位于北纬87.9°~119.9°、东经41.7°~51.6°,与中欧和美国北部的一部分处于相同纬度。国土面积为156.65万平方千米,总人口约330万人(中国外交部,2021),实行普及免费普通教育制。喀尔喀蒙古族约占总人口的80%,此外还有哈萨克等少数民族。主要语言为喀尔喀蒙古语,居民主要信奉喇嘛教。蒙古国划分为首都和21个省,首都是乌兰巴托。

(一)社会经济

蒙古国的主要产业包括矿业、农牧业、交通运输业、服务业等,国民经济对外依存度较高,曾长期实行计划经济,至2020年蒙古国国内生产总值129亿美元。畜牧业是蒙古国的传统产业,是国民经济的基础,也是蒙古国加工业和生活必需品的主要原料来源,2020年年底,牲畜存栏量达6706万头。农业(主要指种植业)并非蒙古国国民经济的支柱产业,但关系国计民生,历来受到政府的重视,2020年蒙古国种植谷物总产量43.3万吨,土豆24.4万吨,饲料作物18.2万吨。近年来蒙古国政府正逐步增加对道路等基础设施建设投入,基础设施建设发展较快,随着蒙古国建造业增幅减缓,新开工项目减少;交通运输以铁路和公路为主。蒙古国人口少、地域辽阔,自然风貌保持良好,是世界上少数保留游牧文化的经济体之一,旅游业发展前景广阔,每年6~8月是旅游旺季。

(二)地形地貌与气候特征

蒙古国西部为高耸的雪山和冰川,还可以发现古代冰层覆盖的痕迹和迹象,该地区居住着一些濒危动物,包括动物,雪豹(*Panthera uncia*)、阿尔泰雪鸡(*Tetraogallus altaicus*)和植物,如西伯利亚矮松(*Pinus sibirica*)、白龙胆(*Gentiana algida*)。大约80%的地区海拔在1000米以上,平均海拔1580米;最高的山是巴扬乌尔吉艾马格的塔班博吉达,海拔4374米;最低点是东部的库赫努尔,海拔只有560米,山地和茂密的森林遍布蒙古国中部和北部。东部是广阔的平原和荒野,大草原一直延伸到戈壁沙漠,从东到西贯穿蒙古国南部。戈壁主要由砾石构成,但在靠近南部边界的戈壁干燥地区也有大面积的沙丘覆盖,在蒙古国南部,戈壁沙漠约占1/3,全国各地散布着许多咸水湖和淡水湖。总体可分为6大区域：沙漠区、山地区、山地针叶林区、山地森林草原区、干旱草原区和针叶林区。

蒙古国的气候是温带大陆性气候，常年平均气温1.56℃，比同纬度的其他经济体气候恶劣得多，温度波动大，常有极端天气。亚北极地区的冬季漫长而严酷，冬季最低气温可至-50℃；夏季戈壁地区最高气温达40℃以上。总体景观因其自然起源而受到保护，受人类活动的破坏和影响相对较少。

（三）自然资源

蒙古国的矿产资源较丰富。截至2020年，蒙古国已发现和确定的矿产有80多种，建有800多个矿区和8000多个采矿点，主要蕴含铁、铜、钼、煤、锌、金、铅、钨、石油、油页岩等资源。其中，铜矿储量20多亿吨，黄金储量达3400吨，煤矿储量达3000亿吨，石油储量达80亿桶，铁矿储量为20亿吨，萤石矿床储量2800万吨，磷矿储量2亿吨，钼矿储量24万吨，锌矿储量6万吨，银矿储量7000吨等。

二、森林资源

（一）基本情况

据统计，2016年蒙古国林地面积达1785.2万公顷，占国土面积的11.4%，森林面积为1255.3万公顷，森林覆盖率为8.02%（表1），森林立木蓄积为136.18万立方米。主要树种61%为西伯利亚落叶松（*Larix sibirica*），8%为西伯利亚红松（*Pinus sibirica*），7%为桦（*Betula* spp.），4%为樟子松（*Pinus sylvestris* var. *mongolica*）。北方森林是北部西伯利亚针叶林和南部的草原之间过渡带的一部分，通常生长在海拔800~2500米的山坡上，以针叶树种为主，伴生一些阔叶树种。南部梭梭林生长在南部沙漠带和沙漠草原带，树木高度不足4米，主要树种为梭梭树和白杨。

在新的蒙古国《森林法》中，根据林地类型，森林资源可分为3类：天然林、灌木林和人工林，占比分别为93.4%、6.5%和0.1%。（表2）。

表1 蒙古国的土地面积及利用情况

土地利用	土地面积（公顷）	比例（%）
农业土地	119398000	76.2
牧场	116783000	74.6
草地	1915000	1.2
耕地	700000[1]	0.45
林地（包括某些非森林地区）	17852000[2]	11.4
郁闭林	12808000[2]	8.2
疏林	3604000[2]	2.3
非林	1440000[2]	0.9

(续)

土地利用	土地面积(公顷)	比例(%)
其他土地	19400000	12.4
城市和定居点占用的土地	469000	0.3
经济体特殊需求用地[3]	16267000	10.4
尚未利用的土地或不合适利用的土地	2659000	1.7
土地面积总计	156650000[2]	100

注：①目前耕地面积。来源：蒙古国农业和产业部专家；②来源：森林研发中心（2016年）；③包括分配用于安全和国防用途的土地、特别保护区以及具有重要性的道路和通讯网络。

表2　2012年蒙古国森林及林地状况

森林类型		针叶林和阔叶林		梭梭林和胡杨林		林地面积状况	
林地类别	林地类型	森林面积(千公顷)	比例(%)	森林面积(千公顷)	比例(%)	森林面积(千公顷)	比例(%)
郁闭林区[1]	天然林	10065.5	6.43	1660.5	1.06	11726	7.5
	灌木林	687.9	0.44	137	0.09	824.9	0.53
	人工林	2	0.001			2	0.001
	总计	10755.3	6.88	1797.5	1.15	12552.9	8.02
非林区[2]	开放林	767	0.49	2709.7	1.73	3476.7	2.22
	防火林区	1186.3	0.76	10.5	0.01	1196.8	0.77
	采伐区	120	0.08	4.1	0	124.1	0.08
	贫瘠区	166.3	0.11	55	0.04	221.3	0.14
	排污区	0.9	0.001			0.9	0.001
	再造林区	9.1	0.01	0.05	0	9.2	0.01
	蠕虫区	95.7	0.06		0	95.7	0.06
	总计	2345.3	1.5	2779.4	1.78	5124.7	3.28
林区总计		13100.7	8.38	4576.9	2.93	17677.6	11.3
非林地[3]	陡坡地	722.6	0.46			722.6	0.46
	沼泽区	64.6	0.04			64.6	0.04
	退化	3.7	0			3.7	0
	苗圃	0.02	0			0.02	0
	沙地	1.3	0			1.3	0
	岩石地	122.5	0.08			122.5	0.08
	防火带	0.1	0			0.1	0
非林地总计		914.8	0.58			914.8	0.58
区域总计		14015.5	8.96	4576.9	2.93	18592.4	11.89

注：①树木、灌木和植树覆盖的区域为郁闭林区；②未被树木覆盖、可能再生、被烧、被伐的区域为非林区；③林隙、山峰、树木育种苗圃等为非林地。

(二)森林权属

据蒙古国《宪法》,森林资源是代表蒙古国人民的国有资产,所有森林均归政府所有。根据《蒙古国森林法》《蒙古国环境保护法》和《蒙古国特别保护区法》,森林资源管理权,公共管理部门占97%,企业和私营机构管理占1%,社区管理占2%。环境、绿色发展和旅游部通过其下设的森林部门、保护区管理部门和林业局来管理森林资源,此外地方政府在管理森林资源上有很大的权力。

(三)森林资源变化

蒙古国的森林资源一直受到荒漠化和非法采伐的影响,森林资源不稳定。1990—2000年,每年森林面积减少8.2万公顷,平均每年减少0.7%;2000—2010年,每年森林面积增加13.2万公顷,平均每年增加1.1%;2010—2016年,每年森林面积减少9.7万公顷,平均每年减少8.0%。总体来看,2015—2016年蒙古国森林面积与1990—1991年相对持平(表3)。此外,蒙古国活立木生物量中碳储量同样呈总体下降趋势,1990年活立木生物量中碳储量为6.71亿吨,2000年为6.26亿吨,2010年为5.83亿吨。

表3 1990—2016年蒙古国森林覆盖率变化统计结果

年份	森林覆盖率(%)	年份	森林覆盖率(%)
1990	8.07	2004	7.33
1991	8.02	2005	7.28
1992	7.96	2006	7.50
1993	7.91	2007	7.72
1994	7.86	2008	7.95
1995	7.81	2009	8.17
1996	7.75	2010	8.39
1997	7.70	2011	8.33
1998	7.65	2012	8.27
1999	7.59	2013	8.21
2000	7.54	2014	8.14
2001	7.49	2015	8.08
2002	7.44	2016	8.02
2003	7.38		

来源:https://data.worldbank.org/。

蒙古国林地长期存在毁林现象,毁林最突出的驱动因素是采矿、严重的虫害以及持续退化所致的毁林,后者是毁林最常见的原因,也是由放牧、森林火灾、虫害和环境变化等几种因素共同作用的结果。目前,蒙古国每年约有5%的森林退化。退化的森林无法自我恢复，剩下的树木也无法生存。年木材产量为 60 万立方米，大面积的森林受到火灾影响，导致森林生态系统退化。此外，采矿活动、牲畜增加和城市化也对森林造成威胁。同时，人口增长和城市化催生了对木材产品的需求、定居点扩展对土地的需求以及对森林的压力。在农村地区，人口增长造成了经济增长和日益盛行的农村活动，如放牧、狩猎、收割和其他活动等造成了森林面积的减少。

蒙古国有两种类型的造林，再造林和造林，其中再造林指的是砍伐后使老林再次成林，造林指的是扩大森林面积。由于蒙古国气候条件不利，再造林和造林过程较为缓慢；此外由于砍伐、火灾或其他原因，再造林量远远落后于损失量。每种植 6000 公顷森林，只有约 2000 公顷在 1 年后被视为种植成功。根据蒙古国森林政策计划，天然再生林和人工林将在 2030 年增至 150 万公顷。

三、生物多样性

蒙古国处于中亚地区西伯利亚针叶林、中亚草原、阿塔山和戈壁沙漠交汇的生态过渡地带，且受人类活动影响较小，创造了一个独特的物种组合，具有重要的生物多样性意义。蒙古国被划分为 6 个基本的自然区域，分别为高山带、翁山塔亚带、山岭缓坡带、辊岭缓坡带、半丘陵带和沙漠区。在气候、景观、土壤、动植物等方面各不相同，其中阿尔泰大草原是全球 200 个生态带之一，它包含了大部分这些自然地带的物种。在相对较短的距离内，提供了戈壁、半沙漠、草原、针叶林、冻土带、平原森林、淡水、盐碱沼泽等，该地区代表着地球上保护相对完整的生态系统，对生物多样性的保护具有全球意义。

(一) 植　物

几个世纪以来，蒙古国的植物群一直没有受到干扰，分布在全国 3/4 的牧场上，生长在原始植被区。蒙古国草原作为一个开放的牧场，从山地草原到草甸草原，各种类型的草在不同的地面和景观条件下生长繁茂，是大量牲畜的主要饲料来源，剩下的地区都是森林和荒芜的沙漠。蒙古国的植被由北部西伯利亚针叶林和南部的中亚草原、荒漠组成。针叶林形成的北部地区高山植被密集，主要有西伯利亚落叶松（*Larix sibirica*）（高度可达 45 米）、西伯利亚雪松（*Cedrus sibirica*）与云杉（*Picea obovata*）、冷杉（*Abies sibirica*）以及白桦（*Betula platyphylla*）等；山地间盆地、宽阔的河谷和南坡有草原植被，牧场上覆盖着鹅毛草（*Chenopodium album*）、艾草（*Leonurus japonicas*）和几种饲料植物；在沙漠地区，植被稀少，仅能满足骆驼、绵羊和山羊的食用和生存。萨克森（旱生）是一种耐旱的物种，它为人们提供柴火的需求，在泉水附近和水源附近也能找到榆树（*Vlmus pumila*）和杨树（*Populus* spp.），萨克森灌木在沙漠中占主导地位，能固定沙丘，防止水土流失，经过 100 年的时间，能长到 4 米高，材质非常好。

蒙古国拥有 3000 多种维管植物，数百种地衣、苔藓和真菌，还有 975 个注册的药用植物，许多物种仍在被发现和分类。大约有 150 种是蒙古国特有的，超过 100 种被认为是稀有或濒危植物。高等种子植物有 103 科 596 属 2251 种，苔藓植物有 40 科 119 属 293 种，地衣植物有 30 科 70 属 570 种，蘑菇有 12 科 34 属 218 种，药用植物有 52 科 154 属 574 种。其中，主要有蒙古茅草（*Imperata mongolica*）、科尔金斯基茅草（*Imperata korkinsky*）、戈尔嘎诺夫旋花（*Calystegia gorbunovii*）、格鲁保夫针叶棘豆（*Oxytropis glabra*）、胡杨（*Populus euphratica*）、山川柳（*Ramulus tamarixis*）、沙枣（*Elaeagnus angustifolia*）、菖蒲（*Acorus calamus*）、芨芨草（*Achnatherum splendens*）等。

(二) 动　物

蒙古国动物资源丰富，包括 140 种哺乳动物、469 种鸟类（其中 330 种是迁徙的，119 种在蒙古国全年可见）、22 种爬行动物、8 种两栖动物、76 种鱼类和 15000 多种昆虫，还有一些世界上最稀有的野生动物，如亚洲野驴（*Equus hemionus*）、普泽沃斯基的野马（*Equus ferus*）、戈壁熊（*Ursus gobiensis*）、野生山羊（*Capra sibirica*）、雪豹（*Panthera uncia*）等。由于栖息地的退化，有 22 种鸟类濒临灭绝，蒙古国有 6 种鹤，占世界总数的一半，大部分在多尔诺德蒙古杜古尔严格保护区内。在蒙古国东部，一种极度濒危的鹤是白纹鹤（*Grus vipio*），其余比如金翅鹰（*Butastur liventer*）、黑斑琵鹭（*Platalea minor*）、鹈鹕（*Pelecanus onocrotalus*）、大白鹭（*Ardea alba*）、大天鹅（*Cygnus cygnus*）、黑鹳（*Ciconia nigra*）等也面临威胁。

(三) 珍稀濒危物种

直到 20 世纪中期，蒙古国生态系统中生物多样性较为丰富，畜牧业是这些生态系统的重要组成部分。不幸的是，由于当地气候变化和人类活动的影响，蒙古国共有 72.3% 的土地已经退化，荒漠化面积渐渐扩大。超过 70% 的牧场受到严重破坏，植被生长和物种数量减少，许多河流、泉水和湖泊干涸，森林面积减少 200 万公顷，300 多种动植物濒临灭绝。

蒙古国约 895 个物种列入世界自然保护联盟红色名录，其中植物 229 种，动物 654 种，菌类 12 种。属于近危等级的有 33 种；属于易危等级的有 30 种；属于濒危等级的有 14 种；属于极危等级的有 6 种；属于数据缺乏等级的有 21 种（表 4 至表 6）。

表 4　蒙古国植物濒危情况

濒危等级	藻类植物（种）	蕨类植物（种）	裸子植物（种）	被子植物（种）	总数（种）
近危	0	0	0	1	1
无危	1	4	17	196	218
数据缺乏	0	0	0	10	10
总计	1	4	17	207	229

来源：世界自然保护联盟红色名录（2020）。

表 5　蒙古国菌类濒危情况

濒危等级	菌类（种）
近危	1
易危	3
濒危级	1
无危级	6
数据缺乏	1
总计	12

来源：世界自然保护联盟红色名录（2020）。

表 6　蒙古国动物濒危情况

濒危等级	鱼类（种）	两栖类（种）	爬行类（种）	鸟类（种）	哺乳类（种）	软体动物类（种）	昆虫（种）	总数（种）
近危	1	0	0	21	5	0	4	31
易危	1	0	0	17	5	1	3	27
濒危级	1	0	0	8	4	0	0	13
极危级	0	0	0	4	2	0	0	6
无危级	24	6	14	352	127	13	31	567
数据缺乏	0	0	0	0	1	5	4	10
总计	27	6	14	402	144	19	42	654

来源：世界自然保护联盟红色名录（2020）。

四、自然保护地

蒙古国的自然保护可以追溯到该国的万物有灵论和佛教传统，成吉思汗在 800 多年前，以保护狩猎场和圣地为目的保护区发挥了重要作用。成吉思汗在其统治时期建立了狩猎保护区，蒙古国在 16 世纪开始将环境和野生动物保护的传统编入法律，自 1778 年以来一直在保护博格德汗山。在自然与环境部长赞比恩·巴贾尔加尔博士的领导下，致力于建立一个基于景观生态学原则的保护区网络，以保护动植物。

1975 年，蒙古国加入了自然资源保护国际联盟，并决定更多地参加联合国和处理生态事务的国际非政府组织的自然资源保护工作。20 世纪 90 年代开始，蒙古国政府开始注重保护自然资源，采取措施拯救濒危野生动物。保护区覆盖蒙古国森林区域总面积近 20%。1992 年，在里约热内卢召开的联合国环境与发展大会上，蒙古国提出到 2030 年要实现在国土面积 30% 的区域实施保护；1993 年，政府成立保护区局，以管理不断增长的保护网络；1994 年，《特殊保护区法》正式确立了现代保护区制度。到 2013 年，蒙古国已经有 99 个保护区，共计 2720.5 万公顷，相当于国土面积的 17.4%。法律确定的保护区划分为 4 种类型：严格保护区、国家公园、自然保护区和自然历史遗迹(表7)。

表7 2013年蒙古国保护区情况

序号	保护地类别	数量	范围(万平方千米)	占蒙古国土百分比(%)
1	严格保护区	20	12.411	7.94
2	国家公园	32	11.709	7.49
3	自然保护区	34	2.958	1.89
4	自然历史遗迹	13	0.127	0.08

(一)严格保护区

严格保护区致力于保护自然,代表着蒙古国最原始的自然景观,在蒙古国提供最大程度的保护,包括原始区、保护区和有限使用区,其中原始区除了保护区管理人员和研究人员,其他人一律不准进入保护区,世界自然保护联盟(IUCN)将严格保护区列为严格保护区。

(二)国家公园

国家公园自然条件相对保存,具有历史、文化、科学、教育和生态重要性的保护区,包括特殊区、旅游区和有限使用区。世界自然保护联盟将"国家公园"列为第二类保护区(国家公园)。

(三)自然保护区

自然保护区保护和恢复具有重要自然特征和资源的地区。自然保护区有4种类型:生态保护区、生物保护区、古生物保护区和地质保护区。蒙古国法律没有对自然保护区内的区域作出规定。世界自然保护联盟将自然保护区列为第三类(自然纪念物保护区)或第四类(生境和物种管理保护)。

(四)自然历史遗迹

自然历史遗迹保护独特的自然形态或重要的历史文化区域,通常是小型保护区,属于世界自然保护联盟第三类。

五、林业产业发展

(一)林业产业发展

自20世纪90年代初出现经济危机以来,蒙古国的森林工业一直处于下降趋势,许多以木材采伐和加工为主的大型产业和工厂倒闭。近年来,官方伐木量一直在100万立方米/年左右波动。在总采伐量中,商品材约占18.8%,薪材约占81.2%。其中薪材用于农村住户消耗、制炭及城市地区销售。

按照目前的采伐水平，对于生产者来说，木材和薪材的年销售价值分别为940亿蒙图和1040亿蒙图，营业利润分别为430亿蒙图和230亿蒙图。在北方森林地区，非木材森林产品采集的每年总价值将近165亿蒙图，涉及北方森林地区一半左右的农村人口，其中的3/4均为家庭消费产品，从未进入市场。

《蒙古国林业研究报告》调查估算，针对森林产品和服务使用者的净值约为3950亿蒙图，相当于平均每公顷北方森林地产40000蒙图/年。政府从林产品采集和利用活动中获得了超过360亿蒙图，包括旅游业和水资源，但不包括其他森林类企业缴纳的税收，相当于平均每公顷北方森林地产3600蒙图/年。薪材使用、非木材林产品采集和森林放牧为农村家庭带来的净增加值相当于所记录人均国内生产总值的12.5%以上；林业部门的年度总体直接增加值相当于国内生产总值的3.1%左右，而公共收入相当于所有税收的1.4%左右。

(二) 木材进出口

1999年，环境问题促使蒙古国议会通过一项除停止出口原木和锯材外的立法。政府通过免税和降低进口关税政策来促进木材进口。2013年开始对木材和木质材料免征关税和增值税，进口量大幅增加，2013年和2014年进口木材和木质材料总计136938立方米（表8）。

表8 2010—2014年进口木材和木质材料　　　　　　　　　　　　立方米

年份	2010年	2011年	2012年	2013年	2014年
木柴	459	986	72731	3854	74557
原木	24	1255	1962	870	4850
特定用途木材	16924	1094	3	41	4
枕木	2806	26000	1816	324	141
锯木	1947	11707	6321	18768	33529
总计	22161	41041	82834	23858	113080

来源：蒙古国海关总署。

六、林业管理

(一) 林业管理机构

蒙古国所有森林和土地归政府所有，中央政府设有环境、绿色发展和旅游部，根据《自然环境保护法》第15条规定，中央政府机构负责执行国家有关保护自然环境、合理利用和恢复自然资源及保持生态平衡的政策、法律和决议。因此环境、绿色发展和旅游部有责任制定和执行有关森林资源保护、合理利用和恢复森林的相关政策，同时贸易和工业部负责有关木材和林业加工方面的政策执行。省级和区级行政单位负责地方森林管理，各省的省长负责管理有关自然环境保护的立法法案和实施。森林管理的主要目标是保护和扩大现有森林资源，保护土壤和流域及现有生态系统，持续提供生产工业用材和薪材，通过木制品出口创汇增加欠发达地区居民的就业和收入。中央政府把森林分配给地方政府，地方政府有权把森林资源下放给其他森林管理的私营企业、社区团体等。经营单位不必对自己所管理的森林纳税，而且政府还会对他们的经营支付财政预算。

（二）林业政策与法律法规

森林立法在蒙古国有着悠久的历史，最早于1925年通过了有关林业的规定，在20世纪30年代成立了森林法。在开始经济改革时现有的法律是1974年制订的《森林法》，该法律于1995年进行了修订，保留了一些旧的条款。自1995年以来，蒙古国议会通过了大约25项环境法，涉及土地利用、环境保护、空气、植物、动物、森林、有毒物质、野生动物保护和保护区等各个方面，涵盖土地利用、环境保护、空气、植物等各个方面，包括动物、森林、有毒物质、环境影响评价、野生动物保护、保护区等（表9）。

表9 蒙古国林业相关政策和法规

序号	名称	颁布年份	主要内容
1	《森林法》	2007	规定了森林的保护、占有、可持续利用和再生产
2	《森林和草原消防法》	1996	有关森林和草原防火、灭火及恢复活动
3	《木材和薪材采伐费用法》	1995	规定了公民、经济实体和组织采伐森林木材和薪材的费用以及向政府预算支付费用的程序
4	《自然和环境保护法》	1995	保护、合理利用和恢复当地森林
5	《特别保护区法》	1995	规定对经济体保护用地的使用和采购，保护和保存用以维护对濒危植物至关重要的特定生态栖息地和特征，历史环境的原始条件
6	《缓冲区法》	1997	在保护区与开展各种经济活动的周围地区之间提供过渡区
7	《土地法》	2002	规定了公民、实体、组织对土地的占有、使用及其他相关用途
8	《矿业法》	2006	
9	《地下资源法》	1988	规定了勘探、开采和相关活动，对地下资源的利用和保护进行了管控

来源：蒙古国林业发展报告。

八、林业科研

在蒙古国，林业相关的研究中心隶属于不同的机构。环境、绿色发展和旅游部的森林管理和项目中心主要研究森林调查和病虫害控制；蒙古国科学院的地质研究所负责重新造林和防治荒漠化方面的研究，植物研究所研究森林植被动态、森林生态学领域，贸易与工业部的木材研究中心承担木材产品和木材加工利用方面的研究。

九、林业教育

蒙古国的专业林业教育始于 1985 年。早期蒙古国许多林业专业技术人员在俄罗斯、波兰、保加利亚和罗马尼亚接受培训；目前，蒙古国只有 5 所大学提供林业相关教育。在 5 所大学中，全职教授有 3 名，教职人员由副教授和讲师组成，包含有 5 名高级讲师和助理讲师。2005—2016 年，共有 1241 名本科生获得学士学位（表 10）。

表 10 蒙古国林业院所简况

序号	名称	下属院系	学位
1	国立大学	环境森林工程系	学士、硕士、博士
2	生命科学大学	生态学系	学士、硕士、博士
3	生命科学大学达尔汗分校	达尔汗分校	学士、硕士
4	科技大学	木材加工技术系	学士、硕士、博士
5	乌兰巴托国际大学	园艺系	学士、硕士

中国（China）

一、概　述

中国位于北纬4°~53°30′、东经73°40′~135°05′，地处亚洲东部、太平洋西岸，陆地面积约960万平方千米，东部和南部大陆海岸线1.8万多千米，内海和边海的水域面积约470多万平方千米，分布有大小岛屿7600多个，其中台湾岛最大，面积35798平方千米。中国陆地区域与周边14个经济体接壤，东部及东北部与朝鲜、俄罗斯接壤，北部及西北部与蒙古国、俄罗斯、哈萨克斯坦、吉尔吉斯斯坦相邻，西部及西南部与阿富汗、巴基斯坦、印度、尼泊尔、不丹毗连，南部与缅甸、老挝和越南相接；海域与朝鲜、韩国、日本、菲律宾、马来西亚、文莱、印度尼西亚和越南8个经济体相连。

中国首都设在北京，行政区划下辖4个直辖市、23个省、5个自治区和2个特别行政区（香港和澳门）。2019年总人口140005万人，由56个民族组成，其中汉族占91.51%，少数民族占8.49%。总人口中城镇人口84843万人，乡村人口55162万人。

（一）社会经济

中国作为全球的第二大经济体，是世界第一大工业经济体和世界第一大农业经济体，形成以公有制经济为主体，个体、私营、外资等非公有制经济共同发展的基本格局，经济增长方式逐步由粗放型向集约型转变。

2019年国内生产总值为人民币990865亿元，比上年增长6.1%；人均国内生产总值70892元，国民总收入988458亿元，全员劳动生产率为115009元/人。第一产业增加值占国内生产总值比重为7.1%，第二产业增加值比重为39.0%，第三产业增加值比重为53.9%。全年最终消费支出对国内生产总值增长的贡献率为57.8%，资本形成总额的贡献率为31.2%，货物和服务净出口的贡献率为11.0%。

2019年粮食种植面积11606万公顷，产量66384万吨。其中棉花种植面积334万公顷，产量589万吨；油料种植面积1293万公顷，产量3495万吨；糖料种植面积162万公顷，产量12204万吨；茶叶产量280万吨。猪牛羊禽肉产量7649万吨，禽蛋产量3309万吨，牛奶产量3201万吨，生猪出栏54419万头，水产品产量6450万吨，木材产量9028万立方米。

(二)地形地貌与气候特征

中国大陆西高东低,自西向东形成三大阶梯下降。第一级阶梯是青藏高原,高原面海拔多在 4000~5000 米,耸峙多座海拔超出 7000 米的山峰,其中珠穆朗玛峰高达 8848 米,享有"世界屋脊"之称;第二阶梯是青藏高原的北缘与东缘到大兴安岭、太行山、巫山、雪峰山之间,包括了若干高原和盆地,盆地底部高低不一,高原面海拔多在 1000~2000 米;第三级阶梯是更东的低山丘陵和大平原,山丘海拔多在千米以下,平原一般不超过 200 米。中国地貌垂直分布特点以贺兰山、六盘山、龙门山、哀牢山为界,可将中国分为东西两部,西部从新疆吐鲁番盆地底部的艾丁湖湖面(海拔 -154 米)到中国—尼泊尔边界的珠穆朗玛峰(海拔 8848.13 米)高差可达 9000 米;东部从海滨平原到秦岭的太白山(海拔 3767 米)或台湾省的雪山(海拔 3884 米),高差不到 4000 米。

中国幅员辽阔,地势高低不同,气候复杂多样,具有夏季高温多雨、冬季寒冷少雨、高温期与多雨期的大陆性季风气候特征。从气候类型上看,东部属季风气候(又可分为亚热带季风气候、温带季风气候和热带季风气候),西北部属温带大陆性气候,青藏高原属高寒气候。从温度带划分看,有温带季风气候、亚热带季风气候、热带季风气候、热带雨林气候、温带大陆性气候和高原山地气候等气候类型,从南到北跨热带、亚热带、暖温带、中温带、寒温带气候带。从干湿地区划分看,有湿润地区、半湿润地区、半干旱地区、干旱地区之分,在同一个温度带内,可含有不同的干湿区;同一个干湿地区中又含有不同的温度带。中国大部地区冬季普遍降水少,气温低,北方更为突出;夏季风来自东南面的太平洋和西南面的印度洋,性质温暖、湿润、在其影响下,降水普遍增多,雨热同季。

(三)自然资源

中国矿产资源丰富,矿产分布约 170 余种,地区分布不均匀。已探明储量的有 157 种,其中钨、锑、稀土、钼、钒和钛等的探明储量居世界首位,煤、铁、铅、锌、铜、银、汞、锡、镍、磷灰石、石棉等的储量均居世界前列。

中国水能资源蕴藏量达 6.8 亿千瓦,居世界第 1 位。70% 分布在西南的 4 省份,其中长江水系最多,其次为雅鲁藏布江水系,黄河水系和珠江水系也有较大的水能蕴藏量。目前,已开发利用的地区,集中在长江、黄河和珠江的上游。

二、森林资源

(一)基本情况

依据中国第九次森林资源清查(2014—2018 年)结果表明,中国森林面积 2.204462 亿公顷,森林覆盖率 22.96%,活立木蓄积量 190.07 亿立方米,森林蓄积量

175.60亿立方米。其中天然林面积1.40亿公顷,天然林蓄积量141.08亿立方米;人工林面积约0.80亿公顷,蓄积量34.52亿立方米(表1)。实现了近30年来森林面积、蓄积量的连续"双增长",林分质量不断得到提高,生态状况得到了明显改善,成为全球森林资源增长最多、最快的经济体,森林资源的保护和发展步入了良性发展的轨道。

表1 中国2019年森林资源情况统计

森林覆盖率(%)	林地面积(亿公顷)	活立木总蓄积量(亿立方米)	森林面积(亿公顷)	森林蓄积量(亿立方米)	人工林 面积(亿公顷)	人工林 蓄积量(亿立方米)	天然林 面积(亿公顷)	天然林 蓄积量(亿立方米)
22.96	3.259112	190.071320	2.204462	175.602299	0.800310	34.520906	1.404152	141.081393

注:全国森林覆盖率和森林面积中含特别规定的灌木林新增面积。

(二)森林类型

中国森林资源丰富,植被类型复杂,几乎囊括了全球森林的主要类型,但分布极不均匀,主要集中在东北和西南的天然林区。森林类型按森林外貌划分为针叶林、阔叶林和针阔叶混交林3大类,其中针叶林面积约为49.8%,阔叶林面积47.2%,其余的3%为针阔叶混交林。从地域分布而言,植被类型有东部季风区分布有热带雨林、热带季雨林和中、南亚热带常绿阔叶林;北亚热带落叶阔叶常绿阔叶混交林、温带落叶阔叶林、寒温带针叶林以及亚高山针叶林、温带森林草原等植被类型;西北部和青藏高原地区有干草原和半荒漠草原灌丛、干荒漠草原灌丛、高原寒漠、高山草原草甸灌丛等植被类型(表2)。

表2 中国主要森林类型及分布

森林类型	森林生态系统	分布及代表树种
针叶林	北方针叶林和亚高山针叶林	高纬度水平地带性植被和较低纬度的亚高山带植被类型,在分布区和地理环境方面差异很大,如落叶松(*Larix gmelinii*)、云杉(*Picea asperata*)、冷杉(*Abies fabri*)、樟子松(*Pinus sylvestris* var. *mongolica*)、偃松(*Pinus pumila*)和西伯利亚红松(*Pinus sibirica*)、西伯利亚圆柏(*Juniperus sibiria*)等
	暖温带针叶林	主要分布在华北和辽东半岛,主要的建群种有油松(*Pinus tabuliformis*)、赤松(*Pinus densiflora*)、侧柏(*Platycladus orientalis*)、白皮松(*Pinus bungeana*)
	亚热带针叶林	类型很多,如马尾松(*Pinus massoniana*)、云南松(*Pinus yunnanensis*)、卡西亚松(*Pinus kesiya*)、华山松(*Pinus armandii*)、高山松(*Pinus densata*)、杉木(*Cunninghamia lanceolata*)、柳杉(*Cryptomeria japonica* var. *sinensis*)、柏木(*Cupressus funebris*)、干香柏(*Cupressus duclouxiana*)、油杉(*Keteleeria fortunei*)、铁坚杉(*Keteleeria davidiana*)、银杉(*Cathaya argyrophylla*)等
	热带针叶林	树种少,且多零星分布,不成林,如南亚松(*Pinus latteri*)、海南五针松(*Pinus fenzeliana*)、喜马拉雅长叶松(*Pinus roxburghii*)

(续)

森林类型	森林生态系统	分布及代表树种
阔叶林	落叶阔叶林	广泛分布在温带、暖温带和亚热带的广阔范围,如华北、西北地区的落叶阔叶混交林、栎林、赤杨林、钻天柳林、尖果沙枣林;亚热带常绿阔叶林被破坏后形成的栗树林、拟赤杨林、枫香林;北方针叶林和亚高山针叶林的次生林类型的山杨林和桦木林以及发育在亚热带山地的山毛榉林,亚热带石灰岩山地的化香林、青檀、椰榆林和黄连木林等
	常绿阔叶林	常绿阔叶林是中国湿润亚热带森林地区的地带性类型,常绿阔叶林的优势种不明显,所含物种丰富,经常由多种共建种组成。高等植物约占全国种类的1/2以上,以青冈林、栲类林、石栎林、润楠林、厚壳桂林、木荷林、阿丁枫林、木莲林为典型代表
	硬叶常绿阔叶林	主要见于海拔2000~3000米的山地阳坡,一般山地常见的类型以滇高山栎林、黄背栎、长穗高山栎林、帽斗栎林、川西栎林、藏高山栎林,而河谷地区常见有铁橡栎林、锥连栎林、光叶高山栎林和灰背栎林的分布
	落叶阔叶与常绿阔叶混交林	这类森林种类组成相当复杂,可分成不同的类型,如分布在北亚热带地区的落叶常绿阔叶混交林、东部亚热带山地海拔1000~1200米以上至2200米左右的山地常绿、落叶阔叶林以及分布于亚热带石灰岩山地的石灰岩常绿、落叶阔叶混交林等
	季雨林	中国季风热带的地带性代表植被类型,大多数分布在较干旱的丘陵台地、盆地以及河谷地区。它们多数属于长期衍生群落性质。如麻楝林、毛麻栎林、中平树林、山黄麻林、劲直刺桐林、木棉林、楹树林、海南榄仁树林、厚皮树林、枫香、红木荷林等最为常见
	雨林、季节性雨林	多见于中国热带地区海拔500~700米以上山地,海南岛一带山地以陆均松、柯类等为主,云南南部则多为鸡毛松(*Dacrycarpus imbricatus* var. *patulus*)、毛荔枝(*Nephelium lappaceum*)等,石灰岩季节性雨林主要见于广西南部,组成种繁多
针阔叶混交林	红松阔叶混交林	中国温带地区的地带性类型,主要分布于东北长白山和小兴安岭一带山地,主要建群种是红松和一些阔叶树,如核桃楸(*Juglans mandshurica*)、水曲柳(*Fraxinus mandshurica*)、紫椴(*Tilia amurensis*)、色木(*Acer elegantulum*)、春榆(*Ulmus davidiana* var. *japonica*)等
	铁杉、阔叶树混交林	主要分布在中国亚热带山地,是常绿阔叶林向亚高山针叶林过渡的一种垂直带森林类型,主要有长苞铁杉(*Tsuga longibracteata*)和铁杉(*Tsuga chinensis*)与壳斗科植物混交的森林

(三)森林权属

根据《中华人民共和国森林法》定义,森林资源由树木、竹类、林业土地和栖息在森林中的其他野生动植物组成,森林资源除由法律规定属于集体所有部分以外均属于政府所有,森林权属总体上划分为国有林和集体林两大类,具体涉及土地和林地上的森林、林木的所有权和使用权。森林、林木、林地的所有者和使用者的合法权益受法律保护,任何组织和个人不得侵犯。

1. 国有林

国有林约占林地总面积的41%,主要是商品林、自然保护区、国家公园和生态公益林(水源保护、防护带等)。林地和森林所有权和使用权为国有,由林业部门负责管理;少部分为承包方式划给集体与个人承包经营的国有林,集体和个人在承包期限内拥有经营权、使用权和受益权。国有森林资源的所有权由国务院代表政府行使，由自然资源主管部门统一履行国有森林资源所有权职责；所有的林地和林地上的森林、林木可以依法确定给林业经营者使用，林业经营者依法取得的国有林地和林地上的森林、林木的使用权，经批准可以转让、出租、作价出资等。

2. 集体林

集体林约占林地总面积的59%，主要是集体林权分配到户的集体林和少部分由集体林管理的林地（包括宗教圣山、风水林等），集体林地所有权为集体所有；分配到户的集体林享有70年的林地使用权（如期满可再续签），个人对地上部分林木资源具有所有权、使用权、受益权、转让权和继承权。截至2019年，已确权集体林地面积1.80亿公顷，占纳入集体林权制度改革面积的98.97%，发放林权证1.01亿本，发证面积1.76亿公顷，占已确权林地面积的97.65%，1亿多农户受益。

政府和集体所有林地由农户集体使用，实行承包经营，承包方享有林地承包经营权和承包林地上的林木所有权，合同另有约定的从其约定。承包方可以依法采取出租（转包）、入股、转让等方式流转林地经营权、林木所有权和使用权。未实行承包经营的集体林地以及林地上的林木，由农村集体经济组织统一经营，可以通过招标、拍卖、公开协商等方式依法流转林地经营权、林木所有权和使用权。

3. 其他形式

国有企业事业单位、机关、团体、部队营造的林木，由营造单位管护并按照政府规定支配林木收益；农村居民在房前屋后、自留地、自留山种植的林木，归个人所有；城镇居民在自有房屋的庭院内种植的林木，归个人所有。集体或者个人承包政府所有和集体所有的宜林荒山荒地荒滩营造的林木，归承包的集体或者个人所有，合同另有约定的从其约定；其他组织或者个人营造的林木，依法由营造者所有并享有林木收益；合同另有约定的从其约定。

（四）森林资源变化

中国1973—2018年连续开展了9次森林资源清查，详实地反映出中国森林资源发展变化的轨迹（表3）。中国森林面积、蓄积量持续增长，森林覆盖率稳步提升；森林结构有所改善，森林质量不断提高；天然林持续恢复，人工林稳步发展；生态状况趋向好转，生态服务能力增强。中国森林资源总体上呈现数量持续增加，质量稳步提高，功能不断增强的发展态势。自20世纪80年代末以来，中国森林面积和森林蓄积量连续30年保持"双增长"，成为全球森林资源增长最多的经济体，初步形成国有林以公益林为主、集体林以商品林为主、木材供给以人工林为主的格局，森林资源步入了良性发展轨道。

表 3　历次中国森林资源连续清查

年份(次)	林地面积(亿公顷)	森林面积(亿公顷)	人工林面积(亿公顷)	天然林面积(亿公顷)	森林覆盖率(%)	森林蓄积量(亿立方米)	活立木蓄积量(亿立方米)
1973—1976(1)	2.576	1.22			12.7	86.56	95.32
1977—1981(2)	2.671	1.15			12	90.28	102.61
1984—1988(3)	2.674	1.25			12.98	91.41	105.72
1989—1993(4)	2.629	1.34			13.92	101.37	117.85
1994—1998(5)	2.633	1.589	0.4709		16.55	112.67	124.88
1999—2003(6)	2.849	1.749	0.5365	1.1576	18.21	124.56	136.18
2004—2008(7)	3.059	1.955	0.6169	1.1969	20.36	137.21	149.13
2009—2013(8)	3.126	2.077	0.6933	1.2184	21.63	151.37	164.33
2014—2018(9)	3.259	2.204	0.8003	1.4041	22.96	175.60	190.07

来源：中国林业和草原统计年鉴(2018)。

(五)森林资源保护与发展目标

自1949年新中国成立以后，特别是改革开放40年来，中国政府高度重视森林资源培育和保护工作，实现了从林业以木材生产为主向生态建设为主的历史性转变，森林资源保护和林业发展取得了举世瞩目的成就。然而，中国依然是一个缺林少绿的经济体，森林资源总量相对不足、质量不高、分布不均，森林生态系统功能脆弱的状况未得到根本改变。但中国22.96%的森林覆盖率仍低于全球30.7%的平均水平；人均森林面积0.16公顷，不足世界人均森林面积0.55公顷的1/3；人均森林蓄积量12.35立方米，仅为世界人均森林蓄积量75.65立方米的1/6；森林每公顷蓄积量94.83立方米，只有世界平均水平(130.7立方米)的72%。为此，中国政府制定出森林资源保护与林业发展的目标。

1. 2020年

森林覆盖率达到23.04%，森林蓄积量达到165亿立方米，每公顷森林蓄积达到95立方米，乡村绿化覆盖率达到30%，主要造林树种良种使用率达到70%。国有林区、国有林场改革和国家公园体制试点基本完成，林业现代化水平明显提升，生态状况总体改善，生态安全屏障基本形成。

2. 2035年

森林覆盖率达到26%，森林蓄积量达到210亿立方米，每公顷森林蓄积达到105立方米，乡村绿化覆盖率达到38%，主要造林树种良种使用率达到85%。初步实现林业现代化，生态状况根本好转，美丽中国目标基本实现。

3. 21世纪中叶

森林覆盖率达到世界平均水平，森林蓄积量达到265亿立方米，每公顷森林蓄积量达到120立方米，乡村绿化覆盖率达到43%，主要造林树种良种使用率达到100%。全面实现林业现代化，迈入林业发达经济体行列，生态文明全面提升，实现人与自然和谐共生。

三、生物多样性

（一）生态系统多样性

中国是世界上物种多样性最丰富的经济体之一，是世界上唯一具备几乎所有生态系统类型的经济体，具有陆地生态系统的各种类型，其中森林类型212类、竹林36类、灌丛113类、草甸77类、荒漠52类。淡水生态系统复杂，自然湿地有沼泽湿地、近海与海岸湿地、河滨湿地和湖泊湿地等4大类。近海海域有黄海、东海、南海和黑潮流域4个大海洋生态系统，分布滨海湿地、红树林、珊瑚礁、河口、海湾、潟湖、岛屿、上升流、海草床等典型海洋生态系统，以及海底古森林、海蚀与海积地貌等自然景观和自然遗迹；还有农田生态系统、人工林生态系统、人工湿地生态系统、人工草地生态系统和城市生态系统等人工生态系统。

（二）物种多样性

在物种多样性方面，已知物种92301种；其中，动物界38631种、植物界44041种、细菌界469种、色素界2239种、真菌界4273种、原生动物界1843种、病毒805种。已查明真菌种类1万多种，占世界总种数的14%。列入重点保护野生动物名录的珍稀濒危野生动物共420种，大熊猫（*Ailuropoda melanoleuca*）、朱鹮（*Nipponia nippon*）、金丝猴（*Rhinopithecus roxellanae*）、华南虎（*Panthera tigris amoyensis*）、扬子鳄（*Alligator sinensis*）等数百种动物为中国所特有。已查明真菌种类1万多种，占世界总种数的14%。

1. 植　物

中国幅员广阔，地形复杂，气候多样，植被种类丰富，分布错综复杂。根据现有记录统计，中国已记录的高等植物34984种，居世界第3位。有种子植物300科3152属24600种，其中被子植物3110个属，占世界被子植物总属的31%；较古老的植物约占世界总属的62%，水杉（*Metasequoia glyptostroboides*）、银杏（*Ginkgo biloba*）等在世界上其他地区已经绝灭，都是残存于中国的"活化石"。种子植物兼有寒、温、热三带的物种，种类比全欧洲多得多。此外，还有丰富多彩的栽培植物种质资源，从用途来说，有用材树种1000多种，药用植物4000多种，果品植物300多种，纤维植物500多种，淀粉植物300多种，油脂植物600多种，蔬菜植物也不下80余种，成为世界上植物物种资源最丰富的经济体之一（表4）。

表4 中国高等植物多样性

类群	科数			属数		
	中国	世界	中国占比(%)	中国	世界	中国占比(%)
苔藓植物	150	215	70	591	1254	47
蕨类植物	38	71	54	177	381	46
裸子植物	12	15	80	42	79	53
被子植物	262	400	66	3110	10000	31
总计	462			3920		

来源：中国生物多样性国情研究(2018)。

2. 动 物

中国是世界上动物资源最为丰富的经济体之一。在西起喜马拉雅山—横断山北部—秦岭山脉—伏牛山—淮河与长江间一线以北地区，以温带、寒温带动物群为主，属古北界；线南地区以热带性动物为主，属东洋界。由于东部地区地势平坦，西部横断山南北走向，两界动物相互渗透混杂的现象比较明显。

依据生态环境部2018年发布的《2017中国生态环境公报》数据，中国脊椎动物6445种，占世界总种数的13.7%；已查明真菌种类1万多种，占世界总种数的14%。据2015年环境保护部与中国科学院发布的《中国生物多样性红色名录》记录，中国有2914种陆生脊椎动物，包括408种两栖类，461种爬行类，1372种鸟类，673种哺乳类。其中特有陆生脊椎动物641种，占中国全部陆生脊椎动物物种数的22%（表5）。

表5 中国脊椎动物分类和特有种数

类群	目数	科数	属数	种数	特有种数	特有率(%)
哺乳类	12	55	245	673	150	22
鸟类	24	101	439	1372	77	6
爬行类	3	28	137	461	142	31
两栖类	3	13	82	408	272	67
总计	60	248	1190	2914	641	22

来源：中国生物多样性红色名录(2015)。

中国横跨古北和东洋两界，拥有"世界第三极"之称的青藏高原，复杂多样的地形地貌，独特的气候条件，孕育了极其丰富的昆虫物种多样性和众多的特有类群。据统计，世界上的昆虫种类在150万种以上，中国约有15万种，占世界的1/10。昆虫纲是动物界最大的一个分支，昆虫纲分为35个目，中国分布有34个目，其种类及数量占已知物种总数的2/3以上，其中种类最多的目为鞘翅目，其次为鳞翅目、双翅目、膜翅目、半翅目等。

(三)遗传资源多样性

在遗传资源多样性方面,中国是水稻、大豆等重要农作物的起源地,也是野生和栽培果树的主要起源中心,有栽培作物528类1339个栽培种。经济树种达1000种以上,其野生近缘种达1930个,果树种类居世界第一;中国原产的观赏植物种类达7000种。有家养动物品种576个,是世界上家养动物品种最丰富的经济体之一。

(四)珍稀濒危物种

生态环境部2018年发布的《2017中国生态环境公报》对全国34450种高等植物的评估结果显示,受威胁的高等植物有3767种,约占评估物种总数的10.9%。属于近危等级的有2723种;属于数据缺乏等级的有3612种;需要重点关注和保护的高等植物达10102种,占评估物种总数的29.3%。对全国4357种已知脊椎动物(除海洋鱼类)受威胁状况的评估结果显示,受威胁的脊椎动物有932种,约占评估物种总数的21.4%;属于近危等级的有598种;属于数据缺乏等级的有941种;需要重点关注和保护的脊椎动物达2471种,占评估物种总数的56.7%。

1. 植 物

1987年颁布的《中国珍稀濒危保护植物名录》是中国第一个保护植物名录,记载了中国第一批珍稀濒危保护植物389种。1999年,国务院批准公布的《重点保护野生植物名录》,包含蕨类植物29种,裸子植物47种,被子植物262种,蓝藻2种,真菌4种。2013年环境保护部正式发布了《中国高等植物红色名录》,对中国当年记录的34450种高等植物进行了评估分析,结果显示,灭绝等级27种,野外灭绝等级10种,地区灭绝等级15种;极危等级583种,濒危等级1297种,易危等级1887种,近危等级2723种,无危等级24296种,数据缺乏等级3612种。受威胁物种共计3767种,约占评估物种总数的10.93%(表6)。

表6 中国高等植物濒危情况

濒危等级	苔藓植物	蕨类植物	裸子植物	被子植物	总数	比例(%)
灭绝	1	5	0	21	27	0.08
野外灭绝	0	1	0	9	10	0.03
地区灭绝	0	5	0	10	15	0.04
极危	12	28	28	515	583	1.69
濒危	44	57	39	1157	1297	3.76
易危	61	66	60	1700	1887	5.48
近危	94	67	12	2550	2723	7.90
无危	1761	1053	93	21389	24296	70.53
数据缺乏	521	895	17	2179	3612	10.48
总计	2494	2177	249	29530	34450	

来源:中国高等植物红色名录(2013)。

2. 动物

1988年,第七届全国人民代表大会常务委员会第四次会议审议通过《中华人民共和国野生动物保护法》。1989年,国务院颁布了《全国重点野生动物保护名录》,是中国第一次以法律形式确定要保护的野生动物。名录中一级保护野生动物101种。其中爬行类4种占一级保护野生动物物种总数的3.96%,鸟类43种,占42.57%;哺乳类54种,占54.47%。名录中二级保护野生动物272种。其中两栖类7种,占二级保护野生动物物种总数的2.57%;爬行类10种,占3.68%;鸟类200种,占73.53%;哺乳类55种,占20.22%(表7)。

表7 中国陆生脊椎动物物种濒危情况

濒危等级	两栖类	爬行类	鸟类	哺乳类	总数	比例(%)
灭绝级	1	1	0	3	5	0.19
功能性灭绝	2	23	4	1	30	1.14
濒危级	75	69	112	87	343	13.01
受胁级	38	76	300	45	459	17.41
关注级	43	82	211	103	439	16.65
无危级	104	106	646	176	1032	39.14
数据缺乏	35	45	57	192	329	12.48
总计	298	402	1330	607	2637	

来源:中国生物多样性国情研究(2018)。

(五)生物多样性保护的国际合作

中国先后签约加入了《生物多样性公约》及其《卡塔赫纳生物安全议定书》《濒危野生动植物种国际贸易公约》《联合国气候变化框架公约》及《京都议定书》等50多项涉及生物多样性与环境保护的国际公约,并积极履行这些公约规定的义务(表8)。

表8 中国履约国际保护公约

序号	国际公约	日期
1	《联合国防治荒漠化公约》	1997年2月16日
2	《濒危野生动植物种国际贸易公约》	1981年4月8日
3	《关于特别是作为水禽栖息地的国际重要湿地公约》	1992年7月31日
4	《联合国生物多样性公约》	1992年6月11日
5	《国际植物新品种保护公约》	1998年8月29日
6	《联合国气候变化框架公约》	1992年6月11日
7	《京都议定书》	2002年8月31日
8	《国际森林文书》(2015年7月更名为《联合国森林文书》)	2007年第62届联合国大会

过去20年来,中国积极参与生物多样性相关国际规则的制定,加强与联合国开发计划署、联合国环境规划署、全球环境基金、世界银行、亚洲开发银行等国际组织

在生物多样性保护方面的能力建设合作。大力推动与欧盟、意大利、日本、德国、加拿大、美国以及周边经济体和地区的区域合作机制化建设，广泛开展与国际非政府组织在生物多样性保护方面的合作，实施了大量多边和双边合作项目，有效地推动了国际交流与合作的不断深化，树立了国际负责任的大国形象。

四、自然保护地

自然保护地是自然生态系统最重要、最精华、最基本的部分，在维护生态安全中居首要地位。20世纪80年代以来，中国建立了以保护野生动植物资源和各类生态系统为目的的自然保护区、风景名胜区、国家公园、自然遗产等组成的自然保护体系，成为中国自然保护地的基础构成。2019年，新组建的林业和草原局加挂国家公园管理局牌子，按照"建立分类科学、布局合理、保护有力、管理有效的以国家公园为主体、自然保护区为基础、各类自然公园为补充的中国特色自然保护地体系"的指导原则，管理国家公园等各类自然保护地，实现了自然保护地统一管理，标志着中国的自然保护地体系建设迈入全面深化改革的新阶段，成为中国生态安全和生态文明建设的重要物质基础和引领全球自然保护、履行国际义务、展示文明形象的重要窗口（表9）。

表9　中国自然保护地档案

自然保护地	数量
国家公园体制试点	10个
自然保护区	474处
风景名胜区	244处
世界自然遗产	14项
自然和文化双遗产	4项
世界地质公园	39处
海洋特别保护区	71处

来源：中国林业和草原网。

截至2019年年底，中国保护地总面积占国土陆域面积的18%，管辖海域面积的4.1%。有效保护了90%的陆地生态系统类型、85%的野生动物种群、65%的高等植物群落和近30%的重要地质遗迹，涵盖了25%的原始天然林、50.3%的自然湿地和30%的典型荒漠地区，各类自然保护地在保护生物多样性、保护自然遗产、改善生态环境质量和维护生态安全方面发挥了重要作用。

（一）国家公园

国家公园以保护具有代表性的自然生态系统为目标，是中国自然生态系统中最重要、自然景观最独特、自然遗产最精华、生物多样性最富聚的区域。目前，中国已建成10处国家公园体制试点，涉及青海、吉林、黑龙江、四川、陕西、甘肃、湖北、福建、浙江、湖南、云南、海南等12个省份。

中国国家公园试点取得了显著成效。整合组建了统一的管理机构,生态系统原真性和完整性得到提升,科研监测能力得到进一步加强。三江源、神农架、南山、普达措等国家公园设置了生态公益管护岗位,优先吸纳生态移民和当地社区居民参与国家公园保护,推进社区共管模式,公众影响迅速提升。

(二) 自然保护区

自然保护区是目前中国自然保护地建设的主体,守护着珍稀动植物和典型的自然生态系统。中国政府对生态建设和生物多样性保护日益重视,林业和草原局是中国自然保护区事业的发起者和主导者,原林业部于1956年建立了中国第一批自然保护区,率先开展以保护森林生态系统为主体的自然保护区建设工作。经过60多年的建设与发展,中国的自然保护区已经逐步形成,覆盖全国,布局较为合理,类型较为齐全,功能较为完备。

截至2018年,中国共建立各种类型、不同级别的自然保护区2750个(不含香港、澳门、台湾地区),总面积约147万平方千米,占中国陆地面积的14.88%。自然保护区占国土面积的比例超过世界平均水平,其中国家级自然保护区474处,有32处自然保护区加入联合国教科文组织"人与生物圈"保护区网。曾一度极危的物种,如大熊猫、朱鹮、麋鹿(*Elaphurus davidianus*)、扬子鳄、海南坡鹿(*Cervus eldi*)、普氏原羚(*Procapra przewalskii*)、亚洲象(*Elephas maximus*)、海南长臂猿(*Nomascus hainanus*)等在自然保护区得到有效保护,其种群数量显著增长;一些已经极度濒危的植物如百山祖冷杉(*Abies beshanzuensis*)、银杉(*Cathaya argyrophylla*)、崖柏(*Thuja sutchuenensis*)、天目铁木(*Ostrya rehderiana*)、丹霞梧桐(*Firmiana danxiaensis*)、绒毛皂荚(*Gleditsia japonica var. velutina*)等物种得到有效庇护。

(三) 其他自然保护地

中国自然保护地还涵盖了森林公园、湿地公园、沙漠(石漠)公园、自然遗产与风景名胜区、地质公园和矿山公园、海洋自然保护地等多种类型,在维护生态系统功能完整性、生物多样性的同时,成为自然保护地体系的重要补充。截至2018年,中国在国家公园和自然保护区的基础上建立了庞大的自然保护地补充体系。

中国森林公园3548处,面积1864.09万公顷。其中国家级森林公园897处,面积1281.93万公顷;省级森林公园1448处,面积440.28万公顷;市(县)级森林公园1203处,面积141.88万公顷。湿地公园898个,沙漠(石漠)公园120个,面积43万公顷。

中国自1985年加入《保护世界文化和自然遗产公约》以来,已拥有55项世界遗产。其中自然遗产14项,自然与文化双遗产4项,世界自然遗产、自然与文化双遗产数量均居世界第1位。

中央级和省级风景名胜区共 1051 处,其中中央级风景名胜区 224 处,面积 1066 万公顷。中国正式命名的地质公园有 212 处,矿山公园 34 处,在联合国教科文组织认定的 140 个世界地质公园中,中国拥有 37 个世界地质公园,位居世界首位,以地质公园、矿山公园为建设主体的地质遗迹保护与管理体系日益完善。

各级各类海洋自然保护地 271 处,涉及辽宁、河北、天津、山东、江苏、上海、浙江、福建、广东、广西、海南等 11 个沿海省份,面积约 1240 万公顷,约占管辖海域面积的 4.1%。其中海洋保护地 106 处,保护对象涵盖了珊瑚礁、红树林、滨海湿地、海湾、海岛等典型海洋生态系统以及中华白海豚(*Sousa chinensis*)、斑海豹(*Phoca largha*)、海龟(*Chelonia mydas*)等珍稀濒危海洋生物物种。

五、林业产业发展

(一)木材生产与消费

2018 年,中国商品材总产量为 8810.86 万立方米,比 2017 年增加 412.69 万立方米,同比增长 4.91%;非商品材总产量为 2087.64 万立方米,比 2017 年减少 243.58 万立方米,同比降低 10.45%。全国木材产品市场总供给量为 55675.16 万立方米,其中商品材产量 8810.86 万立方米;木质纤维板和刨花板折合木材(扣除与薪材供给的重复计算)14285.03 万立方米,农民自用材和烧柴产量为 2724.69 万立方米,进口原木及其他木质林产品折合木材 29854.58 万立方米。

消费方面,中国 2018 年木材产品市场总需求为 55675.16 万立方米,比 2017 年下降 2.07%。其中,工业与建筑用材消耗量为 42081.77 万立方米,农民自用材(扣除农民建房用材)和烧柴消耗量为 2228.61 万立方米,出口原木及其他木质林产品折合 10686.17 万立方米,增加库存等形成的木材消耗 678.61 万立方米(表 10)。

表 10 中国历年木材、竹材及林产化工产品的加工和产量

年份	木材 (万立方米)	竹材(万根)	锯材 (万立方米)	人造板(万立方米)				木竹地板 (万平方米)	松香(吨)
				总计	胶合板	纤维板	刨花板		
1981—1985	27924.13	43198	7155.74	627.54	222.84	360.36	65.37		1617643
1986—1990	30500.68	79734	7123.71	1242.14	370.05	633.27	194.12		1819140
1991—1995	31755.10	208181	9139.60	3654.02	1494.20	852.28	937.66		2185017
1996—2000	29032.03	266453	8462.78	7412.78	3415.47	1605.95	1492.75	13355.09	2414283
2001—2005	24504.61	446844	6065.13	21434.19	8755.66	6086.88	2480.25	48091.77	2308829
2006—2010	36854.68	675814	15108.92	52584.57	21411.11	15946.12	5509.76	181102.03	5616041
2011—2015	40210.79	963932	30593.39	124866.30	66092.26	30845.74	10911.62	345642.72	7908592
2016	7775.87	250630	7716.14	30042.22	17755.62	6651.22	2650.10	83798.66	1838691
2017	8398.17	272013	8602.37	29485.87	17195.21	6297.00	2777.77	82568.31	1664982
2018	8810.86	315517	8361.83	29909.29	17898.33	6168.05	2731.53	78897.76	1421382

注:自 2006 年起松香产量包括深加工产品。来源于中国林业和草原统计年鉴,2018。

(二)林业产业总产值

自 2009 年以来,中国林业产业发展势头强劲,林业产业总产值持续增长,林业产业总产值的平均增速达到 17.78%。2018 年,全国商品材总产量为 8810.86 万立方米,非商品材总产量为 2087.64 万立方米。经济林产品产量达到 1.81 亿吨,比 2017 年减少 3.72%,全年林业旅游和休闲的人数达到 36.6 亿人次,比 2017 年增加 5.58 亿人次。

2018 年统计数据显示,中国林业产业总产值达到 7.63 万亿元(按现价计算),比 2017 年增长 7.01%;林业产业结构进一步优化,三产结构比为 32∶46∶22。其中林业第一产业产值 24580.84 亿元,占全部林业产业总产值的 32.23%,同比增长 5.20%;林业第二产业产值 34995.88 亿元,占全部林业产业总产值的 45.88%,同比增长 3.07%;林业第三产业产值 16696.04 亿元,占全部林业产业总产值的 21.89%,同比增长 19.69%。

从产业结构来看,超过万亿元的林业支柱产业分别是经济林产品种植与采集业,产值为 14492.0194 亿元,占第一产业产值的 58.96%;木材加工及木竹制品制造业,占第二产业产值的 36.62%,产值为 12815.8726 亿元;以森林旅游为主的林业旅游与休闲服务业,占第三产业产值的 78.12%,产值为 13043.7115 亿元,林业旅游与休闲服务业产值增速达 21.50%(表 11)。

表 11　中国 2018 年林业产业总产值统计(按现行价格计算)

指标	总产值(亿元)
总计	76272.7590
一、第一产业	24580.8400
（一）涉林产业合计	23323.7826
其中：湿地产业	285.4968
1. 林木育种和育苗	2401.7953
（1）林木育种	180.2918
（2）林木育苗	2221.5035
2. 营造林	2065.3585
3. 木材和竹材采运	1241.6766
（1）木材采运	890.4702
（2）竹材采运	351.2064
4. 经济林产品的种植与采集	14492.0194
（1）水果种植	7271.3805
（2）坚果．含油果和香料作物种植	2260.9905
（3）茶及其他饮料作物的种植	1489.8935

(续)

指标	总产值(亿元)
(4)森林药材种植	1066.5654
(5)森林食品种植	1247.1843
(6)林产品采集	1156.0052
5.花卉及其他观赏植物种植	2614.0638
6.陆生野生动物繁育与利用	508.8690
(二)林业系统非林产业	1257.0574
二、第二产业	34995.8761
(一)涉林产业合计	34262.7902
湿地产业	212.2303
1.木材加工和木.竹.藤.棕.苇制品制造	12815.8726
(1)木材加工	2291.9180
(2)人造板制造	6686.3043
(3)木制品制造	2837.3177
(4)竹.藤.棕.苇制品制造	1000.3326
2.木.竹.藤家具制造	6356.0469
3.木.竹.苇浆造纸和纸制品	6645.5191
(1)木.竹.苇浆制造	734.6716
(2)造纸	3497.0678
(3)纸制品制造	2414.7797
4.林产化学产品制造	602.5110
5.木质工艺品和木质文教体育用品制造	849.0306
6.非木质林产品加工制造业	5824.1270
(1)木本油料.果蔬.茶饮料等加工制造	4446.8754
(2)野生动物食品与毛皮革等加工制造	289.8374
(3)森林药材加工制造	1087.4142
7.其他	1168.6830
(二)林业系统非林产业	733.0859
三、第三产业	16696.0429
(一)涉林产业合计	15569.1645
湿地产业	403.2956
1.林业生产服务	607.9008
2.林业旅游与休闲服务	13043.7115
3.林业生态服务	1032.3153
4.林业专业技术服务	266.7809

(续)

指标	总产值(亿元)
5. 林业公共管理及其他组织服务	618.4560
(二)林业系统非林产业	1126.8784
补充资料：竹产业产值	2455.7523
油茶产业产值	1024.0911
林下经济产值	8155.0897

来源：中国林业和草原发展报告(2018)；中国林业和草原统计年鉴(2018)。

(三)林产品进出口

近10年来，中国的林产品出口和进口增长较快。其中，木质林产品出口小幅扩大、进口大幅增长，林产品出口占比提高、进口占比下降；非木质林产品进出口快速增长，出口增速快于进口增速，林产品贸易逆差扩大。

2018年，林产品进出口贸易总额1603.64336亿美元。其中，林产品出口784.91352亿美元，林产品进口818.72984亿美元，贸易逆差为33.81634亿美元，比2017年扩大18.03556亿(表12)。中国的林产品贸易以亚洲、北美洲和欧洲市场为主。出口市场中，亚洲集中了近45%的份额；进口市场中，亚洲的份额约占1/3。从主要贸易伙伴看，美国是林产品出口和进口的最大贸易伙伴，占据出口市场约1/4的份额；进口市场相对分散，约50%的份额集中于美国、印度尼西亚、泰国、俄罗斯、巴西和加拿大等6个经济体(表12)。

表12 2009—2018年主要林产品进出口金额   亿美元

年份	2009	2010	2011	2012	2013	2014	2015	2016	2017	2018
出口	363.16317	463.16686	550.33714	586.90787	644.54614	714.12007	742.62543	726.76670	734.05906	784.91352
进口	339.02486	475.06554	652.99100	619.48082	640.88332	676.05223	636.03710	624.25744	749.83984	818.72984

来源：中国林业和草原统计年鉴，2018；原始数据由中国海关总署提供。

在林产品进出口贸易总额中，木质林产品长期占有绝对比重，主要的进出口林产品为原木、锯材、单板、特形材、刨花板、纤维材、胶合板、木材制品、家具、木浆、纸制品、木炭等其他产品。中国2018年木质林产品进出口贸易总额为1125.71亿美元，占林产品进出口贸易总额的70.20%。其中，出口562.00亿美元、进口563.71亿美元，贸易逆差1.71亿美元。从产品结构看，2018年木质林产品出口额中，木家具、纸及纸浆类产品的份额超过75%，进口额的90%以上为纸及纸浆类产品、原木和锯材类产品。非木质林产品出口222.91亿美元、进口255.02亿美元，贸易逆差32.11亿美元。从产品结构看，果类的出口份额占到36.48%，菌、竹笋、山野菜类的份额占到20.84%；果类和林化产品的进口份额约占85%(表13)。

表 13 2009—2018 年主要木质林产品进出口数量

产品		2009年	2010年	2011年	2012年	2013年	2014年	2015年	2016年	2017年	2018年
原木	针叶原木 出口（立方米）	851	174	41	—	—	2042	—	—	—	—
	针叶原木 进口（立方米）	20302606	24274023	31465280	26769151	33163602	35839252	30059122	33665605	38236224	41612911
	阔叶原木 出口（立方米）	11885	28208	14339	3569	13128	9702	12070	94565	92491	72327
	阔叶原木 进口（立方米）	7756655	10073466	10860568	11123565	11995831	15355616	14509893	15059132	17162103	18072555
	合计 出口（立方米）	12736	28382	14380	3569	13128	11744	12070	94565	92491	72327
	合计 进口（立方米）	28059261	34347489	42325848	37892716	45159433	51194868	44569015	48724737	55398327	59685466
锯材	出口（立方米）	561106	539433	544194	479847	458284	408970	288288	262053	285640	255670
	进口（立方米）	9935167	14812175	21606705	20669661	24042966	25739161	26597691	31526379	37402136	36642861
单板	出口（立方米）	114327	158158	246914	205644	204347	255744	265447	246424	335140	428288
	进口（立方米）	72327	109517	200231	342983	599518	986173	998698	880574	738810	958718
特形材	出口（吨）	251560	302159	254144	247267	225281	212089	176867	162298	148973	132838
	进口（吨）	7953	10513	13442	14108	11818	16072	21624	27295	18896	28971
刨花板	出口（立方米）	124944	165527	86786	216685	271316	372733	254430	288177	305917	353440
	进口（立方米）	446543	539368	547030	540749	586779	577962	638947	903089	1093961	1065331
纤维板	出口（立方米）	2031141	2569456	3291031	3609069	3068658	3205530	3014850	2649206	2687649	2273630
	进口（立方米）	452979	400071	306210	211524	226156	238661	220524	241021	229508	307631
胶合板	出口（立方米）	5634800	7546940	9572461	10032149	10263412	11633086	10766786	11172980	10835369	11203381
	进口（立方米）	179178	213672	188371	178781	154695	177765	165884	196145	185483	162996
木制品	出口（吨）	1563994	1858712	1876915	1865571	1935606	2175183	2269553	2302459	2420625	2392503
	进口（吨）	39734	43652	55484	198006	445186	670641	760350	796138	753180	664333
家具	出口（件）	247470421	298327198	289157492	286991126	287405234	316268837	327246688	332626587	367209974	386935434
	进口（件）	3298999	4361353	5497244	6368316	7384560	9845973	10191956	11101311	11888758	12246952
木片	出口（吨）	7247	5342	5094	69	69	42	85	5531	—	230
	进口（吨）	2766012	4631704	6565328	7580364	9157137	8850785	9818990	11569876	11401753	12836122
木浆	出口（吨）	35045	14433	31520	19504	22759	18393	25441	27790	24417	24370
	进口（吨）	13578483	11299952	14354611	16380763	16781790	17893771	19791810	21019085	23652174	24419135
废纸	出口（吨）	220	621	2853	2067	923	661	631	2142	1394	537
	进口（吨）	27501707	24352214	27279353	30067145	29236781	27518476	29283876	28498407	25717692	17025286
纸和纸制品	出口（吨）	4802753	5157993	5997827	6444274	7622315	8520484	8358720	9422457	9313991	8563363
	进口（吨）	3495948	3536533	3477712	3254368	2971246	2945544	2986103	3091659	4874085	6401037
木炭	出口（吨）	54922	63398	67463	64192	75550	80373	74075	68170	76533	60647
	进口（吨）	156678	175518	188697	167655	209273	219758	172780	159338	170718	298037

来源：中国林业和草原统计年鉴（2018）；原始数据由中国海关总署提供。

六、林业管理

(一)林业管理机构

林业管理机构广义上指所有具有管理林业职责的政府机关，包括国务院及下属的林业管理机构和地方各级人民政府及其林业主管部门以及林业公安、检察、法院等。根据森林法规定，国务院及下属的林业管理机构主管全国林业工作，县级以上地方人民政府林业主管部门主管本地区的林业工作，乡级人民政府设专职或兼职人员负责林业工作。狭义上的林业管理机构仅指林业主管部门，即国务院和各级地方政府中的林业主管部门，自上而下设有国家林业和草原局、省（自治区）、市（州）、县（区）级林业和草原局和乡镇林业工作站。

目前，国务院林业主管部门是国家林业和草原局，2018年机构改革在原林业局基础上成立，加挂国家公园管理局牌子，管理国家公园等各类自然保护地，实现林草资源与自然保护的统一管理。重点工作职能是加大生态系统保护力度，实施重要生态系统保护和修复工程，加强森林、草原、湿地监督管理的统筹协调，大力推进国土绿化，保障生态安全。加快建立以国家公园为主体的自然保护地体系，统一推进各类自然保护地的清理规范和归并整合，构建统一规范高效的中国特色国家公园体制。

各级地方人民政府在林业管理方面的职责：组织全民义务植树，开展植树造林活动；确认林权，核发证书，解决林权争议；制订林业长远规划；建立护林组织，做好森林保护工作；批准林地的占用和征用；批准划定地方自然保护区；负责审核本地区森林年度采伐限额；批准建立木材检查站等。

各级林业主管部门的职责：负责对森林资源的保护、利用、更新实行管理和监督；组织森林资源清查，指导有关单位编制森林经营方案；组织森林病虫害防治工作，负责林木种苗的检疫；负责汇总年度森林采伐限额；审核发放采伐许可证和木材运输证；负责对违反森林法的行为进行行政处罚等。林业公、检、法机关负责对违反森林法的违法犯罪行为进行追究处罚。

（二）林业政策与法律法规

新中国成立初期，林业被定位为国民经济的基础产业，为建设提供大量的木材。当时的林业建设指导思想是以木材生产为中心，木材成为这一时期的主要林产品。1963年，国务院颁布了中国第一部相对完整的森林资源保护法规《森林保护条例》，明确提出了保护稀有珍贵林木和狩猎区的森林以及自然保护区的森林。

改革开放以来，全国人大常委会1979年2月23日颁布了新中国第一部森林保护方面的综合性法律《中华人民共和国森林法（试行）》。在此实施的基础上，全国人大常委会于1984年9月通过了《中华人民共和国森林法》，1985年6月国务院颁布了《风景名胜区管理暂行条例》，1986年国务院批准、林业部发布了《中华人民共和国森林法实施细则》，全国人大常委会1988年还通过了有利于保护森林生态的《中华人民共和国野生动物保护法》。

迄今为止，中国已经形成了比较完整的森林法律法规体系，正在实施的有《中华人民共和国物权法》《中华人民共和国森林法》《中华人民共和国野生动物保护法》《中华人民共和国防沙治沙法》《中华人民共和国水土保持法》《中华人民共和国草原法》《中华人民共和国矿产资源法》《中华人民共和国种子法》《中华人民共和国土地管理法》和《中华人民共和国农村土地承包法》等法律，以及国务院颁布的《中华人民共和国森林法实施条例》《陆生野生动物保护实施条例》《森林防火条例》《森林病虫害防治条例》《野生植物保护条例》《退耕还林条例》和《关于开展全民义务植树运动的实施办法》等20多项行政法规。国家林业局（现国家林业和草原局）制定颁布了50多件部门规章，为保护、发展和合理利用森林资源，维护生态安全，提供有力的法律保障；同时，各地方政府还根据当地实际，公布施行了300多件地方性林业法规和规章制度。林业法律法规基本覆盖了林业建设的主要领域，门类齐全、功能完备、内部协调统一，做到了有法可依、有章可循，有力地促进了林业法治事业的发展。

七、林业科研

国家林业和草原局直属的中国林业科学研究院以及各个省（自治区）、地区（市、州）的地方林科院（所）是构成中国的林业科研体系的主力军，国内各农、林高等院校和中国科学院下属的有关科研机构在林业科研也作出卓有成效的贡献。

（一）中国林业科学研究院

中国林业科学研究院（简称中国林科院）是国家林业和草原局直属的综合性、多学科、社会公益型科研机构，主要从事林业应用基础研究、战略高技术研究、社会重大公益性研究、技术开发研究和软科学研究，着重解决中国林业发展和生态建设中带有全局性、综合性、关键性和基础性的重大科技问题。目前，全院设有19个独立法人研究所、中心，13个非独立法人机构，22个共建机构，60余个业务挂靠机构，分布在全国各地区。研究重点领域为林木遗传改良、森林培育、森林生态与环境、荒漠化防治、森林保护、森林资源管理、木材及木材加工利用、林产化学工业、林业机械、林业发展战略与政策等领域。

（二）地方林业科研院（所）

中国各省份基本都有省级直属的林科所（院），承担林业综合研究和技术推广的主要工作，肩负着服务全省基层林业生产技术需求，指导全省下属地区（市、州）开展林业科研、推广和成果转化应用工作，为林业行政主管部门提供技术咨询服务等职能。此外，除中央、省级科研部门外，中国的大部分市也设立有林业科研部门，主要承担地方的基层林业生产技术需求，开展林业科研、推广和成果转化应用工作。

（三）其他科研机构

中国的林业和农业类高校除承担林业教育工作外，同时承担林业相关的科研工作；部分综合性高校设立有林业方面的教学、科研院系和工程研究中心；中国科学院下属的部分研究机构在动、植物研究、生物多样性保护、荒漠化治理和森林生态等方面也开展了大量与林业相关的科学研究。

八、林业教育

中国现有从事林业教育的相关机构 850 多所,其中培养林业研究生人才的教育机构有 90 所,培养林业本科生的院所 251 所,高等职业(专科)教育院所 240 所,中等职业教育机构 269 所。

就林业高等教育和人才培养而言,中国现有 5 所独立的林业类高等院校和 1 所森林警察学院,即北京林业大学、东北林业大学、南京林业大学、中南林业科技大学、西南林业大学和南京森林警察学院。此外,还有西北农林科技大学、浙江农林大学和福建农林大学以及大多数农业大学开设有林业及相关学科的高等教育;中国林业科学研究院等研究机构也承担有硕士和博士研究生的培养任务(表 14)。

表 14　中国 2018—2019 年林业教育机构基本情况

名称	学校数(所)	毕业生数(人)	招生数(人)	在校学生数(人)	毕业班学生数(人)	教职工数 合计(人)	教职工数 专任教师(人)
总计	—	177918	179266	588474	173207	30500	15604
一．研究生	90	12872	9248	35685	12882	—	—
1. 高等林业院校	6	8633	6438	23920	8837	19637	7943
2. 其他高等院校(林科)	83	3928	2499	10579	3551	—	—
3. 林业科研单位	1	311	311	1186	494	—	—
二．本科生	251	69241	75377	273585	72183	—	—
1. 普通高等林业院校	7	36772	41626	143973	37782	19637	7943
2. 其他普通高等院校(林科)	244	32469	33751	129612	34401	—	—
三．高职(专科)生	240	59172	56485	169568	59189	—	—
1. 高等林业(园林)职业学校	17	39505	40189	122837	40064	8116	5922
2. 其他高等职业学校(林科)	217	12137	10806	31824	11359	—	—
3. 普通林业学校专科	6	7530	5490	14907	7766	3814	1541
四．中职生	269	36633	38156	109636	28953	—	—
1. 中等林业(园林)职业学校	18	14580	13024	37050	1516	2747	1739
2. 其他中等职业学校(林科)	251	22053	25132	72586	27437	—	—

来源:中国林业和草原统计年鉴(2018)。

(一)北京林业大学

北京林业大学地处首都北京,学校以生物学、生态学为基础,以林学、风景园林学、林业工程、农林经济管理为特色,是农、理、工、管、经、文、法、哲、教、艺等多门类协调发展的全国重点大学。学校现有 15 个学院、47 个博士点、123 个硕士点、60 个本科专业及方向,7 个博士后流动站,1 个一级学科重点学科(含 7 个二级学科重点学科),两个二级学科重点学科,1个重点(培育)学科、6个林业局重点学科(一级)、3个林业局重点培育学科、3个北京市重点学科(一级)(含重点培育学科)、4个北京市重点学科(二级)、1个北京市重点交叉学科。

(二)东北林业大学

东北林业大学坐落于黑龙江省哈尔滨市,学校是一所以林科为优势,以林业工程为特色,农、理、工、经、管、文、法、医、艺相结合的多科性大学。现设有研究生院、17个学院和1个教学部,有62个本科专业,9个博士后科研流动站,1个博士后科研工作站,8个一级学科博士点,38个二级学科博士点,19个一级学科硕士点,96个二级学科硕士点,10个种类33个领域的专业学位硕士点。拥有3个一级学科重点学科,11个二级学科重点学科,6个林业局重点学科,两个林业局重点(培育)学科,1个黑龙江省重点学科群,7个黑龙江省重点一级学科,3个黑龙江省领军人才梯队。

(三)南京林业大学

南京林业大学地处江苏省南京市,现有8个博士后流动站,7个一级学科博士学位授权点,39个二级学科博士学位授权点,22个一级学科硕士学位授权点、93个二级学科硕士学位授权点和27个专业学位授权类别或领域。现有林业工程、生态学两个一级学科重点学科,林木遗传育种、林产化学加工工程、木材科学与技术、森林保护学等4个二级学科重点学科,1个江苏省一级学科重点学科培育点,4个江苏省高校优势学科,7个一级学科林业局重点学科,两个二级学科林业局重点(培育)学科,4个一级学科江苏省重点学科,两个一级学科江苏省重点(培育)学科,4个二级学科江苏省重点学科。

(四)中南林业科技大学

中南林业科技大学坐落于湖南省长沙市,学校设有研究生院和24个教学单位。拥有5个博士后科研流动站,5个一级学科博士点;16个一级学科硕士点、7个专业硕士学位授权类别;两个特色重点学科,3个重点(培育)学科,9个林业局重点(培育)学科,11个湖南省重点一级学科;75个本科专业,7个管理专业,5个特色专业和13个湖南省特色专业,9个省重点专业;两门全国精品课程,15门省级精品课程。

(五)西南林业大学

西南林业大学地处云南省昆明市,学校设有一级学科博士点4个、一级学科硕士点15个、二级学科硕士点65个、专业硕士学位点15个。林业和草原局重点学科6个,培育学科1个,省级重点学科5个,省级优势特色重点建设学科两个,省院省校合作咨询共建学科两个,A类高峰学科1个,B类高峰学科两个,B类高峰学科优势特色研究方向1个,A类高原学科两个。拥有省级培育建设学术博士学位授权点两

个,培育建设学术硕士学位授权点 5 个,培育建设专业硕士学位授权点 4 个。设有本科专业 82 个,其中第一类特色专业 3 个,卓越农林人才培养计划专业 4 个,卓越工程师培养计划专业 3 个,省级特色专业 5 个。有全国精品课程 1 门,全国精品资源共享课 1 门,省级精品课程 19 门,省级精品视频公开课 2 门,省级精品资源共享课 11 门。

(六)南京森林警察学院

南京森林警察学院由林业局主管、与公安部共建的一所承担着培养、输送高素质森林公安、森林消防专业人才,培训在职森林公安民警和森林防火指挥员。开展森林公安和森林防火科学研究重任的公安本科院校,在林业高等教育布局中地位特殊、使命重大。

中国台湾(Taiwan Province, China)

一、概 述

台湾作为中国第一大岛,是中国领土不可分割的一部分,其中台北市是高科技工业中心。位于北纬21°45′25″~25°56′30″、东经124°34′30″~119°11′03″,与日本、菲律宾相邻,总面积36193平方千米(台湾岛面积35883平方千米)。北邻东海,东临太平洋西缘,南接巴士海峡,西隔台湾海峡与福建省相望,相距仅200千米。

(一)社会经济

中国台湾总人口为2358万(2018年),其中农业人口400多万,占台湾总人口的19%。2018年台湾国内生产总值总量约人民币3.9万亿元,人均国内生产总值人民币16.54万元,农民人均纯收入19.5万新台币(约合4.2万元人民币)。总体来看,台湾地区经济的发展很大程度上依赖于科学和技术,其经济、社会和科技发展以及居民的生活质量均处于较高的水平,被世界银行、国际货币基金组织等机构认定为发达地区。

中国台湾的经济于20世纪60年代开始发展成为资本主义的出口导向型经济体系,国际贸易是台湾的经济命脉,中国大陆是台湾地区最大贸易伙伴,其次为美国和日本。台湾地区经济以中小型企业为主,高新技术产业已取代劳动密集型产业,农业占国内生产总值的比重从1952年的35%降至2%,但农业生产效率很高。主要经济作物有甘蔗、茶、凤梨(菠萝)、香蕉和莲雾等种类繁多的热带及亚热带水果,蔬菜品种超过90种;出口高质量的猪肉、蔬菜、糖、甘蔗、茶叶、大米,花卉产值也相当可观。

(二)地形地貌与气候特征

台湾主要由本岛、澎湖列岛、绿岛、钓鱼岛等80余个岛屿和海域组成,面积3.62万平方千米。其中,台湾本岛南北长394千米,东西最宽达144千米,绕岛一周的海岸线长1566千米。本岛是一个多山的海岛,东部多山地,中部多丘陵,西部多平原的地形特征,河流自东向西分别注入太平洋及台湾海峡。最高点是玉山约3952米,为中国东部沿海地区的最高峰,也是世界海拔第四高的岛屿。全岛山地占总面积的30%,丘陵占40%,平原占30%。海拔1000米以下的土地面积占69.1%;3000米以上的占0.9%,属于高山岛屿,北回归线从台湾中部穿过。

台湾岛四面环海,受海洋性季风调节,地处温带与热带之间,终年气候宜人;属于典型的热带和亚热带雨林气候,雨量充沛,夏秋多台风暴雨,与处于同一纬度的广西和广东等地相似。北部为亚热带气候,南部属热带气候,年平均气温北部21℃,南部28℃,冬无严寒,夏无酷暑;年平均降水量为2600毫米,年蒸发量1500毫米,5~6月为雨季并伴有东亚夏季季风,6~9月天气炎热、潮湿,台风常见于7~8月和9月。

(三) 自然资源

中国台湾自然矿场资源丰富,土地肥沃,适宜热带、亚热带作物生长,故有"宝岛"之称。已知矿产110多种,煤最为丰富,还产石油、天然气、金、银、铜、硫磺、盐等。此外,台湾的河流多、水流急,水力资源十分丰富。

台湾本岛四季水果不断,主要有香蕉、菠萝、柑橘、荔枝、龙眼、木瓜、枇杷、杧果、橄榄等,有"水果之乡"的称号。稻米和甘蔗为主要的农产品,其他农作物还有薯类、花生、大豆、黄麻、剑麻等

台湾森林覆盖率达55%,林木种类繁多,是亚洲有名的天然植物园,经济树种有樟(*Cinnamomum camphora*)、油桐(*Vernicia fordii*)、橡胶树(*Hevea braslliensis*)、漆树(*Toxicodendron vernicifluum*)等,盛产红茶、柠檬桉(*Eucalyptus citriodora*)、肉豆蔻(*Myristica fragrans*)、奎宁、香茅草等药材植物和油料作物。此外,台湾海产丰富,盛产鲷、鲔、鲨、鲤等鱼类,还出产石花菜、龙须菜、鹿角菜、珊瑚、珍珠等。

二、森林资源

(一) 基本情况

中国台湾因其区域性海拔差异带来的气候类型多样,森林资源十分丰富,分布有寒带至热带的不同森林类型(表1),根据2015年台湾第四次森林资源普查森林面积约217.503万公顷,约占土地总面积的60.1%。

表1 森林类型

森林类型	面积(万公顷)	比例(%)
阔叶树林	142.805	65%
针阔叶混交林	19.773	9%
针叶树林	30.758	14%
竹林	13.182	6%
竹阔混交林	8.788	4%
待成林地	2.197	1%
合计	217.503	99%

来源:行政院农业委员会林务局,森林资源现况与展望(2015)。

森林资源是台湾最具规模的生物资源，拥有繁盛的森林植被种类，垂直分布有热带林、暖温带林、温带林与寒带林4种类型。主要的森林植被类型包括高山寒原、亚高山带森林、寒温带山地森林、暖温带山地森林、暖温带雨林、热带雨林、海岸林和热带疏林草原，主要树（竹）种有红桧（*Chamaecyparis formosensis*）、扁柏（*Chamaecyparis obtusa* var. *formosana*）、台湾杉（*Taiwania cryptomerioides*）、云杉（*Picea asperata*）、冷杉（*Abies fabri*）、柳杉（*Cryptomeria japorica* var. *sinensis*）、杉木（*Cunninghamia lanceolata*）、松（*Pinus* spp.）、樟、榉、栎、桂竹（*Phyllostachys reticulata*）等，其中台湾柏树（扁柏）、黄杉（*Pseudotsuga sinensis*）是世界珍贵的物种。

根据台湾森林资源航空遥感调查数据显示，台湾可用材林木约9.5亿株，其中人工林木材产量108万~143万立方米，而年木材消耗量多达1000万立方米。

(二) 森林权属

按森林的起源分为天然林和人工林，其中天然林面积比例约占80%，人工林占20%；按所有权分为公有林、私有林（原住民保留林地）和地方政府（县、市）所有林3类（表2），其中公有林面积为204.54万公顷，占森林总面积的93.1%；私有林面积为14.28万公顷，占6.5%；县（市）政府所有林面积为0.66万公顷，占0.3%。其中，公有林主要由林务局管理，人工林面积约占20%（42万公顷），73%的天然林未开发，其余7%为竹林等。

表2 森林权属信息

林地类型	管理机构	森林面积（万公顷）	比例（%）
公有林	行政院农业委员会林务局	204.54	93.1%
私有林	县、市政府	14.28	6.5%
公有林	县、市政府	0.66	0.3%
合计		219.48	99%

来源：台湾森林资源简况汇报（2015）；森林资源现况与展望（2015）。

随着人们保护环境的意识提高，台湾1992年开始全面禁止砍伐，实行可持续发展的林业政策，强调保护和培育森林资源，有效地增加了森林面积，为野生动物提供了良好的环境。

(三) 森林蓄积量

台湾地区森林总蓄积量约为5.02034亿立方米，天然林蓄积量达到4.29525亿立方米，占总蓄积量的85.6%，其中天然针叶林蓄积量为1.03070亿立方米，天然阔叶林为2.68874亿立方米；人工林蓄积量为0.64491亿立方米，占总蓄积量的12.8%，其中人工针叶林有0.29474亿立方米，人工阔叶林有0.19790亿立方米（表3）。

表3 主要森林类型蓄积量

森林类型	蓄积量(亿立方米)
天然林	4.29525
针叶林	1.03070
铁杉林	0.11562
冷杉林	0.44834
云杉林	0.06191
桧木林	0.22189
松林	0.17176
其他针叶林	0.01118
针阔叶混交林	0.57581
阔叶林	2.68874
人工林	0.64491
针叶林	0.29474
桧木林	0.05740
松叶林	0.07940
杉木林	0.01658
柳杉林	0.11882
其他针叶林林	0.02254
针阔叶混交林	0.15226
阔叶林	0.19790
竹(木)混合林	0.08018
总计	5.02034

来源：第四次全国森林资源调查。

(四)森林资源变化

战争时期，中国台湾的森林资源遭受严重的滥垦滥伐，抗战胜利后，政府采取了一定的恢复措施，其森林保护与经营经历了"以林养林""植伐平衡""伐生平衡""保林造林""造重于伐""保林造林""生态维护"的森林恢复过程。

1. 森林覆盖率

到了20世纪70年代，随着经济发展，台湾的工业化和城市化进程加速，森林资源又再次过度利用，导致了动植物栖息地破坏、环境污染和外来物种入侵，生态环境受到了严重破坏。为了加强对森林资源和生物多样性的保护，制定了一系列法律法规和森林资源保护与经营的政策，开始进入护林造林阶段，林区经济发展不再依靠林木资源的采伐，并通过法律法规严格限制林木砍伐，1992年起全面停止砍伐天然林，转为不断加强林业科技实力以提高林产业的竞争力。经过多年的造林保育，森林覆盖率稳步提升，到了 20 世纪 90 年代初，公有林采伐全部停止，森林的生态效益也日益凸显。根据台湾历次森林资源调查结果比较，全岛森林面积呈现上升趋势，森林覆盖率从 1975 年的 50.8% 上升到 1992 年的 58.5%；到了 2015 年，台湾森林覆盖面积已达 219.7 万公顷，覆盖率提高至 60.71%。

2. 人工造林与森林恢复

2008—2013 年，绿色植树造林计划资助 2112 个植树协会，完成 16795 公顷造林计划。其中，在沿海造林 561 公顷，离岸岛屿造林 416 公顷，恢复退化土地造林 5566 公顷。台湾全岛现有人工林 40 万公顷，多为 1990 年前营造。在阿里山林区，人工营造的柳杉林树木高大，林相整齐。此后，全岛加强公有林、私有造林、保安林的营造和人工林疏伐抚育，积极设置种子园、母树林、采穗园等来培育优良品种的苗木。台湾人工造林以长轮伐期为主，集约化经营发展，主要树种包括日本杉、扁柏、红松（*Pinus koraiensis*）、柏树（*Cupressus funebris*）、台湾相思（*Acacia confusa*）、冷杉（*Abies fabri*）、台湾榉、杉木（*Cunninghamia lanceolata*）、樟树（*Cinnamomum comphora*）、红桤木（*Alnus rubra*）等，其中日本杉、红松、柏树、台湾相思、冷杉面积最大。

人工造林主要分为 3 种类型：

（1）人工商品林与保安林。商品林是以木材生产为主，占比 75%；保安林则属于国土保安范畴，占比 25%。公有林地占造林的 20%，各县、市乡政府负责造林，私有林地占 80%，由乡村农户负责营造。人工营造私有林面积虽然只占全岛森林面积的 12.5%，属于经济型人工商品林，产品接近木材消费市场，造林及伐木活动较国有林活跃，是台湾重要的森林资源之一。

（2）原住民保留地造林。在原住民居住的山区，林业是当地居民生活的保障，亦是经济发展的主要来源。政府按规定划一定面积的山地归原住民经营，这种土地称"保留地"，林业用地占 74%。通过 40 年的努力，原住民保留地内除无法造林地之外，其余均已完成造林，植被覆盖良好。

3. 农地造林

台湾农业科学技术发展水平较高，1980 年前后，粮食及稻米已呈现生产过剩现象，自 1984 年开始推行稻田轮作计划，鼓励农民将稻田休耕及转作杂粮、果树等。为充分利用农地、进一步改善环境、培育平原森林资源，农业委员会于 1991 年发布了《台湾奖励农地造林要点》，推动农地造林实施。

三、生物多样性

中国台湾因地处欧亚大陆板块东侧，东亚岛弧中枢，自古就是不同生物区系的过渡带，物种南北迁移的桥梁，又是大陆生物由西向东迁移的终点。复杂的地理条件，并受岛屿地理隔离的影响，创造出独特的生物多样性。

台湾拥有 60% 以上的森林覆盖率，森林分布从海岸红树林到海拔 3952 米的玉山国家公园，高山和峡谷的垂直高度差异、温暖气候和丰富的雨量形成多样化的生态小环境，孕育出丰富的动植物资源。主要的野生动物种类25151种，特有种11195种；野生植物4228种，地方特有种1050多种，是不可多得的野生生物资源基因库(表4)，许多特有的物种非常珍贵，无论是在学术研究和资源保护方面都具有极高的价值。

表4 台湾物种多样性

物种类别		数量	代表性物种
动物		25151	云豹(Neofelis nebulosa)、台湾黑熊(Ursus thibetanus formosanus)、巢鼠(Leporillus conditor)台湾水鹿(Cervus unicolor swinhoei)、台湾猕猴(Macaca cyclopis)、台湾长鬃山羊(Naemorhedus swinhoei)、穿山甲(Manis pentadactyla)等
植物		4228	台湾苏铁(Cycas taiwaniana)、台湾穗花杉(Amentotaxus formosana)、台湾油杉(Keteleeria davidiana var. formosana)、兰屿罗汉松(Podocarpus costalis)、清水圆柏(Junipems chinensis)、台湾水青冈(Fagus hayatae)、乌来杜鹃(Rhododendron kanehirai)、红星杜鹃(Rododendron hyperythrum)、南湖柳叶菜(Epilobium nankotaizanense)、钟萼木(Bretschneidera sinensis)等
其他	真菌	6405	小白侧耳(Pleurotus limpidus)、鲍鱼菇(Pleurotus cystidiosus)，簇生小杆菌、泡囊侧耳(Pleurotus cystidiosus)等
	昆虫	17600	大紫蛱蝶(Sasakiacharonda formosana)、珠光黄裳凤蝶(Troides magellanus)、宽尾凤蝶(Agehana maraho)、曙凤蝶(Atrophaneura horishana)、黄裳凤蝶(Troides aeacus formosana)等

来源：台湾森林资源保护与经营研究(2014)。

(一)植物资源

台湾的森林植物种类繁多，记录有维管束植物4228种，其中被子植物3600种，裸子植物28种，蕨类植物600种，特有种1050多种，经济价值较高的有300多种，还有数百种稀有或濒危植物。用单位土地面积估算种类的平均数量，台湾的植物种类数量高于世界平均的60倍，是世界知名的天然植物园。

台湾植物资源依据其特性可分为4类：

(1)由于生境或生态系统大规模受到破坏和改变，导致物种灭绝，如台湾4种红树科植物细蕊红树(Ceriops tagal)、红茄苳(Rhizophora mucronata)、台湾粗榧(Cephalotaxus wilsoniana)和台湾红豆杉(Taxus sumarana)已经灭绝。

(2)植物本身生境和分布地点狭隘种，如台湾苏铁、台湾穗花杉、台湾油杉等，此类植物分布在特殊的地点，其生境一旦遭到破坏，则不易再现生机。

(3)具有特殊经济价值与用途但遭过度滥采的种类，如一叶兰(Aspidistra elatior)、台湾蝴蝶兰(Phalaenopsis aphrodite)、金线莲(Anoectochilus roxburghii)等。

(4)依照《文化资产保存法》公告指定的珍贵稀有植物，如台湾苏铁、台湾穗花杉、台湾油杉、兰屿罗汉松(Podocarpus costalis)、清水圆柏、台湾水青冈、乌来杜鹃、红星杜鹃、南湖柳叶菜、台湾水韭(Isoetes taiwanensis)、钟萼木等11种。

(二)动物资源

台湾丰富的植物群系，为动物的繁衍和生长提供了良好环境。台湾动物种数合计 25151 种，特有种 11195 种，原生种保护类 174 种。《野生动物保育法》指定的岛内、外保护类野生动物 1900 多种，其中台湾本岛的特有种计有 218 种。

1. 哺乳类

记录 8 目 70 种，其中 45 种为特有种，例如保护的哺乳类野生动物共 17 种。其中，一级保护野生动物有云豹、台湾黑熊、巢鼠等 6 种；二级保护的有台湾水鹿、台湾猕猴（*Macaca cyclopis*）、台湾长鬃山羊、穿山甲等 11 种。

2. 鸟类

记录 500 多种，包括台湾蓝鹊（*Urocissa caerulea*）、蓝鹇（*Lophura swinhoii*）、黑长尾雉（*Syrmaticus mikado*）等 16 种特有珍稀鸟类。台湾本岛的留鸟约为 160 种，有红头山雀（*Aegithalos conxinnus*）、煤山雀（*Parus ater*）、酒红朱雀（*Carpodacus vinaceus*）、栗背林鸲（*Erithacus johnstoniae*）、蓝鹇与黑长尾雉等。

3. 台湾省的爬虫类

爬虫类又分为龟鳖类、蛇类、蜥蜴类等三大类，其中蛇类特有种如金丝蛇（*Natrix miyajimae*）、斯文豪氏游蛇（*Natrix swinhonis*）、台湾钝头蛇（*Pareasfor mosensis*）等；蜥蜴类特有种有斯文豪氏攀蜥（*Natrix swinhonis*）、台湾蛇蜥（*Ophisaurusformosensis*）、蓬莱草蜥（*Takydromus stejnegeri*）等，全世界只有在台湾省才有这类爬虫类动物分布。

4. 昆虫

昆虫记录有 17600 种，最有名的是蝴蝶，全世界的蝴蝶约有 20000 种，台湾共有 10 科 400 多种（包含亚种），其中特有种 40~50 种。台湾是单位面积中拥有蝴蝶物种最多的地方，也被称之为"蝴蝶王国"。列为保护类的蝶类有 5 种，分别是受一级保护的大紫蛱蝶、珠光黄裳蝶、宽尾凤蝶和二级保护的黄裳凤蝶、曙凤蝶。此外，有数种蝶类如罕波眼蝶（*Ypthima norma posticalis*）、大紫斑蝶（*Eupoea althaea juvia*）已经灭绝。

四、自然保护地

中国台湾地理条件特殊，生物歧异度极高，就单位面积的生物种类而言，是地球上一座活的大型自然博物馆。但由于原始栖息地受干扰、破坏、过度狩猎和引进外来物种威胁本地种的生存，甚至导致物种灭绝，最直接保护生物多样性的方法是保护栖息地，即通过建立保护地来保护生物多样性。台湾的自然保护地分为 5 类，包括自然保护区、野生动物保护区、野生动物重要栖息地、国家公园和森林保护区。

台湾自 20 世纪 60 年代以来相继建立了面积大小不等、不同类型的保护地，其中：基于自然遗产保护行动，成立自然保护区 22 个；基于野生动物保护法案，成立野生动物保护区和野生动物重要栖息保护区。截至目前，建立自然保护区、自然保留区、野生动物保护区 20 个和主要的野生动物栖息地 37 处；基于国家公园的法案，内政部宣布成立自然公园 9 个；基于森林法案，由林务局建立森林保护区 6 个。

上述保护区、保留地、国家公园等保护地总面积为 1133488 公顷，其中陆地面积 694501 公顷，占总陆地面积的 19.19%。2009—2012 年，林务局注册保护地 341 个，其中隶属行政院农委会管理的 48 处，地方县、市负责管理的 293 处。

（一）自然保护区

根据中国台湾《森林法》《自然保护区设置管理办法》的规定，相继建立了海岸山脉台东苏铁自然保护区、关山台湾海枣自然保护区、达观山自然保护区、三仙台自然保护区等 9 个自然保护区，共计面积 21739 公顷，约占台湾省面积的 0.01%。在自然保护区内设有管理站和监测站，进行生态资源调查及山林巡逻等工作，针对濒危珍稀物种实施监测工作，还设有生态展示馆，推广生态教育，对台湾省的森林资源起到了积极的保护作用。其中三仙台自然保护区是最具代表性的保护区，位于台东县成功镇北 5000 米，是由离岸小岛和珊瑚礁海岸构成的特殊景观区。全岛面积约 3 公顷，岛上有 3 座小山峰，相传古时铁拐李、吕洞宾、何仙姑曾于岛上休憩，故名"三仙台"。三仙台主要由火山岩构成，四周珊瑚礁环绕，加上风化及海蚀作用形成了"三仙龛""飞龙洞""仙剑峡""合欢洞"和"钓鱼台"等造型奇特的岩石景观。三仙台生态景观丰富，岛上处处可见林投（*Pandanus tectorius*）、台湾海枣（*Phoenix loureirai*）、白水木（*Tournefortia argentea*）、滨刀豆（*Canavalia rosea*）等滨海植物，是研究海岸植物生态的重要场所。岛的南端到基口一带海域，有美丽的珊瑚礁和热带鱼群，是花东海岸线海底景观最美的地方。

（二）自然保留区

自然保留区是按照台湾《文化资产保存法》划定的，为了保护特有森林生态系统、濒危物种、特殊的地质地形景观，更好地保存基因库，提供生态研究和自然教育等，属于法定区域，禁止改变和破坏其原有状态，除进行科学研究与教育外，游客不得进入观光旅游。代表性的自然保留区如淡水河红树林自然保留区、鸳鸯湖天然桧木林自然保留区、大武山台湾穗花杉自然保留区、穗花杉自然保留区、出云山阔叶林自然保留区、阿里山台湾一叶兰自然保留区、南澳落叶林自然保留区等 19 处，约占台湾省面积的 1.7%。

淡水河红树林自然保留区于 1986 年成立，面积 76.41 公顷，其中红树林面积约 40 公顷，是台湾面积最大且保存较完整的水笔仔（*Kandelia candel*）红树林。红树林拦截了淡水河上游所带来的有机物，红树林本身的落叶枯枝又掉落分解成鱼、虾、蟹的食物来源，吸引更多的水鸟到此觅食栖息，形成了由水笔仔、弹涂鱼、招潮蟹、水鸟等构成了典型的河口生态系统。

(三)自然公园

自然公园的设立是为了当代人和子孙后代可持续地保护生态、野生物种、自然景观、地质地貌和文化古迹等,同时为民众提供休闲游憩、学术研究和自然教育等。至1972年开始实施《公园法》以来,已经先后建立了垦丁自然公园、玉山自然公园、阳明山自然公园、太鲁阁自然公园、雪霸自然公园、金门自然公园等8个国家公园,面积占陆地面积的9%。

1. 垦丁自然公园

垦丁自然公园位于中国台湾南端恒春半岛的南侧,成立于1982年,是台湾省第一个国家自然公园,也是岛内唯一涵盖陆地与海域的森林公园,也是台湾唯一的热带区域。总面积为32631公顷,其中陆地面积17731公顷、海域面积为14900公顷。这里三面环海,东临太平洋,西临台湾海峡,南临巴士海峡,北连南仁山,地形变化多端,景观资源十分丰富。陆地和海域均划有生态保护区、特殊景观区、历史遗迹保护区、游憩和一般管制区,其中生态保护区是公园的核心区,保留着原始的状态,生物物种繁多,具有典型的代表性,主要供学术研究,禁止游客入内。公园内野生植物资源丰富,海拔500米以下的南仁山保存有热带季风原始林及原始海岸林,共有植物2200多种,占台湾植物种数的1/2左右,其中有不少是特有属和种,如锈叶野牡丹(*Astronia ferruginea*)、新木姜子(*Neolitsea aurata*)、恒春福木(*Garcinia subelliptica*)、红豆树(*Ormosia hosiei*)、钉地蜈蚣(*Pteris vittata*)和莎草蕨(*Schizaea digictata*)等。珍贵的野生动物有台湾猴、黄麂(*Muntiacus muntiak*)、赤腹松鼠(*Callosciurus erythraeus*)、小云雀(*Alauda gulgula*)等台湾特有亚种,黑枕黄鹂(*Oriolus chinensis*)等60多种留鸟和赤腹鹰(*Accipiter soloensis*)等50多种候鸟,野生蝴蝶的种类繁多,达162种,占台湾蝴蝶总数的1/3以上。

2. 阳明山自然公园

阳明山自然公园位于台北盆地东北方,成立于1985年,是继垦丁、玉山之后第3个自然公园,总面积11455公顷。整个公园主要以大屯山和七星山火山群为中心,是台湾最主要的火山分布区,园内火山活动的残迹较多,各种特殊的火山地形景观及地质构造成为该公园的一大特色。阳明山自然公园气候分属亚热带与温带,温暖而潮湿,加之火山地质构造的影响,使得动、植物种类丰富,还分布有水生、湿生植物群落。记录的植物种类有1224种之多,珍稀特有植物有岛槐(*Maackia taiwanensis*)、大屯杜鹃(*Rhododendron longiperulatum*)、西施花(*Rhododendron latoucheae*)和台湾水韭等;陆栖脊椎动物115种,其中兽类9种、鸟类60多种、爬行类28种、两栖类18种。昆虫中仅蝴蝶就130多种。濒危或渐危动物有台湾猕猴、穿山甲、山羌(*Muntiacus reevesi*)和白鼻心(*Paguma larvata*)等。

3. 太鲁阁自然公园

太鲁阁自然公园成立于1986年,总面积达92000公顷,是仅次于玉山公园的第二大自然公园。园内分为生态保护区、特别景观区、史变保存区、游览区及一般管制区5个区域，山地落差达3742米，以雄伟壮丽、几近垂直的大理岩峡谷景观闻名。园内巨峰林立，造就了层次复杂的植物林相，并为野生动物提供了栖息活动的空间。公园原始森林覆盖面范围广，垂直分布有亚热带的樟楠林，温带的混交林、桧木林，寒带的铁杉、云杉、冷杉和高山草原、寒原。记录植物种类达1100种以上，珍贵稀有的清水圆柏生长于此，云杉、台湾芦竹、冷杉、箭竹、玉山圆柏(*Juniperus squamata*)及铁杉林等多种珍奇植物均为园内的特有景观，也是山椒鱼、莫氏树蛙(*Rhacophorus moltrechti*)、台湾黑熊、台湾猕猴、台湾穿山甲、山羌、水鹿、长鬃山羊等数百种动物的栖息地。

(四)野生动物保护区

为了保护野生动物及其栖息地，依据1989年公布的《野生动物保育法》和《台湾省自然保护区设置管理办法》，从1990年起开始建立的，相继建立了玉里野生动物保护区、宜兰海岸自然保护区、二水台湾猴自然保护区、台东台湾猴自然保护区、新竹市滨海野生动物保护区等17处野生动物保护区，总面积占台湾省陆地面积的0.6%。

在野生动物保护区内不得捕杀野生动物、采集或砍伐植物等，这些保护区的生态环境包括河口湿地、沼泽、溪流、沙岸、无人海岛等，保护的动物种类包括陆生动物、大洋性海龟、淡水鱼和迁徙性候鸟等。

(五)野生动物栖息环境

野生动物栖息环境是指包括自然公园、自然保留区、野生动物保护区外的另一种栖息地保护方式，是台湾依照《野生动物保育法》，由农委会和各县市政府所划定后公告设立。在野生动物重要栖息环境内，进行各种建设或土地利用，应选择影响野生动物栖息最少的方式及地域，不得破坏其原有生态功能，必要时，主管机关将通知使用人进行环境影响评估。台湾目前已公告设立了关山野生动物重要栖息环境、双鬼湖野生动物重要栖息环境、观音海岸野生动物重要栖息环境等30处野生动物重要栖息环境，总面积达321126.3公顷，约占台湾面积的8.3%。

按国际鸟盟于20世纪80年代中期提出的"重要野鸟栖地"标准，台湾目前共有52个"重要野鸟栖地"，包括岛屿型、海岸与湿地型、过境猛禽型和森林山鸟型4种类型，其中岛屿型有6个、海岸与湿地型有28个、过境猛禽型有2个。

五、林业产业发展

(一)森林采伐量

中国台湾的森林资源曾遭受了战争时期的滥垦滥伐，大规模森林砍伐使林地裸露导致生态变化。1944—1950年年均林木采伐量为45万立方米，50年代初期开始大幅增加；1958年突破100万立方米，此后每年采伐量维持在150万立方米左右，进入70年代林木采伐量因经济发展而增大；1972年接近180万立方米，达到历史最高峰。

1975年以后天然林采伐量开始递减，1977—1988年林木采伐量自90万立方米减少为43万立方米，年均伐木量为75万立方米；1989—1991年年均伐木量降为不足20万立方米(197921立方米)，1991年11月起全面禁伐天然林、水源涵养林、生态保护区、自然保留区及自然公园林木，结束了战后历经40年的天然森林采伐，采伐以人工林为主。

为了迅速恢复森林资源，植树造林是一个迫不及待任务，公有林地的保护已成为最重要的目标。台湾于1990年开始在全岛全面禁止砍伐自然森林，并规定年木材采伐量不得多于200000立方米。1992—2009年人工林采伐面积9330公顷，年均518.33公顷，采伐材积109.7075万立方米，年均6.0949万立方米，其中林务局依规范负责采伐45.2762万立方米，年均2.5154立方米。目前每年人工林的林木采伐量均控制在10万立方米以内，林地采伐面积和木材产量见表5、表6，这些仅能满足岛内木材总需求的0.7%，绝大部分木材依靠海外进口。

表5 2009—2013年林地采伐面积　　　　　　　　　　　　　　　　　　公顷

年份	总计	国有林			私有林
		总计	林业局管辖	其他	
2009	596	527	143	383	69
2010	721	668	154	514	53
2011	512	457	123	334	54
2012	529	468	110	359	61
2013	456	373	128	245	83

来源：http://www.forest.gov.tw/EN/0000558。

表6 2009—2013年木材产量　　　　　　　　　　　　　　　　　　立方米

年份	总计	木材				薪材
		公有林			私有林	
		总计	林务局管辖	其他		
2009	278000	13997	7509	6488	11180	2624
2010	19427	10538	6691	3847	8592	296
2011	24013	14146	7031	7385	8857	740
2012	27441	21587	7057	14530	3311	2542
2013	34908	25747	19077	6670	1037	8123

来源：http://www.forest.gov.tw/EN/0000558。

(二)木材进、出口

木材出口业务在二战后曾经是台湾经济发展的核心，庞大的木材外汇收入为台湾提供了基础工业和商业的发展。到了20世纪50年代，木材主要靠岛内生产自给，进口较少，每年进口量不超过20万立方米；20世纪60年代以后，随着木材加工出口工业的发展，木材进口大幅增加，进口地区主要集中在印度尼西亚、马来西亚、菲律宾等东南亚地区。近年来，这些经济体既发展本国木材加工业，同时加强森林资源保护，原木出口受到限制，使台湾木材进口更多地转向了北美地区，同时也积极开发木材的替代产品。

(三) 林木生产与加工

台湾林业产品包括主产品及副产品两大类，主产品包括木材、薪炭材、竹材与工业原料等，副产品则包括竹筒、黄藤、竹笋、树脂、果实、菇类及药材等。木材生产有4个类型的产品，原木、木材、单板和胶合板。

为了更好地利用木材和竹子，商界、政府、学术界和研究部门积极致力于森林产品研发，积极发展创新型森林产品加工技术。创新型森林产品加工技术包括：①构建一个适合台湾商业环境的木材生产技术体系，开发环境友好型操作技术的森林收获，促进森林的可持续管理和利用；②开发竹类创新应用技术和竹类产品，将它们应用到环境保护、农业、家庭用品和建筑材料等各种产品上，提高产品的附加值；③应用台湾主要种植树种的特殊成分在药物及医疗卫生产品上，通过改性技术代替石化材料与木质材料，并应用于绿色化学和农业材料。

(四) 生态经济型林业产业

自20世纪70年代中期，台湾森林经营与林业发展以过去的木材生产为主转向森林保护、水土保持与森林旅游开发等综合利用，森林资源保护与经营开始朝着生态保育、森林游憩和城市林业方向发展。林业发展开始呈现出从生产木材的单一目标演变到多元目标经营管理、从重视森林资源的物质功能演变到重视社会功能、从林业(企业化)经营演变到森林生态经营、从自给自足和盈余缴纳国库的会计制度演变到一切由政府负担的公务预算等特点。

台湾在积极保护资源的同时，从改善民生出发，挖掘经济潜力，实现了林业产业规模化、集约化、标准化甚至精致化的发展。比如利用台湾丰富的旅游资源(名胜古迹、地热、火山、海岸、湿地、高山、峡谷、湖泊、森林等复杂奇特的自然景观)向生态旅游、休闲养生、科普教育方面拓展，许多主题公园、休闲农场、博物馆、科技园、森林游乐园都被开发出来。在生态观光旅游中，森林旅游占据主导地位，年接纳游客500多万人次，森林游乐区经常举办研习活动并备有自然生态科普资料，免费向游客宣传森林知识和自然保育的理念。

六、林业管理

(一)林业管理机构

中国台湾最早的森林资源与林业管理机构是1945年9月成立的林务局,林务局的主要任务是加强保安林建造、实施森林保护、恢复施业案并造林、建造光复纪念林、奖励公私有林经营、增加木材生产。1947年后,林务局改制为林产管理局,1960年改为农林厅林务局,1989年由事业单位和事业预算改制为公务单位和公务预算,1999年至今由"台湾省政府农林厅林务局"转隶为"行政院农业委员会林务局"。

林务局主要职责包括推动森林、保安林的经营管理及自然生态保育等相关工作的开展,拟订和督导相关政策、法规的执行;规划和推动全省森林道路网体系建设;制定并监督公有林和私有林的经营管理计划;指导和督促林业试验研究计划的实施;组织造林和管理集水区;编订或解除防护林,开展森林保育及水土保持;组织林业教育,推动全省森林旅游业的健康发展。

林务局下设有森林规划、林政管理、流域治理、造林生产、森林休闲、保育、秘书、人事、会计、政风10个职能部门,并设有9个附属机关,包括新竹、南投、屏东、台东、花莲、罗东、东势、嘉义8个林区管理处和1个农林航空测量所。林区管理处直属林务局管理监督指挥,林区管辖的范围不受现行行政区划的限制,处本部设四课四室,课、室下再分股,并在业务频繁的经营区域设置工作站,工作站是林务局最基层的林业单位,县市政府设农林科,主要管理其他公有林和私有林。

林务局在林区设立了工作站115个、驻所60个、管护所288个、林产物检查站55个、瞭望台50座、林务电话专线2000公里;林务局和下属机构总计工作人员2537人。在林务局内设立有森林火灾消防指挥中心,各林区设立有消防指挥部,负责全省森林火灾预防扑救工作,其次是制止滥砍盗伐森林资源。此外,在全省林区道路要冲设立林产物搬运检查站,以防止盗运林木。

(二)林业政策

台湾森林资源在第二次世界大战期间遭受了严重的破坏,由于财政紧张,台湾政府对森林资源采取掠夺方针政策,以出售贵重木材—桧林为其经营目标。1947年后,森林资源保护与经营政策发生了改变,森林资源政策的主线是以造林保林为主,重点是"保重于造、造重于伐"。1958年后,台湾的森林需要修复,限制森林资源采伐的呼声很高,邀请森林资源保护与经营专家,总结了历年来森林资源保护与经营的得失,根据第一次全面森林资源的航测报告,制定并公布了"台湾森林资源保护政策和经营方针"。其基本原则为永续经营、永恒福利,供应木材的同时注重森林的保安功能并发挥森林的生产功能,这是台湾林业由采伐为主,发展为生产与保护并重的时期,木材蓄积量开始逐渐上升。

步入 20 世纪 60 年代后，台湾工商业经济快速发展，社会形态、经济结构和土地利用方式迅速改变，政府财政日渐宽裕，森林资源经营的财政收入不再作为重点，自然资源的保护日益受到社会重视。1970 年后，随着台湾经济迅猛发展，台湾社会已经呈现由农业过渡到工业的阶段，森林资源相关产值占台湾经济的比重不断减少，其森林资源保护与经营政策也随之改变。1974 年台湾森林资源保护与经营由木材生产为主的目标转变为保护重于利用，森林资源砍伐逐渐减少，森林资源经营产值呈现负增长，仅在 1971—1983 年森林资源经营产值就下降 44%。

1984 年台湾再次颁布森林资源经营改革方案，其内容除对以前两次森林资源保护与经营改革方案略有修改外大致相同，主要增加了"林地多用途利用"的条文，规定林地从事多元化利用与发展，包括设立森林公园、自然生态保护区及森林游乐区等，同年制定和实施了"奖励经营林业办法"。台湾森林资源保护与经营政策重点转为资源保护、加强造林、改进森林资源经营管理、推动林相改良与更新、加强森林游乐规划设计、保护自然生态资源及绿化环境等，发展公益性的森林和多目标利用经营。1990 年全面禁伐天然林，至今中国台湾的林业政策总原则就是以生态环境维护的长远利益为目标，不断开发利用森林为财源；加强水土保持工作，尽量减少森林采伐；木材商应在护山保林的原则下开展业务。

（三）林业法律法规

为了迅速恢复森林资源，中国台湾省先后颁布了一系列森林资源保护与经营的法律法规。1945 年后，为了加快战后森林资源的恢复，颁布了《森林法》，其内容涵盖较全面，包括对森林概念和分类的详细介绍、森林资源的保护制度、森林主管机关监督制度、对森林有益行为的奖励制度等。此外，还设立了将土地使用权人、租赁权人及其他收益权人视为森林所有权人制度，林业合作社制度，以及林业用地、林产物税赋的减免等制度，对台湾森林资源的恢复和发展起到积极作用。

随着台湾经济起飞，森林资源保护与经营已经不适应旧的《森林法》，为保育森林资源，发挥森林公益及经济效用，于 1985 年、2000 年、2004 年先后多次对台湾省《森林法》进行修订改，2004 年颁布了新的《森林法》，以进一步加强森林资源保护。

1972 年台湾为了保护特有的自然风景、野生物及史迹，并供国民娱乐及研究，颁布实施了《公园法》，并在 1983 年和 2010 年进行了 2 次修订，使自然公园纳入法治管理范畴。1982 年又颁布了《文化资产保护法》，将自然文化景观纳入保护范围。2002 年为保护野生动物，维护物种多样性与生态平衡，又颁布实施了《野生动物保育法》，加大了对野生动物的保护力度。

为了加强自然保护区建设和管理，于 2006 年颁布《台湾省自然保护区设置管理办法》，提出"为维护管理林地自然生态演替过程与生态平衡，保存特有生物多样性"，可以在符合的区域公告设立自然保护区。按照《森林法》《文化资产保存法》《公园法》《野生动物保育法》和《台湾省自然保护区设置管理办法》等规定，台湾先后建立了各种类型的保护区,每年编入经费,拨出专款,做好管理工作,并与相关学术研究机构、地方保育团体合作,推动保护区管理维护、调查研究及科普宣传教育等工作,对台湾的森林资源保护管理发挥了巨大的作用。

表7 林业政策与法规

序号	名称	颁布年份	主要内容
1	《森林法》	1945	对森林分类、森林国有原则、保安林制度、森林保护制度、森林主管机关监督制度、法律制度等进行详细描述
2	《公园法》	1972	保护特有之自然风景、野生动植物及史迹,并供国民之娱乐及研究
3	《文化资产保护法》	1982	保护自然文化景观
4	《野生动物保育法》	2002	为保育野生动物,维护物种多样性,自然生态平衡
5	《台湾省自然保护区设置管理办法》	2006	为维护管理林地自然生态演替过程与生态平衡,保存特有生物多样性

来源:杨灌英等,2014。

七、林业科研

台湾林业试验所是从事林业科研研究的专业机构,成立于1945年,职责是改进台湾林业,永续利用森林资源,充分发挥森林社会公益及经济效能;主导林产工业发展、研究、试验及改进等。

台湾林业试验所位于台北市,正式人员编制175人,技术研究人员中有研究员21人,副研究员26人,助理研究员48人,研究助理49人。设有10个研究组和4个行政单位,建有植物标本馆、昆虫标本馆和木材标本馆,出版有《台湾林业科学》季刊、《林业研究专讯》双月刊和《林业丛刊》等中、英文林业学术刊物。此外,在岛内建有6个分所(莲花池分所、中埔分所、六龟分所、垣春分所、太麻里分所和福山分所),同时还经营管理着台北植物园、福山植物园、垣春热带植物园、嘉义树木园及沿海植物标本园(表8)。

台湾林业试验所长期以来坚持按照育林、经营研究方向(重点包括营造林、天然林更新、森林经营培育、森林效益和木材加工等,也包括森林生物技术的开发与应用,人工林育林体系与抚育作业体系的建立,森林土壤、水分及集水区经营,森林利用与森林化学利用等),开展各项试验研究和推广有益的科研成果,并实施自然生态科学普及教育。同时,在植物引种、森林生态系统、森林保护、林业资讯管理等方面保持长期性和系统性的研究。

表8　台湾林试所业务机构设置

机构设置	名称
研究组(10个)	①森林生物组：森林生态研究室、植物分类研究室和资源保育研究室； ②育林组：育林技术研究室、森林土壤研究室和林木种子与遗传育种研究室； ③森林经营组：林业规划研究室、林分经营研究室和森林游息研究室； ④林业经济组：林业经济研究室； ⑤流域集水区经营组：森林水文气象研究室、水化学研究室和森林防灾研究室； ⑥森林保护组：森林昆虫研究室、森林病理研究室、野生动物研究室和森林防火研究室； ⑦森林利用组：木质材料研究室、木材加工研究室、组合材料研究室和木结构体研究室； ⑧森林化学组：林产化学及加工研究室、高分子树脂研究室和木质材料保存研究室； ⑨木材纤维组：制浆漂白技术研究室、造纸及特种纸张研究室和污染防治研究室； ⑩林业推广组：从事科学试验及科研技术成果推广
分所(6个)	莲花池分所、中埔分所、六龟分所、垣春分所、太麻里分所和福山分所
植物(树木)园(5个)	台北植物园、福山植物园、垣春热带植物园、嘉义树木园及沿海植物标本园
标本馆(3个)	植物标本馆、昆虫标本馆和木材标本馆

八、林业教育

中国台湾的林业教育仍为传统的农学高等教育中农、林、牧、渔的四大门类之一，未从广义的农业教育体系中分离出来，全省在现有的7所大专院校设有林业或森林学系(科)，但没有一所独立的林业高等或中等院校。在过去一段时间里，以生产性林业经营为林业教育目标的传统导向并无多大改变，近年来随着保护生态环境观念的兴起，林业多目标经营逐渐成为林业教育的重要内容，在林业领域接受高等教育的学生在林业方面有更好的职业发展，这些领域包括森林管理，森林保护、植被调查，野生动物生态与保护、水土保持、环境监测和规划，遥感和林业-地理科学。

(一)台湾大学

台湾大学下设有森林环境暨资源学系，前身为"台北帝国大学"农林专门部内设的森林科，1947年在农学院下创立森林学系，1967年大学部开始按照育林、森林经营、森林工业、森林植物4大领域实施分组（森林植物组于1987年改称森林资源保育组，森林经营组于1991年改称资源管理组），2003年10月更名为森林环境暨资源学系，拥有林木生理生态学、育林技术等22个研究室，学科设置齐全、专业广泛，涵盖生物、保育、经营管理及生物科技等领域，有专职教授、副教授24人，兼任教师5人，其中博士学位28人、硕士学位1人；培养在读学生539人，其中本科332人，硕士182人，博士25人。学校提供林业方面的学士、硕士和博士学位，本科课程有森林生物学、森林环境，生物材料和资源保护和管理4个领域。

（二）屏东科技大学

屏东科技大学下设有森林系，原为1955年成立的屏东农业专科学校3年制森林系；1998年改制成4年制森林系，重点培养本科生和硕士生。森林系以热带特殊环境造林及自然生态环境的恢复、森林资源永续利用的经营管理、野生动植物的保育为重点发展方向，开设有地理信息系统、森林生态学、植物生态学、育林学、森林经济学等专业，重点培养林木资源、游憩资源及野生动物资源等经营管理专业人才，现有博士学位专任教师9位，均具备相应的专业学识及技能。森林系教学研究设备完善，设有育林实验室、林木生态生理研究室和植物标本室等8个研究（实验）室，另有22公顷的苗圃和树木园，位于屏东县车城乡的268公顷保力农场及台东县达仁乡的576公顷达仁农场，可供学生实施林业技术实践。

（三）宜兰大学

宜兰大学1992年成立，原为宜兰农工专科学校（1977年）、宜兰技术学院（1987年），下设的原自然资源学系于1998年改制为森林暨自然资源学系。现有专职教师11名（教授5名、副教授2名）、兼职教师5名，拥有面积为1739公顷的大礁溪实验林场。森林暨自然资源学系的教学研究以宜兰地区为核心，以森林环境有关的动植物与水土资源为基础，开设有生物多样性，木竹资源利用，生态旅游等专业，着重于生态系统的资源保护、永续经营及木竹资源的开发利用。

（四）嘉义大学

嘉义大学设有林业和自然资源系、森林产品科学和家具工程系，教授学士学位和硕士学位课程，强调林学理论学习和实践训练。林业和自然资源系鼓励学生在森林管理、森林保护、植被调查、野生动物生态与保护、水土保持、环境监测和规划、遥感和林业地理科学等领域寻求一个更好的职业发展。森林产品科学和家具工程系提供森林科学中包括木材物理性质和制造技术、化学处理和效用的森林产品、自动化控制、林业工厂项目的规划和管理的学习。

（五）中国文化大学

中国文化大学下设有森林与自然保护学系，主要培养生态保护经营和森林资源应用方面的人才，依师资专长及专业领域，课程分为生态保育经营、森林资源应用以及生物多样性，让学生具备更丰富的跨领域知识，也有更多元的专业发展选择。

（六）中兴大学

中兴大学下设有林业系，旨在提供最好的本科生科教学和研究生培养，本科课程为森林和木材科学，让学生能在自然资源管理或林产品行业从事高级研究职业。

中国香港（Hong Kong，China）

一、概　述

香港全称为中华人民共和国香港特别行政区，是全球第三大金融中心，地处中国东南部的珠江三角洲口岸，向南面对南海，向北毗邻广东省，位于北纬22°08'~22°35'、东经113°49'~114°31'1。总面积为1105.7平方千米，管辖面积为2755.03平方千米，其中陆地面积1107.7平方千米，由香港岛（81平方千米）、九龙半岛（47平方千米）及新界（979平方千米）组成，新界包含了香港最大的岛屿大屿山（147平方千米，其中69.5平方千米填海而成）及262个大小岛屿（离岛）。

香港是世界上人口密度最高的地区之一，截至2018年，香港居住人口748.25万人，陆地人口密度为每平方千米6890人。中国人占总人口94%，其余人口主要来自菲律宾、印度尼西亚、印度及欧洲等地。约53%人口居住在新界，30%在九龙，17%在香港岛。由于地势不平，700多万人口中有95%以上在不到20%的土地面积上生活，使香港成为世界上人口最稠密的大城市之一。根据香港规划署2016年的土地面积分析，市区或已建设土地占24.3%，其中包括住宅区、商业区、工业区、政府和社区设施、交通用地等，其余的土地分别为有林地24.9%，灌丛23.6%，草地17.3%及农地4.6%。

（一）社会经济

香港奉行自由市场的资本主义经济体系，是世界上最自由的经济体，也是世界上服务性最强的经济体，成为亚洲第二大的外国直接投资经济体和亚洲第三大外商直接投资来源经济体（仅次于日本和中国大陆）。此外，香港由于拥有高质量的法律框架，打击腐败的力度和透明度较高。

2018年，按市价计算的香港本地生产总值达28453亿港元，剔除价格因素影响，同比实际增长3%；按市价计算的本地居民人均总收入为40.09万港元，属于高收入地区。基本通胀率为2.6%，物价处于温和增长态势；劳动人口397.8万，失业率为2.8%，维持全民就业状态。

香港经济以服务业为主，服务业占本地生产总值的比重长期保持在90%以上，与服务贸易有关的主要行业包括旅游业、与贸易相关的服务、运输服务、金融和银行服务及专业服务等。香港有85.3%的人口从事服务行业，其中从事批发、零售、进口与出口贸易、饮食及酒店业的占34.4%；运输、仓库及通讯业占10.5%；金融、保险、地产及商用服务业占15%；社区、社会及个人服务业占26%；从事制造业的只占5.3%。

贸易和物流（占国内生产总值的22.3%）、金融服务业（占17.6%）、专业服务业和其他生产性服务业（占12.3%）和旅游业（占5%）是香港的四大支柱经济行业；另外，文化创意、医疗服务、教育服务、创新科技、测试与认证服务以及环保产业这六大产业已作为香港重点发展的其他产业，占国内生产总值的8.9%。在农业方面，香港主要出产少量的蔬菜、花卉、水果和水稻，饲养猪、牛、家禽及淡水鱼，日常需要的农副产品近半数需要大陆供应。

（二）地形地貌与气候特征

香港地形主要为丘陵与山坡，平地较少，最高点为海拔958米的大帽山。低地主要集中在新界北部的元朗平原和粉岭低地，是河流自然形成的冲积平原；其次是九龙半岛及香港岛北部，是原来狭窄的平地向外扩张填海后的土地。

香港气候属亚热带季风气候，冬季（12～2月）凉爽干燥，大多时候在10℃以上，最低气温记录为0℃；夏季（5～8月）炎热潮湿，温度通常超过31℃，夜间温度超过26℃，有记录的最高温度为36.3℃。年平均降水量为2398.5毫米，6月和8月通常是雨水最多的月份，约80%的年降水量集中在5～9月，而1月和12月通常雨量最少。香港的气候受热带气旋（5～11月）、强烈冬季及夏季季候风、季风槽及雷暴天气（一般在4～9月）的影响，在北太平洋西部和中国海平均每年会形成30个热带气旋，其中约一半达到台风强度（最大风速118千米/小时以上），水龙卷和冰雹偶有出现，降雪和陆龙卷则属罕见。

（三）自然资源

香港面向南中国海，邻近大陆，洋面广阔，岛屿众多，渔业资源丰富，具有商业价值的海鱼种类超过150种，主要是红衫、九棍、大眼鱼、黄花鱼和黄肚。此外，已探明的矿藏有少量铁、铝、锌、钨、绿柱石、石墨等。

二、森林资源

（一）基本情况

由于重复发生的山火，香港的自然植被主要是草地、灌丛和次生林，大概占全港面积的17.3%、23.6%和24.9%，而且多分布于较高海拔地区。现存的自然植被处于停止采伐或火烧后的恢复阶段，在没有山火的情况下，灌木和幼树一般可在10～15年取代草地，再经15～30年之后，形成高10～16米的次生林。优势树种主要为鸟类易于传播果实且分布广泛的润楠（*Machilus* spp.）等10多种树种，其他常见树种包括鸭脚木（*Schefflera heptaphylla*）、山油柑（*Acronychia pedunculata*）、山红柿（*Diospyros morrisiana*）、杜英（*Elaeocarpus sylvestris*）、岭南山竹子（*Garcinia oblongifolia*）及山乌桕（*Sapium discolor*）等。据《香港统计及年鉴》，香港植被覆盖面积为 1.92 万公顷，绿化覆盖率达 70%。

（二）人工造林

香港在过去的农业发展过程中把不少较低的坡地改为水田，较高的坡地种植其他作物，部分农村地区曾经种植马尾松（*Pinus massoniana*）作为提供薪柴的来源，但面积不大。自 20 世纪 60 年代，政府开始了以水土保护和生态保育为目的的人工造林，在退化严重的地区，种植了以红胶木（*Lophostemon confertus*）、相思树（*Acacia confusa*）和湿地松（*Pinus elliottii*）等外来树种为主的人工林，后期的人工造林以营造本地种鳄梨锥（*Castanopsis fissa*）、枫香（*Liquidambar formosana*）、木荷（*Schima superba*）、润楠（*Machilus* spp.）为主的混交林。在 2009—2016 年，又改造了 50 公顷郊野公园范围内的外来树种人工林，种植了 50 余种、60000 多株的本土树种幼苗，大大提高了物种多样性和生态价值。据香港《统计及年鉴》，人工林的面积约占全港面积的 5% 左右。

（三）风水林（天然林）

由于长期的农业发展，香港的天然林到了 19 世纪已基本不存在，只剩乡村及城市附近小块的风水林，这仅有的风水林成为植物多样性的重要宝库。香港渔农自然护理署在 2002 年开展了针对全港的风水林调查，共记录到 116 块风水林，一般在海拔 100 米以下，平均面积 1 公顷。主要分布于新界东北边境，如荔枝窝、上禾坑、木棉头、鹿颈等，以及西贡和马鞍山一带，这些地区由于较偏僻，风水林保存得相对完好；其他地区如沙田、大埔和林村等地的风水林，在城市开发过程中受到一定破坏；大屿山和新界西北区的风水林遭受的破坏比较大，面积相对较小；而香港岛只有余南风道的一处风水林。

三、生物多样性

香港植物是以热带及亚热带植物为主，有灌木、乔木及草本植物，有些是中药的材料。香港有记录的维管束植物约 3300 种，其中 2159 种属本地种，不少植物物种以香港命名，如香港远志（*Polygala hongkongensis*）、香港木兰（*Manolia championii*）、香港杜鹃（*Rhododendron hongkongensis*）、香港四照花（*Dendrobenthamia hongkongensis*）等。动物物种方面记录有本土哺乳类动物 62 种，鸟类 490 种，两栖类 23 种，爬虫类 88 种（表 1）。

表1　香港本地物种数量及受法例保护情况

类别及数量		本地种数
维管束植物 (2159种)	裸子植物	9
	被子植物	1911
	兰花	127
	蕨类	239
苔藓		360
地衣		260
哺乳类动物(62种)	蝙蝠	22
	鲸鱼及海豚	16
鸟类		490
两栖类		23
爬虫类		88
蜻蜓		110
蝴蝶		240
蛾		>2000

来源：香港嘉道理农场暨植物园内部数据。

四、自然保护地

香港是全球人口密度最高的地区之一，城市发展需求大，接近25%的陆地面积已开发，但有40%的面积被划为郊野公园或保护区，除了保护生态环境与自然资源外，还能满足广大市区民众的健康与自然教育需要。香港法例《郊野公园条例》下有24个郊野公园及22个特别地区(自然保护区)，总面积超过420平方千米，其中包含70个具特殊科学价值地点及1个国际重要湿地，所有保护地的土地权均属香港政府所有，由香港渔农自然护理署负责管理这些保护地的一切有关事务。

香港第一个郊野公园五年计划(1972—1977)于1972年获批，并于1976年制定了《郊野公园条例》。1977年，城门郊野公园成为香港首个郊野公园，而第一个划定的特别地区(自然保护区)则是大埔滘自然保护区。至1979年，已划定的郊野公园达21个，面积共41296公顷，土地被纳入法定保护区制度。郊野公园实行分区管理，根据自然特色、康体用途的潜力和对游客的承载力，被划分为高使用度康乐区、低使用度康乐区和保育区3类。《郊野公园条例》及附属法例、规则和法律手段赋予当局明确而有效的权力控制发展，以维护保护区的完整性和生态价值。渔护署责管理郊野公园，主要工作有植树造林、收集垃圾、防止山火、管制郊野公园内的发展项目和提供郊野康乐及教育设施。在一般情况下，只允许那些绝对需要的建设，如关于电力、水、通讯供应等的小型建筑物。

香港地理范围小，因长期受到人为活动的影响，无法保留原始的自然生态系统，但香港郊野公园遍布全港各处，包括风景怡人的山岭、丛林、水塘和海滨地带。因此，郊野公园及特别地区主要属于世界自然保护联盟自然保护区的第四类及第五类，即重要自然景观既拥有人和自然的和谐关系，同时又为公众提供康体和旅游功能。郊野公园"保育和康体"的两大功能虽然相互矛盾，但通过提供完善的康体设施及服务，如自然教育径、行山径、露营点和烧烤点等，成功把人流集中管理，达到"双赢"的目的。

香港米埔自然保护区是香港自然保育的代表性保护地，是西伯利亚候鸟飞往澳大利亚之间的最后一个陆地，面积虽然只有380公顷，但有着丰富的动植物资源，其中脊椎动物多达400多种，后海湾冬季候鸟5.8万多只。香港政府1976年就宣布米埔是一个"具有特别科学价值的地区"；1978年起开始限量控制香港居民进入该区域，并且在长达20年的时间里，开始有计划地迁移居民；1995年米埔自然保护区（米埔湿地）正式列入拉姆萨国际重要湿地保护名录。

五、林业产业发展

由于历史原因，香港林木资源短缺，木材和其他林产品在香港从未有大规模的商业生产，故此甚少使用"林业"这一词，取而代之的是"木材贸易""农业"和"自然保育"。

根据世界银行公布的数据，香港在2005年的木材与木制品进口量达408万美元，来自中国大陆的有54%，其他经济体如日本7.3%、美国6.8%和印度尼西亚4%。到2015年，总进口量增加至414万美元，虽增长幅度不算太多，但是来自中国大陆的比例增长至70%，其次占比较多的是日本（5%）、美国（4%）和韩国（2.5%）。根据国外机构公布的贸易数据，香港的林木产品进口主要是木制品，占木材贸易的62.8%，而木材进口仅占37.2%，进口的木制品当中家具就占75%。

六、林业管理

（一）林业管理机构

在香港意义上的"林业"是由香港特区政府渔农自然护理署管辖。渔农自然护理署是香港特别行政区政府食物及卫生局辖下的部门，前称为渔农处，成立于1912年，在2000年1月1日更名，为了更好地承担职责及其提供服务，即除了渔业、郊野公园及农业发展外，还包括自然物种的保护。渔农自然护理署的工作包括监察及指导渔业及农业，营运香港各新鲜副食品批发市场，指定及管理郊野公园、特别地区（包括香港湿地公园）、海岸公园（包括香港联合国教科文组织世界地质公园）及海岸保护区，以及管控濒临灭绝动植物的出入口；监管动物的福利与控制动植物的传染，例如禽流感。辖 5 个功能分署：检验及检疫分署、渔业分署、农业分署、郊野公园及海岸公园分署和自然护理分署，另有多个独立的法定委员会分别就其负责的各种事务，履行其法定职能。

渔农自然护理署的主要职责是促进渔农产品的生产及提高渔农业生产力；保护管理动植物及自然生境和指定及管理郊野公园、特别地区、海岸公园及海岸保护区，管理监督本港进行的濒危动植物物种国际贸易；通过执行有关法例来监管动物的福利和控制动植物的病害，保护和监管渔业并提供技术支援服务。从其职责可以反映出香港从来就没有商业性的木材生产，而其他生产则被归类为农业，相关工作领域和具体工作内容如下。

1. 渔农事宜及新鲜副食品批发市场

向本地农民及渔民提供基础设施支援，技术协助及指导，信贷及职业训练；进行有关应用及技术方面的研究，引进现代科技及作业模式，提高渔农产品的生产效率，改善其素质；筹划并推行有效的管理工作及服务，促进渔农业的可持续发展；就蔬菜统营处及鱼类统营处的运作提供行政及技术支援；管理政府新鲜副食品批发市场。

2. 自然护理及郊野公园

根据郊野公园条例及海岸公园条例，管理及保护郊野公园、特别地区、海岸公园及海岸保护区，从而达到自然护理、康体、旅游及教育等目的；促进生物多样性并推广与环境配合的方式使用郊野公园及海岸公园；确认有高度科学价值的地点，列入"具特殊科学价值地点"以进行保护；对发展建议、规划研究及环境影响评估提供有关自然护理方面的意见；监察及审核根据环境影响评估条例批准的发展工程而采取的生态缓解措施；提高市民对自然护理的认识，并执行有关自然护理的法例；透过法律制度管控濒危物种的国际贸易，遏制在本港非法买卖濒危物种；米埔及内后海湾拉姆萨尔公约湿地的自然护理及管理工作；规划及发展香港湿地公园。

3. 动植物、渔业监管及技术服务

防止并控制狂犬病及其他可传染人类的动物疾病；提供检疫服务；检查输入本地的动植物；化验食品动物的疾病及体内的化学物残留；巡查饲养食用动物的农场；巡查展览或售卖动物的店铺及场所；巡查海鱼养殖场；管制破坏性捕鱼方法；根据有关法例对违例者进行检控。

为帮助游客欣赏和认识郊区环境，渔农自然护理署不断提供和更新各类设施，在全港共设立了 6 个游客中心及自然教育中心，介绍香港珍贵的自然资源和生物多样性。另外，还在各自然教育和树木研习的沿途设置介绍牌，帮助游客认识动植物和各类生态方面的知识。为鼓励大家探索大自然，渔农自然护理署推出"郊野公园树木研习径"流动应用程式、网页及游戏应用程式"植树达人"，并编制了书籍，介绍香港郊野公园常见的 96 种树木及其他有趣的植物。此外，分别在大埔滘、城门及大榄设立了野外研习园、蝴蝶园及生态园，园内吸引了不少雀鸟、蝴蝶及蜻蜓等野生生物，游客可通过亲身接触，发掘大自然的野趣。

为鼓励市民多接触自然环境,渔农自然护理署每年组织并推行一系列由本地学生、教师和爱护大自然的人士参与的自然护理教育活动,如"体验自然"郊野公园教育活动计划,活动包括郊野公园义工计划、远足植树日、香港郊野全接触、郊野小记者以及不同的观赏、野外研习、讲座、比赛及工作坊等,让大众加深对自然保护的认识,每年有超过 20 万人次参与各类型的自然保护及教育活动。此外,渔农自然护理署共制作了超过 100 本有关认识大自然的书籍供市民参考及选购,内容包括香港的郊野公园及各种生态知识等。为及时向市民提供最新的郊野公园信息,渔农自然护理署亦不断改善及更新互联网上的资讯。在推广野外安全方面,还透过资讯发放和展览宣传,并推出"郊野乐行"流动应用程式,以提高市民对野外活动安全的意识。

(二) 嘉道理农场暨植物园

嘉道理农场暨植物园作为香港历史最久、规模最大的环保组织,是特区政府渔农自然护理署的重要合作伙伴,对香港的自然保护有着重要的作用。植物园成立于 1956 年,前身为嘉道理农业辅助会,后根据社会和环境的变化,演变成今天集自然保育、自然教育和推广永续生活与永续农业为中心的农场植物园。

嘉道理农场暨植物园占地面积 148 公顷,对香港本土植物的保护尤其关注,开展植物研究、野生动物救助、动植物展示、教育和农业示范等活动,并获得了有关部门的许可,从事收集、利用珍稀植物及其种子开展保护、繁育工作。植物园内建有为保护和展示的蕨类、兰花植物区域,具有设施先进的实验室,对本地兰花品种的培育开展技术研究,园内的苗圃还为政府及相关机构提供本土植物的幼苗。此外,植物园除了担当政府环境事务顾问的角色外,还积极提供野生动物救助、康复和检疫等服务。目前所开展的科研活动、保护项目和农业项目已遍布香港、中国西南、华南等地区。

(三) 林业政策与法律法规

香港的庞大城市人口与自然近在咫尺,自然地区很容易遭受破坏,因此必须通过有效的法律法规与行政手段予以保护。香港自然保育的法规条例相对比较简单,植物与森林受到法例第 96 章《林区及郊区条例》的保护;野生动物受到法例第 170 章《野生动物保护条例》的保护;郊野公园和特别地区(自然保护区)内的植被受法例第 208 章《郊野公园条例》所保护,法例第 586 章《保护濒危动植物物种条例》来履行《濒危野生动植物种国际贸易公约》,以上所有条例均由渔农自然护理署执行与管理。

1. 林区及郊区条例

《林区及郊区条例》将林区定义为有树木自然生长的政府地,而郊区是未经城市发展的政府地。香港大部分未经城市发展的地区都可以归类:①阔叶林为主的有林地,约占 24.9%(包括人工林 5%);②灌丛 23.6%;③草地 17.3%,前 2 类均属于本条例所指的"林区"。本条例旨在保护林区和郊区内的植物,林区内禁止生火、破坏草木及放牧。

《林务规例》作为《林区及郊区条例》的附属法例,规定任何人都不得售卖、邀约售卖、拥有或保管规例附表内的植物或其任何部分;并列出受保护的植物27类,包括观音坐莲(*Angiopteris evecta*)、鸟巢蕨(*Asplenium nidus*)、桫椤(*Alsophila spinulosa*)、香港四照花、香港凤仙(*Impatiens hongkongensis*)、小花鸢尾(*Iris speculatrix Hance*)、木兰科(*Magnoliaceae*)植物、猪笼草(*Nepenthes* spp.)和各种兰花(*Cymbidium* spp.)等。

2. 野生动物保护条例

为了保护香港的野生动物及它们的栖息地,政府颁布及实施《野生动物保护条例》。条例附表2中的动物均受到法例保护,包括所有蝙蝠(*Chirotera*)、所有灵长类、中华穿山甲(*Manis pentadactyla*)、豪猪(*Hystrix hodgsoni*)、所有松鼠、所有鲸属动物(*Cetacea*)、红狐(*Vulpes vulpes*)、所有獴(*Herpestes*)、果子狸(*Paguma larvata*)、七间狸(*Viverricula indica*)、五间狸(*Viverra zibetha*)、水獭(*Lutra lutra*)、鼬獾(*Melogale moschata*)、豹猫(*Felis bengalensis*)、儒艮、黄麂、所有鸟类、所有龟鳖类、缅甸蟒、巨蜥、香港蝾螈、香港脯蛙、卢氏树蛙以及黄扇蝶。名录包括翼手目(*Chiroptera*)的所有科的所有种、灵长目(*Primaates*)的所有科的所有种(除人类个体外)、中华穿山甲、豪猪、松鼠科(*Sciuridae*)的所有属的所有种、鲸目(*Cetacea*)所有科的所有种、红狐、獴属的所有种、果子狸、七间狸、五间狸、水獭、鼬獾、豹猫、儒艮属(*Dugong*)的所有种、小麂(*Muntiacus reevesi*)、龟鳖目(*Testudines*)的所有科的所有种、缅甸蟒(*Python molurus bivittatus*)、圆鼻巨蜥(*Varanus salvator*)、香港瘰螈(*Paramesotriton hongkongensis*)、香港湍蛙(*Amolops hongkongensis*)、卢文氏树蛙(*Philautus romeri*)以及裳凤蝶(*Troides helena*)。

3. 郊野公园条例

《郊野公园条例》就郊野公园和特别地区的划定、管制与管理,提供了法律依据。条例还规定设立一个郊野公园与海岸公园委员会,向渔农自然护理署署长提供有关管理郊野公园和特别地区等事务的意见。香港现有的24个郊野公园,目的是要保护大自然和向市民提供郊野的康体和户外教育设施;另外的22个特别地区(自然保护区)则是重点保护自然生态。

4. 保护濒危动植物物种条例

香港法例第586章《保护濒危动植物物种条例》履行《濒危野生动植物种国际贸易公约》的规定,该条例规定凡进口、从公海引进、出口、再出口或管理有列明物种的标本,不论是活体、死体、其部分或衍生物,均须事先申领渔农自然护理署发出的许可证。

第三篇

亚太地区重要涉林国际组织

一、亚太森林恢复与可持续管理组织

亚太森林恢复与可持续管理组织（Asia-Pacific Network for Sustainable Forest Management and Rehabilitation，简称亚太森林组织，英文简称 APFNet）是一个致力于加强区域合作，通过能力建设、信息共享、支持区域政策对话和示范项目等手段，促进亚太地区森林恢复，提高森林可持续管理水平的区域性国际组织。

（一）概　述

亚太森林组织是由时任中国国家主席胡锦涛先生于 2007 年 9 月在澳大利亚悉尼举行的亚太经济合作组织第 15 次领导人非正式会议上倡议建立的，旨在搭建亚太地区各成员就森林恢复和管理开展经验交流、政策对话、人员培训等活动的平台，共同促进亚太地区森林恢复和增长，增加碳汇，减缓气候变化。在中国、美国、澳大利亚的积极推动下，亚太森林组织于 2008 年 9 月在中国北京启动，秘书处设在中国北京，中国为亚太森林组织运行提供主要资金支持，并承担秘书处运行工作。

1. 愿　景

促进亚太区域森林面积的增加，提高森林生态系统质量，以多功能林业减缓气候变化，满足区域内不断变化的社会、经济和环境需求。

2. 宗　旨

通过能力建设、信息共享、区域政策对话和开展试点项目等手段，致力于协助亚太地区各经济体和人民促进森林可持续经营和森林恢复。

3. 目　标

与亚太森林组织宗旨、各成员目标及诸如波恩挑战、联合国森林战略规划、联合国生态修复十年和亚太区域森林景观恢复战略行动计划等多边框架目标相一致，为成员经济体和组织持续开展森林多功能恢复做出贡献。协助提高森林碳储量，通过退化林修复及宜林地造林、再造林，提升区域森林质量和生产力。通过加强森林可持续经营和生物多样性保护，协助减少毁林和森林退化及与之相关的温室气体排放。协助提升区域森林社会经济效益。

4. 重点工作领域

林业规划和政策制定；森林可持续管理和恢复的经济激励措施，包括建立生态服务市场；加强林业相关机构建设，促进林业制度改革，如明晰林业产权制度；森林资源清查、监测与评估，包括建立"森林可持续经营标准与指标"体系；森林与气候变化，包括森林生态系统对于全球变暖的适应性；森林恢复技术与方法；提高森林质量，促进森林健康，包括森林防火与病虫害防治；加强森林执法与行政管理，包括解决非法采伐与相关贸易问题；基层森林经营管理技能；发展社区林业企业；森林生物多样性保护；提高公众宣传。

亚太森林组织面向亚太经济合作组织经济体和亚太区域其他非组织经济体政府及相关企业、非政府组织和国际组织（机构）开放。目前，亚太森林组织已发展成员31个，其中，亚太地区经济体成员26个、国际组织成员5个，并接受乌兹别克斯坦、塔吉克斯坦、土库曼斯坦、吉尔吉斯斯坦和哈萨克斯坦等5个中亚经济体成为亚太森林组织的观察员。此外，依托西南林业大学在中国云南省成立了"亚太森林组织昆明中心"，并在云南省普洱市思茅区万掌山林场建立了"亚太森林组织森林可持续经营示范暨培训基地"，以及在中国内蒙古自治区的赤峰市旺业甸实验林场建立了"亚太森林组织旺业甸多功能林业培训基地"。

（二）活　动

为促进亚太区域退化林地恢复，增加森林面积，加强森林资源管理，提升森林生态系统安全，满足区域内不断变化的社会、经济、环境需求，亚太森林组织自2010年起对区域内经济体进行了广泛的资助，通过高级别政策对话、示范项目实施、国际培训班、硕士奖学金生培养的能力建设、信息分享沟通等项目活动，使受益经济体达32个。

1. 推动高层对话，协同区域林业政策

促进区域政策对话是亚太森林组织加强区域森林恢复与可持续管理的重要工作之一。亚太森林组织积极借助亚态经济合作组织、亚欧会议和大湄公河次区域经济合作机制等平台，推动区域内经济体间的林业政策对话与交流，促进经济体林业政策互鉴与协同，推动林业可持续发展。亚太森林组织倡议和资助承办了四届亚太经济合作组织林业部长级会议；组织亚欧林业合作对话、大湄公河次区域林业政策对话，定期举办大中亚地区林业战略合作高级研讨会和大中亚林业部长级会议。

2. 实施示范项目，推广最佳实践经验

为促进亚太地区退化林地恢复，增加森林面积，提升区域森林生态系统安全。亚太森林组织通过项目实施，示范并推广森林恢复与可持续管理最佳实践，提高亚太地区森林可持续管理水平。作为亚太地区林业合作重要平台，亚太森林组织以亚太经济合作组织成员经济体为重点对象，联合区域内林业政府部门、科研教育机构、林业国际组织等开展广泛项目合作，项目涉及森林可持续管理、退化林地恢复与管理、社区林业发展、林业减贫、森林资源监测、林业政策研究、生物多样性保护及跨境生态系统安全等领域。

截至2019年，亚太森林组织共资助项目48个。其中，已结题项目26个，正在执行项目22个，总资助金额约3800万美元；项目覆盖东南亚、东亚、南亚、大中亚、大洋洲、北美洲六大区域，受益经济体达22个，有效提高了成员经济体森林管理能力，最大限度发挥林业对社会经济发展的支持作用。

3. 加强能力建设，提升区域林业管理水平

能力建设是亚太森林组织开展各项重点领域活动的四大支柱活动之一，提升林业机构和人员的能力是推动亚太地区森林恢复与可持续管理的重要驱动引擎。为此，针对亚太地区各经济体林业发展对人才的实际需求，亚太森林组织积极寻求合作伙伴，多渠道全方位开展能力建设项目，并不断完善能力建设活动内容和培训模式。2008—2019年，围绕"森林资源管理"和"林业与乡村发展"两大主题，成功设计和举办了23期主题培训，累计培训了来自亚太地区21个经济体的355名中、高级林业官员；国际奖学金项目资助了来自18个经济体的103名青年林业官员及从业者攻读林学类的硕士研究生学位，有46名顺利毕业，其中的12名继续攻读博士学位，其余毕业生分别就职于林业政府部门、科研院校、国际组织等。此外，结合示范项目的实施，对2200多名当地林业技术人员和社区林农提供了专业技能和社区生计等方面的培训。

4. 搭建机制平台，强化领域交流合作

亚太森林组织积极深化和拓展区域林业政策与林业可持续发展的对话机制平台，以促进区域林业合作和服务区域经济体的林业发展。为满足区域经济体森林管理和林业发展的需求，亚太森林组织先后搭建了促进区域林业政策沟通与协同的六大机制，即：亚太林业规划交流机制、澜沧江-湄公河区域跨境野生动物保护对话机制、大中亚林业合作机制、中国-东盟林业科技合作机制、亚太林业教育协调机制和亚太人力资源机制，在各机制框架下所开展的对话、沟通、学习交流和信息分享活动为亚太地区的森林恢复管理与林业发展作出了积极的贡献。

5. 建立伙伴关系，合力推动林业发展

亚太森林组织与联合国粮食及农业组织（FAO）、国际热带木材组织（ITTO）、国际林业研究组织联盟、亚太地区社区林业培训中心、亚太林业研究机构协会（APAFRI）签署了合作备忘录，并在示范项目、政策对话、能力建设等领域共同开展了实质性合作。与联合国森林论坛、世界自然基金会、世界自然保护联盟、欧洲森林研究所等20多个涉林国际组织和研究机构联合建立了良好的合作关系。

6. 加强信息交流，共享区域成功经验

为加强与国际社会的交流，亚太森林组织积极参与重大国际活动，展示活动开展成效，分享项目经验。亚太森林组织自成立以来，通过网站、出版物、多媒体等作为分享亚太森林组织活动成果的媒介，宣传推广亚太地区经济体在森林可持续管理领域的管理良策、最佳实践和经验模式。受亚太森林组织成立10年来，先后编辑出版专题研究报告、项目成果文件、年报等出版物50多本，展现了亚太森林组织在区域林业发展方向上的探索和实践，得到国际社会和区域经济体的广泛欢迎，得到国际社会的认知和认可，影响力和知名度不断提升。

(三)发展战略

1. 发展方向

顺应全球林业发展的总体趋势和亚太地区林业发展需求,亚太森林组织未来发展战略重点突出退化林地恢复,与联合国可持续发展目标、悉尼林业目标等林业发展战略保持一致,致力于区域乃至全球的林业发展目标实现作出贡献。亚太森林组织将继续坚持政策对话、示范项目、能力建设、信息共享四大支柱,同时结合亚太森林组织近5年的发展实践,结合成员经济体的发展水平和发展需求,强调对森林恢复与管理的专注。

2. 优先领域和行动

(1)退化林地恢复,增加森林面积。具体行动包括分析区域经济体毁林及林地退化的诱因;搭建平台,促进政策、管理、科技和信息的交流;支持经济体能力建设,帮助获取林业相关的融资渠道。

(2)推动森林可持续管理,提升森林生态功能及森林生态系统安全。具体行动包括支持经济体开展综合流域管理;加强经济体生态安全意识;支持森林可持续管理知识和技术的传播,为区域政策对话搭建平台。

(3)提高森林对社会经济发展和林区生计改善的贡献。具体行动包括支持经济体提高森林产品和服务的可持续供给能力,发展社区林业企业和市场,帮助建立企业社会责任。

3. 重点区域

大湄公河次区域、东南亚(不包括大湄公河次区域经济体)、南亚、大中亚、太平洋岛国、北美及拉丁美洲7个重点区域。

4. 重点活动

加强与区域经济体林业政府部门、科研院所、培训机构以及区域涉林国际组织和非政府组织的合作,针对区域林业发展热点问题和各经济体的实际需求,健全和完善专业机制,开展能力建设项目,提高区域林业管理人员的水平,培养青年林业专业人才;开展高层林业政策对话,协同区域林业发展;开展示范项目,推广森林恢复和可持续管理的成功模式;加强信息交流,健全和完善专业机制,共享区域内最佳经验和成果。

(四)亚太森林组织下属机构

1. 亚太森林组织昆明中心

为发挥中国云南省面向东南亚和南亚以及太平岛国的区位优势,亚太森林组织依托中国西南林业大学,围绕"森林资源管理"和"林业与乡村发展"两大主题,自2009年开始每年定期对亚太地区发展中经济体的林业官员进行培训,重点分享和推广区域内各经济体在上述两大主题领域的成功案例和经验做法。

为了促进亚太森林组织能力建设活动开展的规范化、系统化、专业化运作,提升亚太森林组织能力建设活动的质量和效果，亚太森林组织与中国西南林业大学合作，于2012年共同建立了亚太森林组织昆明培训中心（APFNet-KTC），并在普洱建立了野外学习与考察基地；2019年更名为"亚太森林组织昆明中心"，在亚太森林组织框架下，工作职能由过去的国际培训为主转变为集国际林业培训、林业发展研究和林业合作与交流的"三位一体"工作职能。

截至2019年，昆明中心成功举办了23期以"退化森林恢复与管理"和"林业与农村生计发展"为培训主题的系列国际培训与研讨班，培训来自孟加拉国、不丹、文莱、柬埔寨、智利、中国、斐济、印度、印度尼西亚、老挝、马来西亚、墨西哥、蒙古国、缅甸、尼泊尔、秘鲁、菲律宾、巴布亚新几内亚、斯里兰卡、泰国和越南等21个经济体政府的355名高、中级林业官员；其间，昆明中心分别与泰国皇家林业厅、斯里兰卡国家林业局和柬埔寨国家林业局合作，分别在泰国的清迈、斯里兰卡的尼甘布和柬埔寨的暹粒成功举办3期国际培训与研讨班，系列主题培训得到各经济体高度认可和参训学员的普遍欢迎。

为掌握区域性林业发展的动态与需求变化，昆明中心与区域经济体和相关国际组织、国内机构合作，开展多项国际、国内调研与项目合作研究，如"大湄公河次区域森林生态系统综合管理规划与示范可行性研究""亚太地区林业发展信息与数据的分析研究""中缅边境木材贸易研究""澜湄流域森林政策研究"等项目。在开展交流合作方面，昆明中心积极开展区域性的森林恢复与可持续管理能力建设的合作与交流，多次赴尼泊尔、不丹、斯里兰卡、泰国、缅甸、越南、柬埔寨、马来西亚、斐济、蒙古国、中国台湾省和香港特区等经济体在林业政策、森林管理和能力建设方面开展实地调研与交流，并多次完成区域经济体林业官员和国际组织专家的来访、交流任务。

昆明中心通过与亚太地区各经济体的政府林业管理、科研、大学机构和区域内的国际组织建立密切的合作关系，在开展区域性的林业国际培训、林业发展研究、国际交流与合作方面取得了显著的成效，所开展的活动得到了亚太地区各经济体的高度评价，成为亚太森林组织推广、传播区域森林可持续经营理论、经验和最佳实践的重要平台和区域性具有影响力的林业国际培训、研究与交流中心。

2. 亚太森林组织旺业甸多功能培训基地

亚太森林组织依托资助中国内蒙古的赤峰市旺业甸实验林场实施的多功能林业示范项目，建立了亚太森林组织旺业甸多功能林业培训基地，总结和示范干旱地森林恢复、荒漠化治理、沙地造林和沙产业等方面的经验，面向中亚地区经济体开展培训。2015年起，亚太森林组织与中国内蒙古自治区林科院、赤峰市林业局合作，依托亚太森林组织赤峰培训基地，开展了荒漠化治理和沙产业发展技术培训班、荒漠化治理和沙产业发展政策研讨班，来自中亚地区五个经济体的50多名官员接受了培训。

本着"多元、开放、可持续"的经营理念，亚太森林组织以26个成员经济体的建筑风格和民俗特色为出发点，在基地内建设完成25幢林间木屋，并取名"亚太森林小镇"，取人与自然和谐、组织与经济体共谋发展之意，供体验者参观、居住，零距离感受林之静谧与异国风情。

3. 亚太森林组织森林可持续经营示范暨培训基地

亚太森林组织依托所资助"大湄公河次区域森林生态系统综合管理规划与示范项目"中国普洱项目示范点及亚太森林组织昆明中心普洱野外考察基地,在普洱市思茅区万掌山林场的南亚热带植物园建立亚太森林组织森林可持续经营示范暨培训基地(简称"亚太森林组织普洱基地"),旨在打造集培训、合作研究与会议交流、自然教育、森林体验与康养、游憩、生态文化创作与可持续森林经营成功示范为一体的森林多功能基地。此外,基地对公众开放,提供野外宿营、森林木屋等设施开展深度的森林体验活动。

通过展示热带、亚热带地区森林可持续经营的成功经验和示范模式,亚太森林组织普洱基地提供可复制、可推广的森林可持续经营范本,使其成为亚太地区国际林业官员提供林业资源共享、政策对话的交流平台,推进区域森林可持续经营的水平及能力建设的提升,充分发挥其在亚太地区乃至全球范围内的引领和示范带动作用。

二、亚太地区其他的主要涉林国际组织及其重点工作领域

亚太地区拥有全球53%的林地面积和80%的林产品贸易产值,全球一半以上的贫困人口也生活在该区域,森林资源成为区域经济、社会发展的重要物质基础,森林资源的退化和森林砍伐严重危及全球人类社会与经济的可持续发展。

为减少森林砍伐、恢复退化森林与应对全球气候变化,改善全球贫困状况和解决生态环境退化问题,全球有众多的国际林业组织积极助力和支持世界林业的发展。在亚太地区,许多涉林国际组织在致力于亚太地区减少森林砍伐、生物多样性保护、森林生态系统恢复和推行可持续森林管理作出了积极的贡献。

表1 亚太地区其他主要涉林国际组织

序号	其他涉林国际组织	序号	其他涉林国际组织
1	联合国粮食及农业组织	8	大自然保护协会
2	国际热带木材组织	9	欧洲森林研究所
3	国际林业研究中心	10	世界自然基金会
4	国际林业研究组织联盟	11	世界自然保护同盟
5	亚洲林业合作组织	12	国际山地综合发展中心
6	亚太区域社区林业培训中心	13	其他重要的涉林国际组织
7	亚太地区林业研究机构协会		

(一)联合国粮食及农业组织

1. 机构简介

联合国粮食及农业组织(英文全称 The Food and Agriculture Organization,英文缩写

FAO，中文简称粮农组织）作为联合国的主要专门机构之一，为各成员经济体间讨论粮食和农业发展问题的国际组织。总部设在意大利罗马，在亚太、西非、东非和拉美设有区域办事处，在欧洲设有区域代表。另外，在联合国纽约总部和华盛顿特区设有联络办事处。目前，该组织拥有超过194个成员，并在全球130多个经济体开展工作。

联合国粮食及农业组织以提高各成员经济体人民的营养和生活水平；实现农、林、渔业一切粮食和农业产品生产和分配效率的改进；改善农村人口的生活状况从而为发展世界经济做出贡献为宗旨，下设有农业及消费者保护、经济及社会发展、渔业及水产养殖、林业、技术合作等专业委员会和工作部门，其主要职能是提高营养水平，提高农业生产率，改善乡村人口的生活和促进世界经济发展。

联合国粮食及农业组织亚太区域办事处（泰国曼谷）工作范围覆盖亚洲和太平洋地区的46个经济体（其中亚洲大陆28个、太平洋18个），以提高农业生产率和减少贫困，同时保护该区域的自然资源基础，确保亚洲及太平洋区域的粮食安全为目标。在人口不断增长，土地资源、水资源、渔业及森林资源压力日增的形势下，强调高效的参与式森林及生物多样性保护对区域性的自然资源可持续利用与管理至关重要；促进公正、有效、可持续的自然资源管理与利用为该亚太区域办事处的优先重点领域之一，重点目标是将自然资源退化降至可持续水平，提高资源生产力，保护遗传资源。

2. 重点工作领域

促进世界森林的可持续管理是联合国粮食及农业组织的战略目标之一，森林在农业效益和粮食生产上拥有众多不可忽视的生态功能，良好的森林管理可极大提高粮食安全保障能力。粮农组织强调加强农业和林业之间的协调以促进可持续农作系统和森林管理，致力于协调社会和环境因素与林区农村人口的经济需求。

联合国粮食及农业组织林业委员会作为粮农组织下属的专业委员会之一，是粮农组织最高林业法定机构，向所有成员经济体开放，具体业务工作由粮农组织林业司负责，其核心活动涉及森林管理、林产品服务、森林和环境、人与森林、政策和法规、跨专业领域等方面的内容（表2）。粮农组织提供技术援助和咨询服务，以帮助各经济体制定和改善森林计划，并规划和实施森林活动，执行有效的森林立法，促进改善森林管理。

表2 联合国粮食及农业组织林业委员会（林业司）工作内容

序号	核心活动	涉及内容
1	森林管理	● 朝着可持续性 ● 林火管理 ● 干旱地区林业 ● 森林健康 ● 示范林 ● 人工林 ● 红树林 ● 遗传资源

(续)

序号	核心活动	涉及内容
2	林产品服务	• 森林实用昆虫 • 木质能源 • 采伐与工业 • 许可证 • 非木质林产品
3	森林和环境	• 生物技术 • 气候变化 • 外来入侵种 • 森林与水
4	人与森林	• 森林和脱贫 • 冲突管理 • 性别 • 小型企业 • 森林产权
5	政策和法规	• 国家森林计划基金 • 推广 • 跨部门联系 • 研究和教育 • 森林财政 • 评估和监测 • 林产品 • 全球森林资源评估 • 国家森林监测和评估 • 前景研究
6	跨专业领域	• 生物安全 • 生物技术 • 沿海综合管理 • 山区/集水区 • 国际山区年 • 发展中小岛国
7	其他活动	• 森林与林场基金 • 森林合作伙伴关系 • 联合国森林论坛 • 山区伙伴关系 • 10亿棵树活动 • 全球森林信息服务 • 世界林业大会

联合国粮食及农业组织不仅是森林和森林资源领域的全球信息交换中心，而且还是帮助各经济体提高自主编制森林数据能力的促进者。联合国粮食及农业组织与成员经济体合作，定期开展全球森林资源评估，并通过报告、出版物和粮农组织网站等形式予以发布，定期发布的《全球森林资源评估》对世界各地森林的情况提供最全面的报

告,可靠、全面的信息有助于各经济体制定完善的森林政策。

(二)国际热带木材组织

1. 机构简介

国际热带木材组织(英文全称 International Tropic Timber Organization,英文缩写 ITTO),是一个促进保护森林可持续管理、使用和贸易热带森林资源的政府间组织,于1986年在联合国的资助下成立,总部设在日本横滨。现有成员经济体73个,其成员代表了世界上80%的热带森林和90%的全球热带木材贸易量,主要活动是通过进行研究和项目开发为热带木材生产国和消费国之间的合作及磋商提供一个有效机制。国际热带木材组织成员经济体根据热带森林资源拥有量和木材贸易量的状况分为生产经济体和消费经济体,现有生产经济体成员35个,消费经济体成员38个,中国是热带木材净进口经济体,被划为消费经济体成员。

国际热带木材组织最高权力机构是国际热带木材组织理事会,在春、秋两季各召开一次会议;理事会下分别设有造林和森林经营委员会、森工委员会、经济信息和市场情报委员会、财务和行政委员会。国际热带木材组织自成立以来,通过一系列项目活动,在开发与保护热带林资源、鼓励森林可持续经营、增进市场透明度方面做了很多有益的工作,同时也扩大了自身的知名度和影响力,其援助资金主要用于造林和森林经营、森工、市场信息和情报3个方面。

2. 重点工作领域

国际热带木材组织主要在生产经济体(热带发展中经济体)和热带木材消费成员(大部分是温带发达经济体)之间协调好决策、政策制定和项目发展之间关系,鼓励促进民间社会组织积极参与到会议和项目工作中;通过国际协商的政策文件,促进可持续森林管理和森林保护,并协助热带成员经济体将这些政策实施到具体项目中。此外,收集、分析热带木材的生产和贸易数据,为一系列项目和其他行动的开展提供资金。主要从以下几方面进行开展:

(1)2000年目标。1990年,国际热带木材组织成员经济体同意在21世纪末之前,努力实现热带木材的国际贸易,这项承诺被称为"2000年目标",并承诺从可持续管理的森林资源中实现热带木材的出口。至今为止仍然是国际热带木材组织努力的一个中心目标,通过提高政府、工业界和社区管理其森林的能力并增加林产品的价值,同时还要维持和增加贸易和进入国际市场的透明度。

(2)可持续管理和保护热带森林。恢复退化的天然林,建立更多产的人工林种植园。由于森林的破坏,其提供产品和服务的能力(如木材、水和生物多样性保护)明显降低。国际热带木材组织致力于协助热带成员经济体管理和保护热带木材的资源基础,它包括规划、减少砍伐、社会林业管理、消防管理、红树林生态系统、生物多样性和跨界保护等方面的可持续森林管理。

(3)提高热带木材国际市场的透明度和扩大市场。协助成员打击非法采伐和非法贸易，国际热带木材组织的经济信息、市场情报及行动计划关注的是如何从生产者和消费者中改善热带木材的流动，目的是协助成员经济体了解和发展热带木材和其他热带森林商品的服务市场，包括木材贸易和市场数据、市场贸易、森林认证、生态系统服务、森林执法和销售热带木材和非木材产品等。

（4）发展热带森林产业。协助成员经济体在基于可持续发展的森林管理中开发高效、增值的林业产业，以增加就业和出口收入，包括增加热带木材的价值、减少滥砍滥伐、有效加工和利用热带森林产品和扩大市场。

（5）能力建设。帮助提高政府部门、非政府组织、私营企业在可持续森林管理方面的能力，通过雇佣专业人士协助地方专家提高地方机构、研究机构和教育机构的能力，同时在区域、国家、社区开展各级培训活动和援助活动，包括奖学金计划等加强能力建设。

（三）国际林业研究中心

1. 机构简介

国际林业研究中心（英文全称 The Center for International Forestry Research，英文缩写 CIFOR）作为一个致力于遏制环境恶化、改善人类福祉的非营利性的国际研究机构，为国际农业研究磋商小组下属 16 个国际农业研究中心之一，总部位于印度尼西亚茂物，在内罗毕、肯尼亚、雅温得、喀麦隆、秘鲁和利马设有办事处。

国际林业研究中心与政府林业研究机构、大学、非政府组织、国际林业及农业研究机构和其他国际发展组织紧密合作，采用全球、多学科的方法，围绕天然林、退化的林地和非工业性木材林，在 50 多个经济体开展致力于世界各地的森林及其景观管理的合作研究，旨在为林区、农村贫困人口、小规模企业主提供支撑性的服务。

2. 重点工作领域

国际林业研究中心研究的重点工作领域涉及森林和气候变化、森林政策、森林和社会性别、森林与生计、森林管理与恢复、粮食安全和生物多样性、森林产品贸易以及可持续景观等方面，重点关注以下方面：①价值链和财务投资：支持实现可持续发展的各种治理布局，探索包容性的商业模式，提高利益共享；提升财务投资，提升小规模的农业系统。②森林管理和恢复：研究解决发展中经济体的农村人如何获得森林资源、如何更公平地管理森林资源，从众多森林资源中增加林业生产力。

国际林业研究中心制定了 6 个专题的研究战略，在推动国际林业政策对话、普及林业科学研究成果、鼓励森林政策改革、发展森林可持续经营标准和指标、改善林区贫困人口生活质量、推动生物多样性保护等方面贡献突出。①森林与人类福祉：提供决策支撑，提高利用森林及其产品等服务功能对人类的幸福和繁荣的贡献，减少贫困。②可持续景观和食品：支持森林和树为基础的农业系统健康和多样化的饮食。③平等机会、社会性别、正义和权益：评估森林权属对森林保护与管理成效、生计发展和地方治理的影响，同时谋求促进两性平等和赋予妇女和女童权益。④气候变化，能源和低碳发展：研究气候变化和森林景观的相互作用和气候变化的社会影响，使农村土地使用者的利益体现在决策中体现。⑤价值链和财务投资：支持实现可持续发展的各种治理布局，探索包容性的商业模式，提高利益共享；提升财务投资，提升小规模的农业系统。⑥森林管理和恢复：研究解决发展中经济体的农村人如何获得森林资源、如何更公平地管理森林资源，从众多森林资源中增加林业生产力。

(四)国际林业研究组织联盟

1. 机构简介

国际林业研究组织联盟(英文全称 International Union of Forest Research Organizations，英文缩写 IUFRO，中文简称国际林联)，1892 年 8 月 17 日创建于德国的埃玻尔思沃德，总部和秘书处设在奥地利首都维也纳，是一个致力于森林和相关科学研究非营利、非政府、无差别对待的国际性组织。国际林业研究组织联盟对所有从事林业、林产品及相关学科研究的个人和组织开放，相关利益群体为全球各地的研究机构、大学、科学家、非政府组织、决策者、林地所有者和依赖森林生存的人。

国际林业研究组织联盟联合来自全球 110 多个经济体近 700 个成员单位 1.5 万多名科学家，在自愿基础上开展研究合作，其宗旨是加强与所有从事森林和树木等相关科学研究的协调和国际合作，实现以提升经济、环境和社会效益为目的的世界森林资源科学地可持续经营，以确保关乎人类福祉的全球森林健康。

2. 重点工作领域

国际林业研究组织联盟作为世界范围内致力于林业及相关科学研究的国际性组织，主要通过组织各种交流活动来实现其宗旨，这些活动主要包括研究、交流和传播科学知识，提供林业相关信息的获取渠道以及协助科学家和机构提升其科研能力，在发展中经济体支持林业研究与应用并加强研究的能力，对更科学地制定林业相关政策起着重要作用。

国际林业研究组织联盟根据其工作领域，下设"森林培育""生理学和遗传""森林经营工程与管理""森林评估建模与管理""林产品""森林和林业社会问题""森林健康""森林环境""林业经济与政策"等 9 个林业研究部，每个研究部下设若干学科组、每个学科组下设若干工作组。各研究部的主要作用是支持研究者相互之间开展合作，并为学科组和与其相关的工作组之间、学科组和国际林业研究组织联盟执行委员会之间架起沟通的桥梁。

自 2015 年 4 月起，国际林业研究组织联盟特设 10 个研究任务组作为今后工作重点方向，即：①生物多样性对森林生态系统服务功能的贡献；②可持续人工造林与绿色未来；③可持续森林生物量网络；④全球气候变化下的森林适应和恢复；⑤气候变化和森林健康；⑥森林和生物入侵；⑦森林，土壤和水的相互作用；⑧未来的资源：森林使用的转变；⑨森林部门规划的远见、预见；⑩林业教育以及其他项目、计划和倡议。

国际林业研究组织联盟促进各国科学家之间的信息和意见的交流，创造与维持成员经济体之间的联系；鼓励一般研究项目和合作项目的建立，促进研究发现的传播与应用；组织定期的国际会议和研究适应变化的科学与技术领域；通过政府和国际科学、技术文化组织之间的合作，支持和加强发展中经济体林业研究与应用的能力。

（五）亚洲林业合作组织

1. 机构简介

亚洲林业合作组织（英文全称 Asian Forest Cooperation Organization，英文缩写 AFoCO），该组织为韩国 2009 年 6 月的东盟——韩国纪念峰会上提出与东盟 10 个成员经济体成立的区域性林业合作、交流与共同发展的区域性国际组织，旨在防止毁林和应对全球气候变化，随着区域性合作的不断延伸，将合作地域范围扩大到整个亚洲。2011 年 11 月，在巴厘岛召开的东盟——韩国会议上，韩国正式与东盟成员经济体的外交部部长签署了"东盟和韩国森林合作协议"后，亚洲林业合作组织正式成立，秘书处设立在韩国首尔，标志着韩国与东盟在林业上的合作是建立亚洲森林合作组织的第一步，为亚洲森林合作组织的对话搭建平台。

亚洲林业合作组织旨在加强与东盟经济体开展区域性的林业合作，通过承担和实施退化林地恢复、防止森林砍伐和森林退化的项目活动，把林业政策和成功的林业科学技术与实践经验转化为行动，将森林资源的可持续管理以及应对气候变化的贡献扩大至更广泛的范围。

2. 重点工作领域

亚洲林业合作组织除支持东盟 10 个成员经济体各自开展森林恢复和可持续林业发展的研究与试验示范、能力建设活动外，针对东盟区域重点开展了区域性的林业多边合作与交流项目。

（1）区域性的林业多边合作与交流项目

亚洲林业合作组织针对东盟十国所开展的区域标志性项目为"亚洲绿化的东南亚退化森林恢复模式：森林恢复和可持续林业能力建设"，该项目为"东盟和韩国森林合作协议"下与东盟成员实施的长期项目；项目活动包括区域性的退化森林恢复示范；能力建设的林业教育、培训和广泛的学术活动；提高公众对森林恢复与保护和可持续林业发展认识的公众宣传活动。同时，亚洲林业合作组织重点支持东盟成员开展如下区域多边性合作与交流项目。

①湄公河流域经济体（柬埔寨、老挝、缅甸、泰国和越南）的"退耕还林与退化森林生态系统恢复"项目；

②文莱、柬埔寨、印度尼西亚、老挝、缅甸、菲律宾的"加强森林资源评估和社区参与应对气候变化影响的能力建设"项目；

③菲律宾、印度尼西亚和泰国的"促进利用地理信息系统和遥感技术的森林资源管理中参与社区森林管理规划"；

④越南和泰国的"发展高价值作物品种,促进可持续森林管理与社区生计发展机制";

⑤马来西亚和泰国的"受干扰陆地生态系统中濒危、地方性和濒危植物的驯化"。

(2)区域教育培训中心

为加强东盟区域间各成员林业部门科学评估、管理和科学研究能力,亚洲林业合作组织在缅甸仰光的缅甸林业局下属的种子与种苗中心成立了区域教育培训中心,针对东盟成员经济体林业官员提供林业教育短、中、长期培训和社区林业发展课程,分享可持续森林管理的成功经验与先进技能和技术,并以此加强各成员经济体间的合作伙伴关系。

(六)亚太区域社区林业培训中心

1. 机构简介

亚太区域社区林业培训中心(英文全称 Regional Community Forestry Training Center for Asia and the Pacific,英文缩写 RECOFTC;2009 年英文更名为 RECOFTC-The Center for People and Forests),于 1987 年在泰国曼谷的泰国农业大学成立,为亚太地区可持续森林景观中加强权益、改善治理和为当地社区带来更公平利益的国际培训机构,在柬埔寨、印度尼西亚、老挝、缅甸、尼泊尔、泰国、越南和中国设有联络办事处。

亚太区域社区林业培训中心作为一个区域性的社区林业能力发展机构,通过开展系列的社区林业培训与交流来不断提高和社区组织和社区居民开展社区林业可持续发展的能力。在过去的 20 年里,一共培训了来自 20 多个经济体的林业政策制定者、研究人员和森林管理人员,同时为社区居民提供社区林业发展的实用技术、技能和知识培训,组织实地考察、交流。

2. 工作重点

亚太社区林业培训中心强调以"人与森林"为中心,支持和倡导亚太地区的农村社区积极参与森林管理,以确保社会、经济和环境效益的最大化;重视当地农村社区传统森林保护管理的有效知识、技能和经验,以确保当地农村社区居民从森林资源得到更公平的回报和利益,进而帮助数百万计的贫困人口摆脱农村贫困的困境。

亚太社区林业培训中心主要通过以下五方面的能力建设活动来挖掘和发挥好社区林业的潜力:

(1)社区林业管理:提升地方政府、非政府组织和私营企业的工作人员的能力,加强企业与社区居民之间的合作,开展政策对话,帮助社区成员公平地参与到生计和企业化发展中,探索双赢关系,以减少目前阻碍社区和企业以可持续方式利用资源的障碍,通过基于市场的战略获得社会、经济效益。

(2)改善农村生计:积极与地方政府、非政府组织和企业合作,培训从事社区森林管理的工作人员,通过社区林业保护和加强最贫困人口的生计发展,并将其作为降低农村贫困发生率的重要手段,以推进社区居民共同参与发展,使最贫困的社区居民受益。

（3）应对气候变化：动员和激励当地森林管理人员通过改善获得更多收入、食物和其他资源的渠道，帮助提高当地社区的生计发展，通过提供环境服务，为减缓气候变化做出努力。

（4）森林相关的冲突管理：分析区域内的争端、政策、林业项目和监管框架，了解森林冲突的原因、影响和解决办法，在社区林业中倡导参与式资源管理来减少森林冲突，提高社区居民和利益相关方的认识，从而有助于防止森林冲突。

（5）社会包容和性别平等：妇女赋权是森林可持续管理的关键，解决妇女在林业中的角色和需求，是可持续保护、森林管理和提高农村生计的核心，亚太区域社区林业培训中心在其政策和规划中，将性别视角纳入主流化策略。

（七）亚太地区林业研究机构协会

1. 机构简介

亚太地区林业研究机构协会（英文全称 Asia Pacific Association of Forestry Research Institutions，英文缩写 APAFRI），是一个独立、具有可持续机制的非营利性协会，旨在加强亚太地区林业研究机构的研究和技术开发能力，支撑亚太地区森林资源的有效保护和管理。协会秘书处最初设立在联合国粮食及企业组织泰国曼谷的亚太区域办事处，目前设在马来西亚森林研究所，至今有69个成员。

亚太地区林业研究机构协会由1995年2月20～23日在印度尼西亚茂物举行的亚太地区林业研究机构首脑会议上发起建立。国际林业研究组织联盟于2002年11月与亚太林业研究机构协会建立了合作备忘录，承认其为亚太地区分会，被任命为地区协调员，成为国际林业研究组织联盟在亚洲和太平洋地区的区域性组织，努力发展成为在亚太地区更具活力、更强大、更独立自主的林业研究协会。

2. 重点工作领域

亚太地区林业研究机构协会与联合国粮食及农业组织、国际林业研究组织联盟等国际组织密切合作，促进亚太地区林业研究机构间的合作研究与交流，提升林业研究机构在区域发展中的创新研究和开发能力。其工作重点主要是促进和协助亚太区域内的林业科学研究、文化发展和能力建设，促进该地区林业研究人员相互合作，主要业务重点是提升地方、经济体和区域等不同层面上森林资源的可持续管理与利用水平。

（八）大自然保护协会

1. 机构简介

大自然保护协会（英文全称 The Nature Conservancy，英文缩写 TNC）是国际上最大的非营利性的自然环境保护组织之一，成立于1951年，总部位于美国弗吉尼亚州阿灵顿市，合作伙伴遍布拉丁美洲、加勒比海以及亚太地区的30个经济体。目前，在全球设有400个办公室，共同维护着超过4128万公顷的生物多样性热点地区。

大自然保护协会自成立以来，在全球开展保护工作一直遵循"采取合作而非对抗的对策和应用科学的原理和方法指导所有的保护策略和行动"的原则，创建了"生态环境的系统保护方法""热点地区保护规划"等一系列科学方法，并应用于保护生态环境的实践当中。

2. 重点工作领域

大自然保护协会注重实地保护，遵循以科学为基础的保护理念，其使命是通过保护代表地球生物多样性的动物、植物和自然群落赖以生存的陆地和水域，来实现对这些动物、植物和自然群落的保护；在全球围绕气候变化、淡水保护、海洋保护以及保护地四大保护领域，运用"自然保护系统工程"的方法甄选出优先保护区域，因地制宜地在当地实行系统保护。

大自然保护协会支持全球的自然保护工作，在亚洲和太平洋地区发挥着重要的作用，目前在亚太地区致力于以下方面的合作：

(1)中国：致力于支持和帮助实现自然环境和人类发展之间的平衡，通过引入新的技术，为贫困社区创造新的增加收入的机会，减少经济发展和气候变化对生境造成的危害。

(2)印度尼西亚：在地球上生物多样性最复杂的地区进行环境保护，从森林到海洋，与政府及社区一同保护地球上最多样化的珊瑚礁，保护地球上为数不多的重要热带雨林，为当地及全球人类造福。

(3)巴布亚新几内亚：帮助建立可可作物的公平交易体系，设计珊瑚三角区出海洋保护网，建立绿色经济体。

(九)欧洲森林研究所

1. 机构简介

欧洲森林研究所(英文全称 European Forest Institute，英文缩写 EFI)是由欧盟 28 个成员经济体批准建立的国际组织，总部设在芬兰的约恩苏，除在奥地利、比利时、克罗地亚、法国、德国、西班牙和瑞典设有办事处外，在亚洲的马来西亚和中国设有项目办公室，有 28 个经济体成员以及在 37 个经济体开展不同研究领域工作的 115 个机构和组织成员。

欧洲森林研究所主要在森林相关问题上开展研究并提供政策支持，促进和森林、林业相关的网络信息、政策和有关资料的供应，同时还倡导科学合理地研究森林政策。

2. 重点工作领域

欧洲森林研究所致力于开展和促进跨学科和跨部门研究，在泛欧或区域一级处理与政策有关的问题，在泛欧层面分析和介绍森林资源、产品和服务的信息，支持协调、加强和建立森林研究能力网络，提倡在森林部门内以及其他科学领域内进行森林研究，以克服欧洲森林研究支离破碎的状态。

欧洲森林研究所"欧盟森林执法、施政与贸易"基金和"欧盟减少毁林和森林排放"基金支持发展中经济体在改善土地使用治理作为其努力减缓、阻止非法森林采伐，致力于消除贫困、实现自然资源可持续管理。特别是支持东盟经济体对欧盟森林执法、施政与贸易行动计划的实施，鼓励木材的生产或加工国以及向欧盟市场出口木材和木材制品的经济体发展可持续林业经济；施政与贸易行动计划的宗旨不仅是减少非法毁林，也包括促进良好的森林施政，同时支持欧盟减少其对发展中经济体森林的砍伐。

(十) 世界自然基金会

1. 机构简介

世界自然基金会（英文全称 World Wildlife Fund，英文缩写 WWF）成立于 1961 年，前身为世界野生生物基金会，是世界最大的、经验最丰富的独立性非政府环境保护机构，总部设于瑞士。其宗旨是保存遗传基因、物种和生态系统的多样性；确保人类在现在和将来对可再生自然资源的可持续利用；推动减少污染，遏制地球环境、自然资源和能源的过度开发和消耗，创造人类与自然和谐相处的美好未来。

世界自然基金会的主要任务是通过各种渠道筹集捐助资金，用于自然保护，特别是野生动物保护事业；它的全球网络包括 26 个经济体会员，6 个附属会员和 21 个项目办公室，在 96 个经济体开展合作基金会，已经成为世界上最大的自然环境保护组织之一。世界自然基金会也是第一个应邀来华合作的非政府自然环境保护组织，于 1996 年 9 月在北京正式设立了中国项目办事处。

2. 重点工作领域

世界自然基金会从过去拯救珍稀濒危物种和景观发展到应对和解决威胁全球性环境与资源问题的挑战，通过围绕森林、海洋、淡水、野生动植物、粮食和气候六个关键领域开展工作，将所有的资源直接用于保护世界各地的脆弱地区、物种和社区。涉及森林资源保护与可持续发展主要集中在以下方面：

(1) 资金。为加强森林保护和妥善管理需要保护的森林，缩小森林面积减少的数量，世界自然基金会帮助建立数百万美元的基金，这笔资金将用于培训负责森林管理的官员，购买全球定位系统监控和追踪濒危野生动物；支持减少森林砍伐和减少温室气体污染物（尤其是二氧化碳）的排放。

(2) 政策。森林保护的有效政策和资金一样重要，世界自然基金会通过帮助发展中经济体评估他们的自然资源的价值以及生态功能，比如碳吸收能力、为濒危野生动物提供栖息地等，使决策者们以各种方式使用评估结果，将自然资源的可持续利用融入了整体的新计划和经济、农业、能源等政策，以促进绿色经济的发展。

(3) 停止非法和不可持续的采伐。消除非法和不可持续的采伐，世界自然基金会致力于加强美国政府起诉非法木材案件的能力，严格执行野生动植物保护法，打击非法采伐木材的进、出口贸易，开发和推广非木质燃料的农村能源项目。

(4)推动市场发展。通过全球森林和贸易网络,帮助企业从所经营管理的森林中获取产品认证,特别是森林管理委员会的产品认证,同时鼓励和支持企业直接投资于扩大森林的面积人工造林,同时增加企业对森林管理委员会产品认证的需求。

(十一)世界自然保护联盟

1. 机构简介

世界自然保护联盟(英文全称 International Union for Conservation of Nature,英文缩写 IUCN)于1948年在法国枫丹白露成立,总部位于瑞士格朗。世界自然保护同盟是世界上规模最大、历史最悠久的全球性非营利自然保护组织,也是自然环境保护与可持续发展领域唯一作为联合国大会永久观察员的国际组织。世界自然保护联盟目前有880个成员,既有非政府成员又有政府成员的自然保护组织,分布在世界127个经济体和地区,并在全球范围内拥有12000多名专家,它所管理的世界自然保护监测中心储存着全球自然保护方面的大量信息。

世界自然保护联盟的宗旨是领导世界自然保护运动并促进采取一致的行动,以便保护大自然的完整性和多样性,同时保证人类对自然资源的利用是适宜的、永续的和公正的。世界保护大会是世界自然保护联盟的最高决策机构,每4年召开一次例会。世界自然保护联盟下设6个专业委员会,即:物种生存委员会、国家公园和保护区委员会、环境法委员会、生态委员会、环境战略和计划委员会、教育和通讯委员会,各委员会在全世界建立了庞大的专家网络。

2. 重点工作领域

世界自然保护联盟把人类的利益考虑在内,在持续发展的前提下保护自然与自然资源,专注于评估和保护自然的价值,保证自然资源利用的有效和公平治理,并通过在全世界范围支持科学研究、开展实地项目,将联合国机构、各国各级政府、非政府组织和企业邀请到一起,应用基于自然的解决方案,制定政策、法规,寻找最佳实践,应对气候、粮食和发展等全球挑战。

世界自然保护联盟致力于帮助全世界关注最紧迫的环境和发展问题,寻找行之有效的以自然为本的解决方案,帮助全世界的科学家和社团保护自然资源的完整性和多样性;工作重心是保护生物多样性以及保障生物资源利用的可持续性,为森林、湿地、海岸及海洋资源的保护与管理制定出各种策略及方案;包括拯救濒危的植物和动物物种,建立国家公园和自然保护地,评估物种和生态系统的保护现状等,确保任何自然资源的平衡使用和在生态学意义上的可持续性。

(十二)国际山地综合发展中心

1. 机构简介

国际山地综合发展中心(英文全称 International Centre for Integrated Mountain Development,英文缩写 ICIMOD)是一个区域性的政府间对山地研究和知识共享的创新中心，成立于1983年，总部设在尼泊尔首都加德满都，成员有喜马拉雅地区的阿富汗、孟加拉国、不丹、中国、印度、缅甸、尼泊尔和巴基斯坦8个成员经济体。

兴都库什——喜马拉雅地区以动、植物以及民族和语言的多样性而闻名，拥有不同的生态系统类型，有无数的栖息地和显著的生物多样性，但由于近年来生态系统遭到严重破坏，为全球最贫穷、人口最密集和环境最脆弱的地区，努力促进可持续发展和减少贫困是国际山地综合发展中心一直努力的目标。

2. 重点工作领域

全球气候变化对脆弱的山地生态系统和山区人民的生计影响严重，兴都库什——喜马拉雅地区不仅仅是世界上最高的山区，还是最贫穷，人口最密集和环境最脆弱的地区；亚洲8大主要河流印度河、恒河、雅鲁藏布江、伊洛瓦底江、怒江（萨尔温江）、澜沧江（湄公河）、长江和黄河均发源于此区域。国际山地综合发展中心作为喜马拉雅地区应用性研究和发展的核心机构与区域成员经济体的相关机构合作，通过支持区域跨界计划，为贫困和弱势群体克服山地脆弱性并转化为保障，提高山区居民的生活水平和维持好该山地生态系统服务功能，为下游数十亿人的生存和未来发展作出积极贡献。

国际山地综合发展中心坚持与成员经济体的机构合作，共同推进区域内生态系统的研究，为更好地了解生态和社会经济在生物多样性、牧场、农场、森林、湿地、河流等的变化，倡导参与式的行动研究；提倡多学科的协同合作，共同研究监测环境变化，提高生态功能；与合作机构一起，为自然资源管理、生态系统创造更多具有经济价值的投资项目；继续执行生物多样性公约关于山区生物多样性的方案，加强生物多样性数据库的建立。

（十三）其他重要的涉林国际组织

联合国开发计划署、联合国环境署、全球环境基金、世界银行、亚洲开发银行、国际竹藤组织、湿地国际、保护国际、亚洲森林网、南盟林业中心、国际农用林业中心等机构和组织在致力于亚太地区减少森林砍伐、生物多样性保护、森林生态系统恢复和推行可持续森林管理取得重大成就。

区域性致力于自然与环境保护的国际性非政府社会组织，如香港嘉道理农场与植物园、香港乐施会和许多地方性的基金会、协会等公益性社会组织，在致力于亚太地区森林资源的可持续经营和提升区域性的经济、环境和社会效益协调发展方面发挥了积极的作用。

参考文献

赵树丛.2019.亚太森林组织研究[M].北京:中国林业出版社.

陈剑,杨文忠,孙瑞,等,2015.柬埔寨林业可持续发展面临的挑战与对策[J].西部林业科学,44(6):150-154.

桑凡飞,2018.老挝木材的出口竞争力研究[D].南宁:广西民族大学.

金龙,2018.老挝森林保护政策研究[D].北京:中国地质大学.

潘瑶,徐晔,王庆华,等,2016.中缅边境木材贸易的现状及对策思考[J].西部林业科学,45(4):65-69.

苏凯文,胡融之,巩合德,等,2016.中缅边境木材贸易情况简述——以云南省腾冲县为例[J].林业调查规划,41(1):109-113.

商务部国际贸易经济合作研究院,2017.对外投资合作过指南[R].2-68.

谢声信,1997.越南的林业[J].世界林业研究,(05):62-65.

Le Bao-Thanh,颜学武,2012.越南生物多样性现状及保护对策[J].湖南林业科技,39(4):76-79.

李君,1986.越南生态环境面临危机[J].东南亚纵横,(01):13-15.

陈文,2003.越南经济发展中的环境问题[J].东南亚纵横,(08):16-22.

曹云华,2008.越南的经济发展现状与前景[J].珠江经济,(08):62-70.

黄河,2010.区域公共产品与区域合作:解决GMS国家环境问题的新视角[J].国际观察,(02):73-78.

阮成俊,何龙喜,叶建仁,2014.越南主要森林病害发生现状及防治策略[J].专论综述,28(5):6-11.

陈文,2003.越南的环境管理及保护[J].东南亚,(02):16-23.

李凌超,刘金龙,孙伟娜,等,2016.森林转型理论研究进展[J].北京林业大学学报(社会科学版),(02):54-58.

赵霞,白嘉雨,2003.越南的国家公园[J].世界林业研究,16(4):57-59.

包茂宏,2005.森林史研究:以菲律宾森林滥伐史研究为重点[J].中国历史地理论丛,20(1):115-124.

蓝瞻瞻,王立群,2011.建国以来我国林业法规演变过程研究[J].西北农林科技大学学报(社会科学版),11(4):144-149.

张洪明,2016.台湾林业转型发展考察及启示[J].四川林勘设计,(4)40-44.

杨灌英,王莉,喻晓钢,等,2014.台湾森林资源保护与经营研究[J].2014海峡两岸森林保育经营学术研讨会论文集,220-229.

杨大三,1994.台湾林业梗概[J].湖北林业科技,(3):42-48.

范俊岗,陈凡,2009.台湾林业考察报告[J].辽宁林业科技,(6):58-62.

吴榜华，1996. 台湾林业的考察报告[J]. 吉林林业科技，（4）：35-38.

赵春飞，蔡进军，赵惊奇，2015. 台湾生态林业建设与发展的思考[J]，17(3)：91-93.

王季潇，2016. 生态可持续发展视角下台湾省林业生态开发治理的经验及启示[J]. 广西财经学院学报，（5）：68-73.

何友均，李智勇，徐斌，等，2009. 新西兰森林采伐管理制度与借鉴[J]. 世界林业研究，（5）：5.

张婉洁，潘瑶，王俊，等，2019. 越南的森林资源及其管理[J]. 西部林业科学，（1）：146-152.

张婉洁，潘瑶，王俊，等，2018. 亚太地区涉林国际组织及其工作领域研究[J]. 绿色科技，（03）：94-97.

张婉洁，潘瑶，王俊，等，2018. 亚太森林资源可持续发展探析[J]. 西南林业大学学报(社会科学)，2(2)：16-65.

李伟，向淑嫱，潘瑶，等，2019. 巴布亚新几内亚、菲律宾和斐济林业发展比较与分析[J]. 世界林业研究，（4）：86-91.

沈立新，张婉洁，韩明跃，等，2021. 南亚东南亚生物多样性及其保护[M]. 昆明：云南科技出版社.

潘瑶，张婉洁，潘雨，等，2019. 柬埔寨森林资源经营现状[J]. 西南林业大学学报(社会科学)，（1）：84-87.

Hasan M K, A K M A Alam, 2006. Land degradation situation in Bangladesh and role of agroforestry[J]. Journal of Agriculure & Rural Development，（4）：19-25.

Iftekhar M S, M R Islam, 2004. Managing mangroves in Bangladesh：A strategy analysis[J]. Journal of coastal lonservation，10(1)：139-146.

Khan N A, Choudhury J K, Huda K S, et al., 2004. An Overview of Social Forestry in Bangladesh[M]. Dhaka：Bangladesh Forest Department，198.

Momen, R. U., Huda S. M. S., Hossain M. K., et al., 2006. Economics of the plant species used in homestead agroforestry on an offshore Sandwip island of Chittagong district, Bangladesh[J]. Journal of Forestry Research，17(4)：285-288.

Muhammed, N., M. Koike, F. Haque, M. S. H. Chowdhury et al., 2007. Assessment of Teak (Tectona grandis) timber sale and its associated price influencing factors：a case study on Sylhet forests of Bangladesh[J]. International Journal of Sustainable Agricultural Technology，3(1)：42-48.

Singh J S, Kushwaha S P S, 2008. Forest biodiversity and its conservation in India[J]. InternationalForestry Revies，10(2)：291-303.

Umesh Babu M S, Suni Nautiyal, 2015. Conservation and management of forest resources in India：ancient and current perspectives[J]. Natural Resources，6：256-272.

Hareet Kumer Meena, 2015. Land tenure systems in the late 18th and 19th century in Colonia India[J]. American International Journal of Research in Humanities, Arts and Social Sciences，2：66-71.

Pandey A K, Tripathi Y. C. and Ashwani Kumar, 2016. Non-timber forest products for sustained livelihood challenges and strategies[J]. Research Journal of Forestry，9：1-7.

Vanam B, 2019. Timber trade in India-challenges and policies[J]. International Journal of Multidisciplinary Research，12(5)：119-122.

Forest survey of India, 2011. India State of Forest Report. Dehradum, Forest Survey of India.

Ravindra Kumar Dhaka, Chintankumar Choudhari, 2018. Forestry education in India: objectives, needs, current status and recommendations[J]. The Pharma Innovation Journal, 7(12): 320-324.

Acharya, K. P., Poudel, B. S., Dangi, R. B, 2008. State of land degradation and rehabilitation efforts in Nepal[J]. International Union for Research Organization, 163-201.

Chaudhary, R. P., Uprety, Y., Rimal, S. K, 2015. Deforestation in Nepal: Causes, Consequences, and Responses[J]. Biological and environmental hazards and disasters, (1), 335-372.

Sara Lindstrom, Eskil Mattsson, Nissanka S. P, 2012. Forest cover change in Sri Lanka: the role of small cale farmers[J]. Applied Geography, 5(34): 680-692.

Nimal Gunatilleke, Rohan Pethiyagoda, Savitri Gunatilleke, 2017. Biodiversity of Sri Lanka[J]. Journal of the National Science Foundation of Sri Lanka, 4: 25-61.

Nimal Gunatilleke, 2015. Forest sector in a green economy: a paradigm shift in global trends and national planning in Sri Lanka[J]. Journal of the National Science Foundation of Sri Lanka, 43(2): 101-109.

Dunstan Fernando, 2017. Economic benefits of Sri Lanka community forestry program[J]. Journal of Ecosystem & Ecography, 3(07): 2-6.

Ekanayake Mudiyanselage B. P. E, Murindahabi Theodore, 2017. Forest policy for sustainability of Sri Lanka's forest[J]. InternationalJournalof Science, 01(06): 28-33.

BASELINE STUDY 2, LAO PDR, 2011: Overview of Forest Governance, Markets and Trade[R]. EFI: 1-66.

Khamvene Keomanyvong, 2011. The Lao PDR Country Report[R]. Kunming: APFNet-KTC.

Duangsavanh Saophimpha, 2015. Nilapha Vorachith. Forest Governance and Context of Timber Legality Verification[R]. Kunming: APFNet-KTC.

Food and Agriculture Organization of the United Nations, 2001. Forests and Forestry in the Greater Mekong Subregion to 2020(subregion report of the second Asia-Pacific forestry sector outlook study)[R]. Bangkok: FAO.

FAO, 1978. Forestry for local community management. Forestry Paper No 7. Rome. 16.

NESDB, 1972. The Third National Economic and Social Development Plan(1972—1976). Office of the Prime Ministry. Bangkok. 352.

NESDB, 1977. The Fourth National Economic and Social Development Plan(1977—1981). Office of the Prime Ministry. Bangkok. 407.

NESDB, 1982. The Fifth National Economic and Social Development Plan(1982—1986). Office of the Prime Ministry Bangkok. 433.

NESDB, 1987. The Sixth National Economic and Social Development Plan(1987—1991). Office of the Prime Ministry Bangkok. 475.

NESDB, 1992. The Seventh National Economic and Social Development Plan(1992—1996). Office of the Prime Ministry Bangkok. 206.

Royal Forest Department. 2006. Forestry Statistical of Thailand[M]. Ministry of Natural Resources and Environment. Bangkok, Bangkok.

Royal Forest Department. 2007. Annual Report[M]. Ministry of Natural Resources and Environment. Bangkok.

Nguyen Dinh Hai, 2013. Nguyen Trong Dien. Vietnam Forestry and Forest Management An Overview [R]. Kunming: APFNet-KTC.

Luong, Thi Hoan, 2014. Forest resources and forestry in Vietnam[J]. Journal of Vietnamese environment, 6 (2): 171-177.

Lewis S L, Edwards D P, Galbraith D., 2015. Increasing human dominance of tropical forests[J]. Science, 349(6250): 827-832.

Alexander Gradel, Gerelbaatar Sukjbaatar, Daniel Karthe, et al, 2019. Forest management in Mongolia-a review of challenges and lessons learned with special reference to degradation and deforestation [J]. Geography, Environment, Sustainability, 03: 133-165.

Farrington J D, 2010. The Impact of mining activities on mongolia's protected areas: A status report with policy recommendations [J]. Integrated Environmental Assessment & Management, 1(3): 283-289.

Elsa W. S. Lee, Billy C. H. Hau, Richard T, Corle H, 2005. Natural regeneration in exotic tree plantations in Hong Kong, China[J]. Forest Ecology and Management, (212): 358-366.

Buchlmann, Bumgardner, Alderman, 2017. Recent Developments in US Hardwood Lumber. Markets and Linkagesto Housing Constiustion[J]. Wood Structure and Function, (3): 213-222.

Robin R. Sears, Peter Cronkleton, Fredy Polo Villanueva, et al., 2018. Farm-forestry in the Peruvian Amazon and the feasibility of its regulation through forest policy reform[J]. Forest Policy and Economics, (87): 49-58.

Waris Kabir, Ibrahim M d. Saiyed, 2011. National agricultural research system(NARS) in SAARC countries-an analysis of system diversity[M]. Dhaka: SAARC Agriculture centre.

Wadud Mian M. A., Maniruzzaman F. M., Satlar M. A. et al., 2001. Agricultural research in Bangladesh in the 20th century: crops, forestry, livestock, fisheries[M]. Dhaka, Bangladesh Agricultural Research Council & Bangladesh Academy of Agriculture.

Shen Lixin, Pan Yao, C. T. S. Nair, 2021. Forest biodiversity conservation and rural livelihood development in Asia-Paciflc Region[M]. Kunming: Yunnan Science & Technology Press.